新概念建筑结构设计丛书

装配式混凝土结构设计与工艺深化设计从入门到精通

庄　伟　匡亚川　廖平平　编著

中国建筑工业出版社

图书在版编目(CIP)数据

装配式混凝土结构设计与工艺深化设计从入门到精通/庄伟等编著. —北京：中国建筑工业出版社，2015.7
(新概念建筑结构设计丛书)
ISBN 978-7-112-18724-9

Ⅰ.①装… Ⅱ.①庄… Ⅲ.①装配式混凝土结构-结构设计 Ⅳ.①TU37

中国版本图书馆CIP数据核字（2015）第275647号

本书为《新概念建筑结构设计丛书》之一，全书共分为5章。主要内容包括：绪论；预制预应力混凝土装配整体式框架结构设计；装配整体式剪力墙结构设计；预制预应力混凝土装配整体式框架结构节点做法及构件工艺深化设计原则；装配整体式剪力墙结构节点做法及构件工艺深化设计原则。

本书可供从事建筑结构设计的年轻结构工程师及高等院校相关专业学生参考使用。

* * *

责任编辑：郭　栋　辛海丽
责任设计：董建平
责任校对：张　颖　赵　颖

新概念建筑结构设计丛书
装配式混凝土结构设计与工艺深化设计从入门到精通
庄　伟　匡亚川　廖平平　编著

*

中国建筑工业出版社出版、发行（北京西郊百万庄）
各地新华书店、建筑书店经销
北京科地亚盟排版公司制版
北京建筑工业印刷厂印刷

*

开本：787×1092毫米　1/16　印张：18½　字数：447千字
2016年2月第一版　2020年6月第三次印刷
定价：**50.00**元

ISBN 978-7-112-18724-9
(27985)

前　言

掌握和使用PKPM系列结构设计软件，是每个结构设计人员必须具备的一项技能。本书的思路是根据作者多年工作经验，通过实战的形式，详细地讲解利用PKPM软件进行预制预应力混凝土装配整体式框架结构设计及装配整体式剪力墙结构设计的过程，然后以这两个工程为实例，详细解析构件工艺深化设计的原则，让结构设计新手快速了解、熟悉并快速使用PKPM软件进行装配式结构设计，并能正确绘制构件工艺深化设计图纸，懂怎么操作，更明白其中的道理和有关要求。

本书全文由中民筑友科技集团有限公司庄伟，中南大学土木工程学院匡亚川教授及中机国际工程设计研究院有限责任公司（原机械工业第八设计研究院）廖平平编写，在书的编写过程中参考了大量的书籍、文献及所在公司的一些技术措施，在书的编辑及修改过程中，得到了中南大学土木工程学院余志武教授、卫军教授、周朝阳教授，刘小洁教授，北京市建筑设计研究院戴夫聪，华阳国际设计集团（长沙）田伟、吴应昊，中机国际工程设计研究院有限责任公司（原机械工业第八设计研究院）罗炳贵、吴建高，中国轻工业长沙工程有限公司张露、余宽，湖南省建筑设计研究院黄子瑜，广东博意建筑设计院长沙分公司黄喜新，湖南方圆建筑工程设计有限公司姜亚鹏、陈荔枝，北京清城华筑建筑设计研究院徐珂，香港邵贤伟建筑结构事务所顾问唐习龙，中科院建筑设计研究院有限公司（上海）鲁钟富，淄博格匠设计顾问公司徐传亮，广州容柏生建筑结构设计事务所，广州老庄结构院邓孝祥的帮助和鼓励，同行邬亮、余宏、苗峰、刘强、谢杰光、张露、彭汶、李子运、李佳瑶、姚松学、文艾、谢东江、郭枫、李伟、邱杰、杨志、苏霞、谭细生等参与了全书内容收集、编写及图片绘制，在此表示感谢。

由于作者理论水平和实践经验有限，时间紧迫，书中难免存在不足甚至是谬误之处，也恳请读者批评指正。

目　　录

1 绪 论

1.1 建筑工业化进入“高铁时代”

建筑工业化是克服传统生产方式缺陷、促进建筑业快速发展的重要途径。通过建筑工业化，可以彻底摆脱高能耗、高污染、低效率、低效益的传统建筑生产方式。伴随着新时期国家发展的政策机遇，建筑工业化也迎来了新的发展契机。从政府部门到科研院所，从生产部门到施工单位都充分意识到发展建筑工业化的重要性，并致力于全面推进建筑工业化的快速发展。

2012 年 11 月 30 日，由东南大学牵头，联合同济大学、浙江大学、湖南大学、清华大学等五所高校以及中国建筑工程总公司等 15 家行业领军企业与研究机构共同组建的“新型建筑工业化协同创新中心”。

2013 年 1 月 1 日，国务院办公厅 2013 [1] 号文件《绿色建筑行动方案》，明确提出将“推广建筑工业化，发展绿色建筑”列为十大重要任务之一；2013 年 11 月，俞正声主席主持全国政协双周协商座谈会，建言“建筑产业化”，提出要制订和完善相关政策法规推进建筑产业化的发展，这是我国建筑工业化发展历程中第一次真正落实到政策层面的推动举措。2014 年 3 月 16 日，中共中央、国务院印发的《国家新型城镇化规划（2014-2020 年)》更是提出要“强力推进建筑工业化”。

2014 年 9 月，国内最大规模的住宅产业化联盟由远大住工、三一重工、省建筑设计院、中南大学、中建五局、沙坪建筑等 19 家单位的“湖南省住宅产业化联盟”组建成立。

各省市更是频频出台推动建筑工业化发展的政策、措施。北京、上海、湖南、安徽、江苏、浙江等地先后制定相关政策、措施，除在政策、税务、土地等方面给予政策优惠，制定鼓励市场购买的相关激励政策外，还将保障房作为主要试点领域，推动新型建筑工业化发展，促进传统建筑模式转型。

目前，国家已经批准万科、正泰集团、宝业集团、远大住工、宇辉集团、三一重工等 47 个国家住宅产业化基地。试图通过培养和发展一批符合建筑工业化要求的产业关联度大、带动能力强的龙头企业，集中力量探索建筑工业化生产方式，建立符合住宅产业化要求的新型建筑工业化发展道路，以点带面，全面推进建筑工业化的快速发展。

1.2 设计工厂协同发展模式构建

1.2.1 设计工厂协同发展模式的提出

“设计工厂”的概念正是在建筑工业化快速发展的大环境下孕育而生。“设计工厂”相当于传统建筑行业中各单位及部门的组织者，在本质上体现的是一种工业化的设计理念，采取的是设计生产施工一体化的生产方式。将设计标准化、构件生产工厂化、建造施工装配化、施工管理精细化均纳入各阶段的设计方案中。

1.2.2 三位一体的协同运行模式的构建

建筑工业化发展初期的成本较高，社会和环境效益还不能及时显现，“设计工厂一体化”的生产方式对产业链上各方的依赖程度更高。因此，仅靠“设计工厂”自身的推动很难迅速发展，需要政府营造良好的外部环境，给予大力培育和产业链上相关方的支持，也需要建立不同利益主体协同运行机制。目前，市场的影响力、政策的扶持力度和技术创新能力已经成为影响建筑工业化发展的主要因素。我们需要协调“政府、企业、社会”三方共同参与，建立技术保障机制、政策推动机制、市场动力机制和社会认同机制。通过协同化运作模式，强力推动设计工厂在建筑工业化中的快速发展。

由政府利用政府审核批准设计的权利，制定不同类型项目必须达到的工业化水平标准，以强力推行建筑工业化。由政府协调好建设单位、供应单位和施工单位的利益分配；由政府通过评定、认证等方式进行信息监督和传递，使消费者正确进行信号甄别，加快构建信息共享机制，建立信息交流平台，提高对建筑产业化产品的认识、鉴别能力等，从而减轻信息不对称现象，加大推广宣传力度，发挥典型产品的示范效应，使其对工业化产品的质量、功能和成本得到认同，促进建筑工业化产品消费市场的形成。

对于建筑工业化设计院，应配合政府，在技术保障机制中进行研究与探索，组织公司的人力、财力，完善的工业化标准体系，推动标准规范、结构体系、通用图集等的基础性研究工作。在设计阶段，BIM（建筑信息模型）技术可以很好地对各专业工程师的设计方案进行协调，对方案的可施工性和施工进度进行模拟，解决施工碰撞等问题等，建筑工业化设计院应进行这方面的研究与探索，提高设计效率的同时将其推广，推动我国建筑工业化快速、持续的发展。

通过政府的引导、支持和推动，企业的认可、投入和创新等方式进行信息监督和传递，使消费者正确进行信息甄别，加快构建信息共享机制，建立信息交流平台，提高对建筑产业化产品的认识、鉴别能力等，从而减轻信息不对称现象，加大推广宣传力度，发挥典型产品的示范效应，使其对工业化产品的质量、功能和成本得到认同，取得社会的认知、认同和满意，促进建筑工业化产品消费市场的形成，最终达到建筑工业化的协同效应，如图 1-1 所示。

1.2.3 数字化技术平台助推设计工厂模式发展

工业化建筑设计是一个精细化设计和施工过程，通过数字化技术平台把设计、采购、生产、物流、施工、财务、运营、管理等各个环节集成起来，以实现全流程信息化管理，即，我们所说的两化融合—“工业化+信息化”。信息化进程和工业化进程不再独立进行，不再是单方的带动和促进关系，而是两者在技术、产品、管理等各个层面相互交融，彼此不可分割。

在此背景下，“设计工厂”引入数字化技术平台的概念，通过 ERP 系统与设计阶段的 BIM 系统及 iTWO 系统等集成，建立一套完整的企业信息化管理平台，以实现 5D 项目管理，其系统构成如图 1-2 所示。数字化技术平台的精髓是信息集成，一切的数据采集都通过“部件模型”驱动，即通过实体部件完成驱动所有项目业务发生，同时接口到 ERP 系统，形成及时、准确的初始数据。

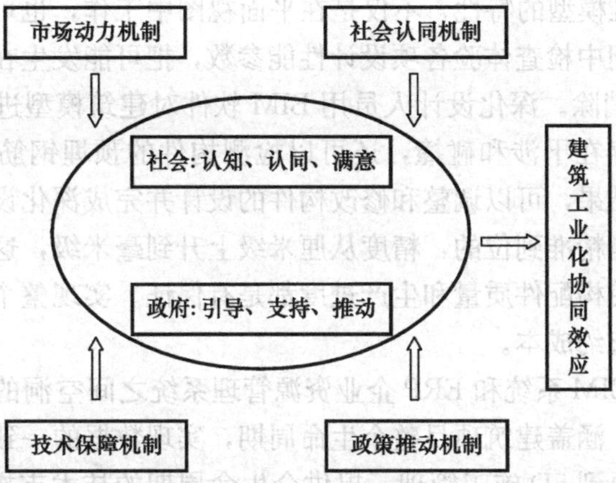

图 1-1 “政府、企业、社会”三位一体的协同运行模式的构建

注：技术保障机制是建筑工业化发展的先决条件；政策推动机制是建筑工业化初期发展的重要推力；市场动力机制是建筑工业化长期发展的持续动力；社会认同机制是建筑工业化发展的不竭源泉。这 4 项机制相互依存、相互配合、互为条件。

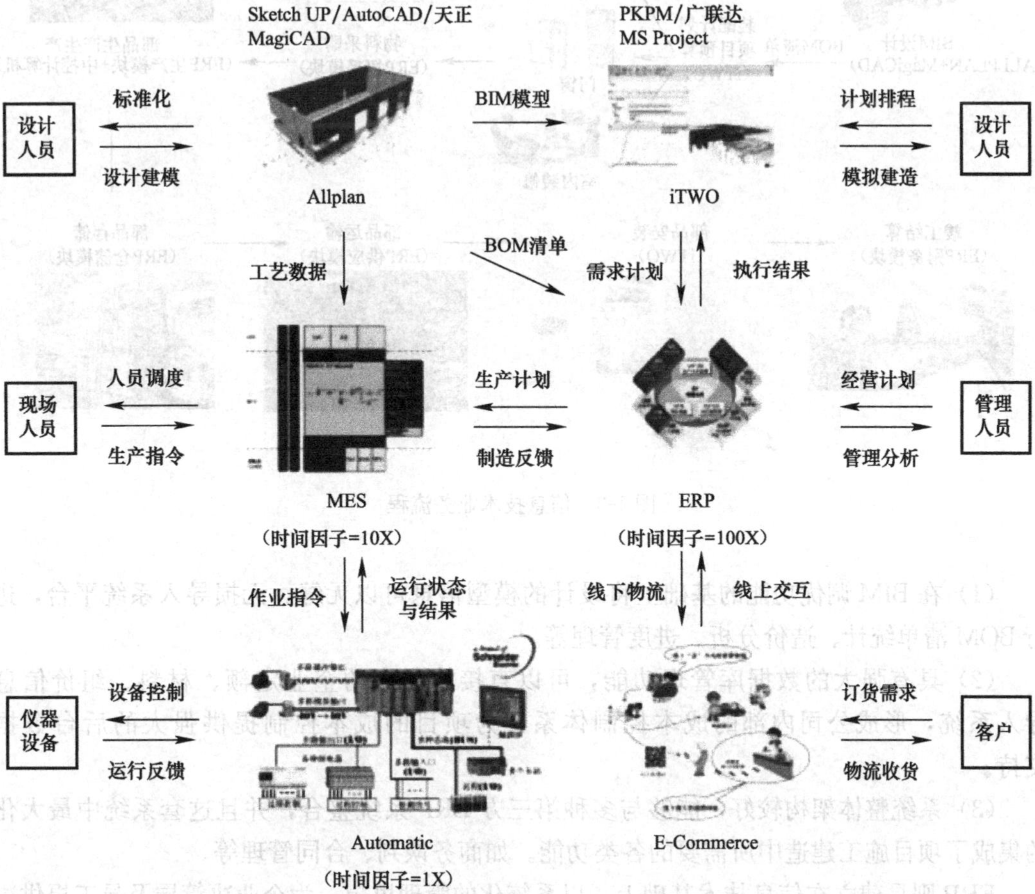

图 1-2 设计工厂两化融合概念

Bim 技术基于三维模型的特性，不仅是在平面视图中工作，也可以通过实时查看三维模型，在虚拟建筑空间中检查体验各项设计性能参数，把可能发生在现场的冲突与碰撞在BIM模型中进行事先消除。深化设计人员用BIM软件对建筑模型进行碰撞检测，不仅可以发现构件之间是否存在干涉和碰撞，还可以检测构件的预埋钢筋之间是否会冲突和碰撞，根据碰撞检测的结果，可以调整和修改构件的设计并完成深化设计图纸。使所有的钢筋水泥、预留预埋都是精准到位的，精度从厘米级上升到毫米级，这是传统方式生产的模板无法比拟的。从而使构配件质量和生产进度都是有保证。实现整个模拟施工和建造，开发复杂构件，有利于节约成本。

iTWO系统架起BIM系统和ERP企业资源管理系统之间空洞的桥梁，是虚拟建筑模型与实体建筑的整合，涵盖建筑项目整个生命周期，实现数据的一致性和可追溯性。从建筑模型到成本控制，再到5D施工管理，提供全生命周期的技术支撑，如图1-3所示。其主要特征有：

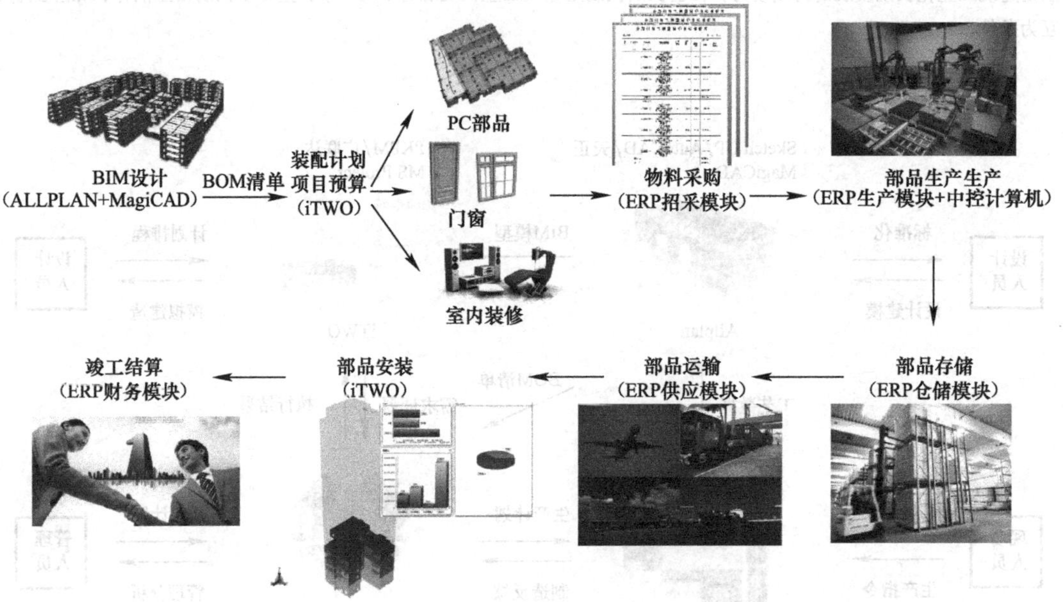

图1-3　信息技术业务流程

（1）在BIM调优功能的基础上将设计的模型信息可以无缝、无损导入系统平台，进行BOM清单统计、造价分析、进度管理等。

（2）具有强大的数据库管理功能，可以直接将相应的企业定额、材料、组价信息导入系统，形成公司内部的成本控制体系，为项目的成本控制提供强大的后台数据支持。

（3）系统整体架构较好，能够与多种第三方ERP系统整合，并且这套系统中最大化的集成了项目施工建造中所需要的各类功能。如商务谈判、合同管理等。

ERP则是建立在信息技术基础上，以系统化的管理思想，为企业决策层及员工提供决策运行手段的管理平台。在管理和组织上采取更加灵活的方式，对供应链上供需关系的变动（包括法规、标准和技术发展造成的变动），同步、敏捷、实时地做出响应；在掌握准确、及时、完整信息的基础上，做出正确决策，能动地采取措施。借助 ERP 系统，项目部可以动态掌控预制构件生产进度、仓储、物流情况以及现场施工进度，实现了质量、进度、成本的三个可控。

1.3 对装配式结构设计的理解

装配式结构最大的特点就是等同于现浇，由于装配式结构是由预制柱、预制剪力墙、叠合梁、叠合板、预制楼梯、预制阳台等构成，构件在进行计算时，调整系数与传统结构有细微的差别。

装配式结构在进行结构布置时，为了减少装配的数量及减小装配中的施工难度，往往不设置次梁。在进行梁柱等构件布置时，应提前知道工厂生产设备生产构件截面尺寸的边界条件，否则设计的构件无法生产。在进行剪力墙布置时，墙的布置应尽量去方便工艺拆分。

板的传力模式应根据产业化公司板的类型确定，如果采用双向叠合板，则可以不改变受力模式，如果采用单向预应力叠合板或者单向预应力空心板，则应把板的受力模式改为对边传导，单向传力。

装配式结构用 PKPM 等软件进行计算时，周期折减系数、梁刚度增大扭矩折减系数等与传统设计有细微的差别，在设计中应认真对待。

装配式结构在绘制施工图时，应尽量减少柱或者剪力墙边缘构件中的套筒个数，节省造价。

装配式剪力墙结构中剪力墙进行布置时，除了按传统剪力墙结构中的思维去布置剪力墙外，还应注意如下要点：

（1）在对剪力墙结构进行布置时，多布置 L 形、T 形剪力墙，少在 L 形、T 形剪力墙中再加翼缘，特别是外墙，否则拆墙时被拆分得很零散。如果要加翼缘则要满足拆分时要求或养护窑尺寸要求。

（2）剪力墙结构中翼缘长度，有两种不同的思路：

第一种是，对于 L 形外墙翼缘长度一般≤600mm，T 形翼缘长度一般≤1000mm（防止边缘构件现浇长度太长而在浇筑中出现问题），在门窗处留出≥200mm 的门垛，如图 1-4 所示。

第二种是，对于 L 形外墙翼缘长度可≥600mm，T 形翼缘分长度可≥1000mm，翼缘端部顶着窗户，如图 1-5 所示。

（3）剪力墙与带梁隔墙的连接，主要是满足梁的锚固长度，在平面内一般不会出现问题，因为往往暗柱留有 400mm 或 500mm 现浇（200 厚墙）或者与暗柱一起预制；无论在剪力墙平面内还是平面外，门垛或者窗垛≥200mm 或者为 0mm。当梁钢筋锚固采用锚板的形式时，梁纵筋应≤14mm（200 厚剪力墙），在实际设计时，面筋与底筋一般一排只放 2 根，否则混凝土施工时会比较困难。

（4）带梁隔墙与剪力墙在平面内外都可以一起预制（墙重量满足起吊最大重量），一起预制后，效果与现浇基本等同，现浇位置可以转移。

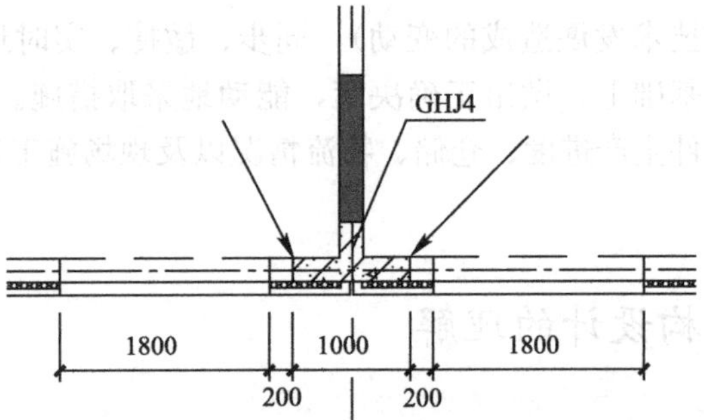

图 1-4　剪力墙布置（1）

注：1. 1800mm 为窗宽，200mm 为留出的窗垛（方便拆分），1000mm 为翼缘长度；

2. 箭头处在层高方向，只有梁与现浇边缘构件钢筋进行锚固，在其下的 200mm 窗垛与现浇边缘构件之间没有钢筋连接，只有预制混凝土与现浇混凝土相连，咬合力不是很好，在地震作用时是薄弱部位，不会与边缘构件形成整体一起受力，不应有安全问题。

3. 当窗垛≥600mm 时，可以做空心外隔墙，也能与现浇边缘构件在交接处形成薄弱部位，不会与边缘构件形成整体一起受力，不应有安全问题。

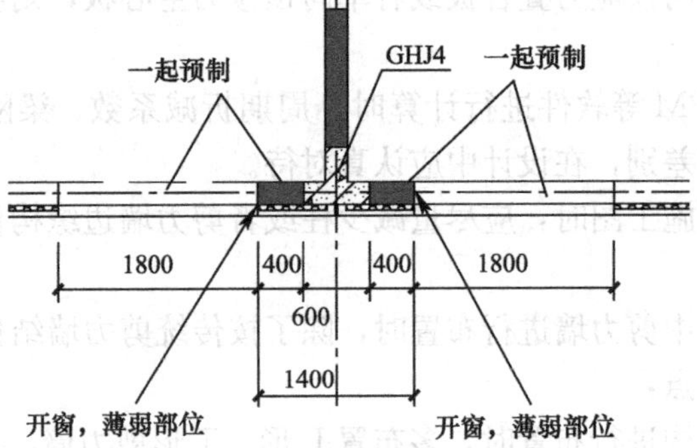

图 1-5　剪力墙布置（2）

注：1. 1800mm 为窗宽，1400mm 为翼缘长度，其中 600mm 为现浇，400mm 为预制；

2. 梁带外隔墙（含窗户）与 400mm 剪力墙一起预制，在把钢筋锚入 600mm 现浇混凝土中；

3. 箭头处在层高方向，与 400mm 预制边缘构件整体相连，由于开了很大的窗洞，在箭头处是薄弱部位（地震作用时），不会与边缘构件形成整体一起受力，不应有安全问题。

1.4　对装配式结构构件工艺深化设计的理解

装配式结构构件工艺深化设计，即满足受力安全的前提下，把不同的单独的构件进行拼装，为了保证整个结构或单个构件的安全性，不出现裂缝等，背后是对力、变形及概念设计的深刻理解。传统的混凝土构件通过现浇混凝土去协调不同构件之间的整体变形，使得整体受力，而装配式结构不同构件之间则通过混凝土＋不同连接件去协调变形，从而满足结构或构件的不同性能要求。本节将从“变形协调”、“概念设计思维”、“钢筋”、“混凝土”、“连接件”、“吊具”、“三维空间”及“优化设计”谈谈对构件工艺深化设计的理解。

1.4.1 变形协调

一个三维的建筑结构，用不同的独立的构件按一定的规则拼装在一起，不同构件之间有不同的变形，不同材料之间也有不同的变形，于是往往借助混凝土或者连接件去变形协调，或者从源头上采用“避”的概念设计思维。变形协调结果由于彼此间相互制约作用而产生附加应力，如果材料能承受这附加应力，则能保证结构或构件的不同性能要求，不能承受，则产生各种问题，如裂缝等。

在变形协调之前，应对变形与力流分布有深刻理解，即结构力学与材料力学中不同构件的弯矩、剪力的具体分布要很清楚。

1.4.2 概念设计思维

不同的构件计算，一般可以简化为连续梁、简支梁、悬臂梁模型等。而不同构件之间的拼装（竖向还是水平构件），都可以用板模型来类比，即通过确定不同的支座，形成两边支座的单向板、三边板、四边支座的双边板等。

不连续的地方一般应加强，比如边缘构件、板边、角柱、底柱和顶柱、开洞处。不同材料的连接处应加强，附加应力总是在薄弱处得到释放。

1.4.3 钢筋

梁构件中钢筋一般包括：面筋、底筋、箍筋、抗扭纵筋、构造腰筋等；板构件中的钢筋一般包括：面筋、底筋、分布钢筋等；柱构件中的钢筋一般包括：竖向纵筋、箍筋等；墙构件中的钢筋一般包括：箍筋、拉筋、水平分布筋、竖向分布筋、边缘构件中的受力纵筋等。在有结构施工图的前提下，按照规范及图集要求在预制构件中不同位置处放置不同的钢筋即可。

钢筋锚固长度应具体情况具体分析，分为受拉锚固与受压锚固，受拉锚固可分为直接承受拉力或者在弯矩的作用下承受拉应力。所以在拆分时，应该对构件不同工况下的受力很清楚，也应该对相关图集构造很熟悉。

钢筋锚固时，在空间上存在“打架”的问题。不同构件之间钢筋可能打架，有时应让构件中的钢筋在水平或者竖直方向以一定的角度适当地倾斜。有些构件钢筋锚固时由于长度的限制，不能直锚，可以采用“直＋弯”的锚固形式或者“直＋锚板”的形式。弯锚的方向可以根据具体工程情况向上或者向下锚固。无论是直锚、“直＋弯”还是“直＋锚板”，都应满足规范与图集的规定，有时，可以根据实际工程适当加大。

1.4.4 混凝土

混凝土在装配式构件拼装时通过预留空间起着“协调”的作用，从而保证结构的安全性，比如梁柱节点通过预留空间让混凝土去协调，预制板上现浇一定厚度的混凝土去协调，边缘构件部分通过现浇混凝土去协调等，从而把不同的构件较好地连接在一起，保证结构或构件的安全性能。有时，预留空间也能解决“钢筋打架”的问题。

1.4.5 连接件

不同构件之间的拼装（竖向还是水平构件），都可以用板模型来类比，即通过确定不同的支座，形成两边支座的单向板、三边板、四边支座的双边板等。

预制内隔墙与上层板在竖向通过“插筋孔”相连形成支座；预制内隔墙与预制内隔墙或者预制剪力墙在不同的边通过“盒子＋套筒”形成支座；阳台外隔墙顶部通过开槽“预留钢筋”与顶部相邻的楼边相连形成支座，阳台外隔墙底部通过开槽设置套筒用角钢与底部相邻的楼边相连形成支座；在两侧通过开槽设置套筒用角钢与相连的隔墙相连形成支座；空调板上的单独隔墙，由于没有其他隔墙与之形成支座，可以设置为悬挑构件，与相邻的墙形成支座。

200厚含泡沫钢丝网架的内隔墙，顶部一般预留300高的实心墙体，底部可以通过预留吊筋与200厚含泡沫钢丝网架的内隔墙相连，类似于梁上吊板的做法，形成支座关系；预制剪力墙墙身边缘通过预留插筋，与边缘构件中的箍筋、纵筋等相连，形成支座关系；剪力墙结构外墙中的“外叶＋保温层”与相邻的墙体之间通过连接钢筋与套筒形成支座的关系。

当支座关系形成后，再根据力的大小及分布，以一定的间距在空间布置不同的连接件。

1.4.6 吊具

吊具是构件起吊时要用的，正常使用时不需要。吊具的根数，应满足构件承重的要求且应成双布置；吊具的定位，边距一般应≥200mm，否则容易开裂。中间部位吊具的间距，有一个最大间距的要求，吊具的布置，背后是结构力学中弯矩等的合理分布。

卫生间应尽量使用套筒作为吊具，其他吊具长度太长，会露出板面。

1.4.7 三维空间

不同构件之间拼装时，在三维空间中存在“打架”或者“不好拼装”的问题，所以应该根据建筑图等，预留缺口，防止构件打架。在拼装时，内隔墙与上层板底及相连预制内隔墙之间留有10mm缝，是为了更准确的装配。外墙中的“外叶＋保温层”之间一般留有20mm的缝，也是出于同样目的考虑。

1.4.8 优化设计

不同构件之间进行拼装时，可以进行优化设计，比如吊钉不好施工或者造价贵时，可以采用钢筋进行代替，内隔墙与隔墙之间的连接，如果采用“盒子”＋“套筒”造价比较贵，则可以用一定宽度的混凝土＋桁架钢筋进行替换。

1.5 概念设计与思维

概念设计是运用人的思维和判断力，从宏观上决定结构设计的基本问题。概念设计是结构设计的精髓，设计思维是结构设计分析与应用手段，概念设计与设计思维灵活运用，如同结构工程师的“左膀右臂”，在实际工程中会起到事半功倍之效。概念不是经验的简单累计，而是先验，更是直觉（insight），背后是设计思维，甚至哲学。概念设计必须依靠扎实的理论基础、丰富的实践经验以及不断创新的思维。概念设计应从点到线，由线到面，由面到空间体的整体性思维，加强局部，更应强调整体；概念设计，不论是点、线、面、空间，都是强调的“一”，即简单，能看到复杂背后最简单本质的一面。本小节与装配式设计关联不大，但考虑到其重要性，大多数结构工程师在做装配式设计时也兼顾做传统设计，故编写于此。

1.5.1 概念设计

（1）物尽其用

力流的传递过程应“物尽其用”，提高材料的利用效率。比如混凝土抗压强度远远大于抗拉强度，应尽量让混凝土构件受压，而不是受拉、受弯。当结构受到弯矩时，弯矩的本质也是拉压应力，拉应力材料的利用率不高。拱的效率高于梁（比普梁构件多了轴力），桁架结构效率高于实体结构也体现着以上观点。

筏板基础设计时，常采用“柱墩”或变厚度筏板，柱墩设置范围较小，主要用来解决柱（或强墙）根部的冲切问题，如果把整块板加厚，则造成浪费。

（2）均匀

刚度的布置应均匀，否则刚度的不均匀会导致力流的不均匀。周期比、位移比、剪重比都与扭转变形及相对扭转变形有关，刚度一般有 X、Y 向刚度，结构周期中某个转角的平动周期不纯，其背后的本质就是该方向两侧刚度不均匀或结构内外相对刚度不合理（产生扭转变形）。X 方向或 Y 方向两端刚度接近（均匀）才位移比小，两端刚度大于中间刚度才会扭转小（偏心荷载作用下），周期比更容易满足。

结构转换层上下之刚度比规定体现对结构竖向刚度均匀变化的要求。在转换层结构中，如果转换梁上的剪力墙布置不均匀，则在转换梁上会产生较大的相对竖向位移，会造成转换梁的超筋。

（3）连续

当柱网纵横方向的长跨与短跨之比≤1.2 时，次梁在满足建筑等的前提下（一般墙下布梁），一般尽量沿着跨度多的方向布置，这也是为了实现力流在纵横方向的均匀分配，结构纵向刚度大，就要多承受力，纵向布置次梁，次梁的布置连续，可以充分利用梁端负弯矩协调变形。

楼盖设计时，次梁的布置应连续，如果不连续布置（间断布置或交错布置且间隔很近），扭转会很大，往往主梁超筋或者箍筋计算值会很大。

图 1-6 中的牛腿与钢柱刚接，牛腿根部有较大的弯矩，对钢柱不利，可以将牛腿的上下翼缘延伸至钢柱边，形成一个“刚域”，能形成更可靠的连接关系。

图 1-7 中钢梁拼接处属于不连续的地方，于是采用“端板＋加劲肋”去加强。

（4）传力途径短

四边支座的楼板在传力时优先向短方向传递。当柱网长宽比大于 1.5 时，宜采用加强边梁的单向次梁方案。单向次梁应沿着跨度大方向布置，落在跨度小的主梁上，一起合力跨越大跨度，而不是依附在他物上跨越长距离，这样做传力路径短比结构布置连续更重要。

在楼盖设计时，次梁在不同位置处布置会产生不同的作用效果，次梁的布置在满足建筑的前提下应尽量离支座近（≥300mm），让传递途径短，如图 1-8 所示。

在进行基础设计时，如果采用人工挖孔桩或者旋挖桩等，可以采用墙端部布置桩，让

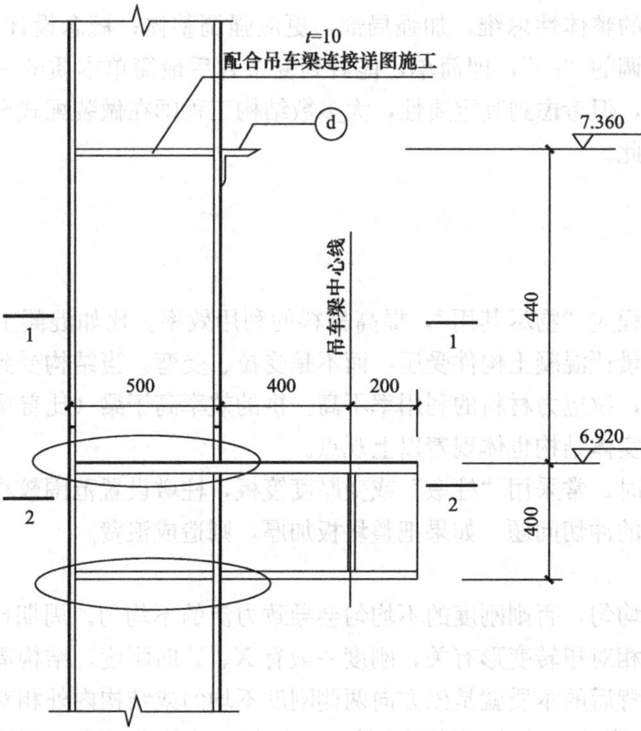

图 1-6 节点 1

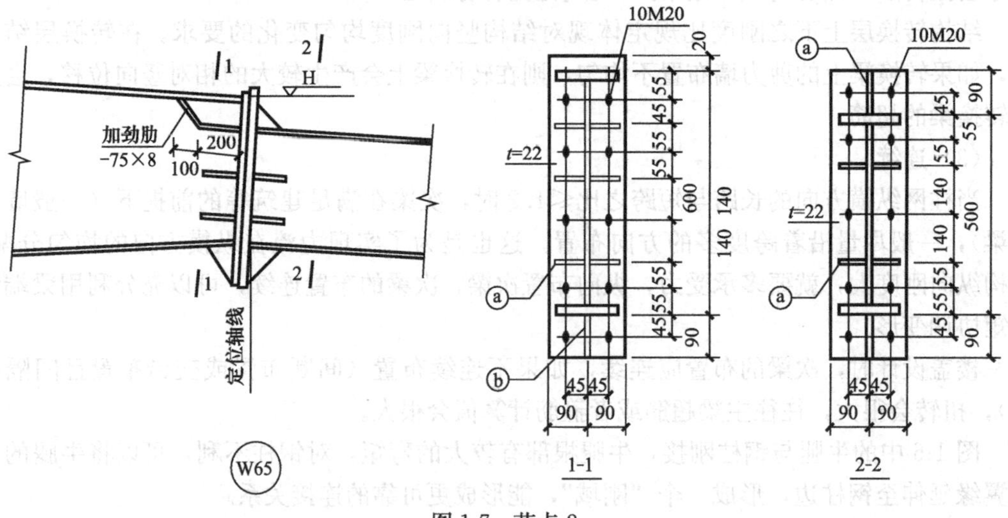

图 1-7 节点 2

上部剪力墙（类似于深梁，向两边传）的力直接传递给桩，桩之间的承台的梁一般可以构造设置，如图 1-9 所示。

（5）力沿着刚度大部位传递

力流总是沿着刚度大或“增大”的方向自发传递，如果减小门式钢架中钢梁中部段的截面，端部截面的应力比会增加。如果柱顶点铰接，钢梁应力比会增大，如果柱角点铰接，钢梁应力比也会增大，都恰好印证了这个道理。在装配式剪力墙结构中，次梁如果采用图 1-10 的节点，也可以用此道理来解释。

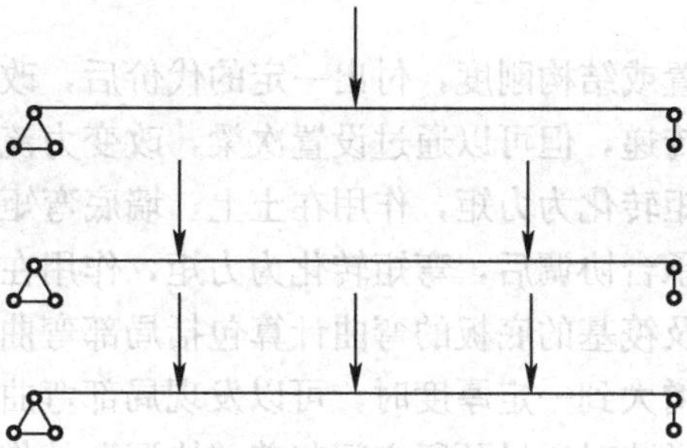

图 1-8　次梁布置

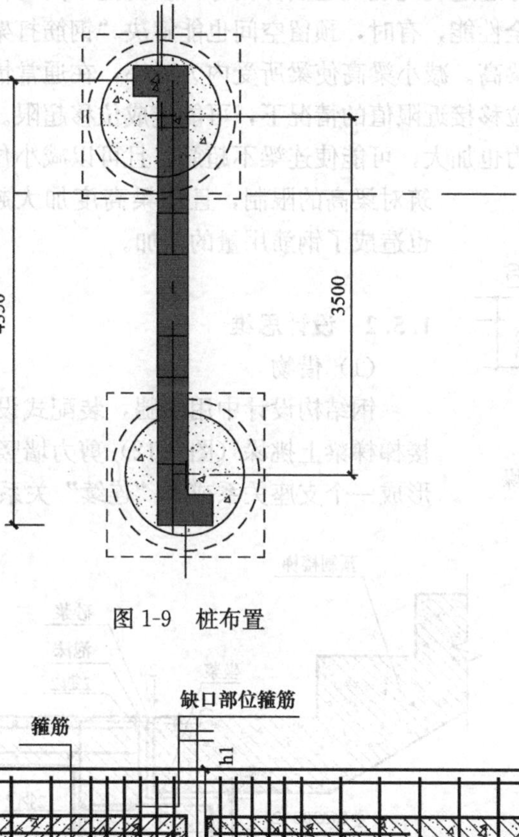

图 1-9　桩布置

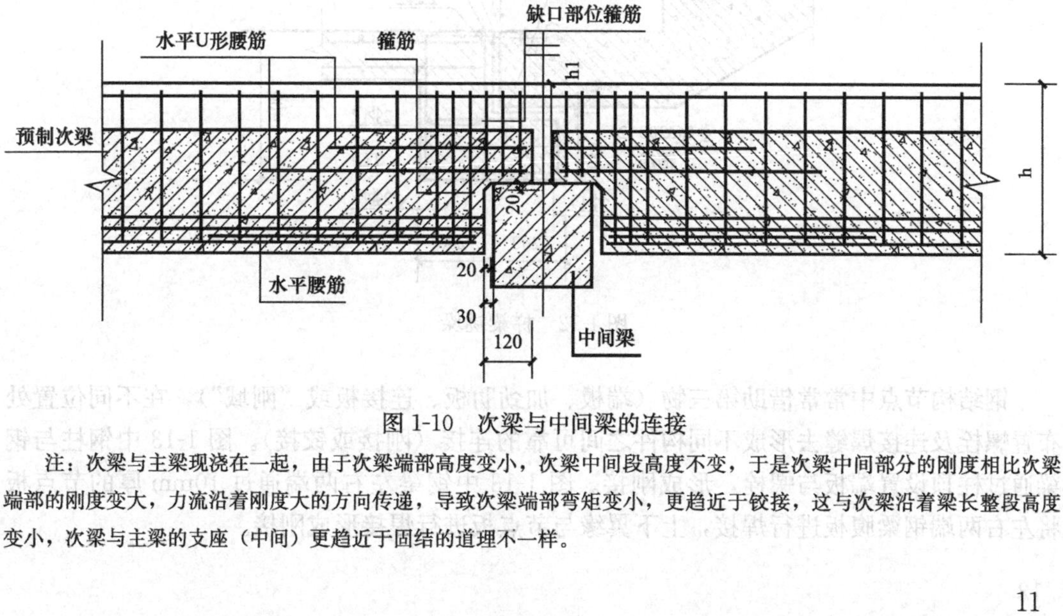

图 1-10　次梁与中间梁的连接

注：次梁与主梁现浇在一起，由于次梁端部高度变小，次梁中间段高度不变，于是次梁中间部分的刚度相比次梁端部的刚度变大，力流沿着刚度大的方向传递，导致次梁端部弯矩变小，更趋近于铰接，这与次梁沿着梁长整段高度变小，次梁与主梁的支座（中间）更趋近于固结的道理不一样。

（6）变形协调

可以人为改变结构布置或结构刚度，付出一定的代价后，改变力流的方向。比如板的内力一般自发向板的短边传递，但可以通过设置次梁，改变力流的分布。比如柱底弯矩通过独立基础的协调后，弯矩转化为力矩，作用在土上，墙底弯矩或墙肢底部轴力大小不同时对承台产生的弯矩通过承台协调后，弯矩转化为力矩，作用在桩身上便成了轴力。

箱基的底板、面板以及筏基的底板的弯曲计算包括局部弯曲和整体弯曲两部分，当地基不是很均匀，板厚从小增大到一定厚度时，可以发现局部弯曲与整体弯曲协调的过程。

混凝土在装配式构件拼装时通过预留空间起着“协调”的作用，从而保证结构的安全性，比如梁柱节点通过预留空间让混凝土去协调，预制板上现浇一定厚度的混凝土去协调，边缘构件部分通过现浇混凝土去协调等，从而把不同的构件较好地连接在一起，保证结构或构件的安全性能，有时，预留空间也能解决“钢筋打架”的问题。

减小和加大梁高。减小梁高使梁所受内力减小，在通常情况下对调整超筋是十分有效的，但是在结构位移接近限值的情况下，可能造成位移超限。加大连梁高度连梁所受内力加大，但构件抗力也加大，可能使连梁不超筋，且可以减小位移，但是这种方法可能受建筑对梁高的限制，且连梁高度加大超过一定限值，构造需加强，也造成了钢筋用量的增加。

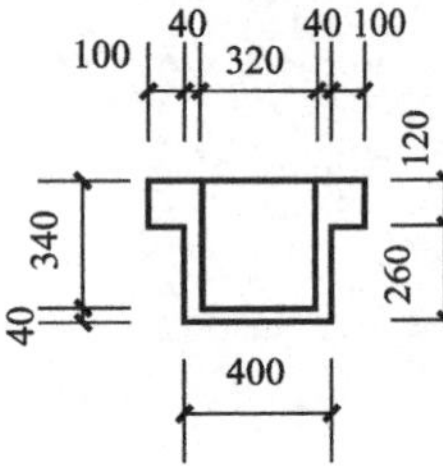

图 1-11　梁上挑垛

1.5.2　设计思维

（1）借物

钢结构设计中用牛腿，装配式设计中框梁上挑垛（图 1-11），楼梯梯梁上挑垛（图 1-12）剪力墙竖向连接用套筒，都属于借物，形成一个支座关系或者“连续”关系。

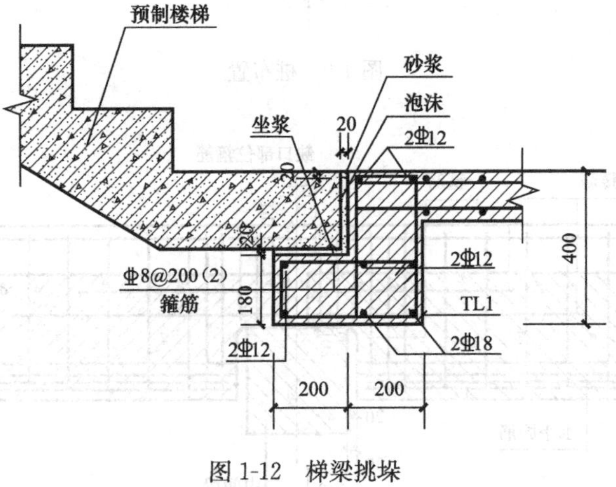

图 1-12　梯梁挑垛

钢结构节点中常常借助第三物（端板、加劲肋板、连接板或“刚域”），在不同位置处布置螺栓及连接焊缝去形成不同构件之间可靠的连接（刚接或铰接）。图 1-13 中钢柱与钢梁通过柱顶设置端板与螺栓，形成刚接。图 1-13 中钢梁左右两端通过 10mm 厚的节点板将左右两端钢梁腹板进行焊接，上下翼缘与节点板进行焊接形成刚接。

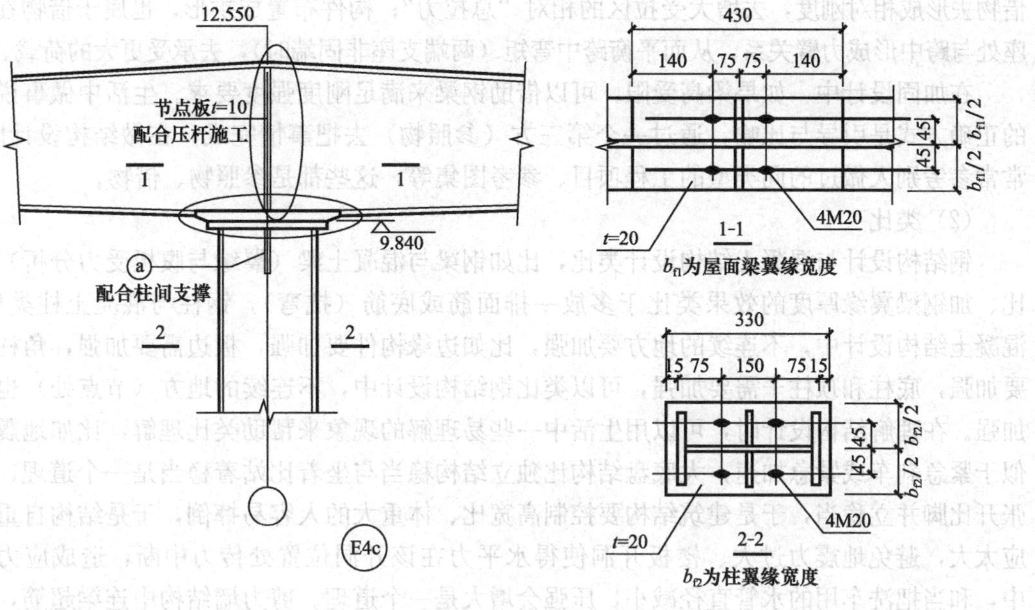

图 1-13　节点 3

图 1-14 中垂直相交的主次梁通过主梁中与上下翼缘形成稳定支座关系的加劲肋板形成可靠的连接，主梁中和轴附近布置螺栓与次梁相连去承受剪力，当次梁翼缘与主梁翼缘之间进行焊接时，又形成固结连接，此节点中钢主梁平面外有楼板等保证其平面外稳定。

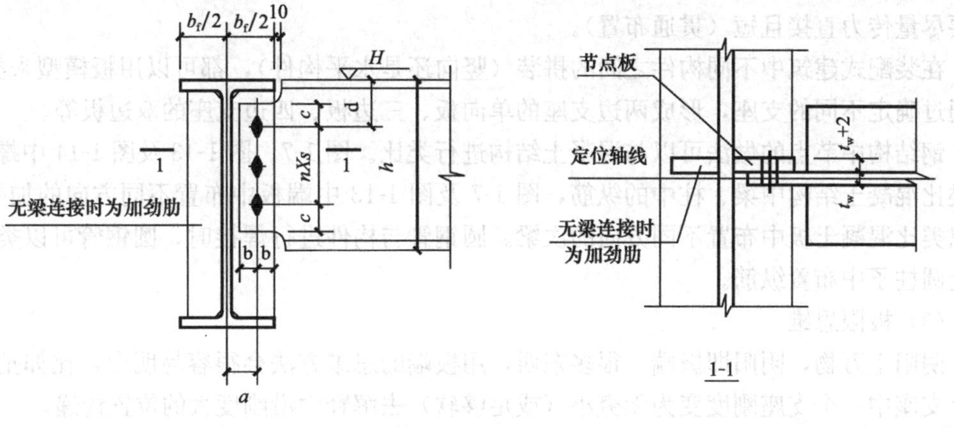

图 1-14　节点 4

人工挖孔桩或者灌注桩在进行布置时，一般应扩底，可以减小桩间距，对于常规工程，一般剪力墙下布置 2～3 个人工挖孔桩，桩的最小中心距为：1.5D 或 D＋1.5m（但 D＞2m)，当不扩底时，桩间距应满足非挤土灌注桩的要求：2.5d。当人工挖孔桩端部落在岩石上，不考虑侧摩阻时，扩底后净间距不得小于 500m，扩底属于借物。

门式刚架中柱间支撑，屋面支撑、桁架的腹杆，都是属于借物，让力流以拉压轴力的方式传递另一端，形成力臂，去平衡弯矩，在民用建筑设计时，如果布置了斜柱等，加支撑对减小位移比等有很大帮助。

预应力结构设计时，在梁板端部与底部提前施加预应力，去平衡使用时的荷载，属于借物去形成相对刚度，去增大受拉区的相对“总拉力”；构件布置成拱形，也属于借物在支座处与跨中形成力臂关系，从而平衡跨中弯矩（两端支座非固端时），去承受更大的荷载。

在加固设计中，如果梁高受限，可以借助钢梁来满足刚度强度要求。生活中做事说话的正确方式是引导与比喻，通过一个第三方（参照物）去把事情完成，在做结构设计时，常常参考别人做过的同类型的工程项目、参考图集等，这些都是参照物、借物。

(2) 类比

钢结构设计与混凝土结构设计类比，比如钢梁与混凝土梁（翼缘与腹板受力分析）类比、加钢梁翼缘厚度的效果类比于多放一排面筋或底筋（抗弯），钢柱与混凝土柱类比。混凝土结构设计中，不连续的地方要加强，比如边缘构件要加强，板边需要加强，角柱需要加强，底柱和顶柱子需要加强，可以类比钢结构设计中，不连续的地方（节点处）也应加强。在理解结构设计时，可以用生活中一些易理解的现象来帮助类比理解，比如地震类似于紧急刹车或紧急加速，大底盘结构比独立结构稳当与坐着比站着稳当是一个道理，脚张开比脚并立稳当，于是建筑结构要控制高宽比、体重大的人容易摔倒，于是结构自重不应太大，避免地震力过大、楼板开洞使得水平力在该开洞位置处传力中断，造成应力集中，和当把洗车用的水管直径减小，压强会增大是一个道理。剪力墙结构中连梁超筋，有时可减小梁高，弱化连梁的作用，让墙自己多承担一点，和生活中用手拉人时把手放松一点一个道理。桩基础布置在墙的两端还是墙身中间部位，可以类比是踩在脚跟疼还是脚心疼一个道理。生活中做事要有连续性，可以类比结构设计时，梁的布置应尽量连续（一般沿着跨度多的方向布置、梁端部悬挑等）、墙的布置要连续（转角处布置翼缘）。在生活中，有时做事要直接找负责人或领导，这样做事更直接，可以类比结构设计中，结构的布置要尽量传力直接且短（贯通布置）。

在装配式建筑中不同构件之间的拼装（竖向还是水平构件），都可以用板模型来类比，即通过确定不同的支座，形成两边支座的单向板、三边板、四边支座的双边板等。

钢结构中节点的做法可以与混凝土结构进行类比。图 1-7、图 1-13 及图 1-14 中螺栓可以类比混凝土结构中梁、柱中的纵筋，图 1-7 及图 1-13 中端板中布置不同方向的加劲肋，可以类比混凝土板中布置不同方向的次梁。圆钢管与构件进行焊接时，圆钢管可以类比混凝土圆柱子中布置纵筋。

(3) 极限思维

阴阳生万物，阴阳即极端。很多东西，用极端的思维方法会很容易明白，比如把梁的两个支座中一个支座刚度变为无穷小（或足够软）去解释力沿刚度大的位置传递。

(4) 相对

力流可以改变构件的刚度，预应力结构可以这样理解，通过控制定值强度，人为改变预应力的形状与位置，产生不同的变形效果，刚度也即相对刚度。

控制扭转的关键在于“加减法”及 X 方向或 Y 方向两端刚度接近（均匀），要加的墙位置很重要，好钢用在刀刃上才更有效，而方法的背后，在于一个外墙与内墙的相对刚度，而不是外墙的绝对刚度大小，理解了相对刚度，就明白了“减法”在刚度调整过程中的重要作用。减法的过程中也要控制 X 方向或 Y 方向两端刚度接近（均匀），否则又产生扭转变形。

构件中的固结、简支（或铰接）与相对刚度密切相关。当双向板为整间大楼板（板厚较厚时），两邻边为小跨度板（板厚度较小），由于两者的刚度相差过于悬殊，往往不宜以固定端待之（对于小跨度板来说，是固定端）。当支承端跨板的边梁为宽扁梁或近乎深梁，由于边梁的抗扭刚度甚大，边梁又可作为楼板的固定端部。

结构静力学的位移法也是刚度法，把实际的结构抽象为数学模型（计算简图）是结构分析的第一步。决定联系的主要因素就是结构各部分刚度的比值，即结构各部分的相对刚度。超静定结构的受力状态取决于各部分的相对刚度，计算简化来源于刚度的简化，相对刚度大的部分简化为无限大刚度，相对刚度小的部分简化为零刚度。

图 1-15（*a*）和图 1-16 中的梁，主要左跨的转动刚度为右跨的 20 倍以上，其计算简图可分别为图 1-15（*b*）和图 1-16（*b*）。在工程结构设计的精度范围内，可以这样认为，如果与某梁相连的其他构件的总刚度比这根梁大很多（比如 4 倍或 4 倍以上），则该梁端部可视为完全固结，如果相连杆件的总刚度为该梁刚度的 1～3 倍，则端部约束介于完全刚接与铰接之间，按弯矩分配法计算。

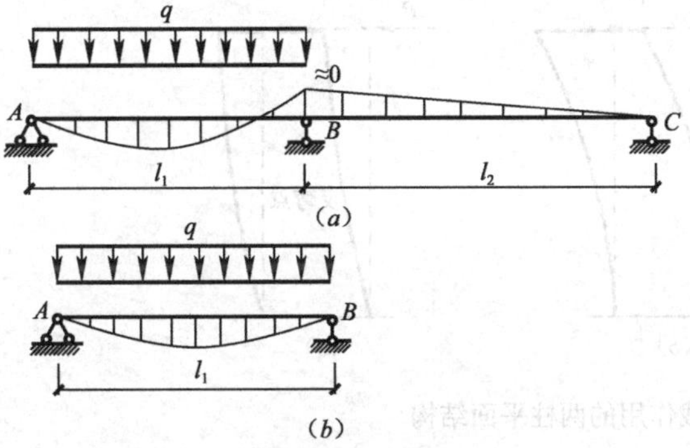

图 1-15　连续梁的支座简化（一）

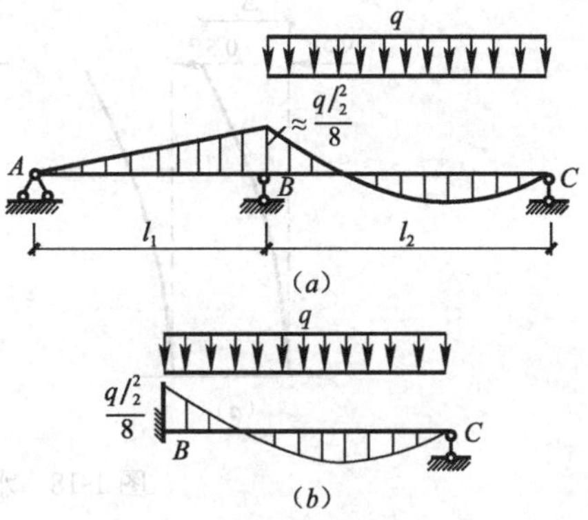

图 1-16　连续梁的支座简化（二）

图 1-17 所示为一门式刚架及其弯矩图。$q=20\text{kN/m}$，刚架跨度 8m，高度 6m 进行计算，如果横梁的截面尺寸增大，立柱的截面尺寸减小，弯矩趋向于图 1-17（*b*），横梁弯矩接近于简支梁的弯矩图，跨中弯矩很大，这种内力状态是不利的；反之，如果立柱截面尺

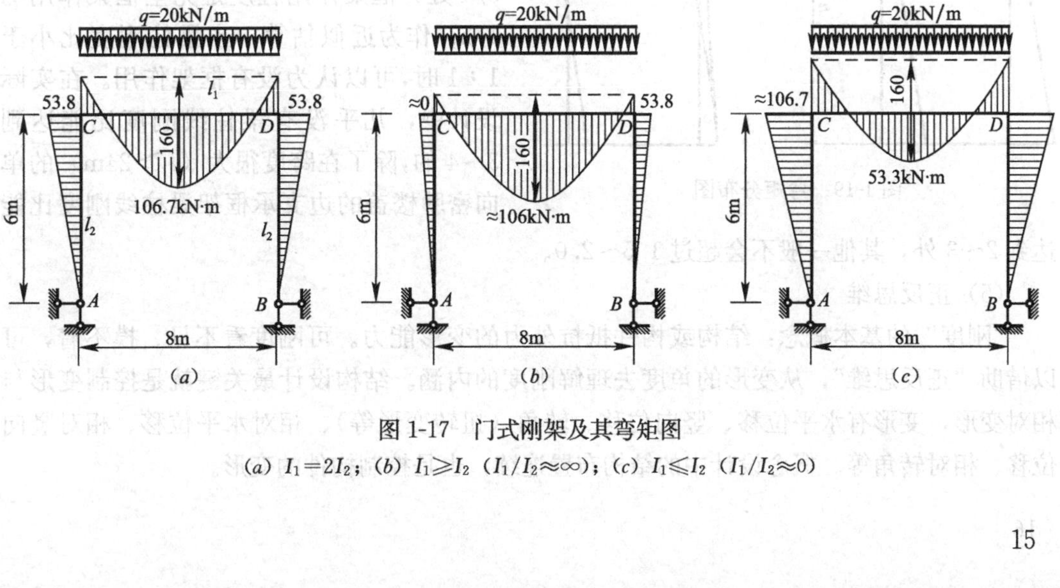

图 1-17　门式刚架及其弯矩图

(*a*) $I_1=2I_2$；(*b*) $I_1 \geqslant I_2$ $(I_1/I_2 \approx \infty)$；(*c*) $I_1 \leqslant I_2$ $(I_1/I_2 \approx 0)$

寸增大，横梁截面尺寸减小，弯矩图将趋向图 1-17（c），横梁弯矩图接近于固端梁的弯矩图，立柱的弯矩值也很大，是不利的。适当调整梁柱的截面尺寸，可以使横梁跨中弯矩与支座弯矩大体相等，同时也减小立柱的弯矩值。

悬臂支承在基础上的两根柱子，独立作用，柱在水平荷载作用下的抗弯能力很小（图 1-18a），通过加设铰水平构件可以得到改善（图 1-18b），铰接水平构件无法约束柱顶变形，无法提高悬臂柱的抗弯刚度，最好的办法是让水平构件与柱顶刚接（图 1-18c），这样水平构件与柱可以相互约束转动，使柱子产生反弯曲，改变反弯点位置，让弯矩从柱底分配一部分到梁端，让柱底轴力（拉压力）分担一部分弯矩（图 1-19）。在真正的框架中，框架的作用程度主要由梁柱刚度比决定，如果单柱刚度比梁刚度要大，则大部分倾覆力矩将由每个柱的抗弯作用承担。如果梁刚度更大些，则柱子内弯矩要减小，成对的轴力将分担很大一部分倾覆力矩，这样抗弯作用将由独立柱受弯转为整个框架受弯，独立柱的抗弯力臂很小，而成对的柱形成的框架力臂很大。

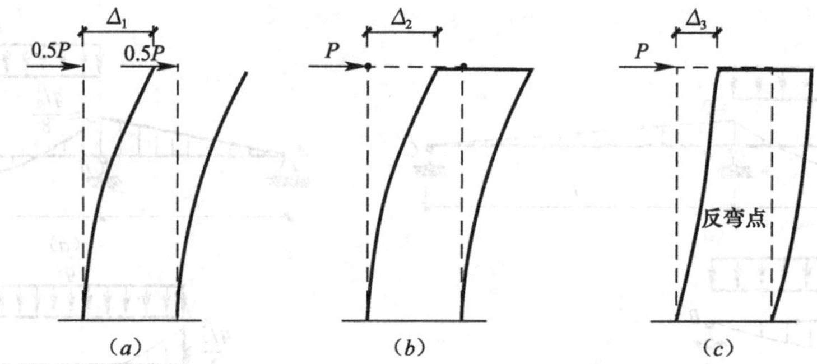

图 1-18　水平荷载作用的两柱平面结构

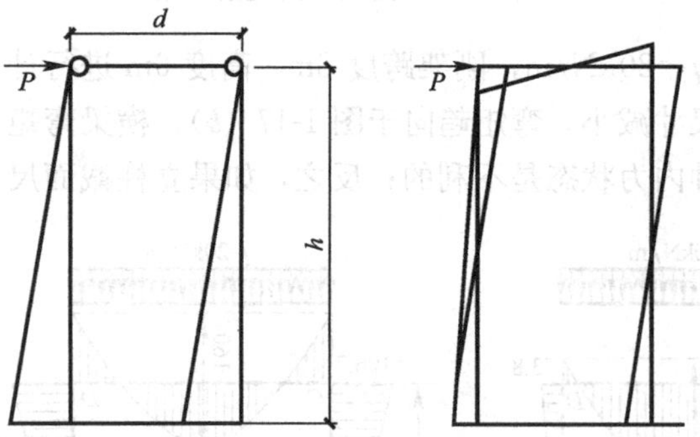

图 1-19　弯矩分布图

梁与柱的线刚度比是很重要的因素，是横梁框架作用程度标志。当梁与柱的刚度比减小时，柱顶将有很大转动，当梁柱刚度比为 1∶1 时，反弯点大约在柱高的 3/4 处，框架作用程度是完全框架作用的 1/2；作为近似估算，当梁柱刚度比小于 1∶1 时，可以认为没有框架作用。在实际设计中，几乎没有梁柱线刚度比能达到 3～4 的，除了在跨度很大（L＞24m）的单向密肋楼盖的边支承框架梁柱线刚度比能达到 2～3 外，其他一般不会超过 1.5～2.0。

（5）正反思维

“刚度”的基本概念：结构或构件抵抗外力的变形能力。可刚度看不见、摸不着，可以借助“正反思维”，从变形的角度去理解刚度的内涵。结构设计最关键就是控制变形与相对变形，变形有水平位移、竖向位移、转角（扭转变形等）、相对水平位移、相对竖向位移、相对转角等。概念设计中的结构布置连续，也是控制构件的变形。

（6）二八定律

任何一组事物中，起主要作用的是少数。比如外围、拐角的剪力墙抵抗水平风荷载与水平地震作用的贡献最大。独立基础受到较大弯矩时，独立基础外围部分的贡献更大（力臂更大）。分清结构或构件中的主次要因素后，便可更有效地根据结构或构件计算指标调整结构或构件布置以满足规范要求。

（7）避

当变形协调需要较大代价时，可采用避的方式，有时高层建筑比较复杂，采用桩基础，核心筒部位一般采用大承台＋桩基础，其他部位采用小承台＋桩基础。如果连在一起，不同部位的变形不一样，协调需要很大的代价。

（8）“一”

《道德经》第四十二章：道生一，一生二，二生三，三生万物，一切都可以归于“一”。一个建筑中，很多构件都可以简化为悬臂梁、简支梁、连续梁模型，单向板、悬挑板与梁的计算模型有很多类似的地方；地下室外墙可以简化为梁模型，整个建筑可以简化为一根悬臂梁模型。

1.5.3 定性定量

读书的过程，是由薄读厚，再由厚读薄的过程，结构设计也遵循如此规定。从一个小工程着手，知道软件操作原理及过程，知道结构布置及绘图过程，是“少”，随着看书的不断增加，工程越做越多，发现结构设计理论博大精深，工程复杂多样，相对刚度在结构设计中很重要，是“多”；最后返璞归真，发现常规工程的经验就是定性定量的最好“产品”，是不同构件之间变形协调后的“产品”，理论上掌握得再多，定性上再高深，常规工程都逃脱不了经验，因为定性虽然高深，但是按照经验取值，定性根本无法向很远延伸，而是在经验附近小幅度的摆动或者就是经验取值。而工程再复杂，都在概念设计与设计思维的框架内。定性可以写一本几百页的书籍，可是对于常规工程，真正有用的定量就几页纸的东西。

1.6 一名结构工程师参加工作后的感悟

社会是有秩序的，如同马路上的红绿灯；社会缺少的是资源，资源的分配也是有秩序的，以圈子聚积。社会是分等级的，古时候就把人分三六九等，所以多读书、提高学历很重要；社会是很现实的，如同菜市场的买卖交易，但有的人能做到厚道；社会也是很简单的，提高自己，让自己变得优秀，变得被需要；社会中生存要学会忍与等待，否则苦的是自己。社会中生存没那么多复杂，很简单，踏踏实实多付出，把该做的事做好，变得被需要，记得一定要多付出与提高自己，要永远记住一句话，不要轻易的去破坏既有圈子中的秩序与利益分配，只有通过付出或者直接（间接）交换，才能维持一种需求关系。

2 预制预应力混凝土装配整体式框架结构设计

2.1 工程概况

广西南宁某公司办公楼，采用预制预应力混凝土装配整体式框架结构技术体系，总建筑面积约 $7637m^2$，主体地上 6 层，地下 0 层，建筑高度 23.75m。该项目抗震设防类别为丙类，建筑抗震设防烈度为 6 度，设计基本加速度值为 0.05g，设计地震分组为第一组，场地类别为Ⅲ类，设计特征周期为 0.45s，框架抗震等级为四级。由于填土较深，局部达到 10m，故本工程采用摩擦端承桩，管桩外径：$D=400$（AB 型桩），根据工程地质勘察报告，桩端持力层为 8 号黏土层。

2.2 上部构件截面估算

2.2.1 梁

1. 截面高度

框架主梁 $h=L(1/8\sim1/12)$，一般可取 1/12，梁高的取值还要看荷载大小和跨度，有的地方，荷载不是很大，主梁高度可以取 1/15。

框架次梁 $h=L(1/12\sim1/20)$，一般可取 1/15。当跨度较小，受荷较小时，可取 1/18。

简支梁 $h=L(1/12\sim1/15)$，一般可取 $L/15$。楼梯中平台梁，电梯吊钩梁，可按简支梁取。

悬挑梁：当荷载比较大时，$h=L(1/5\sim1/6)$；当荷载不大时，$h=L(1/7\sim1/8)$。

单向密肋梁：$h=L(1/18\sim1/22)$，一般取 $L/20$。

井字梁：$h=L(1/15\sim1/20)$。跨度≤2m 时，可取 $L/18$；≤3m 时，可取 $L/17$。

转换梁：抗震时 $h=L/6$；非抗震时 $h=L/7$。

2. 截面宽度

一般梁高是梁宽的 2～3 倍，但不宜超过 4 倍。当梁宽比较大，比如 400mm、450mm 时，可以把梁高做成 1～2 倍梁宽。

主梁 $b\geqslant200$mm，一般≥250mm，次梁 $b\geqslant150$mm。

3. 结构平面布置

标准层结构平面布置如图 2-1 所示。

4. 本工程梁截面取值

本工程梁截面取值如图 2-2～图 2-7 所示。

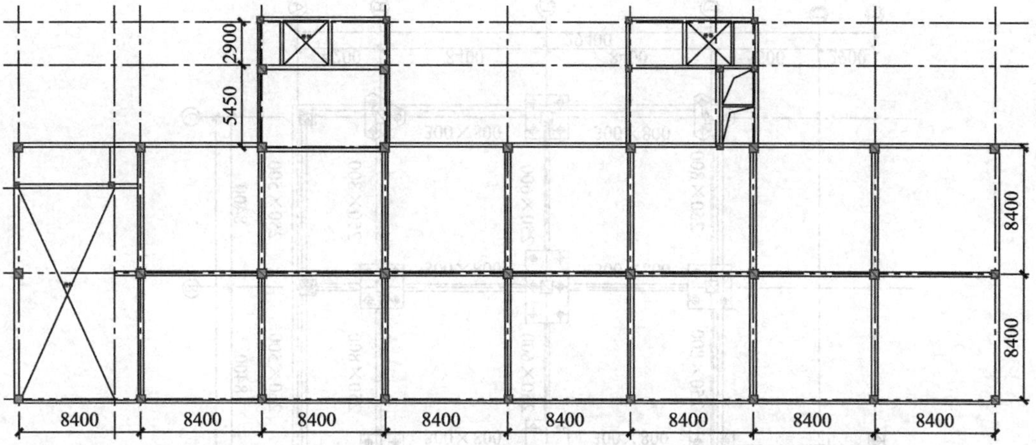

图 2-1 结构平面布置图

注：1. 由于预制预应力装配整体式框架结构采用工厂预制加工，机械进行安装，从生产及施工角度的考虑，框架结构中一般尽量避免次梁。

2. 有些位置次梁不可避免，比如楼梯间等。

2.2.2 柱

1. 规范规定

《建筑抗震设计规范》GB 50011—2010（以下简称《抗规》）第 6.3.5 条：柱的截面尺寸，宜符合下列各项要求：

截面的宽度和高度，四级或不超过 2 层时不宜小于 300mm，一、二、三级且超过 2 层时不宜小于 400mm；圆柱的直径，四级或不超过 2 层时不宜小于 350mm，一、二、三级且超过 2 层时不宜小于 450mm。

2. 经验

(1) 表 2-1 是北京市建筑设计研究院原总工郁彦的经验总结，编制表格时以柱网 8m×8m、轴压比 0.9 为计算依据。

(2) 柱网不是很大时，一般每 10 层柱截面按 0.3～0.4m^2 取。当结构为多层时，每隔 3 层柱子可以收小一次，模数≥50mm；高层，5～8 层可以收小一次，顶层柱子截面一般不要小于 400mm×400mm。当楼层受剪承载力不满足规范要求时，常会变柱子截面大小。

(3) 对于矩形柱截面，不宜小于 400mm，但经过强度、稳定性验算并留有足够的安全系数时，某些位置处的柱截面可以取 350mm。

3. 本工程柱截面取值

本工程柱截面取值如图 2-8 所示。

2.2.3 板

1. 规范规定

《混凝土结构设计规范》GB 50010—2010（以下简称《混规》）第 9.1.2 条：现浇混凝土板的尺寸宜符合下列规定：

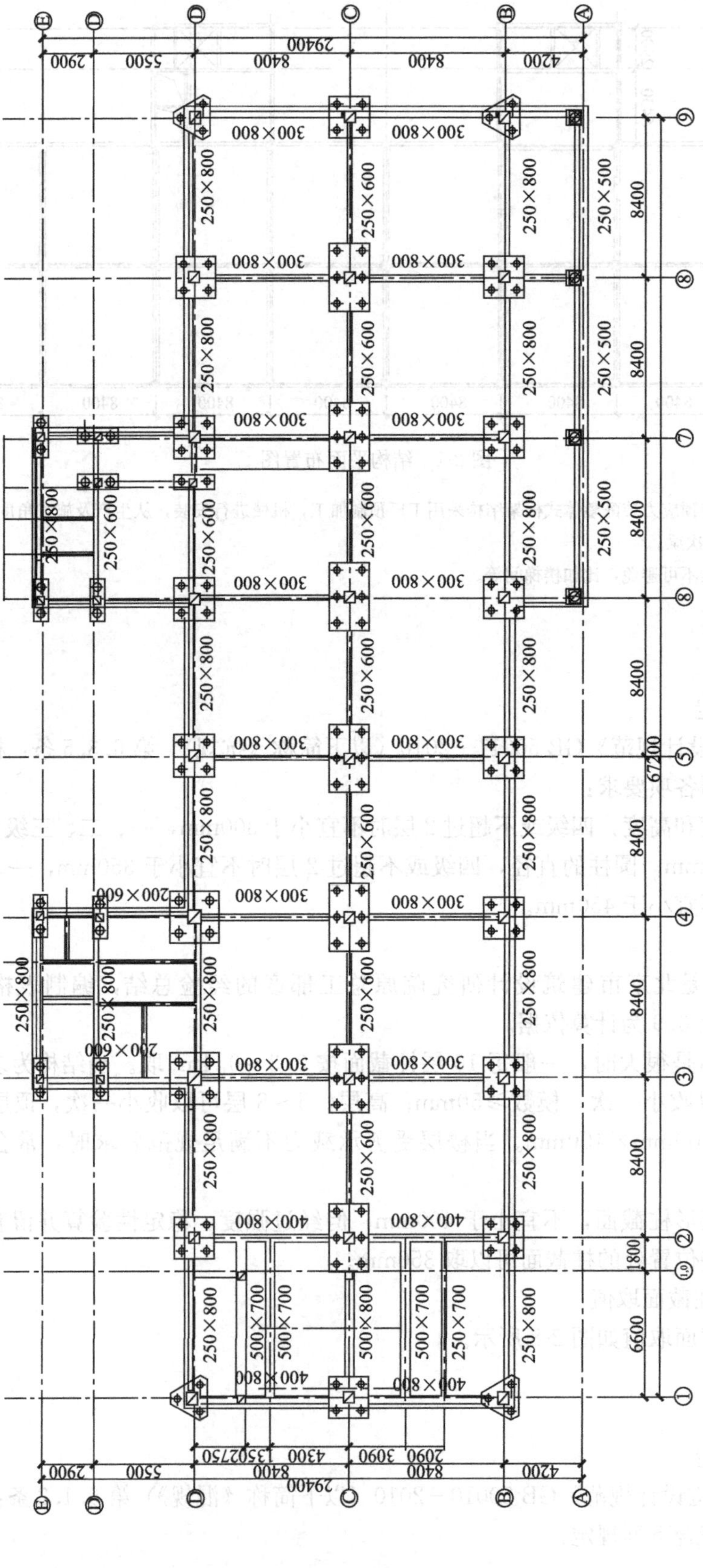

A
B
C
D
E
29400
4200
8400
8400
5500
2900
67200
8400
6600
1800
300×800
400×800
250×800
250×600
250×500
500×700
500×800
200×600
2090
3090
4300
1350
2750
1
2
3
4
5
6
7
8
9
10

图2-2 基础梁截面

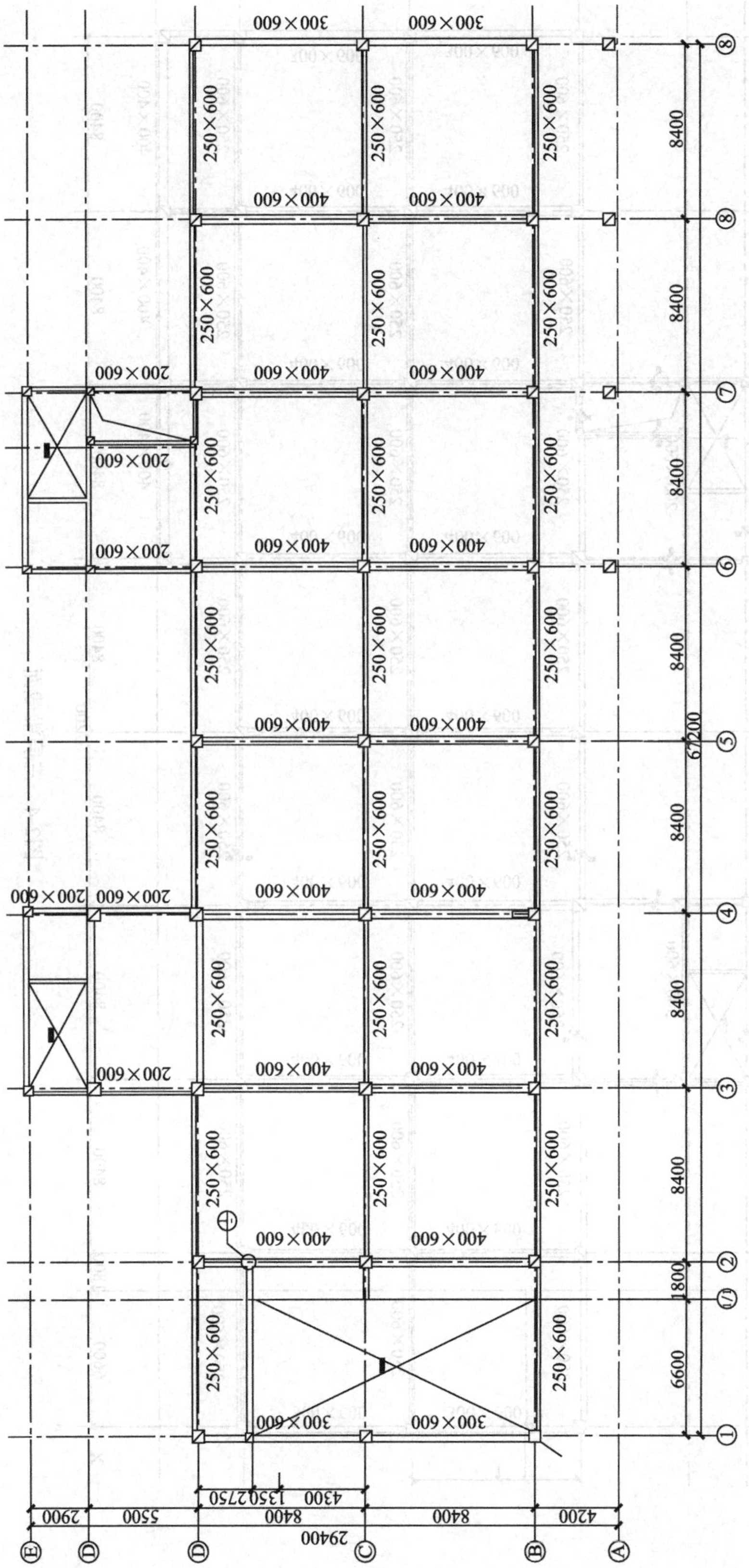
250×600
400×600
300×600
200×600
8400
1800
6600
67200
4200
5500
2900
29400
4300
1350
2750
①
②
③
④
⑤
⑥
⑦
⑧
Ⓐ
Ⓑ
Ⓒ
Ⓓ
Ⓔ

图2-3　二层梁截面

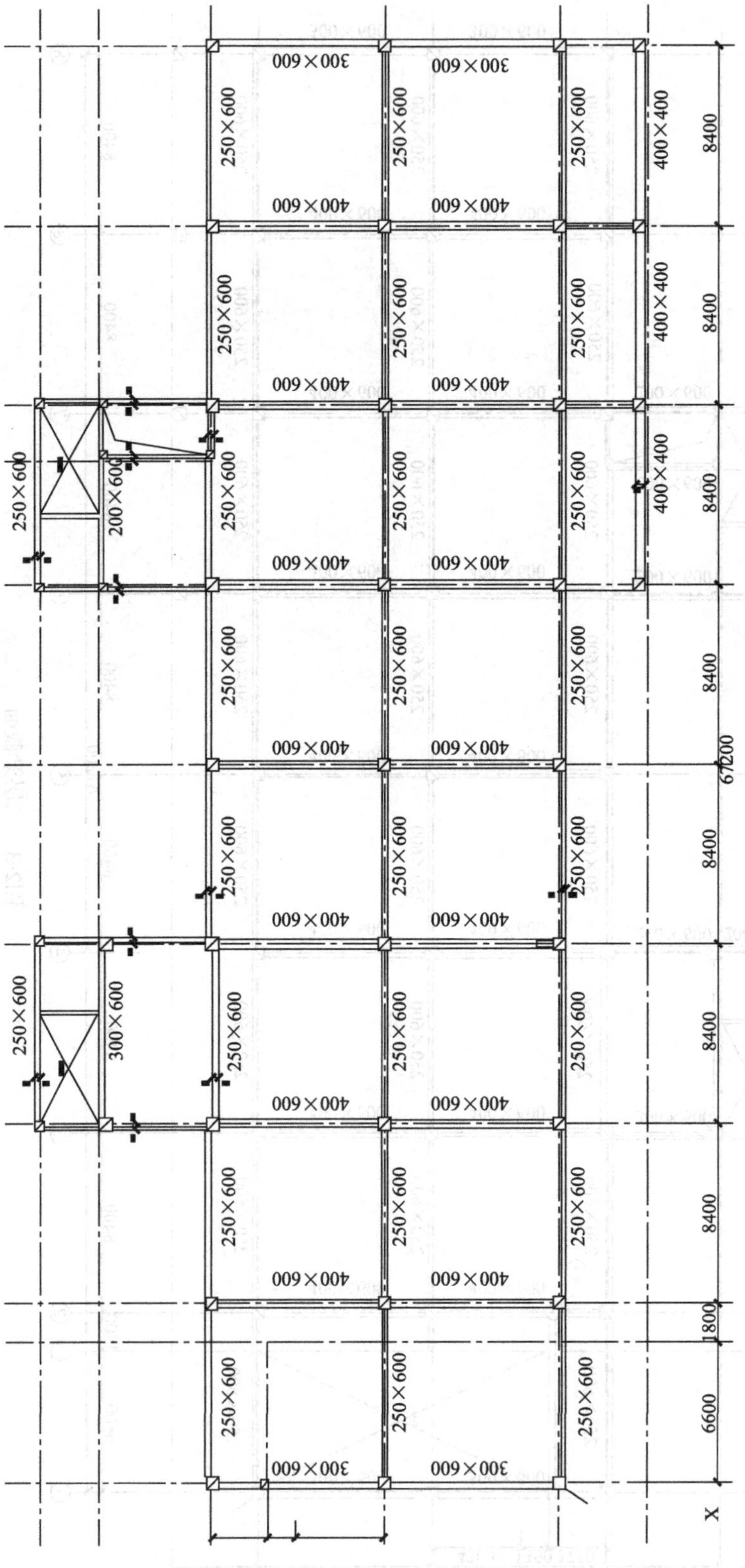
300×600
400×600
250×600
400×400
200×600
300×600
8400
1800
6600
67200
X

图2-4 三层梁截面

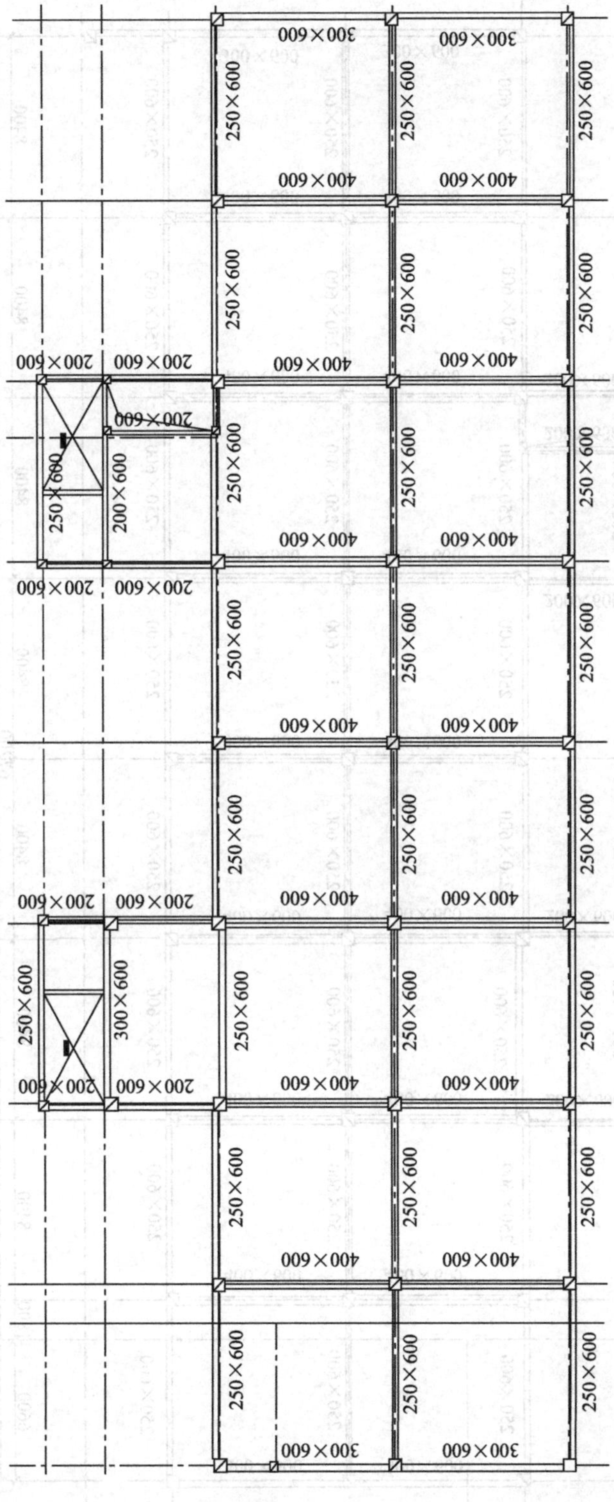

图2-5　四层梁截面

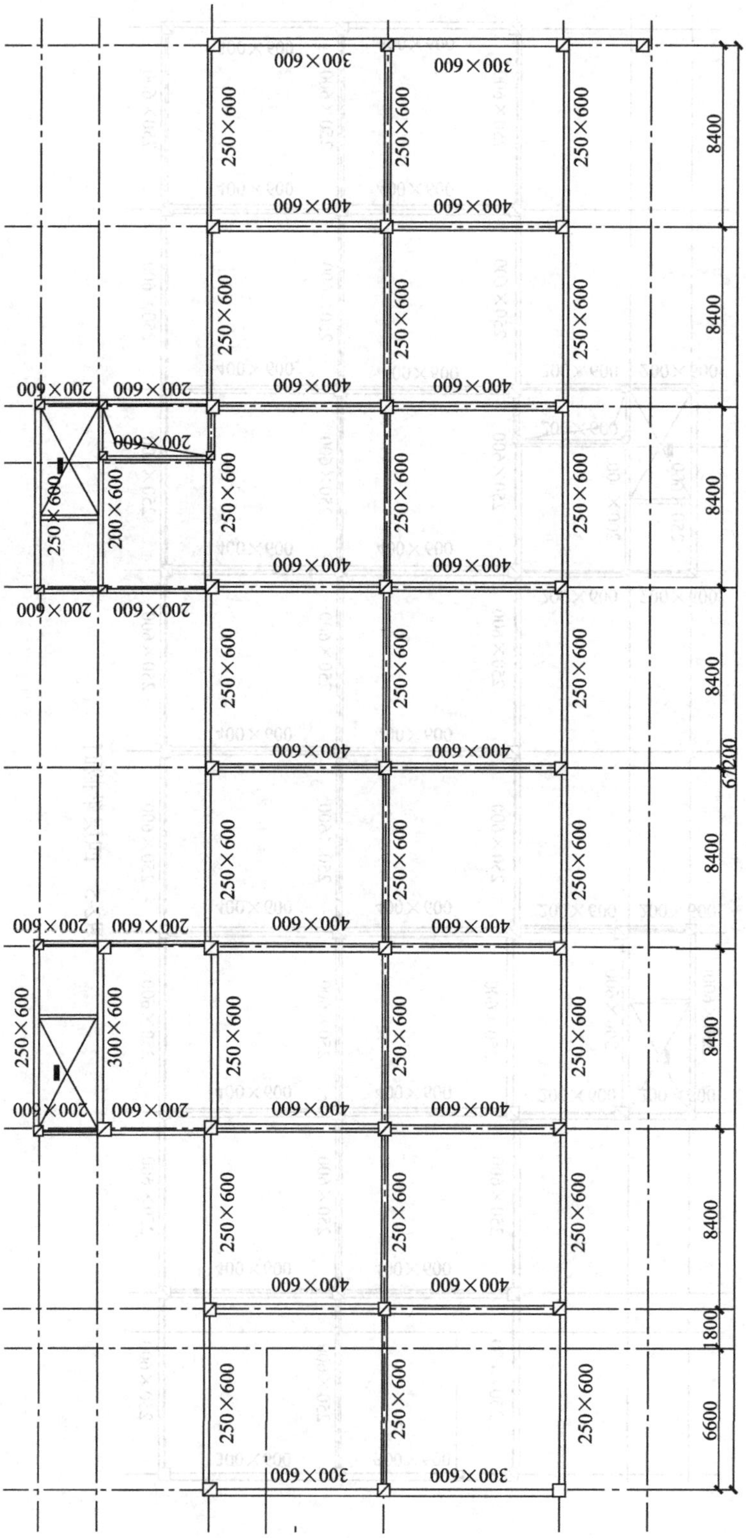
300×600
250×600
400×600
200×600
300×600
8400
8400
8400
8400
8400
8400
8400
1800
6600
67200

图2-6　五层梁截面

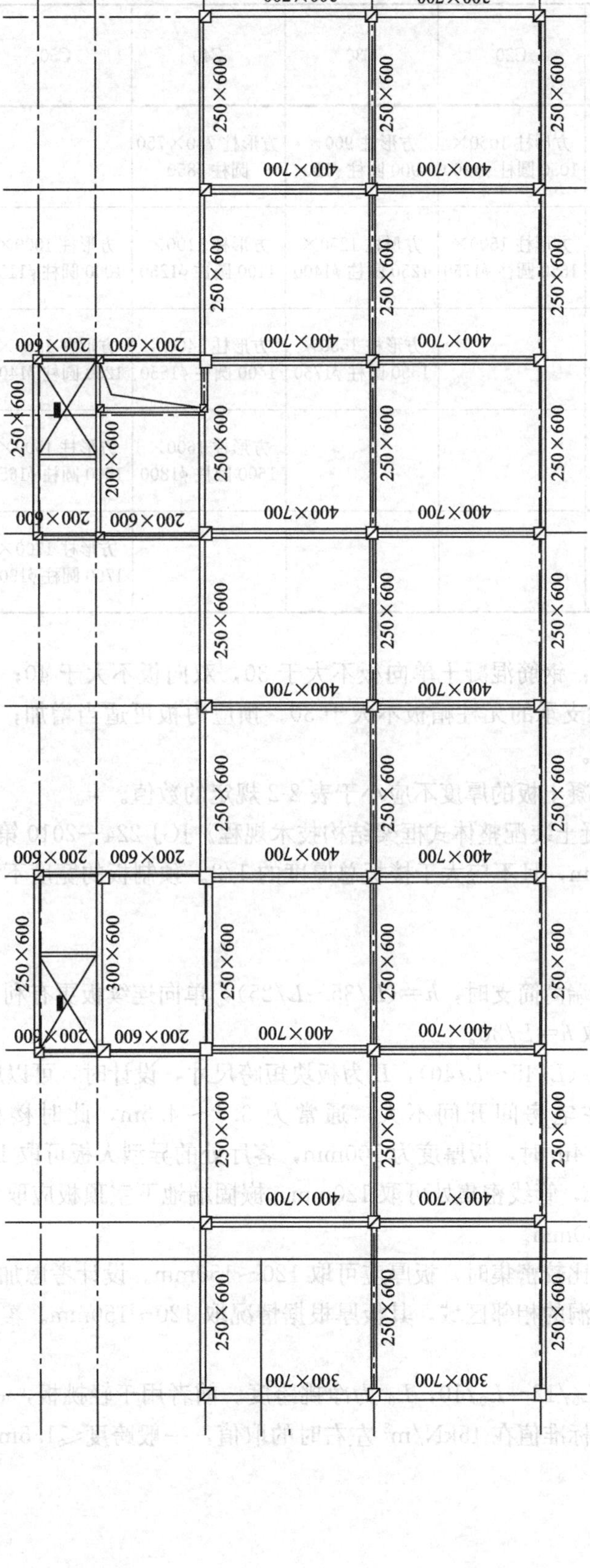

图2-7 屋面层梁截面

正方形柱及圆柱截面尺寸参考（轴压比为 0.9） **表 2-1**

每层平均荷载标准值 q（kN/m^2）	层数混凝土等级	C20	C30	C40	C50	C60
12.5	10 层	方形柱 1050×1050 圆柱 ϕ1200	方形柱 900×900 圆柱 ϕ100	方形柱 750×750 圆柱 ϕ850		
13	20 层	方形柱 1500×1550 圆柱 ϕ1750	方形柱 1250×1250 圆柱 ϕ1400	方形柱 1100×1100 圆柱 ϕ1250	方形柱 1000×1000 圆柱 ϕ1150	
13.5	30 层		方形柱 1550×1550 圆柱 ϕ1750	方形柱 1400×1400 圆柱 ϕ1550	方形柱 1250×1250 圆柱 ϕ1400	方形柱 1200×1200 圆柱 ϕ1350
14	40 层			方形柱 1600×1600 圆柱 ϕ1800	方形柱 1500×1500 圆柱 ϕ1650	方形柱 1400×1400 圆柱 ϕ1550
14.5	50 层				方形柱 1700×1700 圆柱 ϕ1900	方形柱 1600×1600 圆柱 ϕ1800

（1）板的跨厚比：钢筋混凝土单向板不大于 30，双向板不大于 40；无梁支承的有柱帽板不大于 35，无梁支承的无柱帽板不大于 30。预应力板可适当增加；当板的荷载、跨度较大时宜适当减小。

（2）现浇钢筋混凝土板的厚度不应小于表 2-2 规定的数值。

《预制预应力混凝土装配整体式框架结构技术规程》JGJ 224—2010 第 3.3.3 条：预制板厚度不应小于 50mm，且不应大于楼板总厚度的 1/2。预制板的宽度不宜大于 2500mm，且不宜小于 600mm。

2. 经验

（1）单向板：两端简简支时，$h=(L/35 \sim L/25)$，单向连续板更有利，$h=(L/40 \sim L/35)$，设计时，可以取 $h=L/30$。

（2）双向板：$h=(L/45 \sim L/40)$，L 为板块短跨尺寸，设计时，可以取 $h=L/40$。

（3）一般来说住宅房间开间不大，通常为 3.5～4.5m，此时楼板厚度为 100～120mm，开间不大于 4m 时，板厚度为 100mm，客厅处的异型大板可取 120～150mm，普通屋面板可取 120mm，管线密集处可取 120mm，嵌固端地下室顶板应取 180mm，非嵌固端地下室顶板可取 160mm。

当板内埋的管线比较密集时，板厚应可取 120～150mm。设计考虑加强部位，如转角窗、平面收进或大开洞的相邻区域，其板厚根据情况取 120～150mm。覆土处顶板厚度不小于 250mm。

挑板，一般 $h=L_0/12 \sim L_0/10$，L_0 为净挑跨度。前者用于轻挑板，一般记住 1/10 即可，以上是针对荷载标准值在 $15kN/m^2$ 左右时的取值，一般跨度≤1.5m，但也可以做到 2m。

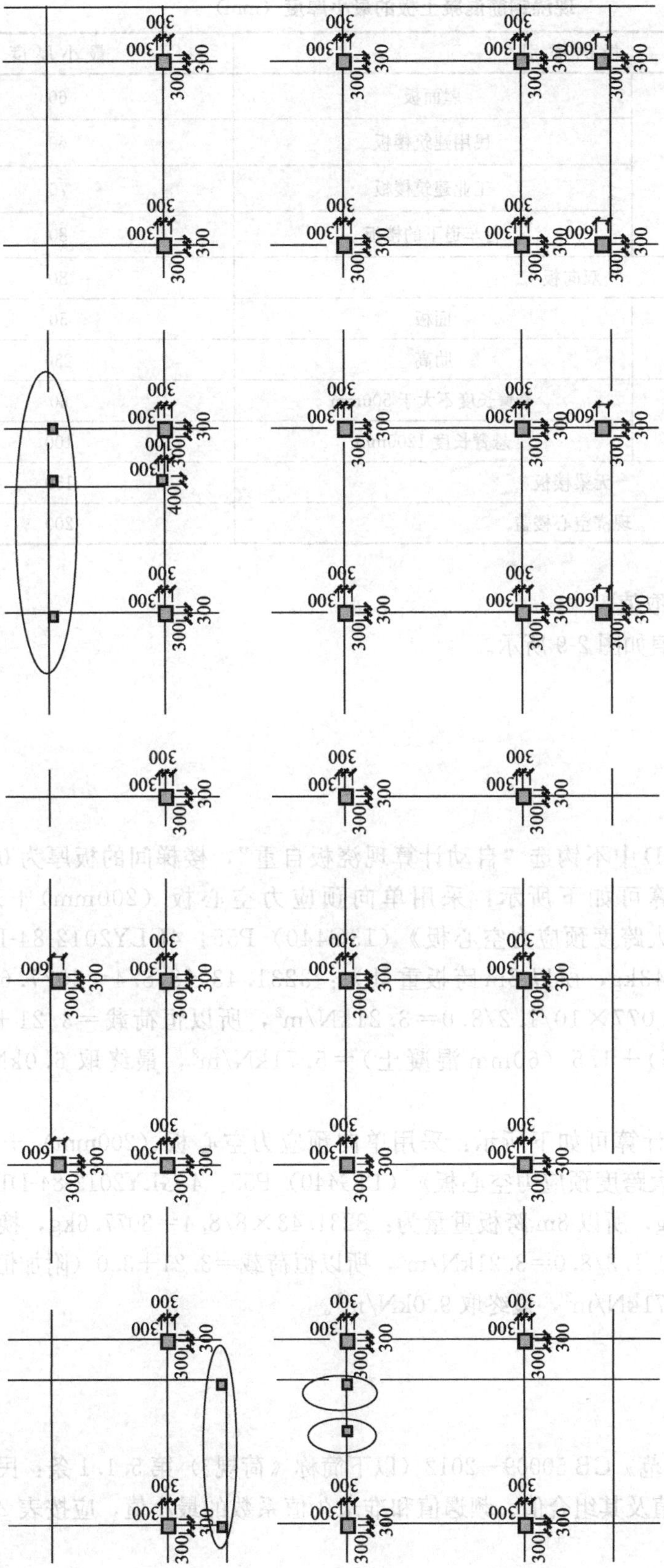

图2-8 柱截面

注：除了画圈中的柱截面尺寸为400mm×400mm，其他柱截面尺寸均为600mm×600mm。

现浇钢筋混凝土板的最小厚度（mm） **表 2-2**

板的类别		最小厚度
单向板	屋面板	60
	民用建筑楼板	60
	工业建筑楼板	70
	行车道下的楼板	80
双向板		80
密肋楼盖	面板	50
	肋高	250
悬臂板（根部）	悬臂长度不大于 500mm	60
	悬臂长度 1200mm	100
无梁楼板		150
现浇空心楼盖		200

3. 本工程板截面取值

本工程板截面取值如图 2-9 所示。

2.3 荷载

2.3.1 恒载

本工程在 PMCAD 中不钩选“自动计算现浇板自重”，楼梯间的板厚为 0，地梁层至五层附加恒载计算可如下所示：采用单向预应力空心板（200mm）＋现浇楼板（60mm），查图集《大跨度预应力空心板》（13G440）P55：4GLY2012-84-D10D，可知其板自重为 3231.43kg，所以 8m 跨板重量为：3231.43×8/8.4＝3077.6kg，换算为面荷载，大小等 3.077×10/1.2/8.0＝3.21kN/m^2，所以恒荷载＝3.21＋1.0（附加恒载，不用找平等）＋1.5（60mm 混凝土）＝5.71kN/m^2，最终取 6.0kN/m^2；楼梯间取 8.0kN/m^2。

屋面层附加恒载计算可如下所示：采用单向预应力空心板（200mm）＋现浇楼板（100mm），查图集《大跨度预应力空心板》（13G440）P55：4 GLY2012-84-D10D，可知其板自重为 3231.43kg，所以 8m 跨板重量为：3231.43×8/8.4＝3077.6kg，换算为面荷载，大小等 3.077×10/1.2/8.0＝3.21kN/m^2，所以恒荷载＝3.21＋3.0（附加恒载）＋2.5（100mm 混凝土）＝8.71kN/m^2，最终取 9.0kN/m^2。

2.3.2 活荷载

1. 规范规定

《建筑结构荷载规范》GB 50009—2012（以下简称《荷规》）第 5.1.1 条：民用建筑楼面均布活荷载的标准值及其组合值、频遇值和准永久值系数的最小值，应按表 2-3 的规定采用。

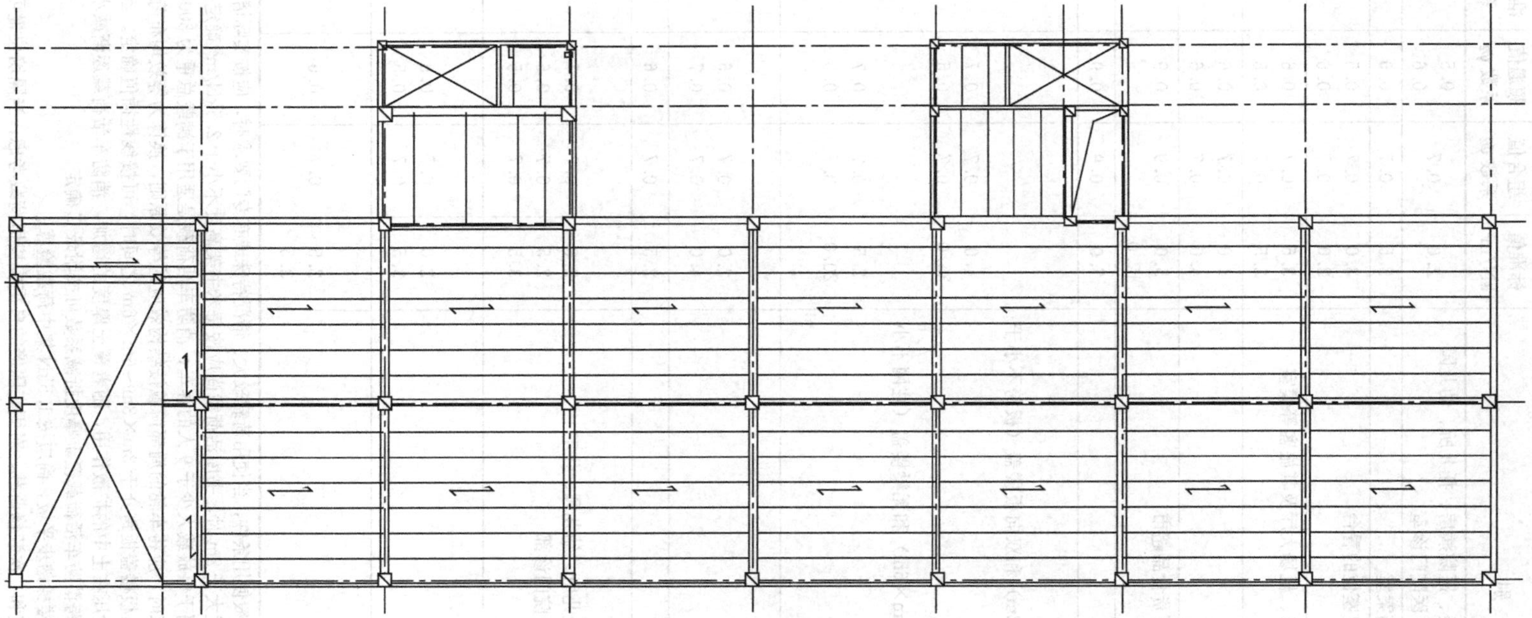

图2-9 板布置图

注：1. 地梁层至五层板采用单向预应力空心叠合板，板厚均为“h=260 60厚混凝土+4GLY2012-80-D10D”，根据图集13G440“大跨度预应力空心板”，可知“h=260 60厚混凝土+4GLY2012-80-D10D”表示板厚2060=60混凝土+200厚预应力空心板，其中4表示钢筋保护层厚度为40mm，GLY表示板代号，20表示板厚20cm，12表示板宽1.2m，80表示板的标志跨度8m，D10D表示1×7钢绞线12.7，预应力钢筋12根单GLY空心板。

2.屋面层板采用单向预应力空心叠合板，板厚大部分为“h=300 100厚混凝土+4GLY2012-80-D10D”，混凝土现浇层面筋双向8@200（三级钢）。局部为“h=260 60厚混凝土+4GLY2012-80-D10D”。

3. 图中箭方法表示板搁置方向。

4. 楼面板大部分采用单向预应力空心叠合板，其现浇部分可取60mm，作为加强水平力传递时对结构整体性的要求，构造配筋即可，屋面板考虑防水保温等现浇层做100mm。单向预应力空心板板厚的选取可参考图集《大跨度预应力空心板》（13G440），板的规格或按$L/40$取，然后查图集板的截面参数表，参考P11页算例求出弯限值、剪力限值（考虑现浇板的恒载），最后参考图集中的表格选用单向预应力空心楼板的规格（板厚、板宽、板高、预应力筋根数及规格等）。

民用建筑楼面均布活荷载标准值及其组合值、频遇值和准永久值系数　　表 2-3

项目	类　　别	标准值（kN/m²）	组合值系数 ψ_2	频遇值系数 ψ_2	准永久值系数 ψ_2
1	（1）住宅、宿舍、旅馆、办公楼、医院病房、托儿所、幼儿园 （2）试验室、阅览室、会议室、医院门诊室	2.0	0.7	0.5 0.6	0.4 0.5
2	教室、食堂、餐厅、一般资料档案室	2.5	0.7	0.6	0.5
3	（1）礼堂、剧场、影院、有固定座位的看台 （2）公共洗衣房	3.0 2.0	0.7 0.7	0.5 0.6	0.3 0.4
4	（1）商店、展览厅、车站、港口、机场大厅及其旅客等候室 （2）无固定座位的看台	3.5 3.5	0.7 0.7	0.6 0.5	0.5 0.3
5	（1）健身房、演出舞台 （2）运动场、舞厅	4.0 4.0	0.7 0.7	0.6 0.6	0.5 0.4
6	（1）书库、档案库、贮藏室、百货食品超市 （2）密集柜书库	5.0 12.0	0.9	0.9	0.8
7	通风机房、电梯机房	7.0	0.9	0.9	0.8
8	汽车通道及停车库： （1）单向板楼盖（板跨不小于 2m）和双向板楼盖（板跨不小于 3m×3m） 客车 消防车 （2）双向板楼盖（板跨不小于 6m×6m）和无梁楼盖（柱网不小于 6m×6m） 客车 消防车	 4.0 35.0 2.5 20.0	 0.7 0.7 0.7 0.7	 0.7 0.5 0.7 0.5	 0.6 0.2 0.6 0.2
9	厨房： （1）一般的 （2）餐厅的	 2.0 4.0	 0.7 0.7	 0.6 0.7	 0.5 0.7
10	浴室、卫生间、盥洗室	2.5	0.7	0.6	0.5
11	走廊、门厅： （1）宿舍、旅馆、医院病房、托儿所、幼儿园、住宅 （2）办公楼、教学楼、餐厅、医院门诊部 （3）当人流可能密集时	 2.0 2.5 3.5	 0.7 0.7 0.7	 0.7 0.6 0.5	 0.4 0.5 0.3
12	楼梯： （1）多层住宅 （2）其他	 2.0 3.5	 0.7 0.7	 0.5 0.5	 0.4 0.3
13	阳台： （1）一般情况 （2）当人群有可能密集时	 2.5 3.5	 0.7	 0.6	 0.5

注：1. 本表所给各项活荷载适用于一般使用条件，当使用荷载较大、情况特殊或有专门要求时，应按实际情况采用。
2. 第 6 项书库活荷载当书架高度大于 2m 时，书库活荷载尚应按每米书架高度不小于 2.5kN/m² 确定。
3. 第 8 项中的客车活荷载只适用于停放载人少于 9 人的客车；消防车活荷载是适用于满载总重为 300kN 的大型车辆；当不符合本表的要求时，应将车轮的局部荷载按结构效应的等效原则，换算为等效均布荷载。
4. 第 8 项消防车活荷载，当双向板楼盖板跨介于 3m×3m～6m×6m 之间时，可按线性插值确定。当考虑地下室顶板覆土影响时，由于轮压在土中的扩散作用，随着覆土厚度的增加，消防车活荷载逐渐减小，扩散角一般可按 35°考虑。常用板跨消防车活荷载覆土厚度折减系数可按附录 C 确定。
5. 第 11 项楼梯活荷载，对预制楼梯踏步平板，尚应按 1.5kN 集中荷载验算。
6. 本表各项荷载不包括隔墙自重和二次装修荷载。对固定隔墙的自重应按恒荷载考虑，当隔墙位置可灵活自由布置时，非固定隔墙的自重可取每延米长墙重（kN/m）的 1/3 作为楼面活荷载的附加值（kN/m²）计入，附加值不小于 1.0kN/m²。

2. 本工程活荷载取值

本工程地梁层至五层楼面活荷载按规范取 2.0，由于房间内以后会布置轻质玻璃内隔墙，增加 1.0kN/m² 的面荷载，取 3.0，楼梯间取 3.5，屋面层取 2.0。

2.3.3 线荷载取值

1. 线荷载（kN/m）＝重度（kN/m³）×宽度（m）×高度（m）

重度根据《建筑结构荷载规范》GB 50009—2012 附录 A 采用材料和构件的自重取，混凝土 25kN/m³，普通实心砖 18～19kN/m³，空心砖≈10kN/m³，石灰砂浆、混合砂浆 17kN/m³。普通住宅和公建，线荷载一般在 7～15kN/m 之间，在设计时应根据具体工程计算确定。

线荷载应根据开窗的大小确定，可以乘以折减系数：0.6～0.8。

可以在网上下载线荷载计算小程序或者自己用手计算（乘以折减系数）。

2. 本工程线荷载取值

本工程线荷载取值如图 2-10、图 2-11 所示。

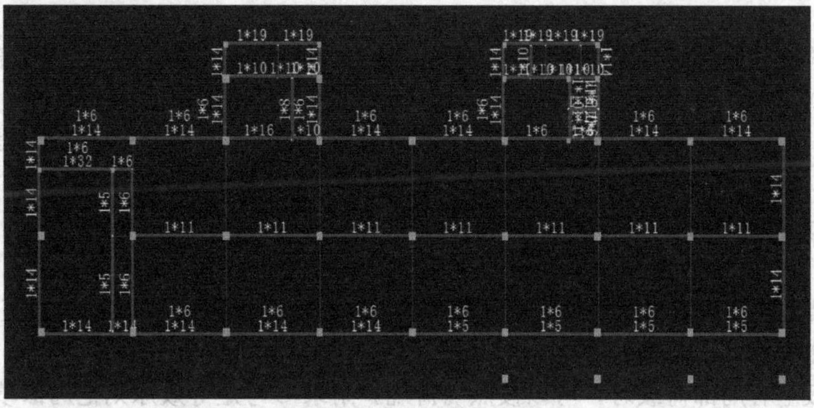

图 2-10 标准层线荷载

注：图中 14kN/m 为外墙线荷载，纵向内墙线荷载 11kN/m 为上下两块单向预应力空心叠合板搁置在横向梁时，与纵向梁形成支座时的线荷载；图中线荷载 6kN/m 也表示单向预应力空心叠合板搁置在横向梁时，与纵向梁形成支座时的线荷载。

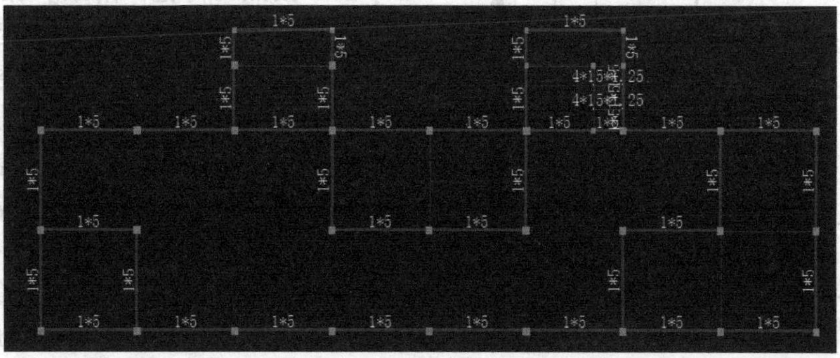

图 2-11 屋面层线荷载

2.3.4 施工和检修荷载及栏杆水平荷载

《建筑结构荷载规范》GB 50009—2012 第 5.5.1～5.5.4 条：

5.5.1 对于施工荷载较大的楼层，在进行楼盖结构设计时，宜考虑施工阶段荷载的影响。当施工荷载超过设计荷载时，应按实际情况验算，并采取设置临时支撑等措施。

5.5.2 设计屋面板、檩条、钢筋混凝土挑檐、雨篷和预制小梁时，施工或检修集中荷载（人和小工具的自重）应取 1.0kN，并应在最不利位置处进行验算。

注：1. 对于轻型构件或较宽构件，当施工荷载超过上述荷载时，应按实际情况验算，或采用加垫板、支撑等临时设施承受。

2. 当计算挑檐、雨篷承载力时，应沿板宽每隔 10m 取一个集中荷载；在验算挑檐、雨篷倾覆时，应沿板宽每隔 2.5～3.0m 取一个集中荷载。

5.5.3 楼梯、看台、阳台和上人屋面等的栏杆活荷载标准值的最小值，应按下列规定采用：

(1) 住宅、宿舍、办公楼、旅馆、医院、托儿所、幼儿园，栏杆顶部的水平荷载应取 1.0kN/m；

(2) 学校、食堂、剧场、电影院、车站、礼堂、展览馆或体育场，栏杆顶部的水平荷载应取 1.0kN/m，竖向荷载应取 1.2kN/m，水平荷载与竖向荷载应分别考虑。

5.5.4 当采用荷载准永久组合时，可不考虑施工和检修荷载及栏杆水平荷载。

2.3.5 隔墙荷载在楼板上的等效均布荷载

《荷规》5.1.1：对固定隔墙的自重应按恒荷载考虑，当隔墙位置可灵活自由布置时，非固定隔墙的自重可取每延米长墙重（kN/m）的 1/3 作为楼面活荷载的附加值（kN/m^2）计入，附加值不小于 $1.0kN/m^2$。

当楼板上有局部荷载时，可以按照《荷规》附录 C 弯矩等效原则把局部填充墙线荷载等效为板面荷载（活），比较精确的是用 SAP2000 进行有限元计算。中国中元国际工程公司的王继涛、常亚飞在《隔墙荷载在楼板上的等效均布荷载》一文中利用 SAP2000 有限元软件按照《荷范》附录 C 给出的楼面等效均布活荷载的确定方法，计算了隔墙直接砌筑于楼板上的等效均布荷载取值，编制了表格，供工程设计人员查用，表 2-4 为隔墙平行于长跨的情况，表 2-5 为隔墙平行于短跨的情况，其中 b 为板短边尺寸，l 为板长边尺寸，x 为填充墙与平行板板的最短距离，如图 2-12 所示。

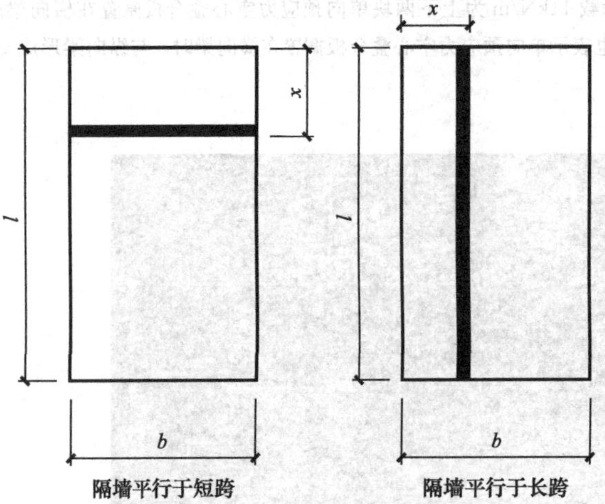

图 2-12 x 取值示意图

隔墙平行于长跨 **表 2-4**

		b/l													
		0.4		0.6			0.8				1.0				
		x/l													
		0.1	0.2	0.1	0.2	0.3	0.1	0.2	0.3	0.4	0.1	0.2	0.3	0.4	0.5
l(m)	3	1.11	1.44	0.71	1.07	1.18	0.56	0.86	0.94	0.97	0.50	0.75	0.85	0.88	0.88
	4	0.81	1.09	0.54	0.80	0.88	0.42	0.64	0.70	0.73	0.38	0.58	0.63	0.65	0.66
	5	0.66	0.88	0.44	0.64	0.71	0.34	0.51	0.57	0.58	0.31	0.46	0.51	0.53	0.53
	6	0.54	0.72	0.36	0.53	0.58	0.28	0.42	0.47	0.49	0.26	0.38	0.43	0.44	0.44
	7	0.47	0.62	0.31	0.46	0.50	0.24	0.36	0.41	0.42	0.22	0.33	0.37	0.38	0.38
	7.2	0.45	0.61	0.30	0.44	0.49	0.24	0.35	0.39	0.40	0.21	0.32	0.35	0.37	0.37
	8	0.41	0.55	0.27	0.41	0.44	0.21	0.32	0.35	0.36	0.19	0.29	0.32	0.33	0.33
	8.4	0.39	0.52	0.26	0.38	0.42	0.20	0.30	0.34	0.35	0.18	0.27	0.30	0.31	0.31
	9	0.36	0.49	0.24	0.36	0.39	0.19	0.28	0.31	0.32	0.17	0.25	0.28	0.29	0.29

注：等效弯矩为等效系数（查表）×填充墙线荷载（标准值）。

隔墙平行于短跨 **表 2-5**

		b/l																			
		0.4					0.6					0.8					1.0				
		x/l																			
		0.1	0.2	0.3	0.4	0.5	0.1	0.2	0.3	0.4	0.5	0.1	0.2	0.3	0.4	0.5	0.1	0.2	0.3	0.4	0.5
l(m)	3	0.72	0.72	0.72	0.72	0.78	0.57	0.71	0.71	0.71	0.71	0.53	0.72	0.75	0.75	0.75	0.50	0.75	0.85	0.88	0.88
	4	0.53	0.56	0.53	0.56	0.56	0.44	0.52	0.52	0.52	0.52	0.39	0.53	0.56	0.56	0.56	0.38	0.58	0.63	0.65	0.66
	5	0.42	0.44	0.44	0.44	0.46	0.35	0.42	0.42	0.42	0.42	0.31	0.43	0.45	0.45	0.45	0.28	0.45	0.49	0.51	0.51
	6	0.37	0.38	0.37	0.38	0.38	0.30	0.35	0.35	0.35	0.36	0.27	0.36	0.39	0.39	0.39	0.26	0.38	0.43	0.44	0.44
	7	0.31	0.32	0.31	0.32	0.33	0.25	0.30	0.30	0.29	0.30	0.22	0.30	0.32	0.32	0.32	0.22	0.32	0.36	0.37	0.37
	7.2	0.28	0.30	0.30	0.31	0.32	0.24	0.29	0.29	0.28	0.29	0.22	0.30	0.31	0.31	0.31	0.21	0.32	0.35	0.37	0.37
	8	0.27	0.28	0.27	0.28	0.29	0.22	0.27	0.27	0.26	0.27	0.19	0.27	0.28	0.28	0.28	0.19	0.29	0.32	0.33	0.33
	8.4	0.24	0.26	0.26	0.27	0.28	0.21	0.25	0.25	0.25	0.25	0.18	0.25	0.27	0.27	0.27	0.18	0.27	0.30	0.31	0.31
	9	0.23	0.25	0.24	0.25	0.25	0.19	0.23	0.23	0.23	0.23	0.17	0.24	0.25	0.25	0.25	0.17	0.25	0.28	0.29	0.29

注：等效弯矩为等效系数（查表）×填充墙线荷载（标准值）。

2.4 混凝土与砌体强度等级

2.4.1 规范及相关计算措施规定

《高层建筑混凝土结构技术规程》JGJ 3—2010（以下简称《高规》）第 13.8.9 条：结构柱、墙混凝土设计强度等级高于梁、板混凝土设计强度等级时，应在交界区域采取分隔措施。分隔位置应在低强度等级的构件中，且与高强度等级构件边缘的距离不宜小于 500mm。应先浇筑高强度等级混凝土，后浇筑低强度等级混凝土。其条文说明：提出对柱、墙与梁、板混凝土强度不同时的混凝土浇筑要求。施工中，当强度相差不超过两个等级时，已有采用较低强度等级的梁板混凝土浇筑核心区（直接浇筑或采取必要加强措施）的实践，但必须经设计和有关单位协商认可。

注：2010 版《高规》对节点区施工已作了非常明确的要求，对于强度相差不超过两个等级的，是否可以直接与楼面梁板混凝土一同浇筑，应由设计及相关单位通过验算复核来给予书面认可，并明确是否要采取加强措施以及何种加强措施。而对于强度相差超过两个等级的，规范直接规定必须采取分离措施，不可通过采取加强措施后与楼面一同浇筑。另外，新规范还对分离位置以及高低强度混凝土的浇筑顺序作了规定。

北京市建筑设计研究院《建筑结构专业技术措施》：当柱混凝土强度为 C60 而楼板不低于 C30，或柱为 C50 而楼板不低于 C25 时梁柱节点核心区的混凝土可随楼板同时浇捣。设计时应对节点核心区的承载力包括抗剪及抗压皆应按折算的混凝土验算，满足承载力的要求。

《预制预应力混凝土装配整体式框架结构技术规程》JGJ 224—2011 第 3.2.1 条做了如下规定，如表 2-6 所示。

预制预应力混凝土装配在整体式框架的混凝土强度等级　　表 2-6

名称	叠合板		叠合梁		预制柱	节点键槽以外部分	现浇剪力墙、柱
	预制板	叠合层	预制梁	叠合层			
混凝土强度等级	C40 及以上	C30 及以上	C40 及以上	C30 及以上	C30 及以上	C30 及以上	C30 及以上

注：1. 键槽节点部分应采用比预制构件混凝土强度等级高一级且不低于 C45 的无收缩细石混凝土填实。
2. 预制构件的混凝土强度等级不宜低于 C30。

2.4.2 理论分析与经验

混凝土强度等级越高水泥用量越大，现在多采用商品混凝土，混凝土的水灰比和坍落度大，在现浇梁、板和墙构件中会产生裂缝。柱子的混凝土强度等级取高，可减小抗震设计中柱轴压比；由于剪压比与混凝土的轴心受压强度设计值成反比，提高混凝土强度等级可减小梁、柱、墙的剪压比。提高混凝土强度等级可提高框架或墙的抗侧刚度，提高受剪承载力，但混凝土强度等级越高，这种影响越小。

为了控制裂缝，楼盖的板、梁混凝土强度等级宜低不宜高。地下室外墙的混凝土强度等级宜采用 C30，不宜大于 C35。

正常情况下，混凝土强度等级的高低对梁的受弯承载力影响较小，对梁的截面及配筋影响不大，所以梁不宜采用高强度等级混凝土，无论是从强度还是耐久性角度考虑，C25～C30 是比较合适的。混凝土强度等级对板的承载力也几乎没有影响，增大板混凝土强度等级可能会提高板的构造配筋率，同时还会增加板开裂的可能性，对现浇板来说，无论是从强度还是耐久性角度考虑，C25～C30 是比较合适的。普通的结构梁板混凝土强度等级一般控制在 C25～C30，转换层梁板宜采用高强度等级，如当地施工质量有保证时，可采用 C50 及以上强度等级。

高层建筑，下部力大，所以墙柱往往用高强度等级混凝土，有时候是为了保持刚度不变。梁板没有必要太高强度等级，除非耐久性有特别要求，或者是非常重要的构件，一般 C30 就足够了，所以一般梁板在加强区以上就开始取为一个值。除非有特别要求，否则梁板不应该比柱子还高。柱子尽量渐变，梁板则没有此要求，但一般渐变是比较合理的。节点墙柱与梁板混凝土强度等级尽量不要超过两个级别，否则施工麻烦。实验研究表明，当梁柱节点混凝土强度比柱低 30%～40%时，由于与节点相交梁的扩散作用，一般也能满足柱轴压比。

多层建筑一般取 C35～C30，高层建筑要分段设置柱的混凝土强度等级，比如一栋 30 层的房屋，柱子的混凝土强度等级 C45～C25，竖向每隔 7 层变一次，竖向与水平混凝土强度等级应合理匹配，柱子混凝土强度等级与柱截面不同时变。

2.4.3 本工程混凝土与砌体强度等级

本工程混凝土强度等级如表 2-7 所示。

混凝土强度等级表 **表 2-7**

楼梯屋面	23.570			
屋面	19.970	3.600	C40	C40
5	16.370	3.600	C40	C40
4	12.770	3.600	C40	C40
3	9.170	3.600	C40	C40
2	5.570	3.600	C40	C40
1	−0.030	5600	C40	C40
层号	标高（m）	层高（m）	墙柱混凝土强度等级	梁板混凝土强度等级

2.5 保护层厚度

2.5.1 规范规定

《混规》第 8.2.1 条：构件中普通钢筋及预应力筋的混凝土保护层厚度应满足下列要求。

（1）构件中受力钢筋的保护层厚度不应小于钢筋的公称直径 d；

（2）设计使用年限为 50 年的混凝土结构，最外层钢筋的保护层厚度应符合表 2-8 的规定；设计使用年限为 100 年的混凝土结构，最外层钢筋的保护层厚度不应小于表 2-8 中数值的 1.4 倍。

混凝土保护层的最小厚度 c（mm） **表 2-8**

环境类别	板、墙、壳	梁、柱、杆
一	15	20
二 a	20	25
二 b	25	35
三 a	30	40
三 b	40	50

注：1. 混凝土强度等级不大于 C25 时，表中保护层厚度数值应增加 5mm；

2. 钢筋混凝土基础宜设置混凝土垫层，基础中钢筋的混凝土保护层厚度应从垫层顶面算起，且不应小于 40mm。

《混规》8.2.1条文说明：从混凝土碳化、脱钝和钢筋锈蚀的耐久性角度考虑，不再以纵向受力钢筋的外缘，而以最外层钢筋（包括箍筋、构造筋、分布筋等）的外缘计算混凝土保护层厚度。因此本次修订后的保护层实际厚度比原规范实际厚度有所加大。

《混规》第3.5.2条：混凝土结构暴露的环境类别应按表2-9的要求划分。

混凝土结构的环境类别　　表2-9

环境类别	条　件
一	室内干燥环境； 无侵蚀性静水浸没环境
二a	室内潮湿环境； 非严寒和非寒冷地区的露天环境； 非严寒和非寒冷地区与无侵蚀性的水或土壤直接接触的环境； 严寒和寒冷地区的冰冻线以下与无侵蚀性的水或土壤直接接触的环境
二b	干湿交替环境； 水位频繁变动环境； 严寒和寒冷地区的露天环境； 严寒和寒冷地区冰冻线以上与无侵蚀性的水或土壤直接接触的环境
三a	严寒和寒冷地区冬季水位变动区环境； 受除冰盐影响环境； 海风环境
三b	盐渍土环境； 受除冰盐作用环境； 海岸环境
四	海水环境
五	受人为或自然的侵蚀性物质影响的环境

《预制预应力混凝土装配整体式框架结构技术规程》JGJ 224—2010第3.3.3条：预制板厚度不应小于50mm，且不应大于楼板总厚度的1/2。预制板的宽度不宜大于2500mm，且不宜小于600mm。预应力筋宜采用直径4.8mm或5mm的高强螺旋肋钢丝。钢丝的混凝土保护层厚度不应小于表2-10。

预应力板保护层厚度　　表2-10

预制板厚度（mm）	保护层厚度（mm）
50	17.5
60	17.5
≥70	20.5

图集“大跨度预应力空心板”13G440 p5：对于单向预应力空心板，耐火极限时间0.7h时保护层厚度为20mm，耐火极限时间为1.5h时保护层厚度取40mm。

2.5.2　本工程构件保护层厚度取值

本工程室内的梁、柱、板环境类别为一类，板保护层厚度为20mm，梁、柱保护层厚度为 20mm。由于屋面板有防水层，室外的梁柱一般都有砂浆面层、保温层等，其环境类别可取一类，板保护层厚度为 20mm，梁、柱保护层厚度为 20mm。

2.6 框架结构建模

1. 设置 PMCAD 操作快捷命令

PKPM 支持快捷命令的自定义，这给录入工作带来便利。可按如下步骤设置 PMCAD 操作快捷命令：

(1) 以文本形式打开 PKPM \ PM \ WORK. ALI。该文本分两部分，第一部分是以三个“EndOfFile”作为结束行的已完成命令别名定义的命令项；第二部分是“命令别名、命令全名、说明文字”，如图 2-13、图 2-14 所示。

图 2-13 PKPM \ PM 对话框

(2) 在第二部分中选取常用的命令项，按照文件说明的方法在命令全名前填写命令别名，然后复制已完成命令别名定义的命令项，粘贴到第一部分中以三个 EndOfFile 作为结束的行之前。保存后重启 PKPM，完成。如图 2-15 所示。

2. 在 PMCAD 中建模简叙

(1) 首先在 E 盘新建一个文件夹，命令为“办公楼（20150427）”，打开“PKPM 装配式模块试用版”图标，点击【改变目录】，选择“办公楼（20150427）”，点击“1. 建筑模型与荷载输入”如图 2-16 所示。

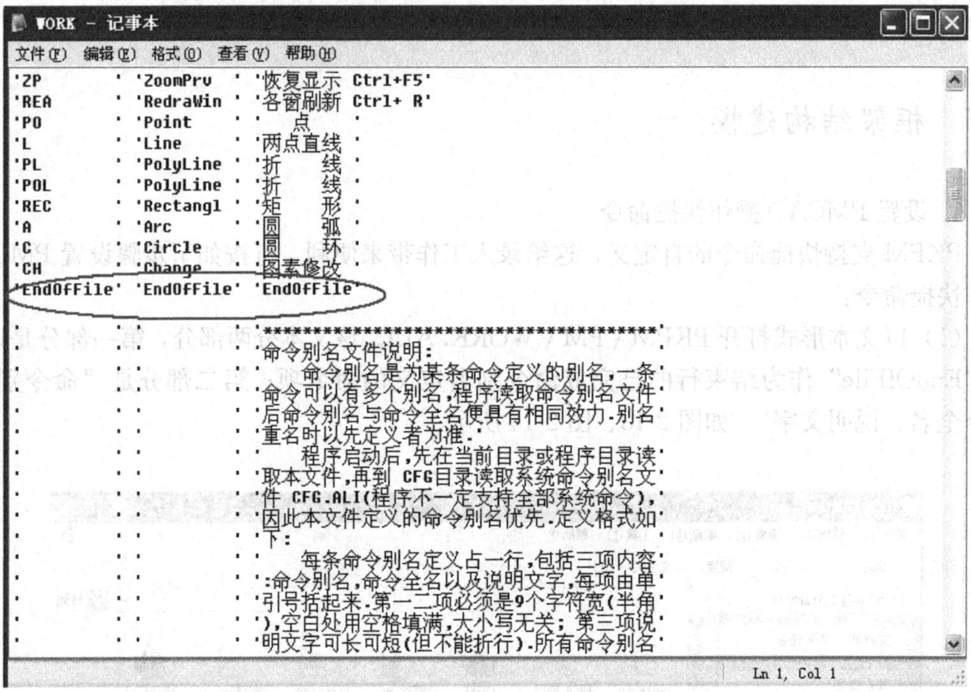

```
'ZP       ' 'ZoomPrv  ' '恢复显示 Ctrl+F5'
'REA      ' 'RedraWin ' '各窗刷新 Ctrl+ R'
'PO       ' 'Point    ' '   点    '
'L        ' 'Line     ' '两点直线 '
'PL       ' 'PolyLine ' '折    线 '
'POL      ' 'PolyLine ' '折    线 '
'REC      ' 'Rectangl ' '矩    形 '
'A        ' 'Arc      ' '圆    弧 '
'C        ' 'Circle   ' '圆    环 '
'CH       ' 'Change   ' '图素修改 '
'EndOfFile' 'EndOfFile' 'EndOfFile'

'         ' '         ' '****************************************'
'         ' '         ' '命令别名文件说明:
'         ' '         ' '    命令别名是为某条命令定义的别名,一条'
'         ' '         ' '命令可以有多个别名,程序读取命令别名文件'
'         ' '         ' '后命令别名与命令全名便具有相同效力.别名'
'         ' '         ' '重名时以先定义者为准.'
'         ' '         ' '    程序启动后,先在当前目录或程序目录读'
'         ' '         ' '取本文件,再到 CFG目录读取系统命令别名文'
'         ' '         ' '件 CFG.ALI(程序不一定支持全部系统命令),'
'         ' '         ' '因此本文件定义的命令别名优先.定义格式如'
'         ' '         ' '下:'
'         ' '         ' '    每条命令别名定义占一行,包括三项内容'
'         ' '         ' ':命令别名,命令全名以及说明文字,每项由单'
'         ' '         ' '引号括起来.第一二项必须是9个字符宽(半角'
'         ' '         ' '),空白处用空格填满,大小写无关; 第三项说'
'         ' '         ' '明文字可长可短(但不能折行).所有命令别名'
```

图 2-14　WORK. ALI 对话框

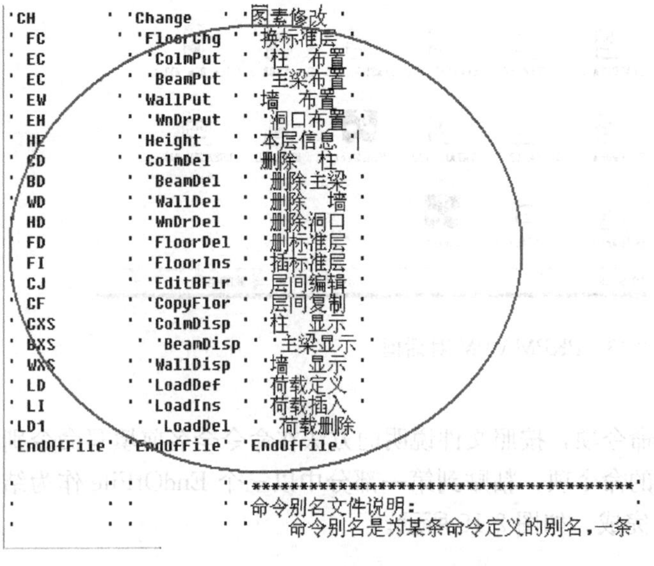

```
'CH       ' 'Change   ' '图素修改 '
' FC      ' 'FloorChg ' '换标准层 '
' EC      ' 'ColmPut  ' '柱  布置 '
' EC      ' 'BeamPut  ' '主梁布置 '
' EW      ' 'WallPut  ' '墙  布置 '
' EH      ' 'WnDrPut  ' '洞口布置 '
' HE      ' 'Height   ' '本层信息 '
' CD      ' 'ColmDel  ' '删除  柱 '
' BD      ' 'BeamDel  ' '删除主梁 '
' WD      ' 'WallDel  ' '删除  墙 '
' HD      ' 'WnDrDel  ' '删除洞口 '
' FD      ' 'FloorDel ' '删标准层 '
' FI      ' 'FloorIns ' '插标准层 '
' CJ      ' 'EditBFlr ' '层间编辑 '
' CF      ' 'CopyFlor ' '层间复制 '
' CXS     ' 'ColmDisp ' '柱  显示 '
' BXS     ' 'BeamDisp ' '主梁显示 '
' WXS     ' 'WallDisp ' '墙  显示 '
' LD      ' 'LoadDef  ' '荷载定义 '
' LI      ' 'LoadIns  ' '荷载插入 '
'LD1      ' 'LoadDel  ' '荷载删除 '
'EndOfFile' 'EndOfFile' 'EndOfFile'
'         ' '         ' '****************************************'
'         ' '         ' '命令别名文件说明:
'         ' '         ' '    命令别名是为某条命令定义的别名,一条'
```

图 2-15　修改后的 WORK. ALI 对话框

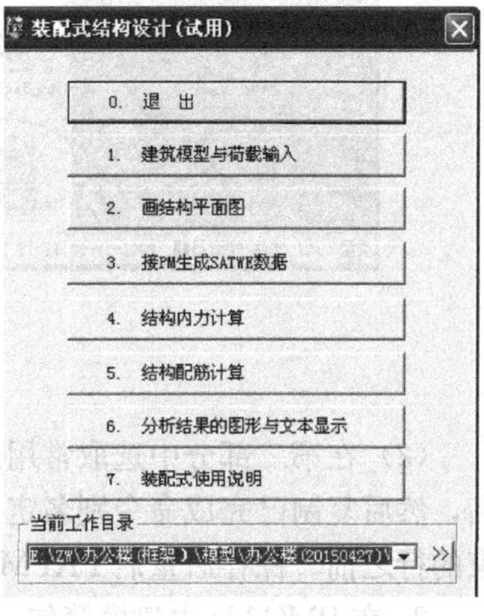

图 2-16　PKPM“改变目录”对话框

注：以后 PKPM 版本更新后，可以直接点击“装配式模块”。

（2）点击【轴线输入/正交轴网】或在屏幕的左下方输入定义的“轴网快捷命令”（图 2-17），再参照建筑图的轴网尺寸在“正交轴网”对话框中输入轴网尺寸（先输入柱网尺寸，次梁等布置可放在后一步操作），如图 2-18 所示。

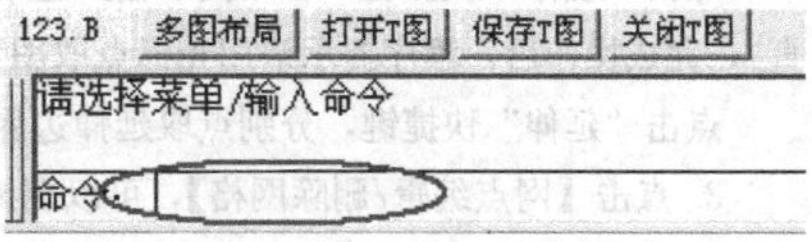

图 2-17　PMCAD“快捷命令”输入对话框

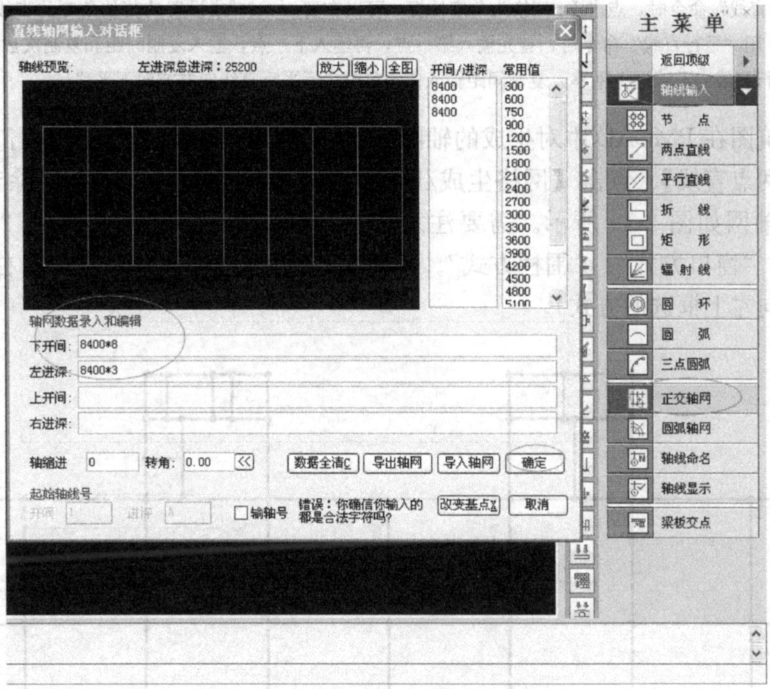

图 2-18　直线轴网输入对话框

注：1. 开间指沿着 X 方向（水平方向），进深指沿着 Y 方向（竖直方向）；“正交轴网”对话框中的旋转角度以逆时针为正，可以点击“改变基点”命令改变轴网旋转的基点。

2. 在 PMCAD 中建模时应选择平面比较大的一个标准层建模，其他标准层在此标准层基础上修改。建模时应根据建筑图选择“正交轴网”或“圆弧轴网”建模，再进行局部修改（挑梁、阳台，局部柱网错位等），局部修改时可以用“两点直线”、“平行直线”、“平移复制”、“拖动复制”、“镜像复制”等命令。

点击“删除”快捷键，程序有 5 种选择，分别为“光标点取图素”、“窗口围取图素”、“直线截取图素”、“带窗围取图素”、“围栏”，一般采用“光标点取图素”、“窗口围取图素”居多。“光标点取图素”要和轴线一起框选，才能删除掉构件。“窗口围取图素”要注意“从左上向右下”框选和“从右下向左上”框选的区别。从“从左上向右下”，只删除被完整选择到的轴线与构件，而“从右下向左上”框选，只要构件与轴线被框选到，则被删除掉。

点击“拖动复制”快捷键，程序有 5 种选择图素的方法，分别为“光标点取图素”、“窗口围取图素”、“直线截取图素”、“带窗围取图素”、“围栏”，一般采用“光标点取图素”、“窗口围取图素”居多。选取图素构件后，程序提示：请移动光标拖动图素，用窗口的方式选取后，应点击键盘上的字母 A（继续选择），继续框选要选择的构件，按 ESC 键退出，程序会提示输入基准点，选择基准点后，自己选择拖动复制的方向，按 F4 键（轴线垂直），可以输入拖动复制的距离。拖动复制即复制后原构件还存在。也可以在屏幕左上方点击〖图素编辑/拖点复制〗

点击“移动”快捷键，程序提示选择基准点，选择基准点后，程序提示请用光标点明要平移的方向，选择方向后，程序继续提示输入平移距离，输入平移距离后，程序提示请用光标点取图素（可以用窗口的方式选取）。

点击“旋转”快捷键，程序提示输入基准点，选择基准点后，程序提示输入选择角度（逆时针为正，ESc 取两线夹角），完成操作后，程序提示请用光标点取图素（TAB 窗口方式）。

点击“镜像”快捷键，程序提示输入基准线第一点，完成操作后，程序提示输入基准线第二点，按F4键（轴线垂直），完成操作后，程序提示请用光标点取图素（TAB窗口方式）。

点击“延伸”快捷键，分别点取延伸边界线和用光标点取图素（TAB窗口方式），即可完成延伸。

3. 点击【网点编辑/删除网格】，可以删掉轴线。点击【轴线输入/两点直线】，可以输入两点之间的距离，完成直线的绘制，由于直线绘制完成后，程序会自动在直线的两端点生成节点，故此操作也可以完成特殊节点的定位。

4. 点击〖轴线显示〗，可以显示轴线间的间距。在屏幕的左上方点击〖工具/点点距离〗，可以测量两点之间的距离，或在快捷菜单栏中输入“di”命令。

5. 用“平行直线”命令时，点击F4切换为角度捕捉，可以布置0°、90°或设置的其他角度的直线（按F9可设置要捕捉的角度）；用“平行直线”命令时，首先输入第一点，再输入下一点，输入复制间距和复制次数，复制间距输入值为正时表示平行直线向右或向上平移，复制间距输入值为负时表示平行直线向左或向下平移。

根据建筑图在PMCAD中对生成的轴网进行修改，点击【轴线输入/平行直线】、点击【轴线输入/两点直线】、点击【网格生成/删除网格】、点击【网格生成/删除节点】，最后完成的二层轴网如图2-19所示。需要注意的是，删除多余节点时，可用“光标方式”、“轴向方式”、“窗口方式”、“围栏方式”。一般用“窗口方式”，并从左上向右下框选（要区分从右下向左上框选的方式）。

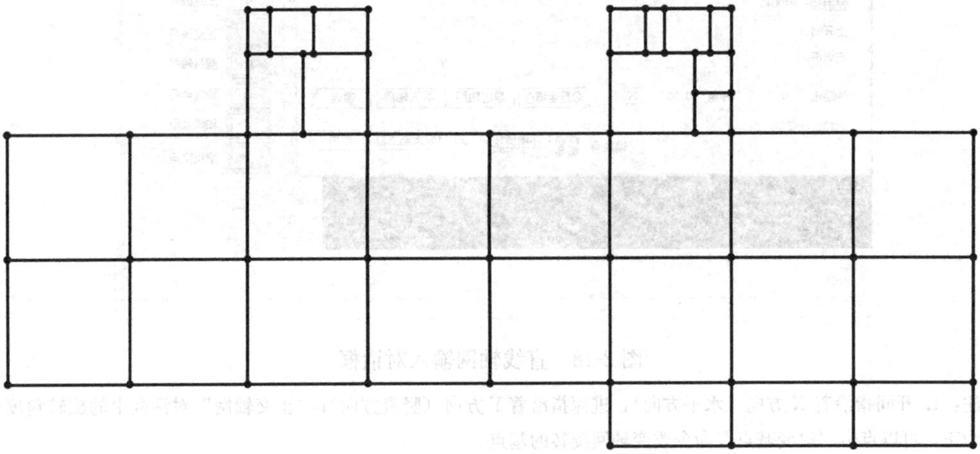

图2-19　二层轴网

（3）点击【楼层定义/柱布置】或输入“柱布置”快捷键命令，在弹出的对话框中定义柱子的尺寸，然后选择合适的布置方式布置，如图2-20～图2-36所示。

当用另一个柱截面替换某柱截面时，原柱截面自动删除且布置新柱截面；当要删除某柱截面时，点击【楼层定义/构件删除】，弹出对话框，如图2-24所示，可以钩选柱（程序还可以选择梁、墙、门窗洞口、斜杆、次梁、悬挑板、楼板洞口、楼板、楼梯）；删除的方式有：光标选择、轴线选择、窗口选择、围区选择。

点击【楼层定义/截面显示/柱显示】，弹出对话框，如图2-25所示，钩选“数据显示”，可以查看布置柱子的截面大小，方便检查与修改，输入“Y”，则字符放大，输入“N”，则字符缩小。还可以显示“主梁”、“墙”、“洞口”、“斜杆”、“次梁”。

（4）点击【楼层定义/主梁布置】或输入“主梁”快捷键命令，在弹出的对话框中定义主梁尺寸，然后选择合适的布置方式，如图2-27～图2-32所示。

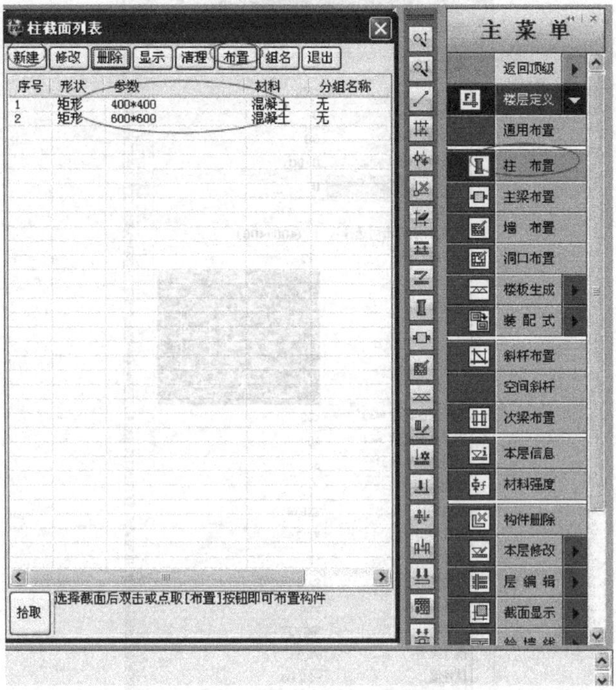

图 2-20 柱布置对话框

注：1. 所有柱截面都在此对话框中点击“新建”命令定义，选择“截面类型”，填写“矩形截面宽度”、“矩形截面高度”、“材料类别”（6 为混凝土），如图 2-21 所示。

2. 布置柱子，如果绘制施工图不用 PKPM 的模板，由于 PKPM 是节点传力，一般可不理会柱子的偏心，柱子布置时可以不偏心。本工程建模时，参照建筑图（与墙边齐平），偏心布置柱子。

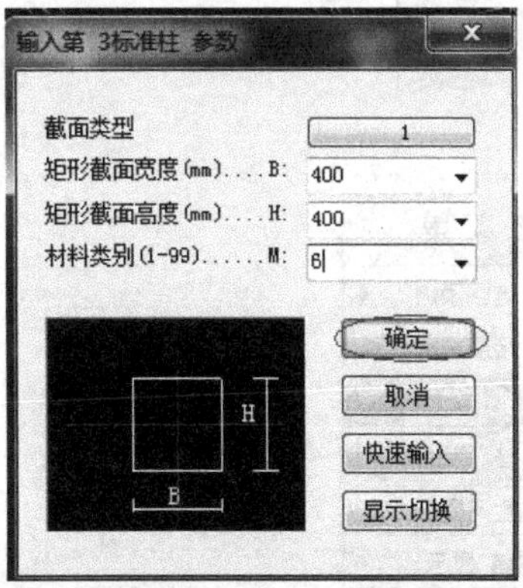

图 2-21 标准柱参数对话框

注：填写参数后，点击“确定”，选择要布置的柱截面，再点击“布置”，如图 2-20、图 2-22 所示。

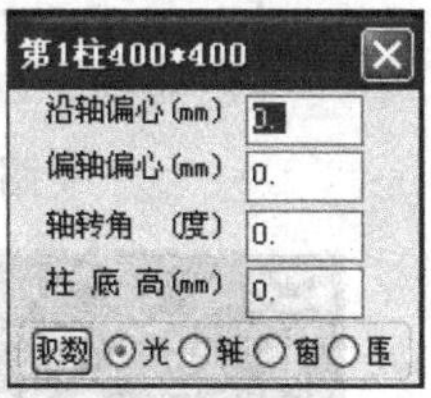

图 2-22 柱布置对话框

注：1. 沿轴偏心指沿 X 方向偏心，偏心值为正时表示向右偏心，偏心值为负时表示向左偏心。偏轴偏心指沿 Y 方向偏心，偏心值为正时表示向上偏心，偏心值为负时表示向下偏心。可以根据实际需要按“Tab”键选择“光标方式”、“轴线方式”、“窗口方式”、“围栏方式”布置柱。确定偏心值时，可根据形心轴的偏移值确定。

2. 在 PMCAD 中点击鼠标左键，在弹出的对话框中可以修改柱顶标高

实现柱长度的修改，如图 2-23 所示。

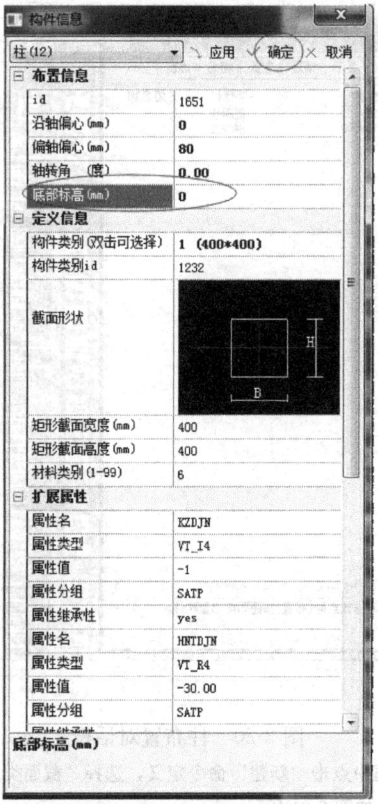

图 2-23　柱构件信息对话框

注：跃层柱的建模可以用此操作，假如一个柱子穿越第一、第二、第三层，第一、第二层跃层柱处没有楼板，第三层有楼板，则可以在第三层布置柱子，再改变“底部标高”，把柱子拉下来，程序可以正确计算其受力及配筋。

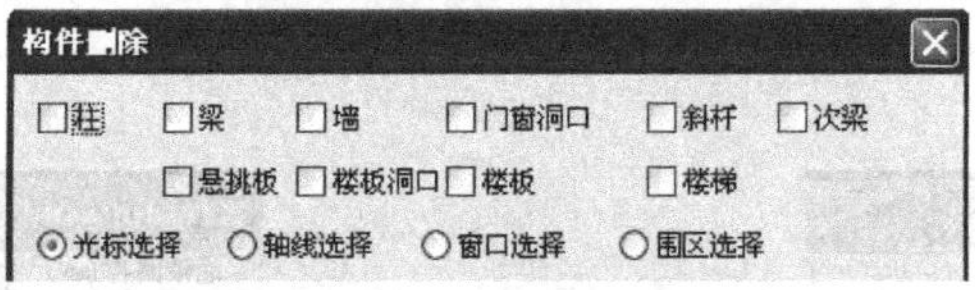

图 2-24　构件删除对话框

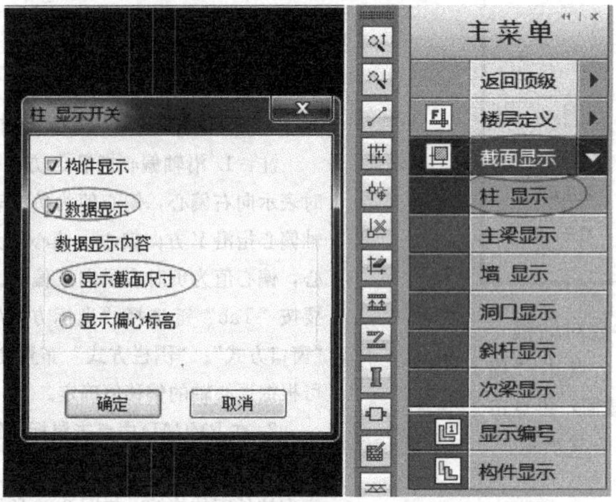

图 2-25　柱截面显示开关对话框

该框架在 PMCAD 中柱子初步布置图如 2-26 所示。

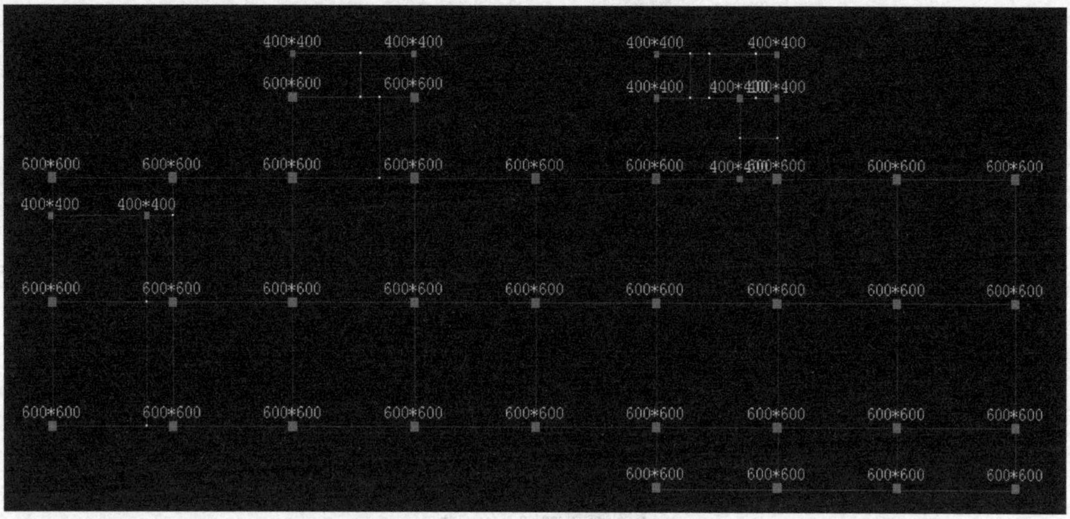

图 2-26　PMCAD 中框架柱布置

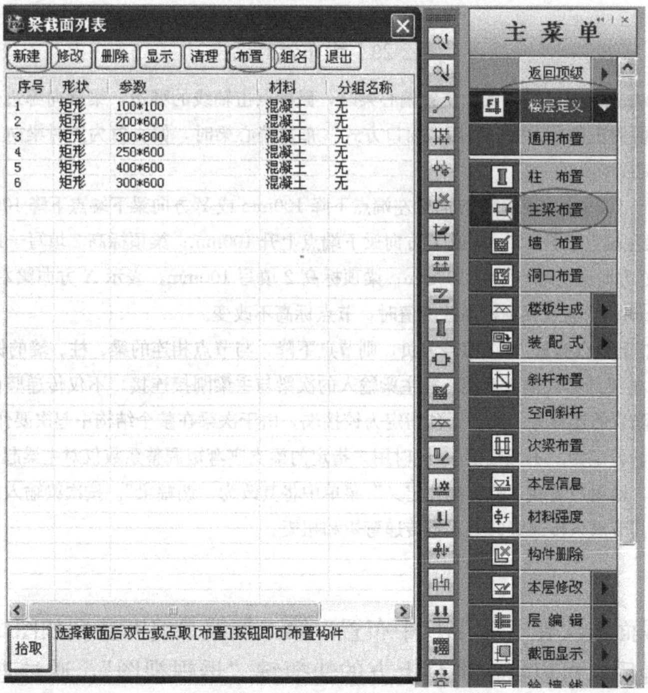

图 2-27　梁截面列表对话框

注：1. 所有梁截面都在此对话框中点击“新建”命令定义，选择“截面类型”，填写“矩形截面宽度”、“矩形截面高度”、“材料类别”（6 为混凝土），如图 2-28 所示。

2. 可以参照柱子程序操作，进行“构件删除”、“截面显示”操作。

3. 布置梁，如果绘制施工图不用 PKPM 的模板，由于 PKPM 是节点传力，一般不用理会梁的偏心，梁布置时可以不偏心。本工程建模时，参照建筑图（与墙边齐平），偏心布置梁。

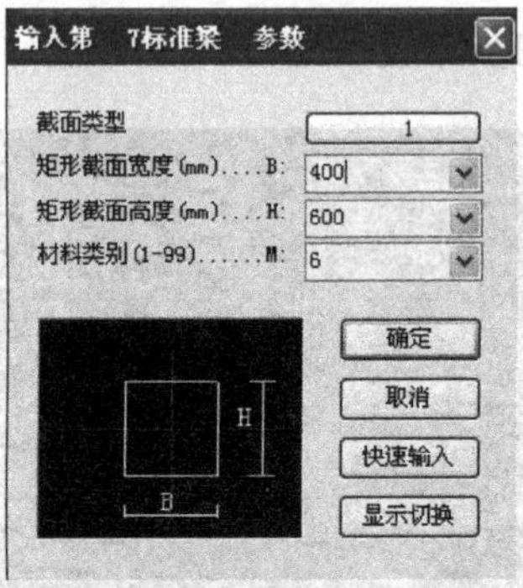

图 2-28 标准梁参数对话框

注：填写参数后，点击“确定”，选择要布置的梁截面，再点击“布置”，如图 2-27、图 2-29 所示。

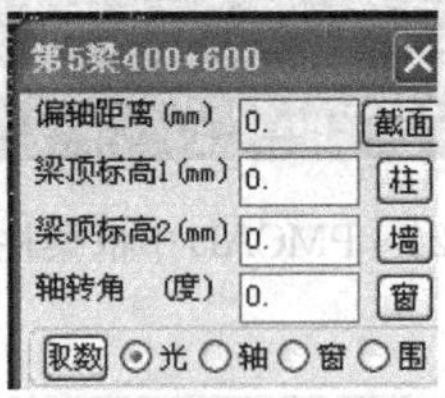

图 2-29 梁布置对话框

注：1. 当用“光标方式”、“轴线方式”布置偏心梁时，鼠标点击轴线的哪边，梁就向哪边偏心，偏心值在“偏轴距离”中填写，与输入值的正负号无关。当用“窗口方式”布置偏心梁时，偏心值为正时梁向上、向左偏心，偏心值为负时梁向下、向右偏心。

2. 梁顶标高 1 填写－100mm，表示 X 方向梁左端点下降 100mm 或 Y 方向梁下端点下降 100mm；梁顶标高 1 填写 100mm，表示 X 方向梁左端点上升 100mm 或 Y 方向梁下端点上升 100mm；梁顶标高 2 填写－100mm，表示 X 方向梁右端点下降 100mm 或 Y 方向梁上端点下降 100mm；梁顶标高 2 填写 100mm，表示 X 方向梁右端点上升 100mm 或 Y 方向梁上端点上升 100mm。当输入梁顶标高改变值时，节点标高不改变。

3. 点击【网格生成/上节点高】，输入值若为负，则节点下降，与节点相连的梁、柱、墙的标高也随之下降。

4. 次梁一般可以以主梁的形式输入建模，按主梁输入的次梁与主梁刚接连接，不仅传递竖向力，还传递弯矩和扭矩，用户可对这种程序隐含的连接方式人工干预指定为铰接端。由于次梁在整个结构中起次要作用，次梁一般不调幅，PKPM 程序中次梁均隐含设定为“不调幅梁”，此时用户指定的梁支座弯矩调整系数仅对主梁起作用，对不调幅梁不起作用。如需对该梁调幅，则用户需在“特殊梁柱定义”菜单中将其改为“调幅梁”。按次梁输入的次梁和主梁的连接方式是铰接于主梁支座，其节点只传递竖向力，不传递弯矩和扭矩。

把定义的梁截面依次在 PMCAD 中布置，第二层梁最终布置图如图 2-30 所示。

当柱、梁布置后，可以点击屏幕上方的快捷键“透视视图”，通过查看该标准层的结构三维图，检查建模是否正确，如图 2-31 所示。

（5）点击【楼层定义/楼板生成/生成楼板/修改板厚】，根据 2.2.3（图 2-9）布置楼板。程序默认板厚为 100mm，应在“修改板厚”对话框中填写板厚度 260mm，用“窗口”方式框选板厚为 260mm 的位置，最后将楼梯间处板厚改为 0。如图 2-32 所示。

（6）点击【楼层定义/本层信息】，弹出对话框，如图 2-33 所示。

（7）点击【楼层定义/材料强度】，弹出对话框，如图 2-34 所示，可以显示在“本层

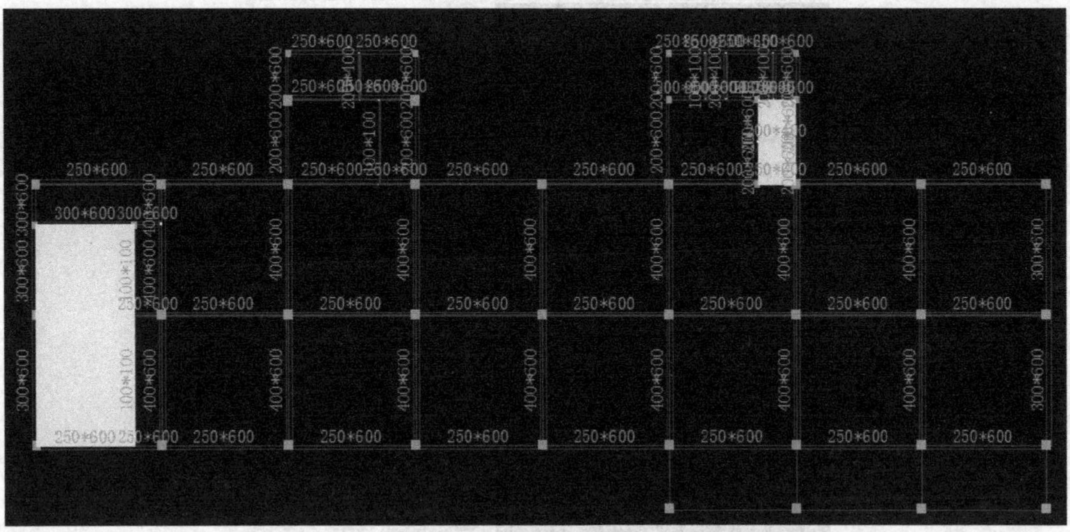

图 2-30　PMCAD 中框架主梁初步布置

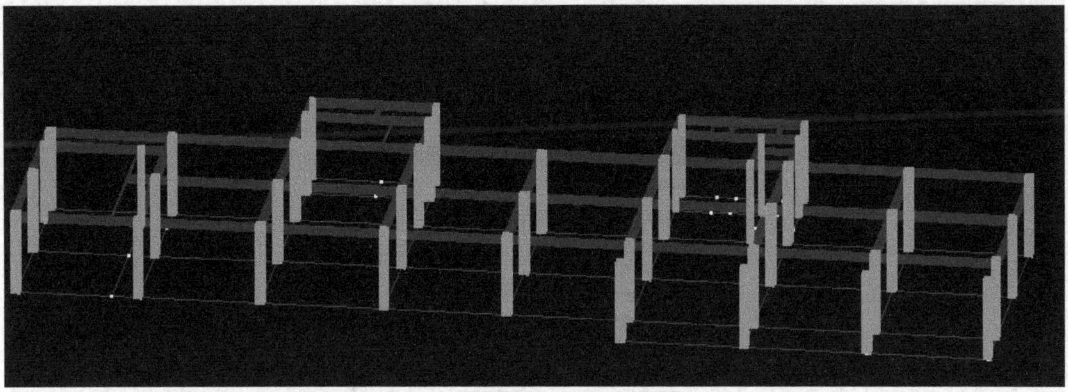

图 2-31　第二层“透视视图”

注：1. 点击快捷键“实时漫游”开关，可以查看被渲染后的三维图；

2. 按住键盘“Ctrl”，同时按住鼠标中键，移动鼠标，可以从不同的角度查看该层结构三维图；

3. 点击快捷键“平面视图”，可恢复到建模时的平面布置图。

信息”中定义的各构件混凝土强度等级，在此对话框中，可以通过点击不同构件查看其混凝土强度等级，也可以单独设定某构件的混凝土强度等级，通过：光标选择、轴线选择、窗口选择、围区选择来布置构件的混凝土强度等级。

（8）点击【荷载输入/恒活设置】，如图 2-35 所示。

点击【荷载输入/楼面荷载/楼面恒载】，弹出对话框，如图 2-36 所示，可以输入恒载值，恒载布置方式有三种：光标选择、窗口选择和围区选择。

点击【荷载输入/楼面荷载/楼面活载】，弹出对话框，如图 2-37 所示；可以输入活载值，活载布置方式有三种：光标选择、窗口选择和围区选择。

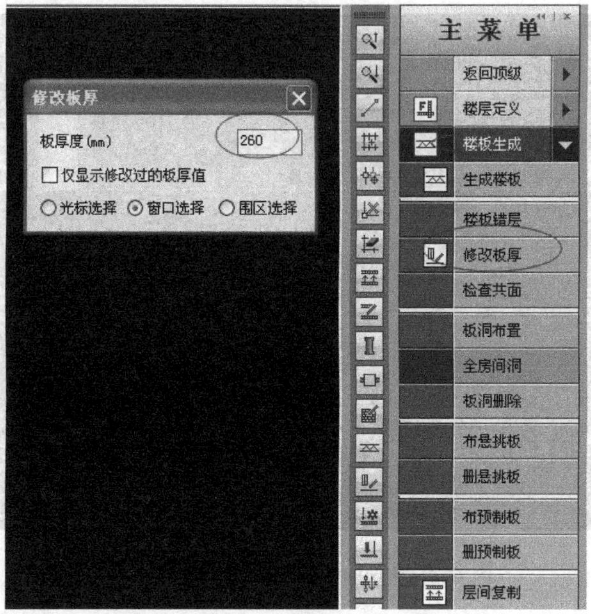

图 2-32 修改板厚对话框

注：1. 点击【楼板生成/生成楼板】，查看板厚，如果与设计板厚不同，则点击【修改板厚】，填写实际板厚值(mm)，也可以布置悬挑板、错层楼板等。

2. 除非定义弹性板，程序默认所有的现浇楼板都是刚性板。

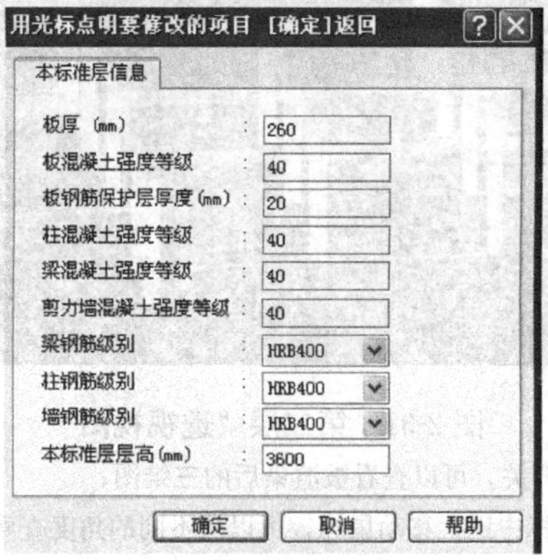

图 2-33 本层信息对话框

参数注释：

1. “板厚”是指软件自动生成的板厚，本标准层填写 260。

2. “板混凝土强度等级”：对于普通的传统混凝土结构，“板混凝土强度等级”应根据实际工程填写，一般可取 C25 或 C30。本工程填写 C40。

3. “板钢筋保护层厚度”：本工程填写 20。

4. “柱混凝土强度等级”：按实际工程填写，本工程填写 C40。传统设计中，对于多层结构，顶层一般取 C30，底层一般取 C40～C35，高层结构柱混凝土强度等级可能取更高。需要注意的是，柱子混凝土强度等级不应与柱子截面同时改变。“柱混凝土强度等级”可以在“特殊构件补充定义”中修改。

5. “梁混凝土强度等级”：按实际工程填写，本工程填写 C40。在传统设计中对于多层结构，一般可取 C25 或 C30，对于高层结构，除了转换层，底部梁混凝土强度等级最大值可取 C35，顶部楼层一般取

C25～C30。“梁混凝土强度等级”可以在“特殊构件补充定义”中修改。

5.“剪力墙混凝土强度等级”：按实际工程填写。此参数对框架结构不起作用。“剪力墙混凝土强度等级”可以在“特殊构件补充定义”中修改。

6.“梁柱墙钢筋级别”：按实际工程填写，现在大多填写三级钢 HRB400，本工程采用三级钢 HRB400。

7.“本标准层层高”：可随意填写一个数字。本层标准层高以楼层组装时的层高为准。

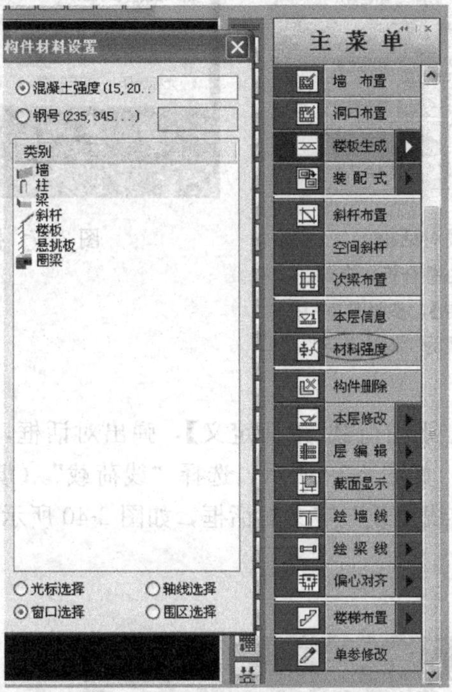

图 2-34　材料强度对话框

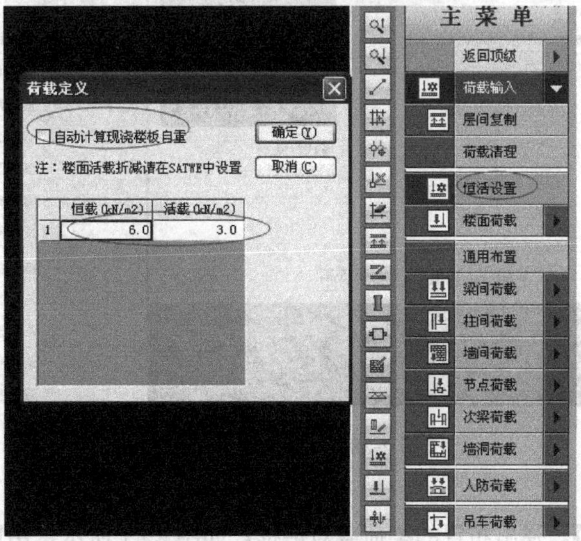

图 2-35　恒活设置对话框

注：1.“自动计算现浇板自重”选项可钩选也可不钩选。钩选后，恒载（标准值）只需填写附加恒载，不钩选，则恒载为：板自重＋附加恒载。本工程不钩选。

2. 输入楼板荷载前必须生成楼板，没有布置楼板的房间不能输入楼板荷载。所有的荷载值均为标准值。

3. 二跑楼梯均可以面荷载的形式导入楼梯荷载，板梯间处的板可以按程序默认的板导荷方式，而不用将导荷方式改为单向传力，配筋时适当放大楼梯间框架梁底筋。

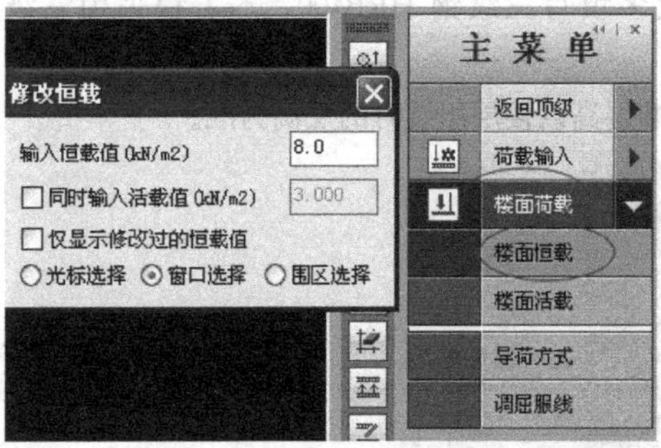

图 2-36　楼面恒载对话框

注：由于布置单向预应力空心叠合板，应点击【荷载输入/导荷方式/对边传导】，参照图 2-9 中箭头方向，把力的传导模式改为“对边传导”。

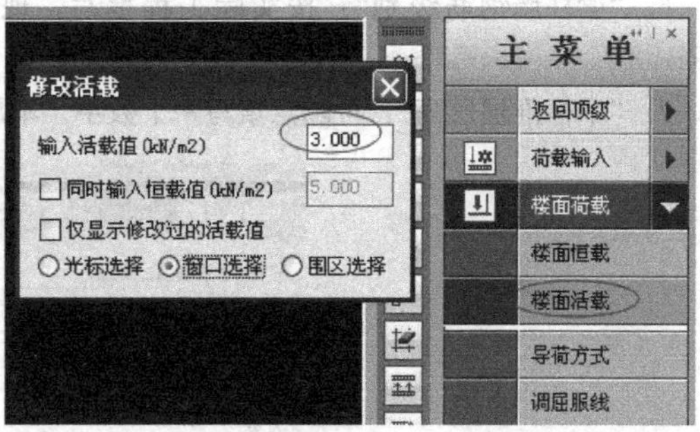

图 2-37　楼面活载对话框

(9) 点击【荷载输入/梁间荷载/梁荷定义】，弹出对话框，如图 2-38 所示；点击添加，弹出选择类型对话框，如图 2-39 所示，选择“线荷载”（填充墙线荷载），用鼠标点击“线荷载”，弹出“竖向线荷载”定义对话框，如图 2-40 所示，参照图 2-10，依次定义所有类型线荷载。

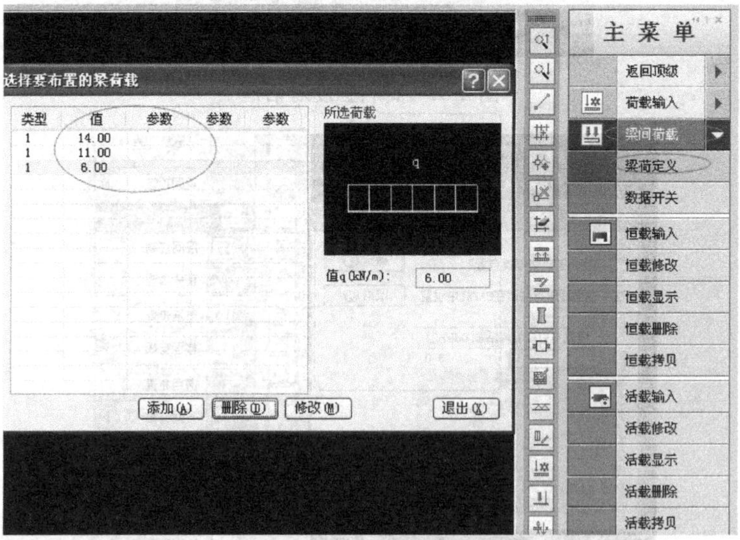

图 2-38　梁荷定义对话框

点击【恒载输入】，弹出布置的梁荷载对话框，如图 2-41 所示。用鼠标选择 14.0kN/m，再点击“布置”，采用光标方式，参照图 2-10，把 14.0kN/m 布置在指定的梁上。再点击【恒载输入】，选择线其他荷载，参照图 2-10，将其布置在指定的梁上。

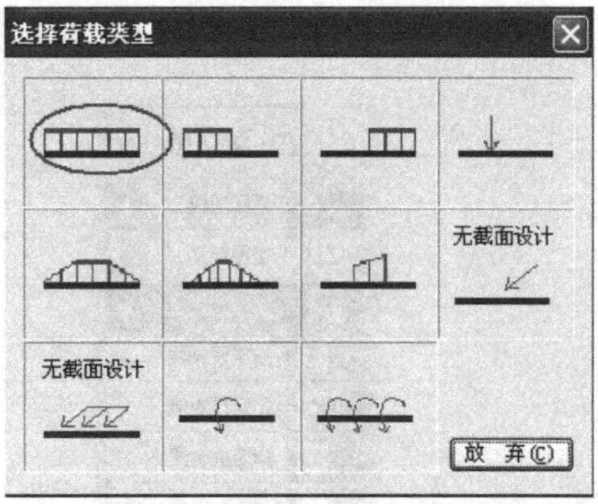

图 2-39 选择荷载类型对话框

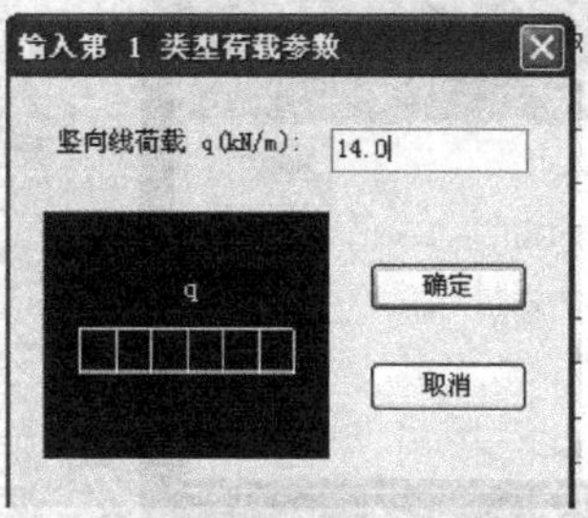

图 2-40 竖向线荷载定义对话框

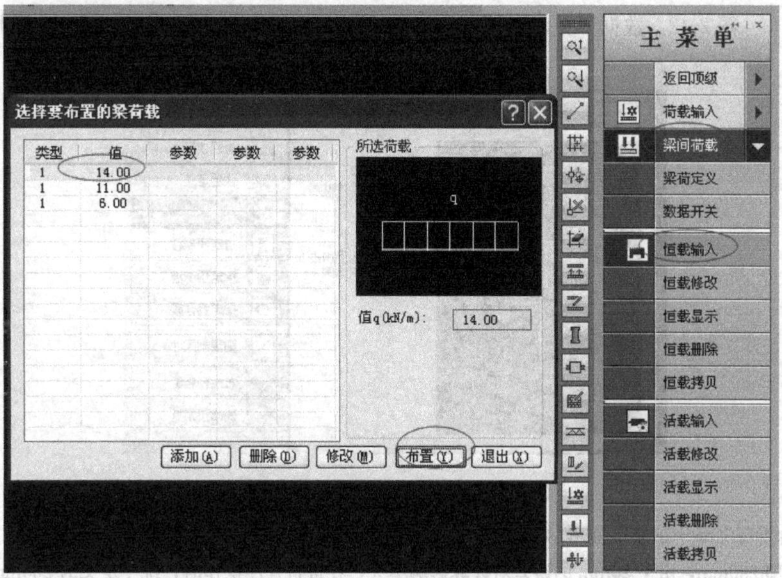

图 2-41 恒载输入对话框

注：按“TAB”键可以切换梁布置方式：光标方式、窗口方式、围栏方式、轴线方式；当大部分梁线荷载相同时，可以用轴线方式或窗口方式，局部不同的线荷载可以单独布置。梁线荷载可以叠加。

点击【梁间恒载/数据开关】，弹出对话框，如图 2-42 所示，钩选“数据显示”，点击“确定”，可以显示布置的梁线荷载大小，方便检查与修改。当线荷载布置错误时，点击【恒载删除】，可以删除布置的线荷载，删除方式有：光标方式、轴线方式、窗口方式、围栏反方式。

（10）点击【楼层定义/装配式/指定预制柱】，如图 2-43 所示，可以根据程序提示，用四种不同的方式：光标、轴线、窗口、围栏，把混凝土柱定义为预制柱，本标准层用窗口的方式把所有的柱子定义为“预制柱”。

点击【楼层定义/装配式/指定叠合梁】，如图 2-44 所示，可以根据程序提示，用四种不同的方式：光标、轴线、窗口、围栏把混凝土梁定义为叠合梁。因为第二层所有梁高均为 600，本标准层用窗口的方式把所有的混凝土梁定义为“叠合梁。”

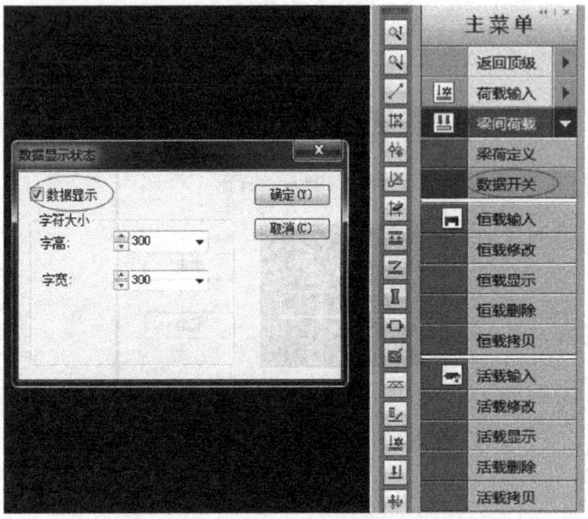

图 2-42　数据开关对话框

图 2-43　装配式/预制柱

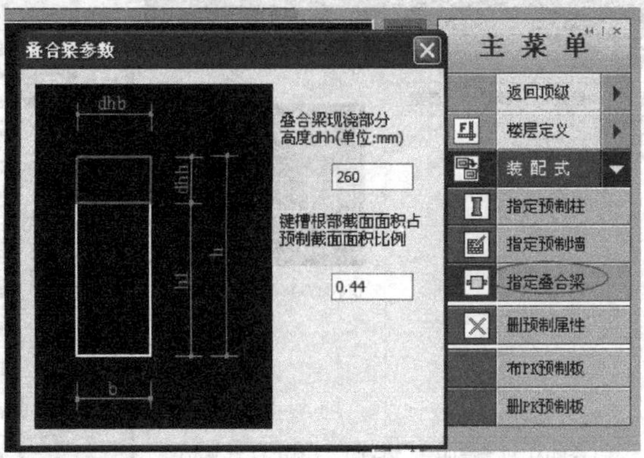

图 2-44　叠合梁参数

注：1. 叠合梁现浇部分在非支座处（不支撑板）可填写 260mm，在作为板支座处（支撑板），应加上梁垛上 20mm 厚垫块，即 280mm，由于 20mm 的误差对计算影响不大，在进行程序操作时，统一定义为 260mm。

2. 键槽根部截面面积占预制截面面积比例需要计算。

3. 由于“布置 PK 预制板”中没有“大跨度单向预应力板”与“单向预应力板”，一般不使用该选项，如图 2-45 所示。

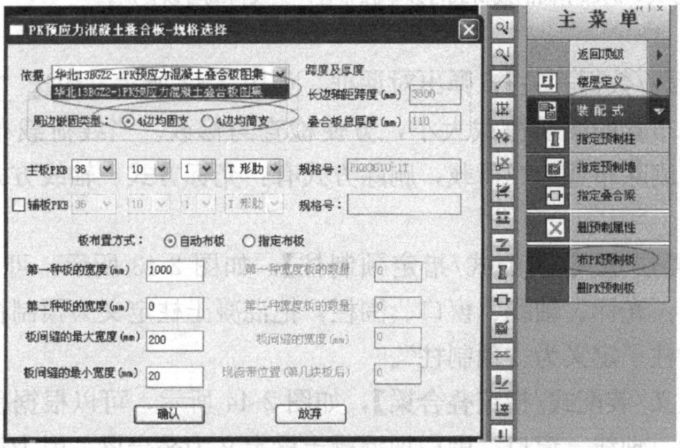

图 2-45　规格选择

（11）点击【楼层定义/层编辑/插标准层】，定义第二标准层。一般选择全部复制（用于复制基本相同的标准层）如图 2-46 所示。也可点击屏幕的左上方，选择【添加新标准层】，如图 2-47 所示，然后对照建筑图与实际工程情况，完成第二标准层的建模。

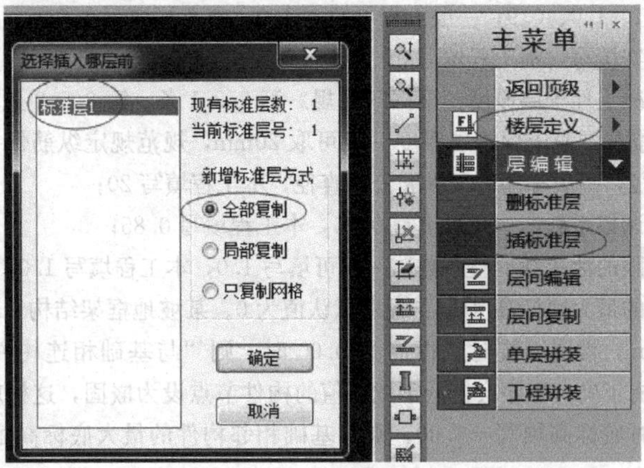

图 2-46　层编辑/插标准层

注：1. 选择的是“标准层 1”，则添加新的标准层是以“标准层 1”为模板复制。

2.【局部复制】是用于复制局部楼层相同的标准层，【只复制网格】用于复制楼层布置不相同的标准层。

3. 依次按照上述步骤，完成所有标准层的建模工作。

（12）点击【设计参数】，如图 2-48～图 2-52 所示。点击【总信息】，如图 2-48 所示。

点击【材料信息】，如图 2-46 所示。

点击【地震信息】，如图 2-50 所示。

图 2-47　添加新标准层对话框

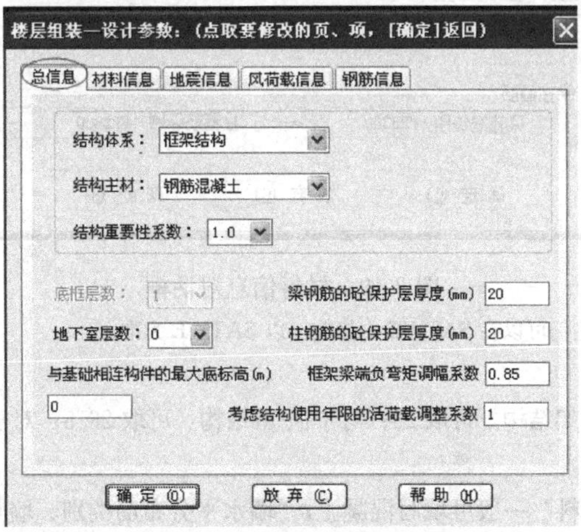

图 2-48　总信息对话框

注：以上参数填写后，有些仍可以在 SATWE 中修改，以 SATWE 为准。

参数注释：

1. 结构体系：根据工程实际填写，本菜单没有装配整体式框架结构选项，可以先选择框架结构，最后在 SATWE 中修改；

2. 结构主材：根据实际工程填写。框架、框-剪、剪力墙、框筒、框支剪力墙等混凝土结构可选择

"钢筋混凝土"；对于砌体与底框，可选择"砌体"；对于单层、多层钢结构厂房及钢框架结构，可选择"砌体"，本工程为钢筋混凝土；

3. 结构重要性系数：1.1、1.0、0.9 三个选项，《建筑结构可靠度设计统一标准》GB 50068—2001 规定：对安全等级分别为一、二、三级或设计使用年限分别为 100 年及以上、50 年、5 年时，重要性安全系数分别不应小于 1.1、1.0、0.9；一般工程可填写 1.0；本工程填写 1.0；

4. 地下室层数：如实填写，本工程填写 0；

5. 梁、柱钢筋的混凝土保护层厚度：根据《混规》第 8.2.1 条、第 3.5.2 条如实填写，对于普通的混凝土结构，梁、柱钢筋的混凝土保护层厚度一般可取 20mm，规范规定纵筋保护层厚度不应小于纵筋公称直径，20+箍筋直径，一般都能大于纵筋公称直径，本工程填写 20；

6. 框架梁端负弯矩调幅系数：一般可填写 0.85，本工程填写 0.85；

7. 考虑结构使用年限的活荷载调整系数：一般可填写 1.0，本工程填写 1.0；

8. 与基础相连构件的最大底标高（m）：程序默认值为 0。某坡地框架结构，若局部基础顶标高分别为−2.00mm，−6.00mm，楼层组装时底标高为 0.00 时，则"与基础相连构件的最大底标高"填写 4.00m 时，程序才能分析正确，程序会把低于此数值的构件节点设为嵌固，这样就能兼顾不同基础埋深的情况。如果楼层组装时底标高填写−6.00，则与基础相邻构件的最大底标高填写−2.00 才能分析正确。本工程填写 0。

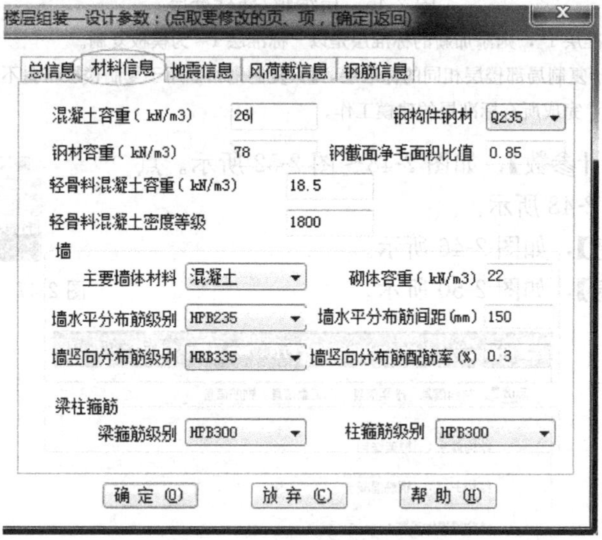

图 2-49　材料信息对话框

注：以上参数填写后，有些仍可以在 SATWE 中修改，以 SATWE 为准。

参数注释：

1. 混凝土容重：对于框架结构，可取 26；对于框-剪结构，可取 26.5；对于剪力墙结构，可取 27，本工程填写 26；

2. "墙"："主要墙体材料"一般可填写混凝土；"墙水平分布筋类别、墙竖向分布筋类别"应按实际工程填写，一般可填写 HRB400；当结构为框架结构时，各个参数对框架结构不起控制作用，如框架结构中有少量的墙，应如实填写；本工程可按默认值；

3. "梁、柱箍筋类别"：应按设计院规定或当地习惯、市场购买情况填写；规范规定 HPP300 级钢筋为箍筋的最小强度等级；钢筋强度等级越低延性越好，强度等级越高，一般比较省钢筋。现多数设计院在设计时梁、柱箍筋类别一栏填写 HRB400，有的设计院也习惯选取 HPB300，本工程跨度不大，荷载较小，不是强度控制，填写 HPB300；

4.“钢构件钢材”：按实际工程填写。此参数对混凝土结构不起作用，本工程可按默认值；

5“钢截面净毛面积比重”：按实际工程填写，一般可填写0.85～1.0，此参数对混凝土结构不起作用；一般来说，为安全可以取0.85；在实际工程中，由于钢结构开孔比较少，为节省材料可取0.9；本工程按默认值；

6.“钢材容重”：按实际工程填写，此参数对混凝土结构不起作用。对于钢结构，可按默认值78；本工程按默认值；

7“轻骨料混凝土容重”、“轻骨料混凝土密度等级”、“砌体容重”：可按默认值，分别为18.5、1800、22；

8.“墙水平分布筋间距”：一般可填写200mm。此参数对框架结构不起作用，本工程可按默认值；

9.“墙竖向分布筋配筋率”：《抗规》6.4.3：一、二、三级抗震墙的竖向和横向分布钢筋最小配筋率均不应小于0.25%，四级抗震墙分布钢筋最小配筋率不应小于0.2%；需要注意的是，高度小于24m且剪压比很小的四级抗震墙，其竖向分布筋的最小配筋率允许按0.15%采用，本工程可按默认值。

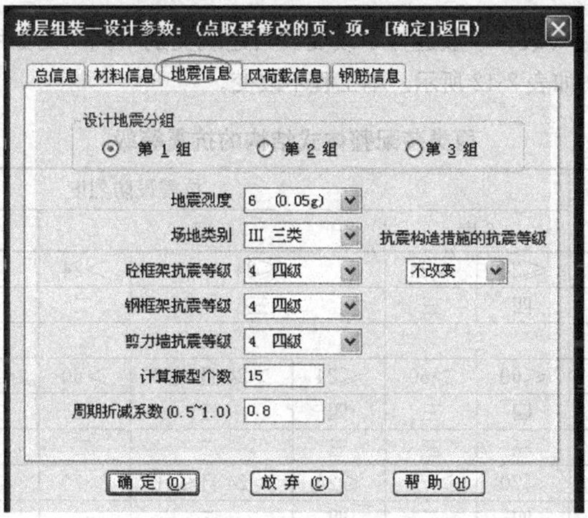

图2-50 地震信息对话框

注：以上参数填写后，有些仍可以在SATWE中修改，以SATWE为准。

参数注释：

1. 设计地震分组：根据实际工程情况查看《抗规》附录A；本工程为第一组。

2. 地震烈度：根据实际工程情况查看《抗规》附录A；本工程为6度设防。

3. 场地类别：根据《地质勘测报告》测试数据计算判定；本工程为Ⅲ类。

注：地震烈度度、设计地震分组、场地土类型三项直接决定了地震计算所采用的反应谱形状，对水平地震力的大小起到决定性作用。

4. 混凝土框架抗震等级、剪力墙抗震等级、钢框架抗震等级。

丙类建筑按本地区抗震设防烈度计算，根据《抗规》表6.1.2或《高规》第3.9.3条选择，如表2-11所示。乙类建筑，（常见乙类建筑：学校、医院）按本地区抗震设防烈度提高一度查表选择。建筑分类见《建筑工程抗震设防分类标准》GB 50223—2008。

“混凝土框架抗震等级”、“剪力墙抗震等级”根据实际工程情况查看《装配式混凝土结构技术规程》、如表2-11所示，本工程框架抗震等级为四级。

5. 计算振型个数：地震力振型数至少取3，由于程序按三个阵型一页输出，所以振型数最好为3的倍数。一般对于进行耦联计算的高层建筑，所选振型数不应小于9个，对于高层建筑应至少取15个；多塔结构计算振型数应取更多，但要注意此处的振型数不能超过结构的固有振型的总数（刚性楼板假定时），比如一个规则的两层结构，采用刚性楼板假定，共6个有效自由度，此时振型个数最多取6，否则会造成地震作用计算异常。对于复杂、多塔以及平面不规则的建筑计算振型个数要多选，一般要求“有效质量数大于 90%”。振型数取得越多，计算一次时间越长。本工程取 15。

6. 计算各振型地震影响系数所采用的结构自振周期应考虑非承重填充墙体对结构刚度增强的影响，采用周期折减予以反应。因此当承重墙体为填充砖墙时，高层建筑结构的计算自振周期折减系数可按《高规》4.3.17 取值：

（1）框架结构可取 0.6～0.7；

（2）框架-剪力墙结构可取 0.7～0.8；

（3）框架-核心筒结构可取 0.8～0.9；

（4）剪力墙结构可取 0.8～1.0。

注：厂房和砖墙较少的民用建筑，周期折减系数一般取 0.80～0.85，砖墙较多的民用建筑取 0.6～0.7，（一般取 0.65）。框架-剪力墙结构：填充墙较多的民用建筑取 0.7～0.80，填充墙较少的公共建筑可取大些（0.80～0.85）。剪力墙结构：取 0.9～1.0，有填充墙取低值，无填充墙取高值，一般取 0.95。

本工程填写 0.8。

7. 抗震构造措施的抗震等级：一般选择不改变。当建筑类别不同（比如甲类、乙类），场地类别不同时，应按相关规定填写，如表 2-12 所示。本工程不改变。

丙类装配整体式结构的抗震等级 **表 2-11**

结构类型		抗震设防烈度							
		6 度		7 度			8 度		
装配整体式框架结构	高度（m）	≤24	>24	≤24		>24	≤24		>24
	框架	四	三	三		二	二		一
	大跨度框架	三		二			一		
装配整体式框架-现浇剪力墙结构	高度（m）	≤60	>60	≤24	>24 且≤60	>60	≤24	>24 且≤60	>60
	框架	四	三	四	三	二	三	二	一
	剪力墙	三	三	三	二	二	二	一	一
装配整体式剪力墙结构	高度（m）	≤70	>70	≤24	>24 且≤70	>70	≤24	>24 且≤70	>70
	剪力墙	四	三	四	三	二	三	二	一
装配整体式部分框支剪力墙结构	高度	≤70	>70	≤24	>24 且≤70	>70	≤24	>24 且≤70	
	现浇框支框架	二	二	二	二	一	一	一	
	底部加强部位剪力墙	三	二	三	二	一	二	一	
	其他区域剪力墙	四	三	四	三	二	三	二	

注：大跨度框架指跨度不小于 18m 的框架。

决定抗震构造措施的烈度 **表 2-12**

建筑类别	场地类别	设计基本地震加速度（g）和设防烈度					
		0.05 6	0.1 7	0.15 7	0.2 8	0.3 8	0.4 9
甲、乙类	Ⅰ	6	7	7	8	8	9
	Ⅱ	7	8	8	9	9	9+
	Ⅲ、Ⅳ	7	8	8+	9	9+	9+
丙类	Ⅰ	6	6	6	7	7	8
	Ⅱ	6	7	7	8	8	9
	Ⅲ、Ⅳ	6	7	8	8	9	9

点击【风荷载信息】，如图 2-51 所示。

点击【钢筋信息】，如图 2-52 所示。

（13）点击【楼层组装/楼层组装】，弹出对话框，如图 2-53 所示。

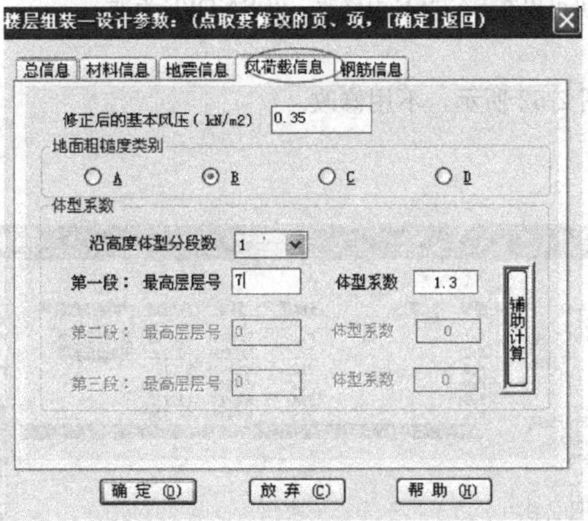

图 2-51　风荷载信息对话框

注：以上参数填写后，有些仍可以在 SATWE 中修改，以 SATWE 为准。

参数注释：

1. 修正后的基本风压

一般工程按荷载规范给出的 50 年一遇的风压采用（直接查荷载规范）；对于沿海地区或强风地带等，应将基本风压放大 1.1～1.2 倍；本工程为 0.35。

注：风荷载计算自动扣除地下室的高度。

2. 地面粗糙类别

该选项是用来判定风场的边界条件，直接决定了风荷载的沿建筑高度的分布情况，必须按照建筑物所处环境正确选择。相同高度建筑风荷载 A>B>C>D。本工程为 B 类。

A 类：近海海面，海岛、海岸、湖岸及沙漠地区。

B 类：指田野、乡村、丛林、丘陵及中小城镇和大城市郊区。

C 类：指有密集建筑群的城市市区。

D 类：指有密集建筑群且房屋较高的城市市区。

3. 体型分段数

默认 1，一般不改。现代多、高层结构立面变化较大，不同的区段内的体型系数可能不一样，程序限定体型系数最多可分三段取值。若建筑物立面体型无变化时填 1。对于（基础梁与上部结构共同分析计算的）多层框架或（地下室顶板不作为上部结构嵌固端的）高层当定义底层为地下室后，体型分段数应只考虑上部结构，程序会自动扣除地下室部分的风载。

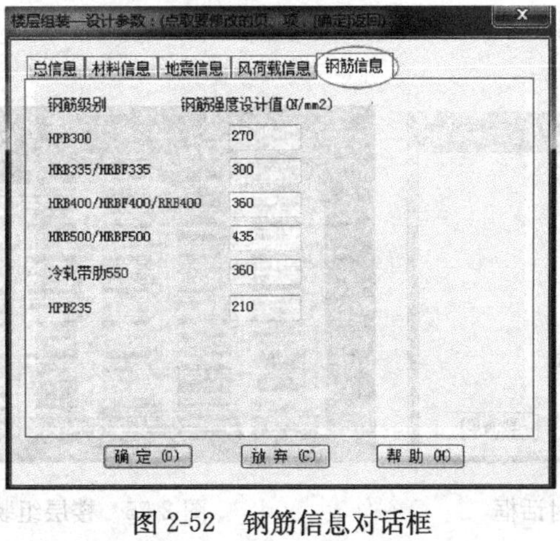

图 2-52　钢筋信息对话框

注：以上参数填写后，有些仍可以在 SATWE 中修改，以 SATWE 为准。

参数注释：

一般可采用默认值，如图 2-52 所示，不用修改。

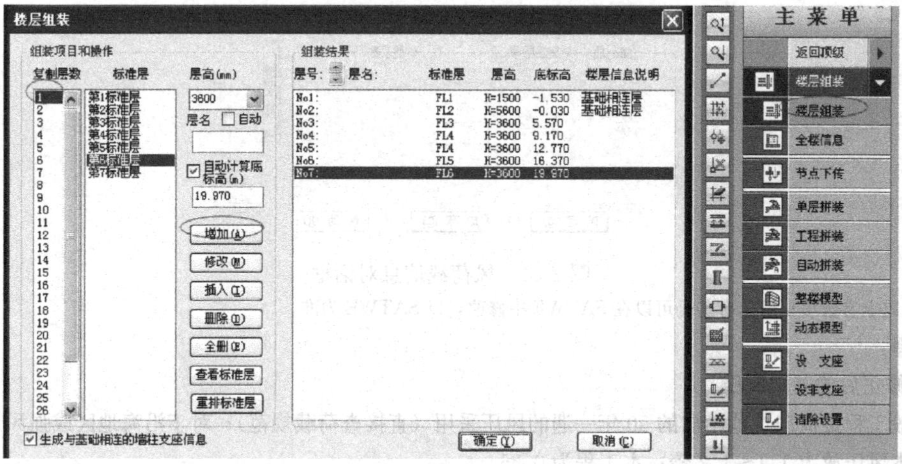

图 2-53　楼层组装对话框

注：1. 楼层组装的方法是：选择〈标准层〉号，输入层高，选择〈复制层数〉，点击〈增加〉，在右侧〈组装结果〉栏中显示组装后的自然楼层。需要修改组装后的自然楼层，可以点击〈修改〉、〈插入〉、〈删除〉等进行操作。为保证首层竖向构件计算长度正确，该层层高通常从基础顶面算起。结构标准层仅要求平面布置相同，不要求层高相同。

2. 普通楼层组装应选择〈自动计算底标高（m）〉，以便由软件自动计算各自然层的底标高，如采用广义楼层组装方式不选择该项。

3. 广义楼层组装时可以为每个楼层指定〈层底标高〉，该标高是相对于±0.000 标高，此时应不钩选〈自动计算底标高（m）〉，填写要组装的标准层相对于±0.000 标高。广义楼层组装允许每个楼层不局限于和唯一的上、下层相连，而可能上接多层或下连多层。广义楼层组装方式适用于错层多塔、连体结构的建模。

点击【整楼模型】，弹出“组装方案对话框”，如图 2-54 所示。点击确定，出现该工程三维模型，如图 2-55 所示。

（14）点击【保存/退出】，如图 2-56～图 2-58 所示。

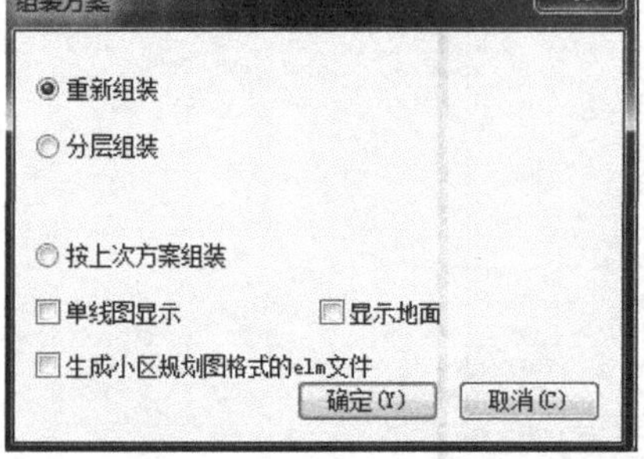

图 2-54　组装方案对话框

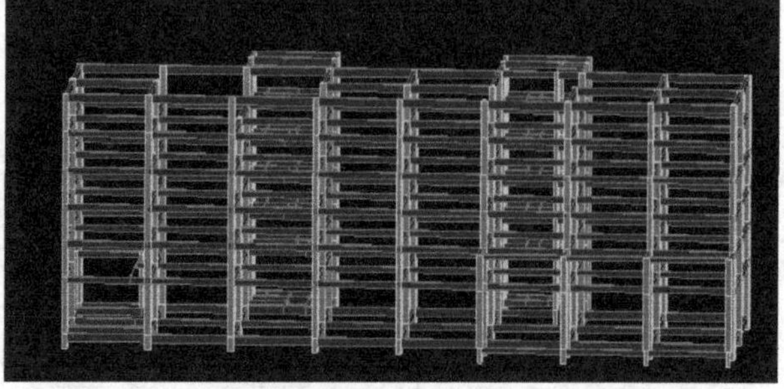

图 2-55　楼层组装三维模型图

图 2-56 PMCAD 主菜单

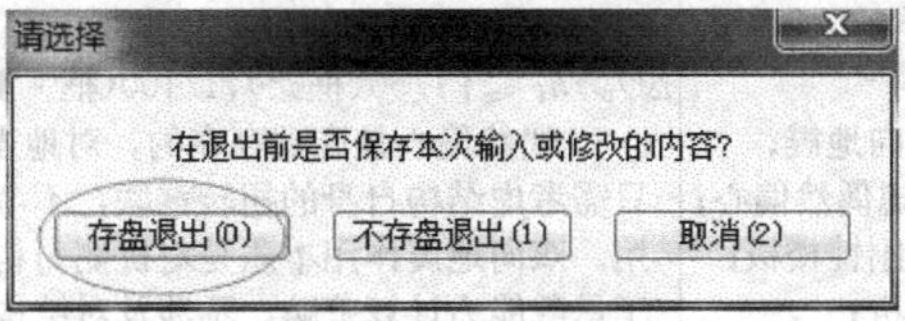

图 2-57 存盘退出（1）

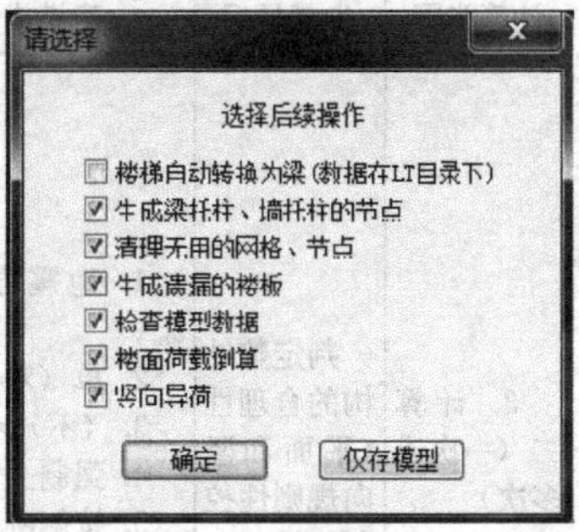

图 2-58 存盘退出（2）

2.7 结构计算步骤及控制点

黄警顽在抗震结构设计计算问题（2006.06）中对“结构计算步骤及控制点”做了如下阐述，见表 2-13。

结构计算步骤及控制点 **表 2-13**

计算步骤	步骤目标	建模或计算条件	控制条件及处理
1. 建模	几何及荷载模型	整体建模	1. 符合原结构传力关系； 2. 符合原结构边界条件； 3. 符合采用程序的假定条件
2. 计算一（一次或多次）	整体参数的正确确定	1. 地震方向角 $\theta_0=0$； 2. 单向地震； 3. 不考虑偶然偏心； 4. 不强制刚性楼板； 5. 按总刚分析	1. 振型组合数→有效质量参与系数>0.9 吗？→否则增加振型组合数； 2. 最大地震力作用方向角→$\theta_0-\theta_m>0.5°$？→是，输入 $\theta_0=\theta_m$。输入附加方向角 $\theta_0=0$； 3. 结构自振周期，输入值与计算值相差>10%时，按计算值改输入值； 4. 查看三维振型图，确定裙房参与整体计算范围→修正计算简图； 5. 短肢墙承担的抗倾覆力矩比例>50%？是，修改设计； 6. 框剪结构框架承担抗倾覆力矩>50？是，→框架抗震等级按框架结构定；若为多层结构，可定义为框架结构定义抗震等级和计算，抗震墙作为次要抗侧力，其抗震等级可降一级
3. 计算二（一次或多次）	判定整结构的合理性（平面和竖向规则性控制）	1. 地震方向角 $\theta_0=0$，θ_m； 2. 单（双）向地震； 3. （不）考虑偶然偏心； 4. 强制全楼刚性楼板； 5. 按侧刚分析； 6. 按计算一的结果确结构类型和抗震等级	1. 周期比控制；$T_t/T_1\leqslant0.9$（0.85）？→否，修改结构布置，强化外围，削弱中间； 2. 层位移比控制；$[\Delta U_m/\Delta U_a，\Delta U_m/\Delta U_a]\leqslant1.2$，→否，按双向地震重算； 3. 侧向刚度比控制；要求见《高规》3.5.2 节；不满足时程序自动定义为薄弱层； 4. 层受剪承载力控制；$Q_i/Q_{i+1}<[0.65（0.75）]$？否，修改结构布置； $0.65（0.75）\leqslant Q_i/Q_{i+1}<0.8$？→否，强制指定为薄弱层；（注：括号中数据 B 级高层）； 5. 整体稳定控制；刚重比≥[10（框架），1.4（其他）]；

续表

计算步骤	步骤目标	建模或计算条件	控制条件及处理
3. 计算二（一次或多次）	判定整结构的合理性（平面和竖向规则性控制）	1. 地震方向角 $\theta_0=0$，θ_m； 2. 单（双）向地震； 3. （不）考虑偶然偏心； 4. 强制全楼刚性楼板； 5. 按侧刚分析； 6. 按计算一的结果确结构类型和抗震等级	6. 最小地震剪力控制；剪重比$\geqslant 0.2\alpha_{max}$？→否，增加振型数或加大地震剪力系数； 7. 层位角控制；$\Delta U_{ei}/h_i \leqslant$［1/550（框架），1/800（框-剪），1/1000（其他）］； $\Delta U_{pi}/h_i \leqslant$［1/50(框架),1/100(框-剪),1/120(剪力墙、筒中筒)］ 8. 偶然偏心是客观存在的，对地震作用有影响，层间位移角只需考虑结构自身的扭转耦联，不考虑偶然偏心与双向地震作用。双向地震作用本质是对抗侧力构件承载力的一种放大，属于承载能力计算范畴，不涉及对结构扭转控制和对结构抗侧刚度大小的判别（位移比、周期比），当结构不规则时，选择双向地震作用放大地震力，影响配筋； 9. 位移比、周期比即层间弹性位移角一般应考虑刚性楼板假定，这样的简化的精度与大多数工程真实情况一致，但不是绝对。复杂工程应区别对待，可不按刚性楼板假定
4. 计算三（一次或多次）	构件优化设计（构件超筋超限控制）	1. 按计算一、二确定的模型和参数； 2. 取消全楼强制刚性板；定义需要的弹性板； 3. 按总刚分析； 4. 对特殊构件人工指定	1. 构件构造最小断面控制和截面抗剪承载力验算； 2. 构件斜截面承载力验算（剪压比控制）； 3. 构件正截面承载力验算； 4. 构件最大配筋率控制； 5. 纯弯和偏心构件受压区高度限制； 6. 竖向构件轴压比比控制； 7. 剪力墙的局部稳定控制； 8. 梁柱节点核心区抗剪承载力验算
5. 绘制施工图	结构构造	抗震构造措施	1. 钢筋最大最小直径限制； 2. 钢筋最大最小间距要求； 3. 最小配筋配箍率要求； 4. 重要部位的加强和明显不合理部分局部调整

2.8 SATWE 前处理、内力配筋计算

2.8.1 SATWE 参数设置

上部结构完成建模后，点击【接 PM 生成 SATWE 数据】→【分析与设计参数补充定义（必须执行)】，如图 2-59 所示。进入 SATWE 参数填写对话框，如图 2-60～图 2-68 所示。

1. 总信息（图 2-60）

(1) 水平力与整体坐标角

通常情况下，对结构计算分析，都是将水平地震沿结构 X、Y 两个方向施加，所以一般情况下水平力与整体坐标角取 0 度。由于地震沿着不同的方向作用，结构地震反应的大小一般也不同，结构地震反应是地震作用方向角的函数。因此当结构平面复杂（如 L 形、三角形）或抗侧力结构非正交时，根据《抗规》5.1.1-2 规定，当结构存在相交角大于 15°的抗侧力构件时，应分别计算各抗侧力构件方向的水平地震作用，但实际上按 0、45°各算一次即可；当程序给出最大地震力作用方向时，可按该方向角输入计算，配筋取三者的

大值。

SATWE 软件对输入的不同角度进行计算所得到的结果不能自动取最不利情况，为了简化设计过程，可以把这个角度作为斜交抗侧力构件地震作用方向之一，即在“斜交抗侧力构件方向的附加地震数”参数项内，增填这个角度（最大地震作用方向大于 15°的角度）与 45°，附加地震数中输入 3，进行结构整体分析，以提高结构的抗震安全性。

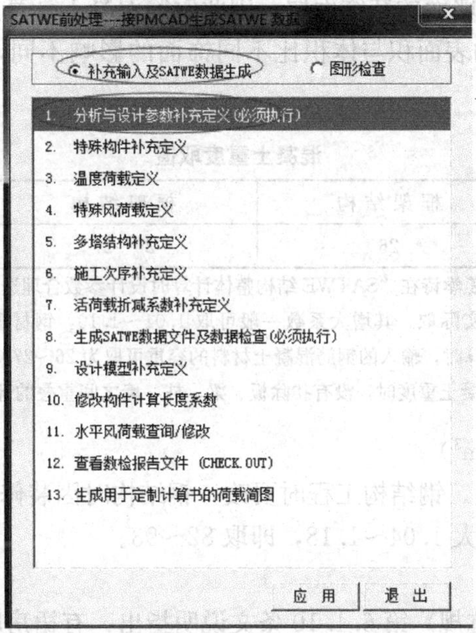

图 2-59　SATWE 前处理-接 PMCAD 生成 SATWE 数据

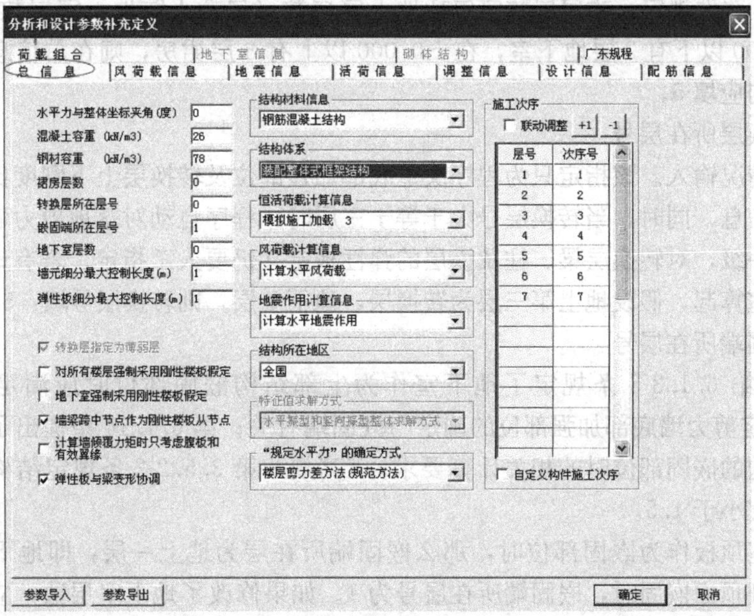

图 2-60　SATWE 总信息页

一般并不建议用户修改该参数，原因有三：①考虑该角度后，输出结果的整个图形会旋转一个角度，会给识图带来不便；②构件的配筋应按“考虑该角度”和“不考虑该角度”两次的计算结果做包络设计；③旋转后的方向并不一定是用户所希望的风荷载作用方向。综上所述，建议用户将“最不利地震作用方向角”填到“斜交抗侧力构件夹角”栏，这样程序可以自动按最不利工况进行包络设计。

（2）混凝土容重（kN/m^3）

由于建模时没有考虑墙面的装饰面层，因此钢筋混凝土计算重度，考虑饰面的影响应大于25，不同结构构件的表面积与体积比不同饰面的影响不同，一般按结构类型取值如表2-14所示。

混凝土重度取值　　表2-14

结构类型	框架结构	框剪结构	剪力墙结构
重度	26	26～27	27

注：1. 中国建筑设计研究院姜学诗在“SATWE结构整体计算时设计参数合理选取（一）”做了相关规定：钢筋混凝土重度应根据工程实际取，其增大系数一般可取1.04～1.10，钢材重度的增大系数一般可取1.04～1.18。即结构整体计算时，输入的钢筋混凝土材料的容重可取为26～27.5。
2. PKPM程序在计算混凝土重度时，没有扣除板、梁、柱、墙之间重叠的部分。

（3）钢材容重（kN/m^3）

一般取78，不必改变。钢结构工程时要改，钢结构时因装修荷载钢材连接附加重量及防火、防腐等影响通常放大1.04～1.18，即取82～93。

（4）裙房层数

按实际情况输入。《抗规》第6.1.10条文说明指出：有裙房时，加强部位的高度也可以延伸至裙房以上一层。SATWE在确定剪力墙底部加强部位高度时，总是将裙房以上一层作为加强区高度判定的一个条件，如果不需要，直接将该层数填零即可。

SATWE软件规定，裙房层数应包括地下室层数（包括人防地下室层数）。例如，建筑物在±0.000以下有2层地下室，在±0.000以上有3层裙房，则在总信息的参数“裙房层数”项内应填5。

（5）转换层所在层号

按实际情况输入。该指定只为程序决定底部加强部位及转换层上下刚度比的计算和内力调整提供信息，同时，当转换层号大于等于三层时，程序自动对落地剪力墙、框支柱抗震等级增加一级，对转换层梁、柱及该层的弹性板定义仍要人工指定。若有地下室，转换层号从地下室算起，假设地上第三层为转换层，地下2层，则转换层号填：5。

（6）嵌固端所在层号

《抗规》第6.1.3-3条规定了地下室作为上部结构嵌固部位时应满足的要求；第6.1.10条规定剪力墙底部加强部位的确定与嵌固端有关；第6.1.14条提出了地下室顶板作为上部结构的嵌固部位时的相关计算要求；《高规》第3.5.2-2条规定结构底部嵌固层的刚度比不宜小于1.5。

当地下室顶板作为嵌固部位时，那么嵌固端所在层为地上一层，即地下室层数+1；而如果在基础顶面嵌固时，嵌固端所在层号为1。如果修改了地下室层数，应注意确认嵌固端所在层号是否需相应修改。

注：1. 一般可以认为嵌固端为力学概念，即约束所有自由度，嵌固部位是预期塑性铰出现的部位，其水平位移为零，规范和众多文章中对与嵌固端和嵌固部位的用词不做区分不是很合理，规范中确定剪力墙底部加强部位的嵌固端可以认为是嵌固部位。在设计时，地下一层与首层侧向刚度比不宜小于2，加上覆土的约束作用，预期塑性铰会出现在地下室顶板部位。

2. 满足刚度比时，不考虑覆土的作用，地下室水平位移比较小。覆土的作用是约束地下室的水平扭转变形，逐步“吃掉”上部结构的地震作用，不约束竖向位移和竖向转动。在设计时，我们要用程序模拟结构受力，就要符合程序计算的边界条件，程序是采用弹簧刚度法，将上部结构和地下室作为整体考虑，嵌固端取基础底板处，并在每层的地下室楼板处引入水平土弹簧刚度，反映回填土对地下室的约束作用，所以在实际设计中，嵌固端设在地下室顶板时，除了满足刚度比、板厚、梁板楼盖、水平力传递要连续的要求外，还要满足四周均有覆土，或者三面有覆土且基本上能约束住地下室部分的水平扭转变形的要求，某些局部构件的设计应进行包络设计（三面有覆土时，将嵌固端下移）。如果实际情况与程序计算的边界条件不符，应将嵌固端下移。

3. SATWE中有“嵌固端所在层号”此项重要参数，程序根据此参数实现以下功能：①确定剪力墙底部加强部位，延伸到嵌固层下一层。②根据《抗规》第6.1.14条和《高规》第12.2.1条将嵌固端下一层的柱纵向钢筋相对上层相应位置柱纵筋增大10%；梁端弯矩设计值放大1.3倍。③按《高规》第3.5.2.2条规定，当嵌固层为模型底层时，刚度比限值取1.5；④涉及“底层”的内力调整等，程序针对嵌固层进行调整。

4. 在计算地下一层与首层侧向刚度比，可用剪切刚度计算，如用“地震剪力与地震层间位移比值(抗震规范方法)”，应将地下室层数填写0或将“土层水平抗力系数的比值系数”填为0。新版本的PKPM已在SATWE“结构设计信息”中自动输入“Ratx，Raty：X，Y方向本层塔侧移刚度与下一层相应塔侧移刚度的比值（剪切刚度）”，不必再人为更改参数设置。

规范规定：

《抗规》6.1.3-3：当地下室顶板作为上部结构的嵌固部位时，地下一层的抗震等级应与上部结构相同，地下一层以下抗震构造措施的抗震等级可逐层降低一级，但不应低于四级。地下室中无上部结构的部分，抗震构造措施的抗震等级可根据具体情况采用三级或四级。

《抗规》6.1.10：抗震墙底部加强部位的范围，应符合下列规定：

1）底部加强部位的高度，应从地下室顶板算起。

2）部分框支抗震墙结构的抗震墙，其底部加强部位的高度，可取框支层加框支层以上两层的高度及落地抗震墙总高度的1/10两者的较大值。其他结构的抗震墙，房屋高度大于24m时，底部加强部位的高度可取底部两层和墙体总高度的1/10两者的较大值；房屋高度不大于24m时，底部加强部位可取底部一层。

3）当结构计算嵌固端位于地下一层的底板或以下时，底部加强部位尚宜向下延伸到计算嵌固端。

《抗规》6.1.3-14：地下室顶板作为上部结构的嵌固部位时，应符合下列要求：

1）地下室顶板应避免开设大洞口；地下室在地上结构相关范围的顶板应采用现浇梁板结构，相关范围以外的地下室顶板宜采用现浇梁板结构；其楼板厚度不宜小于180mm，混凝土强度等级不宜小于C30，应采用双层双向配筋，且每层每个方向的配筋率不宜小于0.25%。

2）结构地上一层的侧向刚度，不宜大于相关范围地下一层侧向刚度的0.5倍；地下室周边宜有与其顶板相连的抗震墙。

3）地下室顶板对应于地上框架柱的梁柱节点除应满足抗震计算要求外，尚应符合下列规定之一：

① 地下一层柱截面每侧纵向钢筋不应小于地上一层柱对应纵向钢筋的1.1倍，且地下一层柱上端和节点左右梁端实配的抗震受弯承载力之和应大于地上一层柱下端实配的抗震受弯承载力的1.3倍。

② 地下一层梁刚度较大时，柱截面每侧的纵向钢筋面积应大于地上一层对应柱每侧纵向钢筋面积的1.1倍；同时梁端顶面和底面的纵向钢筋面积均应比计算增大10%以上。

4）地下一层抗震墙墙肢端部边缘构件纵向钢筋的截面面积，不应少于地上一层对应墙肢端部边缘构件纵向钢筋的截面面积。

（7）地下室层数

此参数按工程实际情况填写。程序据此信息决定底部加强区范围和内力调整。当地下室局部层数不同时，以主楼地下室层数输入。地下室一般与上部共同作用分析；地下室刚度大于上部层刚度的2倍，可不采用共同分析。

（8）墙元细分最大控制长度

一般可按默认值1.0。长度控制越短计算精度越高，但计算耗时越多。当高层调方案时此参数可改为2，振型数可改小（如9个），地震分析方法可改为侧刚，当仅看参数而不用看配筋时“SATWE计算参数”也可不选“构件配筋及验算”，以达到加快计算速度的目的。

（9）弹性板细分最大控制长度：可按默认值1m。

（10）转换层指定为薄弱层

默认不让选，填转换层后，默认钩选，不需要改。软件默认转换层不作为薄弱层，需要用户人工指定。此项打钩与在“调整信息”栏中“指定薄弱层号”中直接填写转换层号的效果一样。转换层不论层刚度比如何，都应强制指定为薄弱层。

（11）对所有楼层强制采用刚性楼板假定

“强制刚性楼板假定”和“刚性楼板假定”是两个相关但不等同的概念。“刚性楼板假定”指楼板平面内无限刚，平面外刚度为零的假定，每块刚性楼板有三个公共的自由度（两个平动，一个转角），而“强制刚性楼板假定”则不区分刚性板、弹性板，或独立的弹性节点，只要位于该层楼面处的所有节点，在计算时都将强制从属同一刚性板。

“强制刚性楼板假定”可能改变结构初始的分析模型，一般仅在计算位移比和周期比的时候采用，而在进行结构内力分析与配筋计算时，仍要遵循结构的真实模型，不再选择“强制刚性楼板假定”。

（12）地下室强制采用刚性楼板假定

一般可以钩选。如果地下室顶板开大洞，强制刚性板假定会使跃层柱的计算长度系数判断错误，从而影响柱内力及配筋。此时，应取消钩选，由程序自动判断柱计算长度。本参数将影响周期、内力、长度系数等。如不钩选，则相当于旧版程序中“强制刚性板假定时保留弹性板面外刚度”。如已钩选“对所有楼层强制采用刚性楼板假定”，则本参数是否钩选已无意义。

（13）墙梁跨中节点作为刚性板楼板从节点

一般可按默认值钩选。如不钩选，则认为墙梁跨中结点为弹性结点，其水平面内位移不受刚性板约束，即类似于框架梁的算法，此时墙梁剪力一般比钩选时小，但相应结构整体刚度变小、周期加长，侧移加大。

（14）计算墙倾覆力矩时只考虑腹板和有效翼缘

一般应钩选，程序默认不钩选。此参数用来调整倾覆力矩的统计方式。钩选后，墙的无效翼缘部分内力计入框架部分，这使结构中框架、短肢墙、普通墙倾覆力矩结果更为合理。墙的有效翼缘定义见《混规》第 9.4.3 条及《抗规》第 6.2.13 条文说明。

规范规定：

《抗规》第 6.2.13 条文说明：抗震墙应计入腹板与翼墙共同工作。对于翼墙的有效长度，《89 规范》和《2001 规范》有不同的具体规定，本次修订不再给出具体规定。《2001 规范》规定："每侧由墙面算起可取相邻抗震墙净间距的一半、至门窗洞口的墙长度及抗震墙总高度的 15％三者的最小值"，可供参考。

（15）弹性板与梁变形协调

此参数应钩选。此参数相当于旧版程序中的"强制刚性板假定时保留弹性板面外刚度"。钩选后，程序在进行弹性板划分时自动实现梁、板边界变形协调，计算结果符合实际受力。

（16）参数导入、参数导出

此参数可以把参数设置导入或导出的制定文件，以便形成统一设计参数。

（17）结构材料信息

程序提供钢筋混凝土结构、钢与混凝土混合结构、钢结构、砌体结构共 4 个选项。应根据实际项目选择该选项，现在做的住宅、高层等一般都是钢筋混凝土结构。

（18）结构体系

软件共提供多个选项，常用的是：框架、框-剪、框筒、筒中筒、剪力墙、砌体结构、底框结构、部分框支剪力墙结构等。对于装配式结构，程序提供了四个选项：装配整体式框架结构、装配整体式剪力墙结构、装配整体上部分框支剪力墙结构及装配整体式预制框架-现浇剪力墙结构。本工程选择：装配整体式框架结构。

（19）恒活荷载计算信息

1）一次性加载计算

主要用于多层结构，而且多层结构最好采用这种加载计算法。因为施工的层层找平对多层结构的竖向变位影响很小，所以不要采用模拟施工方法计算。对于框架-核心筒类结构，由于框架和核心筒的刚度相差较大，使核心筒承受较大的竖向荷载，导致两者之间产生较大的竖向位移差。这种位移差常会使结构中间支柱出现较大沉降，从而使上部楼层与之相连的框架梁端负弯矩很小或不出现负弯矩，造成配筋困难。一次性加载的计算方法仅适合用于低层结构或有上传荷载的结构，如吊柱以及采用悬挑脚手架施工的长悬臂结构等。

2）模拟施工方法 1 加载

按一般的模拟施工方法加载，对高层结构，一般都采用这种方法计算。但是对于"框架-剪力墙结构"，采用这种方法计算在导给基础的内力中剪力墙下的内力特别大，使得其下面的基础难于设计。于是就有了下一种竖向荷载加载法。

3）模拟施工方法 2 加载

这是在"模拟施工方法 1"的基础上将竖向构件（柱墙）的刚度增大 10 倍的情况下再进行结构的内力计算，也就是再按模拟施工方法 1 加载的情况下进行计算。采用这种方法计算出的传给基础的力比较均匀合理，可以避免墙的轴力远远大于柱的轴力的不合理情况。由于竖向构件的刚度放大，使得水平梁的两端的竖向位移差减少，从而其剪力减少，这样就削弱了楼面荷载因刚度不均而导致的内力重分配，所以这种方法更接近手工计算。在进行上部结构计算时采用“模拟施工方法 1”或“模拟施工方法 3”；在基础计算时，用“模拟施工方法 2”的计算结果。

4）模拟施工加载 3

采用分层刚度、分层加载型，适用于多高层无吊车结构，更符合工程实际情况，推荐适用；模拟施工加载 1 和 3 的比较计算表明，模拟施工加载 3 计算的梁端弯矩，角柱弯矩更大，因此，在进行结构整体计算时，如条件许可，应优先选择模拟施工加载 3 来进行结构的竖向荷载计算，以保证结构的安全。模拟施工加载 3 的缺点是计算工作量大。

（20）风荷载计算信息

SATWE 提供三类风荷载：一是程序依据《建筑结构荷载规范》GB 50009—2012 风荷载的公式在“生成 SATWE 数据和数据检查”时自动计算的水平风荷载；二是在“特殊风荷载定义”菜单中自定义的特殊风荷载；三是计算水平和特殊风荷载。

一般来说，大部分工程采用 SATWE 默认的“水平风荷载”即可，如需考虑更细致的风荷载，则可通过“特殊风荷载”实现或选择计算水平和特殊风荷载。

（21）地震作用计算信息

程序提供 4 个选项，分别是：不计算地震作用、计算水平地震作用、计算水平和规范简化方法竖向地震、计算水平和反应谱方法竖向地震。

不计算地震作用：对于不进行抗震设防的地区或者地震设防烈度为 6 度时的部分结构，《抗规》第 3.1.2 条规定可以不进行地震作用计算。《抗规》第 5.1.6 条规定：6 度时的部分建筑，应允许不进行截面抗震验算，但应符合有关的抗震措施要求。因此，在选择“不计算地震作用”的同时，仍要在“地震信息”页中指定抗震等级，以满足抗震构造措施的要求。

计算水平地震作用：计算 X、Y 两个方向的地震作用。普通工程选择该项；

计算水平和规范简化方法竖向地震：按《抗规》第 5.3.1 条规定的简化方法计算竖向地震；

计算水平和反应谱方法竖向地震：《抗规》第 4.3.14 条规定：跨度大于 24m 的楼盖结构、跨度大于 12m 的转换结构和连体结构，悬挑长度大于 5m 的悬挑结构，结构竖向地震作用效应标准值宜采用时程分析方法或振型分解反应谱方法进行计算。

（22）特征值求解方法

默认不让选，一般不用改，仅需计算反应谱法竖向时选；仅在选择了“计算水平和反应谱方法竖向地震”时，此参数才激活。当采用“整体求解”时，在“地震信息”栏中输入的振型数为水平与竖向振型数的总和；且“竖向地震参与振型数”选项为灰，用户不能修改。当采用“独立求解”时，在“地震信息”栏中需分别输入水平与竖向的振型个数。注意：计算用振型数一定要足够多，以使得水平和竖向地震的有效质量系数都满足 90%。振型数一定的情况下，选择“独立求解”可以有效克服“整体求解”无法得到足够竖向振动、竖向振动有效系数不够的问题。一般首选“独立求解”当选择“整体求解”时，与水平地震作用振型相同给出每个振型的竖向地震作用；而选择“独立求解方式”时，还给出竖向振型的各个周期值。计算后程序给出每个楼层、各塔的竖向总地震作用，且在最后给出按《高规》第 4.3.15 条进行的调整信息。

(23) 结构所在地区

一般选择全国，上海、广州的工程可采用当地的规范。B 类建筑选项和 A 类建筑选项只在鉴定加固版本中才选择。

(24) 规定水平作用的确定方式：

默认规范算法一般不改，仅楼层概念不清晰时改，规定水平作用主要用于新规范中位移比和倾覆力矩的计算，详见《抗规》第 3.4.3 条、第 6.1.3 条和《高规》第 3.4.5 条、第 8.1.3 条；计算方法见《抗规》第 3.4.3-2 条文说明和《高规》第 3.4.5 条文说明。程序中“规范算法”适用于大多数结构；“CQC 算法”由 CQC 组合的各个有质量节点上的地震作用，主要用于不规则结构，即楼层概念不清晰，剪力差无法计算的情况。

(25) 施工次序/联动调整

程序默认不钩选，只当需要考虑构件级施工次序时才需要钩选。

2. 风荷载信息（图 2-61）

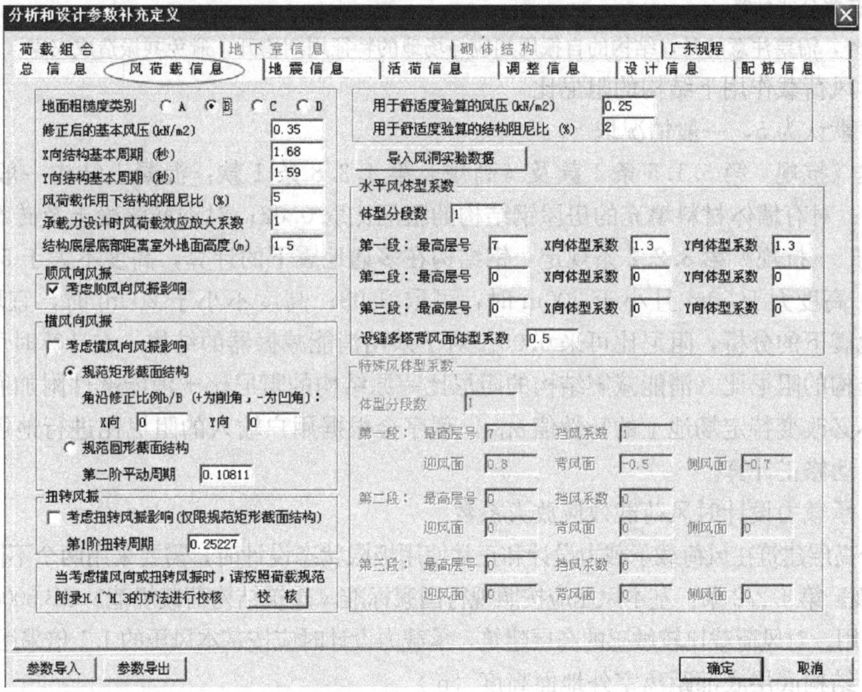

图 2-61　SATWE 风荷载信息页

(1) 地面粗糙类别

该选项是用来判定风场的边界条件，直接决定了风荷载的沿建筑高度的分布情况，必须按照建筑物所处环境正确选择。相同高度建筑风荷载 A>B>C>D。

A 类：近海海面，海岛、海岸、湖岸及沙漠地区。

B 类：指田野、乡村、丛林、丘陵及中小城镇和大城市郊区。

C 类：指有密集建筑群的城市市区。

D类：指有密集建筑群且房屋较高的城市市区。

（2）修正后的基本风压

修正后的基本风压主要考虑的是地形条件的影响，与楼层数直接关系不大。对于平地建筑修正系数为1，即等于基本风压。对于山区的建筑应乘以修正系数。

一般工程按荷载规范给出的50年一遇的风压采用（直接查荷载规范）；对于沿海地区或强风地带等，应将基本风压放大1.1～1.2倍。

注：风荷载计算自动扣除地下室的高度。

（3）X、Y向结构基本周期

X、Y向结构基本周期（s）可以先按程序给定的默认值按《高规》近似公式对结构进行计算。计算完成后再将程序输出的第一平动周期值（可在WZQ.OUT文件中查询）填入再算一遍即可。风荷载计算与否并不会影响结构自振周期的大小。新版程序可以分别指定X向和Y向的基本周期，用于X向和Y向风载的详细计算。参照《高规》4.2自振周期是：结构的振动周期；基本周期是：结构按照基本振型，完成一个振动的时间（周期）。

注：1. 此处周期值应为估（或计）算所得数值，而不应为考虑周期折减后的数值。可按《荷规》附录E.2的有关公式估算。

2. 另外，需要注意的是，结构的自振周期应与场地的特征周期错开，避免共振造成灾害。

（4）风荷载作用下结构的阻尼比

程序默认为5，一般情况取5。

根据《抗规》第5.1.5条1款及《高规》第4.3.8条1款：混凝土结构一般取0.05（即5%）；对有墙体材料填充的房屋钢结构的阻尼比取0.02；对钢筋混凝土及砖石砌体结构取0.05。《抗规》第8.2.2条规定：钢结构在多遇地震下的计算，高度不大于50m时可取0.04；高度大于50m且小于200m时，可取0.03；高度不小于200m时，宜取0.02；在罕遇地震下的分析，阻尼比可采0.05。对于采用消能减振器的结构，在计算时可填入消能减震结构的阻尼比（消能减震结构的阻尼比＝原结构的阻尼比＋消能部件附加有效阻尼比）而不必改变特定场地土的特性值α_{max}，程序会根据用户输入的阻尼比进行地震影响系数α的自动修正计算。

（5）承载力设计时风荷载效应放大系数

部分高层建筑在风荷载承载力设计和正常使用极限状态设计时，需要采用两个不同的风压值。《高规》第4.2.2条：基本风压应按照现行国家标准《建筑结构荷载规范》GB 50009—2012的规定采用。对风荷载比较敏感的高层建筑，承载力设计时应按基本风压的1.1倍采用。

（6）结构底层底部距离室外地面高度（m）

程序默认为地下室高度，也可以填写地下室的高度。此参数用于计算风荷载时准确计算其有效高度。当输入负值时，可用于高出地面的子结构风荷载计算。

（7）考虑顺风向风振影响

根据《荷规》第8.4.1条，对于高度大于30m且高宽比大于1.5的房屋，及结构基本自振周期T_1大于0.25s的高耸结构，应考虑顺风向风振影响。当符合《荷规》第8.4.3条规定时，可采用风振系数法计算顺风向荷载。一般宜钩选。

（8）考虑横风向风振影响

根据《荷规》第8.5.1条，对于高度超过150m或高宽比大于5的高层建筑，以及高度超过30m且高宽比大于4的构筑物，宜考虑横风向风振的影响。一般常规工程不应钩选。

（9）考虑扭转风振影响

根据《荷规》第8.5.4条，一般不超过150m的高层建筑不考虑，超过150m的高层建筑也应满足《荷规》第8.5.4条相关规定才考虑。

（10）用于舒适度验算的风压、阻尼比

《高规》第3.7.6条：房屋高度不小于150m的高层混凝土建筑结构应满足风振舒适度要求。在现行国家标准《建筑结构荷载规范》GB 50009—2012规定的10年一遇的风荷载标准值作用下，结构顶点的顺风向和横风向振动最大加速度计算值不应超过表3.7.6的限值。结构顶点的顺风向和横风向振动最大加速度可按现行行业标准《高层民用建筑钢结构技术规程》JGJ 99的有关规定计算，也可通过风洞试验结果判断确定，计算时结构阻尼比宜取0.01～0.02。

验算风振舒适度时结构阻尼比宜取0.01～0.02，程序缺省取0.02，"风压"则缺省与风荷载计算的"基本风压"取值相同，用户均可修改。

（11）导入风洞实验数据

方便与外部表格软件导入导出，也可以直接按文本方式编辑。

（12）体型分段数

默认1，一般不改。现代多、高层结构立面变化较大，不同的区段内的体型系数可能不一样，程序限定体型系数最多可分三段取值。若建筑物立面体型无变化时填1。对于（基础梁与上部结构共同分析计算的）多层框架或（地下室顶板不作为上部结构嵌固端的）高层当定义底层为地下室后，体型分段数应只考虑上部结构，程序会自动扣除地下室部分的风载。

（13）最高层号

程序默认为最高层号，不需要修改，按各分段内各层的最高层层号填写。

（14）各段体形系数

程序默认为1.30，按《荷规》表7.3.1取值；规则建筑（高宽比 H/B 不大于4的矩形、方形、十字形平面建筑）取1.3（详见《高规》第3.2.5条3款）处于密集建筑群中的单体建筑体型系数应考虑相互增大影响（详见《工程抗风设计计算手册》张相庭）。

（15）设缝多塔背风面体型系数

程序默认为0.5，仅多塔时有用。该参数主要应用在带变形缝的结构关于风荷载的计算中。对于设缝多塔结构，用户可以在<多塔结构补充定义>中指定各塔的挡风面，程序在计算风荷载时会自动考虑挡风面的影响，并采用此处输入的背风面体型系数对风荷载进行修正。"挡风面"的定义方法参见《PKPM新天地》2005年4期中"关于'遮挡定义'功能简介"一文。需要注意的是，如果用户将此参数填为0，则表示背风面不考虑风荷载影响。对风载比较敏感的结构建议修正；对风载不敏感的结构可以不用修正。

注意：在缝隙两侧的网格长度及结构布置不尽相同时，为了较为准确地考虑遮挡范围，当遮挡位置在杆件中间时，在建模时人工在该位置增加一个节点，保证计算遮挡范围的准确性。

（16）特殊风体型系数

程序默认为灰色，一般不用更改。

3. 地震信息（图 2-62）

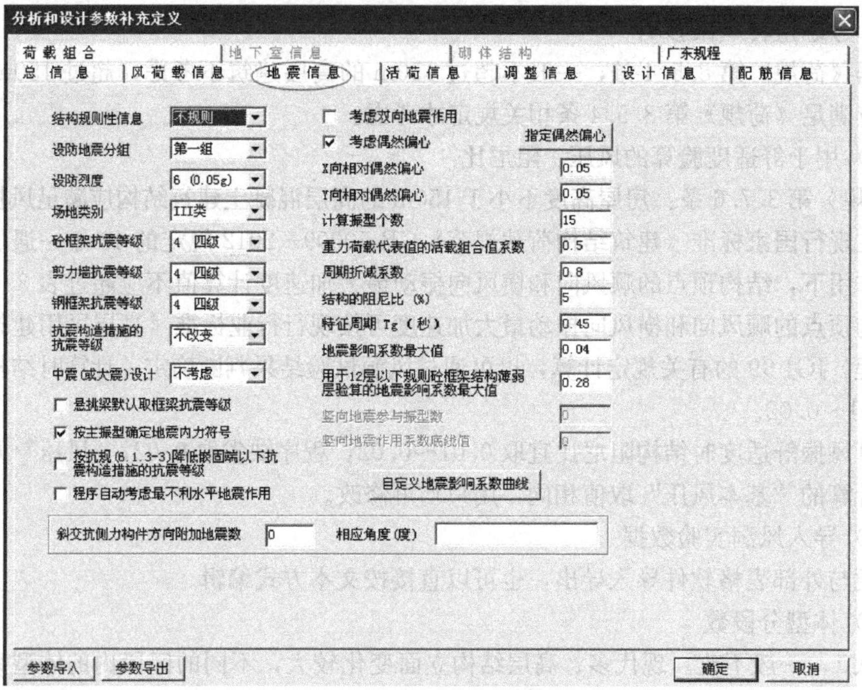

图 2-62　SATWE 地震信息页

（1）结构规则性信息

根据结构的规则性选取。默认不规则，该参数在程序内部不起作用。

（2）设防地震分组

根据实际工程情况查看《抗规》附录 A。

（3）设防烈度

根据实际工程情况查看《抗规》附录 A。

（4）场地类别

根据《地质勘测报告》测试数据计算判定。场地类别一般可分为四类。Ⅰ类场地土：岩石，紧密的碎石土；Ⅱ类场地土：中密、松散的碎石土，密实、中密的砾、粗、中砂；地基土容许承载力＞250kPa 的黏性土；Ⅲ类场地土：松散的砾、粗、中砂，密实、中密的细、粉砂，地基土容许承载力≤250kPa 的黏性土和≥130kPa 的填土；Ⅳ类场地土：淤泥质土，松散的细、粉砂，新近沉积的黏性土；地基土容许承载力＜130kPa 的填土。场地类别越高，地基承载力越低。

地震烈度、设计地震分组、场地土类型三项直接决定了地震计算所采用的反应谱形状，对水平地震作用的大小起到决定性作用。

（5）混凝土框架抗震等级、剪力墙抗震等级、钢框架抗震等级

丙类建筑按本地区抗震设防烈度计算，根据《抗规》表 6.1.2 或《高规》第 3.9.3 条选择。乙类建筑，（常见乙类建筑：学校、医院）按本地区抗震设防烈度提高一度查表选

择。建筑分类见《建筑工程抗震设防分类标准》(GB 50223—2008)

"混凝土框架抗震等级"、"剪力墙抗震等级"根据实际工程情况查看"装配式混凝土结构技术规程"，如表 2-11 所示。

此处指定的抗震等级是全楼适用的。某些部位或构件的抗震等级可在前处理第二项菜单"特殊构件补充定义"进行单构件的补充指定。钢框架抗震等级应根据《抗规》第 8.1.3 条的规定来确定。

抗震等级不同，抗震措施也不同。设计时，查看结构抗震等级时的烈度可参考表 2-15。

决定抗震措施的烈度 **表 2-15**

建筑类别	设计基本地震加速度（g）和设防烈度					
	0.05 6	0.1 7	0.15 7	0.2 8	0.3 8	0.4 9
甲、乙类丙类	7 6	8 7	8 7	9 8	9 8	9+ 9

注："9+"表示应采取比 9 度更高的抗震措施，幅度应具体研究确定。

(6) 抗震构造措施的抗震等级

在某些情况下，抗震构造措施的抗震等级与抗震措施的抗震等级不一致，可在此指定抗震构造措施的抗震等级，在实际设计中可参考表 2-11。

(7) 中震或大震的弹性设计

依据《高规》3.11 节规定，SATWE 提供了中震（或大震）弹性设计、中震（或大震）不屈服设计两种方法。

无论选择弹性设计还是不屈服设计，均应在"地震影响系数最大值"中填入中震或大震的地震影响系数最大值，可参照表 2-16。

水平地震影响系数最大值 **表 2-16**

地震影响	6 度	7 度	7.5 度	8 度	8.5 度	9 度
多遇地震	0.04	0.08	0.12	0.16	0.24	0.32
基本烈度地震	0.11	0.23	0.33	0.46	0.66	0.91
罕遇地震	—	0.20	0.72	0.90	1.20	1.40

中震验算包括中震弹性验算和中震不屈服验算，在设计中的要求如表 2-17 所示。

中震弹性验算和中震不屈服验算的基本要求 **表 2-17**

设 计 参 数	中 震 弹 性	中震不屈服
水平地震影响系数最大值	按表 2-15 基本烈度地震	按表 2-15 基本烈度地震
内力调整系数	1.0（四级抗震等级）	1.0（四级抗震等级）
荷载分项系数	按规范要求	1.0
承载力抗震调整系数	按规范要求	1.0
材料强度取值	设计强度	材料标准值

建议：

在高烈度地区，对于结构中比较重要的抗侧力构件，比如框支剪力墙结构中的框支梁、框支柱和落地剪力墙、连体结构中与连体部分内侧相连的框架柱、剪力墙、各种结构形式中出现的跃层柱，框-筒结构中的角柱，宜进行中震弹性验算，其他竖向抗侧力构件宜进行中震不屈服验算。

（8）按主振型确定地震内力符号

一般可钩选。根据《抗规》第5.2.3条，考虑扭转耦联时计算得到的地震作用效应没有符号。SATWE原有的符号确定原则为：每个内力分量取各振型下绝对值最大者的符号。现增加本参数，以解决原有方式可能导致个别构件内力符号不匹配的问题。

（9）按《抗规》第6.1.3-3条降低嵌固端以下抗震构造措施的抗震等级

一般可钩选。

（10）程序自动考虑最不利水平地震作用

如果钩选，则斜交抗侧力构件方向附加地震数可填写0，相应角度可不填写。

（11）斜交抗侧力构件方向附加地震数、相应角度

可允许最多5组方向地震。附加地震数在0～5之间取值。相应角度填入各角度值。该角度是与X轴正方向的夹角，逆时针方向为正。SATWE参数中增加“斜交抗侧力构件附加地震角度”与填写“水平与整体坐标夹角”计算结果有区别：水平力与整体坐标夹角不仅改变地震力而且改变风荷载的作用方向，而斜交抗侧力构件附加地震角度仅改变地震力方向。《抗规》第5.1.1条、各类建筑结构的地震作用，应符合下列规定：对于有斜交抗侧力构件的结构，当相交角度大于15°时，应分别计算各抗侧力构件方向的水平地震作用。此处所指交角是指与设计输入时，所选择坐标系间的夹角。对于主体结构中存在有斜向放置的梁、柱时，也要分别计算各抗力构件方向的水平地震作用。结构的参考坐标系建立以后，所求的地震作用、风作用总是沿着坐标系的方向作用。

建议选择对称的多方向地震，因为风载并未考虑多方向，否则容易造成配筋不对称。如输入45°和225°，程序自动增加两个逆时针旋转90°的角度（即135°和315°），并按这四个角度进行地震作用的计算，程序将计算每一对新增地震作用下的构件内力，并在构件设计时考虑进内力组合中，最后构件验算取最不利一组。

（12）偶然偏心、考虑双向地震、用户指定偶然偏心

默认未钩选，一般可同时选择｛偶然偏心｝和｛双向地震｝，不再指定偶然偏心值。对“质量和刚度明显不对称的结构”可按取偶然偏心和双向地震两次计算结构的较大值，于是可以同时选择｛偶然偏心｝和｛双向地震｝，SATWE对两者取不利，结果不叠加。

“偶然偏心”：

“偶然偏心”是由于施工、使用或地震地面运动扭转分量等不确定因素对结构引起的效应，对于高层结构及质量和刚度不对称的多层结构，偶然偏心的影响是客观存在的，故一般应选择“偶然偏心”去计算高层结构及质量和刚度明显不对称的多层结构的“位移比”及高层结构的“配筋”（多层结构“配筋”时一般可不选择“偶然偏心”）。计算层间位移角时一般应选择刚性楼板，可不考虑偶然偏心、不考虑竖向地震作用。

考虑｛偶然偏心｝计算后，对结构的荷载（总重、风荷载）周期、竖向位移、风荷载

作用下的位移及结构的剪重比没有影响，对结构的地震作用和地震下的位移（最大位移、层间位移、位移角等）有较大影响。

《高规》第4.3.3条“计算单向地震作用时应考虑偶然偏心的影响（地震作用大小与配筋有关）”；《高规》第3.4.5条，计算位移比时，必须考虑偶然偏心的影响；《高规》第3.7.3条，计算层间位移角时可不考虑偶然偏心、不考虑双向地震，一般应选择强制刚性楼板假定。《抗规》第3.4.3条表3.4.3-1只注明了在规定水平力作用下计算结构的位移比，并没有说明是否考虑了偶然偏心。《抗规》第3.4.4-2条条文说明里注明了计算位移比时候的规定水平力一般要考虑偶然偏心。

“考虑双向地震”：

“双向地震作用”是客观存在的，其作用效果与结构的平面形状的规则程度有很大的关系（结构越规则，双向地震作用越弱），一般当位移比超过1.3时（有的地区规定为1.2，过于保守），“双向地震作用”对结构的影响会比较大，则需要在总信息参数设置中考虑双向地震作用，不考虑偶然偏心。

双向地震作用计算，本质是对抗侧力构件承载力的一种放大，属于承载能力计算范畴，不涉及对结构扭转控制和对结构抗侧刚度大小的判别。一般当位移比超过1.3时（有的地区规定为1.2，过于保守）时选取“考虑双向地震”，程序会对地震作用放大，结构的配筋一般会加大，但位移比及周期比，不看“双向地震作用”的计算结果，而看“偶然偏心”作用下的计算结果。SATWE在进行底框计算时，不应选择地震参数中的{偶然偏心}和{双向地震}，否则计算会出错。

《抗规》第5.1.1-3条：质量和刚度分布明显不对称的结构，应计入双向水平地震作用下的扭转影响；其他情况，应允许采用调整地震作用效应的方法计入扭转影响。《高规》第4.3.2-2条：质量与刚度分布明显不对称的结构，应计算双向水平地震作用下的扭转影响；其他情况，应计算单向水平地震作用下的扭转影响。

(13) X向相对偶然偏心、Y向相对偶然偏心

默认0.05，一般不需要改。

(14) 计算振型个数

地震力振型数至少取3，由于程序按三个阵型一页输出，所以振型数最好为3的倍数。一般对于进行耦联计算的高层建筑，所选振型数不应小于9个，对于高层建筑应至少取15个；多塔结构计算振型数应取更多，但要注意此处的振型数不能超过结构的固有振型的总数（刚性楼板假定时），比如一个规则的两层结构，采用刚性楼板假定，共6个有效自由度，此时振型个数最多取6，否则会造成地震作用计算异常。对于复杂、多塔以及平面不规则的建筑计算振型个数要多选，一般要求“有效质量数大于90%”。振型数取得越多，计算一次时间越长。

(15) 活荷重力代表值组合系数

默认0.5，一般不需要改。该参数值改变楼层质量，不改变荷载总值（即对属相荷载作用下的内力计算无影响），应按《抗规》第5.1.3条及《高规》第4.3.6条取值。一般民用建筑楼面等效均布活荷载取0.5（对于藏书库、档案库、库房等建筑应特别注意，应取0.8）。调整系数只改变楼层质量，从而改变地震作用的大小，但不改变荷载总值，即对竖向荷载作用下的内力计算无影响。

在 WMASS. OUT 中“各层的质量、质心坐标信息”项输出的“活载产生的总质量”为已乘上组合系数后的结果。在“地震信息”选项卡里修改本参数，则“荷载组合”选项卡中“活荷重力代表值系数”联动改变。在 WMASS. OUT 中“各楼层的单位面积质量分布”项输出的单位面积质量为“1.0 恒＋0.5 活”组合；而 PM 竖向导荷默认采用“1.2 恒＋1.4 活”组合，两者结果可能有差异。

(16) 周期折减系数

计算各振型地震影响系数所采用的结构自振周期应考虑非承重填充墙体对结构刚度增强的影响，采用周期折减予以反映。因此，当承重墙体为填充砖墙时，高层建筑结构的计算自振周期折减系数可按《高规》第 4.3.17 条取值：

① 框架结构可取 0.6～0.7；

② 框架-剪力墙结构可取 0.7～0.8；

③ 框架-核心筒结构可取 0.8～0.9；

④ 剪力墙结构可取 0.8～1.0。

对于其他结构体系或采用其他非承重墙时，可根据工程情况确定周期折减系数。具体折减数值应根据填充墙的多少及其对结构整体刚度影响的强弱来确定（如轻质砌体填充墙，周期折减系数可取大一些）。周期折减是强制性条文，但减多少不是强制性条文，这就要求在折减时慎重考虑，既不能太多，也不能太少，因为周期折减不仅影响结构内力，同时还影响结构的位移。当周期折减过多，地震作用加大，可能导致梁超筋。周期折减系数不影响建筑本身的周期，即 WZQ 文件中的前几阶周期，所以周期折减系数对于风荷载是没有影响的，风荷载在 SATWE 计算中与周期折减系数无关。周期折减系数只放大地震作用，不放大结构刚度。

注：1. 厂房和砖墙较少的民用建筑，周期折减系数一般取 0.80～0.85，砖墙较多的民用建筑取 0.6～0.7，(一般取 0.65)。框架-剪力墙结构：填充墙较多的民用建筑取 0.7～0.80，填充墙较少的公共建筑可取大些（0.80～0.85)。剪力墙结构：取 0.9～1.0，有填充墙取低值，无填充墙取高值，一般取 0.95。

2. 空心砌块应少折减，一般可为 0.8～0.9。

(17) 结构的阻尼比

对于一些常规结构，程序给出了结构阻尼的隐含值。除有专门规定外，钢筋混凝土高层建筑结构的阻尼比应取 0.05；钢结构在多遇地震下的阻尼比，对不超过 12 层的钢结构可采用 0.035，对超过 12 层的钢结构可采用 0.02；在罕遇地震下的分析，阻尼比可采用 0.05；对于钢一混凝土混合结构则根据钢和混凝土对结构整体刚度的贡献率取为 0.025～0.035。

(18) 特征周期 T_g、地震影响系数最大值

特征周期 T_g：根据实际工程情况查看《抗规》(表 2-18)。

特征周期值（s） **表 2-18**

设计地震分组	场地类别				
	I_0	I_1	Ⅱ	Ⅲ	Ⅳ
第一组	0.20	0.25	0.35	0.45	0.65
第二组	0.25	0.30	0.40	0.55	0.75
第三组	0.30	0.35	0.45	0.65	0.90

地震影响系数最大值：即“多遇地震影响系数最大值”，用于地震作用的计算时，无论多遇地震或中、大震弹性或不屈服计算时均应在此处填写“地震影响系数最大值”。

具体值可根据《抗规》表 5.1.4-1 来确定，如表 2-19 所示。

水平地震影响系数最大值 **表 2-19**

地震影响	6 度	7 度	8 度	9 度
多遇地震	0.04	0.08 (0.12)	0.16 (0.24)	0.32
罕遇地震	0.28	0.50 (0.72)	0.90 (1.20)	1.40

注：括号中数值分别用于设计基本地震加速度为 $0.15g$ 和 $0.30g$ 的地区。

（19）用于 12 层以下规则混凝土框架结构薄弱层验算的地震影响系数最大值

此参数为“罕遇地震影响系数最大值”，仅用于 12 层以下规则混凝土框架结构的薄弱层验算，一般不需要改。

（20）竖向地震作用系数底线值

该参数作用相当于竖向地震作用的最小剪重比。在 WZQ.OUT 文件中输出竖向地震作用系数的计算结果，如果不满足要求则自动进行调整。

（21）自定义地震影响系数曲线

SATWE 允许用户输入任意形状的地震设计谱，以考虑来自安评报告或其他情形的比规范设计谱更贴切的反应谱曲线。点击该按钮，在弹出的对话框中可查看按规范公式的地震影响系数曲线，并可在此基础上根据需要进行修改，形成自定义的地震影响系数曲线。其中“按规范定义的时间”项，代表该时间之前曲线采用规范值，之后采用自定义值。如填 3s 就代表前 3s 按规范反应谱取值。

4. 活载信息（图 2-63）

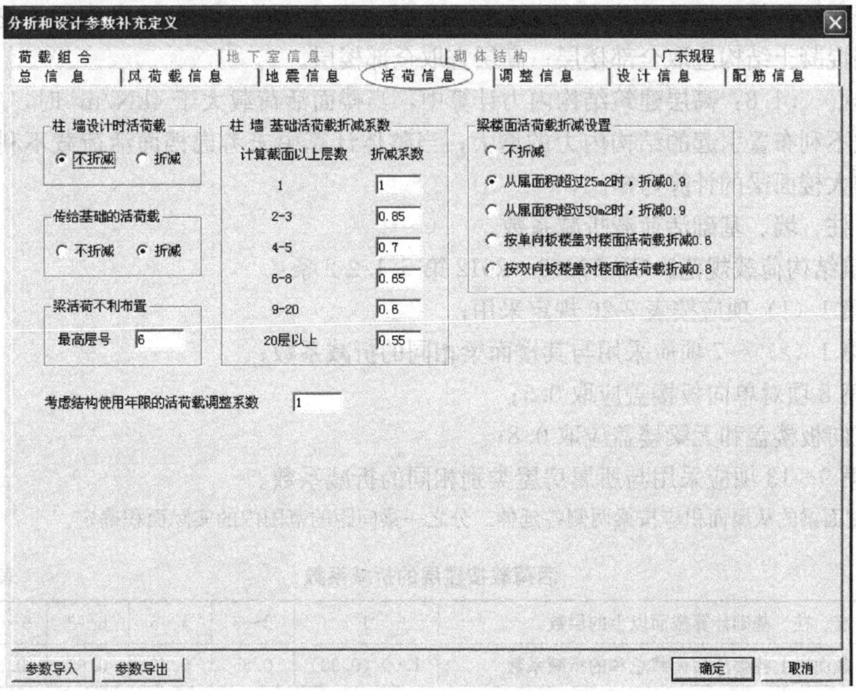

图 2-63　SATWE 活载信息页

（1）柱墙设计时活荷载

程序默认为“不折减”，一般不需要改。SATWE根据《荷规》第4.1.2条第2款设置此选项，点选“折减”，程序会按照右侧输入的楼层折减系数进行活荷载折减，生成的墙、柱轴压比及配筋会比点选“不折减”稍微小一些。所以，当需要以结构偏安全性为先的时候，建议点选“不折减”；当需要以墙、柱尺寸和结构经济性为先的时候，建议点选“折减”。

如在PMCAD中考虑了梁的活荷载折减（荷载输入/恒活设置/考虑活荷载折减），则在SATWE、TAT、PMSAP中最好不要选择“柱墙活荷载折减”，以避免活荷载折减过多。对于带裙房的高层建筑，裙房不宜按主楼的层数取用活荷载折减系数。同理，顶部带小塔楼的结构、错层结构、多塔结构等，都存在同一楼层柱墙活荷载系数不同的情况，应按实际情况灵活处理。

注：SATWE软件目前还不能考虑《荷规》第5.1.2条第1款对楼面梁的活载折减；PMSAP则可以。PM中的荷载设置楼面折减系数对梁不起作用，“柱墙设计时活荷载”对柱起作用，

（2）传给基础的活荷载

程序默认为“折减”，不需要改。SATWE根据《荷规》第4.1.2条第2款设置此选项，点选“折减”，程序会按照右侧输入的楼层折减系数进行活荷载折减，生成传到底层的最大组合内力，但没有传到JCCAD，JCCAD读取的是程序计算后各工况的标准值。所以，当需要考虑传给基础的活荷载折减时，应到JCCAD的“荷载参数”中点选“自动按楼层折减活荷载”。

（3）活荷载不利布置（最高层号）

此参数若取0，表示不考虑活荷载不利布置。若取>0的数NL，就表示1～NL各层均考虑梁活载的不利布置。考虑活载不利布置后，程序仅对梁活荷不利布置作用计算，对墙柱等竖向构件并不考虑活荷不利布置作用，而只考虑活荷一次性满布作用。偏于安全，一般多层混凝土结构应取全部楼层；高层宜取全部楼层。

《高规》5.1.8：高层建筑结构内力计算中，当楼面活荷载大于$4kN/m^2$时，应考虑楼面活荷载不利布置引起的结构内力的增大；当整体计算中未考虑楼面活荷载不利布置时，应适当增大楼面梁的计算弯矩。

（4）柱、墙、基础活荷载折减系数

《建筑结构荷载规范》GB 50009—2012第5.1.2-2条：

1）第1（1）项应按表2-20规定采用；

2）第1（2）～7项应采用与其楼面梁相同的折减系数；

3）第8项对单向板楼盖应取0.5；

对双向板楼盖和无梁楼盖应取0.8；

4）第9～13项应采用与所属房屋类别相同的折减系数。

注：楼面梁的从属面积应按梁两侧各延伸二分之一梁间距的范围内的实际面积确定。

活荷载按楼层的折减系数 **表2-20**

墙、柱、基础计算截面以上的层数	1	2～3	4～5	6～8	9～20	>20
计算截面以上各楼层活荷载总和的折减系数	1.00（0.90）	0.85	0.70	0.65	0.60	0.55

注：当楼面梁的从属面积超过$25m^2$时，应采用括号内的系数。

SATWE根据《荷规》第4.1.2条第2款设置此选项，《荷规》第4.1.1条第1（1）项按程序默认；第1（2）～7项按基础从属面积（因“柱、墙设计时活荷载”中梁、柱按不折减，此处仅考虑基础）超过50m²时取0.9，否则取1，一般多层可取1，高层0.9；第8项汽车通道及停车库可取0.8。

此处的折减系数仅当“折减柱墙设计活荷载”或“折减传给基础的活荷载”钩选后才生效。对于下面几层是商场、上面是办公楼的结构，鉴于目前的PKPM版本对于上下楼层不同功能区域活荷载传给墙柱基础时的折减系数不能分别按规范取值，故折减系数建议按偏安全的取值方法。

（5）考虑结构使用年限的活荷载调整系数

《高规》第5.6.1条做了有关规定。在设计时，设计使用年限为50年时取1.0，设计使用年限为100年时取1.1。

（6）梁楼面活荷载折减设置

对于普通楼面（非汽车通道及客车停车库）一般可偏于安全不折减。也可以根据实际情况，按照《荷规》第5.1.2-1条进行折减。此参数的设置，方便了汽车通道及客车停车库主梁、次梁的设计，不必再建几个模型进行包络设计。

5. 调整信息（图2-64）

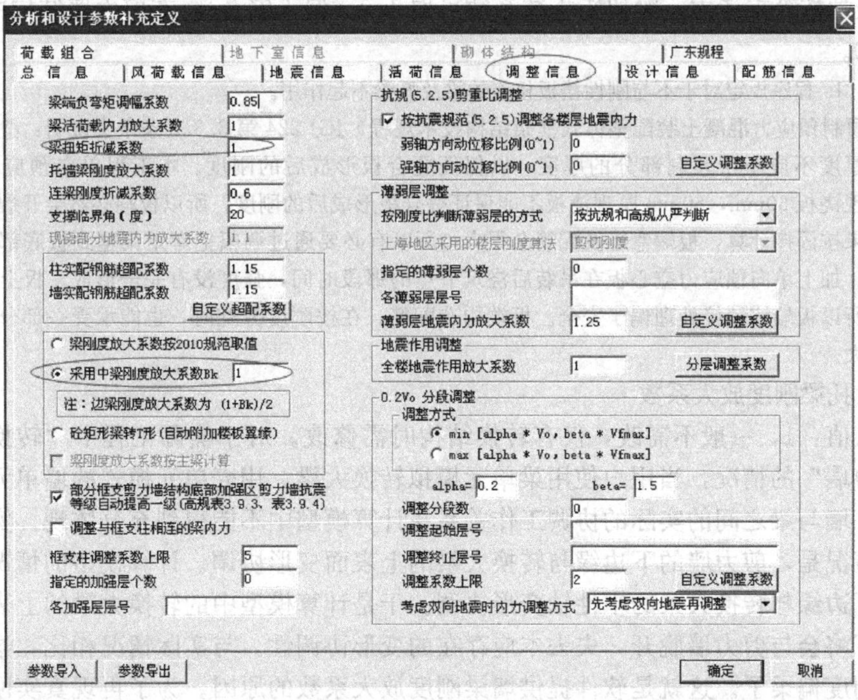

图2-64 SATWE调整信息页

（1）梁端负弯矩调幅系数

现浇框架梁0.8～0.9；装配整体式框架梁0.7～0.8。

框架梁在竖向荷载作用下梁端负弯矩调整系数，是考虑梁的塑性内力重分布。通过调整使梁端负弯矩减小，跨中正弯矩加大（程序自动加）。梁端负弯矩调整系数一般取 0.85。

注意：1. 程序隐含钢梁为不调幅梁；不要将梁跨中弯矩放大系数与其混淆。

2. 弯矩调幅法是考虑塑性内力重分布的分析方法，与弹性设计相对；弯矩调幅法可以求得结构的经济，充分挖掘混凝土结构的潜力和利用其优点；弯矩调幅法可以使得内力均匀。对于承受动力荷载、使用上要求不出现裂缝的构件，要尽量少调幅。

3. 调幅与“强柱弱梁”并无直接关系，要保证强柱弱梁，强度是关键，刚度不是关键，即柱截面承载能力要大于梁（满足规范要求），在地震灾害地区的很多房屋，并没有出现预期的“强柱弱梁”，反而是“强梁弱柱”，是因为忽略了楼板钢筋参与负弯矩分配，还有其他原因，比如：梁端配筋时内力所用截面为矩形截面，计算结果比 T 形截面大、习惯性放大梁支座配筋及跨中配筋的纵筋 5%～10%、基于裂缝控制，两端配筋远大于计算配筋、未计入双筋截面及受压翼缘的有利影响，低估截面承载能力、施工原因。

（2）梁活荷载内力放大系数

用于考虑活荷载不利布置对梁内力的影响，将活荷载作用下的梁内力（包括弯矩、剪力、轴力）进行放大。一般工程建议取值 1.1～1.2。如果已考虑了活荷载不利布置，则应填 1。

（3）梁扭矩折减系数

现浇楼板（刚性假定）取值 0.4～1.0，一般取 0.4；现浇楼板（弹性楼板）取 1.0。本工程板端按简支考虑，梁扭矩折减系数可取 1.0（偏于安全），在剪力墙结构中，可取 0.4～1.0。

注意：1. 程序规定对于不与刚性楼板相连的梁及弧梁不起作用。

2.《预制预应力混凝土装配整体式框架结构技术规程》JGJ 224 第 3.3.3 条条文说明：叠合板的后浇部分的厚度不应小于预制部分的厚度，以保证叠合板形成后的刚度。本工程单向预应力空心板 200mm，现浇板 60mm，60mm 厚现浇板不能保证叠合板形成后的刚度，所以板端必然会开裂。板跨度较大，如果按固接计算，板端弯矩及配筋会很大，所以有必要通过调幅把弯矩调整到板底部让预应力筋去承受。加上单向预应力空心板在吊装后浇筑节点的那段时间，强度没有完全形成，板上作用有施工荷载，所以板端按铰接处理偏于安全。板端构造配筋，在按刚度分配时，也能承受一部分弯矩，裂缝不会很大。

（4）托梁刚度放大系数

默认值：1，一般不需改，仅有转换结构时需修改。对于实际工程中“转换大梁上面托剪力墙”的情况，当用户使用梁单元模拟转换大梁，用壳单元模式的墙单元模拟剪力墙时，墙与梁之间的实际的协调工作关系在计算模型中不能得到充分体现。实际的结构受力情况是，剪力墙的下边缘与转换大梁的上表面变形协调。计算模型的情况是：剪力墙的下边缘与转换大梁的中性轴变形协调。于是计算模型中的转换大梁的上表面在荷载作用下将会与剪力墙脱开，失去本应存在的变形协调性。与实际情况相比，这样计算模型的刚度偏柔了。这就是软件提供墙梁刚度放大系数的原因。为了再现真实刚度，根据经验，托墙梁刚度放大系数一般取 100 左右。当考虑托墙梁刚度放大时，转换层附近的超筋情况（若有）通常可以缓解。当然，为了使设计保持一定的富裕度，也可以不考虑或少考虑托墙梁刚度放大系数。使用该功能时，用户只需指定托墙梁刚度放大系数，托墙梁段的搜索由软件自动完成，即剪力墙（不包括洞口）下的那段转换梁，按此处输入的系数对抗弯刚度进行放大。最后指出一点，这里所说的“托墙梁段”在概念上不同于规范中的“转换梁”，“托墙梁段”特指转换梁与剪力墙“墙柱”部分直接相接、共同工作的部分，比如说转换梁上托开门洞或窗洞的剪力墙，对洞口下的梁段，程序就不看作“托墙梁段”，不作刚度放大。建议一般取默认值100。目前，对刚性杆上托墙还不能进行该项识别。

(5) 连梁刚度折减系数

一般工程剪力墙连梁刚度折减系数取0.7；8、9度时可取0.5；位移由风载控制时，取≥0.8；

连梁刚度折减系数主要是针对那些与剪力墙一端或两端平行连接的梁，由于连梁两端位移差很大，剪力会很大，很可能出现超筋，于是要求连梁在进入塑性状态后，允许其卸载给剪力墙。计算地震内力时，连梁刚度可折减；对如计算重力荷载、风荷载作用效应时，不易考虑折减。框架梁方式输入的连梁，旧版本中抗震等级默认取框架结构抗震等级；在PKPM2011/09/30版本中，默认取剪力墙抗震等级。

注：连梁的跨高比大于等于5时，建议按框架梁输入。

(6) 支撑临界角（度）

一般可以这样认为：当斜杠与Z轴夹角小于20°时，按柱处理；大于20°时，按支撑处理。但有时候也不一定遵循以上准则，可以由用户根据工程需要自行指定。

(7) 柱实配钢筋超配系数

默认值：1.15；不需改，只对一级框架结构或9度区起作用。对于9度设防烈度的各类框架和一级抗震等级的框架结构，剪力调整应按实配钢筋和材料强度标准值来计算。由于程序在接＜梁平法施工图＞前并不知道实际配筋面积，所以程序将此参数提供给用户，由用户根据工程实际情况填写。程序根据用户输入的超配系数，并取钢筋超强系数（材料强度标准值与设计值的比值）为1.1（330/300MPa=1.1）。本参数只对一级框架结构或9度区框架起作用，程序可自动识别；当为其他类型结构时，也不需要用户手工修改为1.0。

注：9度及一级框架结构仅调整梁柱钢筋的超配系数是不全面的，按规范要求采用其他有效抗震措施。

(8) 墙实配钢筋超配系数

一般可按默认值填写1.15，不用修改。

(9) 自定义超配系数

可以分层号、分塔楼自行定义。

(10) 梁刚度放大系数《按2010规范》取值

默认：钩选；一般不需改。考虑楼板作为翼缘对梁刚度的贡献时，每根梁，由于截面尺寸和楼板厚度有差异，其刚度放大系数可能各不相同，SATWE提供了按《2010规范》取值选项，钩选此项后，程序将根据《混规》5.2.4条的表格，自动计算每根梁的楼板有效翼缘宽度，按照T形截面与梁截面的刚度比例，确定每根梁的刚度系数。刚度系数计算结果可在“特殊构件补充定义”中查看，也可在此基础上修改。如果不钩选，仍按上一条所述，对全楼指定唯一的刚度系数。

注：剪力墙结构连梁刚度一般不用放大，因为楼板的支座主要是墙，墙对板起了很大的支撑作用，墙刚度大，力主要流向刚度大墙支座，可以取个极端情况，不要连梁，对楼板的影响一般也不大，所以楼板对连梁的约束作用较弱，一般连梁刚度可不放大。类似的东西，作用效果不同，就看其边界条件，分析边界条件，可以用类比或者极端、逆向的思维方法。

(11) 采用中梁刚度放大系数 B_K

默认：灰色不用选，一般不需改。根据《高规》第 5.2.2 条，“现浇楼面中梁的刚度可考虑翼缘的作用予以增大，现浇楼板取值 1.3～2.0”。通常现浇楼面的边框梁可取 1.5，中框梁可取 2.0；对压型钢板组合楼板中的边梁取 1.2，中梁取 1.5（详见《高钢规》第 5.1.3 条）梁翼缘厚度与梁高相比较小时梁刚度增大系数可取较小值，反之取较大值。而对其他情况下（包括弹性楼板和花纹钢板楼面），梁的刚度不应放大。该参数对连梁不起作用，对两侧有弹性板的梁仍然有效；对于板柱结构，应取 1。梁刚度放大的主要目的，是为了考虑在刚性板假定下楼板刚度对结构的贡献。梁的刚度放大并非是为了在计算梁的内力和配筋时，将楼板作为梁的翼缘，按 T 形梁设计，以达到降低梁的内力和配筋的目的，而仅仅是为了近似考虑楼板刚度对结构的影响。该参数的大小对结构的周期、位移等均有影响。参见《PKPM 新天地》2008 年 4 期中“浅谈 PKPM 系列软件在工程设计中应注意的问题（一）”及 2008 年 6 期中“再谈中梁刚度放大系数”两文。

SATWE 前处理“特殊构件补充定义”中的右侧菜单“特殊梁”下，用户可以交互指定楼层中各梁的刚度放大系数。在此处程序默认显示的放大系数，是没有搜索边梁的结果，即所有梁的刚度放大系数均按中梁刚度放大系数显示。但在后面计算时，SATWE 软件自动判断梁与楼板的连接关系，对于两侧都与楼板相连的梁，直接取交互指定的值来计算；对于仅有一侧与楼板相连的梁，梁刚度放大系数取（B_k+1)/2；对两侧都不与楼板相连的独立梁，不管交互指定的值为多少，均按 1.0 计算。梁刚度放大系数只影响梁的内力（即效应计算），在 SATWE 里不影响梁的配筋计算（即抗力计算），在 PMSAP 里会影响梁的配筋计算。因为 SATWE 计算承载力是按矩形截面的，而 PMSAP 可以选择按 T 形截面。

注：由于单向填充空心现浇预应力楼板的各向异性，宜在平行和垂直填充空心管的方向取用不同的梁刚度放大系数。本工程采用单向预应力空心叠合板，预制空心板厚度较大，故取 1.0 偏于安全，对于装配整体式剪力墙结构，建议中梁刚度增大系数可取 1.8，边梁刚度增大系数可取 1.2。

(12) 混凝土矩形梁转 T 形（自动附加楼板翼缘）

钩选后，程序自动搜索与梁相邻的楼板，将矩形梁转成 T 形或 L 形梁进行内力和配筋计算，同时梁刚度放大系数和梁扭矩折减系数应取 1。需要注意的是，10、11、12 只可同时选择一个。一般可选择 10。

(13) 部分框支剪力墙结构底部加强区剪力墙抗震等级自动提高一级

根据《高规》表 3.9.3、表 3.9.4，部分框支剪力墙结构底部加强区和非底部加强区的剪力墙抗震等级可能不同，但在实际设计中，都是先在“地震信息”页“剪力墙抗震等级”中填入部分框支剪力墙结构中一般部位剪力墙的抗震等级，若钩选该项，则程序将自动对底部加强区的剪力墙抗震等级提高一级。程序默认为钩选，当为框支剪力墙时可钩选，当不是框支剪力墙时可不钩选。

(14) 调整与框支柱相连的梁内力

一般不应钩选，不调整（按实际工程选），因为程序对框支柱的弯矩、剪力调整系数往往很大，若此时调整与框支柱相连的梁内力，会出现异常。

《高规》第 10.2.17 条：框支柱剪力调整后，应相应调整框支柱的弯矩及柱端框架梁（不包括转换梁）的剪力、弯矩，但框支梁的剪力、弯矩和框支柱轴力可不调整。由于框支柱的内力调整幅度较大，若相应调整框架梁的内力，则有可能使框架梁设计不下来。2010 年 9 月之前的版本，此项参数不起作用，勾不钩选程序都不会调整；2010 年 9 月版本钩选后程序会调整与框支柱相连的框架梁的内力。PMSAP 默认不调。

（15）框支柱调整上限

框支柱的调整系数值可能很大，用户可设置调整系数的上限值，框支柱调整上限为 5.0。一般可按默认值，不用修改。

（16）指定的加强层个数、层号

默认值：0，一般不需改。各加强层层号，默认值：空白，一般不填。加强层是新版 SATWE 新增参数，由用户指定，程序自动实现如下功能：

① 加强层及相邻层柱、墙抗震等级自动提高一级；

② 加强层及相邻轴压比限制减小 0.05；依据见《高规》第 10.3.3 条（强条）；

③ 加强层及相邻层设置约束边缘构件；

多塔结构还可在“多塔结构构件定义”菜单分塔指定加强层。

（17）《抗规》第 5.2.5 条调整各层地震内力

默认：钩选；不需改。用于调整剪重比，详见《抗规》第 5.2.5 条和《高规》第 4.3.12 条。抗震验算时，结构任一楼层的水平地震的剪重比不应小于《抗规》中表 5.2.5 给出的最小地震剪力系数 λ。当结构某楼层的地震剪力小得过多，地震剪力调整系数过大（调整系数大于 1.2 时）说明该楼层结构刚度过小，其地震作用主要不是地震加速度而是地震地面运动速度和位移引起的。此时应先调整结构布置和相关构件的截面尺寸，提高结构刚度，使计算的剪重比能自然满足规范要求；其次才考虑调整地震作用。而根据《抗规》第 5.2.5 条条文说明：只要求底部总剪力不满足要求，则结构各楼层的剪力均需要调整，继而原先计算的倾覆力矩、内力和位移均需相应调整。

按《抗规》第 5.2.5 条规定，抗震验算时，结构任一楼层的水平地震的剪重比不应小于表 2-21 给出的最小地震剪力系数 λ。

楼层最小地震剪力系数 **表 2-21**

类别	6 度	7 度	8 度	9 度
扭转效应明显或基本周期小于 3.5s 的结构	0.008	0.016（0.024）	0.032（0.048）	0.064
基本周期大于 5.0s 的结构	0.006	0.012（0.018）	0.024（0.036）	0.048

注：1. 基本周期介于 3.5s 和 5s 之间的结构，按插入法取值；
2. 括号内数值分别用于设计基本地震加速度为 0.15g 和 0.30g 的地区。

弱轴方向动位移比例：

默认值：0，剪重比不满足时按实际改。

强轴方向动位移比例：

默认值：0，剪重比不满足时按实际改。

按照《抗规》第 5.2.5 条条文说明，在剪重比调整时，根据结构基本周期采用相应调整，即加速度段调整、速度段调整和位移段调整。弱轴方向即结构第一平动周期方向，强轴方向即结构第二平动周期方向一般可根据结构自振周期 T 与场地特征周期 Tg 的比值来确定：当 $T<T_g$ 时，属加速度控制段，参数取 0；当 $T_g<T<5T_g$ 时，属速度控制段，参数取 0.5；

当 $T>5T_g$ 时，属位移控制段，参数取 1。按照《抗规》第 5.2.5 条条文说明，在减重比调整时，根据结构基本周期采用相应调整，即加速度段调整、速度段调整和位移段调整。

(18) 按刚度比判断薄弱层的方式

应根据工程项目实际情况选用（高层还是多层）。分为“按《抗规》和《高规》从严判断”、“仅按《抗规》判断”、“仅按《高规》判断”和“不自动判断”四个选项，可由用户选择判断标准。旧版软件是《抗规》和《高规》同时执行，并从严控制。

规范规定

《抗规》第 3.4.4-2 条：平面规则而竖向不规则的建筑，应采用空间结构计算模型，刚度小的楼层的地震剪力应乘以不小于 1.15 的增大系数，其薄弱层应按本规范有关规定进行弹塑性变形分析，并应符合下列要求：

1）竖向抗侧力构件不连续时，该构件传递给水平转换构件的地震内力应根据烈度高低和水平转换构件的类型、受力情况、几何尺寸等，乘以 1.25～2.0 的增大系数；

2）侧向刚度不规则时，相邻层的侧向刚度比应依据其结构类型符合本规范相关章节的规定；

3）楼层承载力突变时，薄弱层抗侧力结构的受剪承载力不应小于相邻上一楼层的 65%。

《高规》第 3.5.8 条：侧向刚度变化、承载力变化、竖向抗侧力构件连续性不符合本规程第 3.5.2 条、第 3.5.3 条、第 3.5.4 条要求的楼层，其对应于地震作用标准值的剪力应乘以 1.25 的增大系数。

(19) 指定薄弱层个数及相应的各薄弱层层号

薄弱层个数默认值为：0，一般不改。各层薄弱层层号，默认值为：空白，一般不填。

SATWE 自动按刚度比判断薄弱层并对薄弱层进行地震内力放大，但对竖向构件不连续结构形成的薄弱层、对承载力突变形成的薄弱层（比如“层间受剪承载力比”不满足规范要求时）、对有转换构件形成的薄弱层不能自动判断为薄弱层，需要用户在此指定。输入各层号时以逗号或空格隔开。

(20) 薄弱层调整（自定义调整系数）

可以自己根据实际工程分层号、分塔号、分 X、Y 方向定义不同的调整系数。

(21) 薄弱层地震内力放大系数

应根据工程实际情况（多层还是高层）填写该参数。《抗规》规定薄弱层的地震剪力增大系数不小于 1.15，《高规》规定薄弱层的地震剪力增大系数不小于 1.25。SATWE 对薄弱层地震剪力调整的做法是直接放大薄弱层构件的地震作用内力。程序缺省值为 1.25。

竖向不规则结构的薄弱层有三种情况：①楼层侧向刚度突变；②层间受剪承载力突变；③竖向构件不连续。

(22) 全楼地震作用放大系数

通过此参数来放大地震作用，提高结构的抗震安全度，其经验取值范围是 1.0～1.5。在实际设计时，对于超高层建筑，用时程分析判断出结构的薄层部位后，可以用“全楼地震作用放大系数”或“分层调整系数”来提高结构的抗震安全度。

(23) 地震作用调整/分层调整系数

地震作用放大系数可以自己根据实际工程分层号，分塔号，分 X、Y 方向定义。

(24) 0.2V_0 分段调整

程序开放了二道防线控制参数，允许取小值或者取大值，程序默认为 min。

此处指定 0.2V_0 调整的分段数，每段的起始层号和终止层号，以空格或逗号隔开。如果不分段，则分段数填 1。如不进行 0.2V_0 调整，应将分段数填为 0。

0.2V_0 调整系数的上限值由参数"0.2V_0 调整上限"控制，如果将起始层号填为负值，则不受上限控制。用户也可点取"自定义调整系数"，分层分塔指定 0.2V_0 调整系数，但仍应在参数中正确填入 0.2V_0 调整的分段数和起始、终止层号；否则，自定义调整系数将不起作用。程序缺省 0.2V_0 调整上限为 2.0，框支柱调整上限为 5.0，可以自行修改。

注：

1. 对有少量柱的剪力墙结构，让框架柱承担 20%的基底剪力会使放大系数过大，以致框架梁、柱无法设计，所以 20%的调整一般只用于主体结构。

2. 电梯机房，不属于调整范围。

(25) 上海地区采用的楼层刚度算法

在上海地区，一般情况下采用等效剪切刚度计算侧向刚度，对于带支撑的结构可采用剪弯刚度。在选择上海地区且薄弱层判断方式考虑抗震以后，该选项生效。

6. 设计信息（图 2-65）

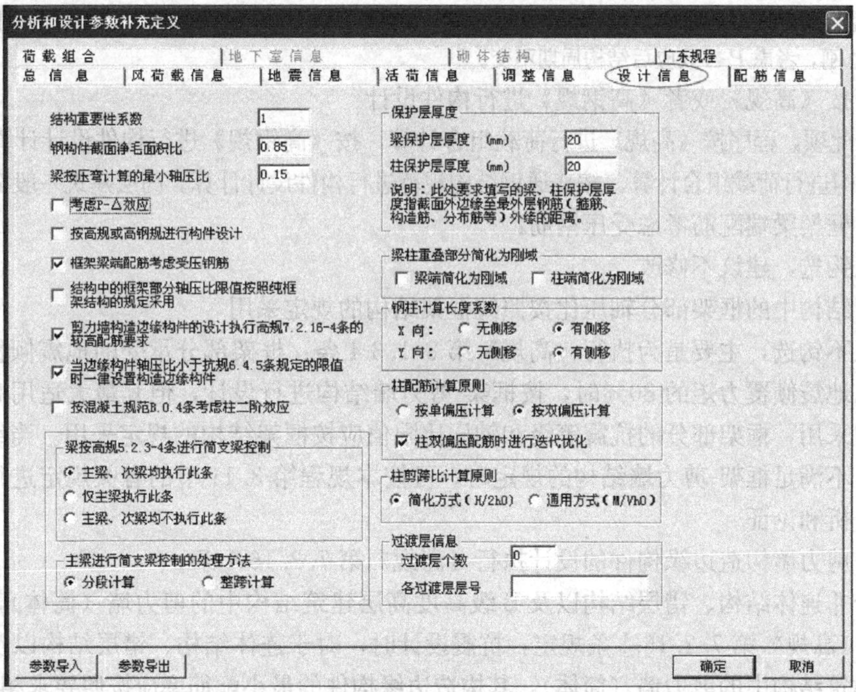

图 2-65 SATWE 设计信息页

(1) 结构重要性系数

应按《混规》第 3.3.2 条来确定。当安全等级为二级，设计使用年限 50 年，取 1.00。

(2) 钢构件截面净毛面积比

净面积是构件去掉螺栓孔之后的截面面积，毛面积就是构件总截面面积，此值一般为 0.85～0.92。轻钢结构最大可以取到 0.92，钢框架的可以取到 0.85。

(3) 梁按压弯计算的最小轴压比

程序默认值为 0.15，一般可按此默认值。梁类构件，一般所受轴力均较小，所以日常计算中均按照受弯构件进行计算（忽略轴力作用），若结构中存在某些梁轴力很大时，再按此法计算不尽合理，本参数则是按照梁轴压比大小来区分梁计算方法。

(4) 考虑 P-Δ 效应（重力二阶效应）

对于常规的混凝土结构，一般可不钩选。通常混凝土结构可以不考虑重力二阶效应，钢结构按《抗规》第 8.2.3 条的规定，应考虑重力二阶效应。是否考虑重力二阶效应可以参考 SATWE 输出文件 WMASS. OUT 中的提示，若显示“可以不考虑重力二阶效应”，则可以不选择此项，否则应选择此项。

注：

① 建筑结构的二阶效应由两部分组成：P-δ 效应和 P-Δ 效应。P-δ 效应是指由于构件在轴向压力作用下，自身发生挠曲引起的附加效应，可称之为构件挠曲二阶效应，通常指轴向压力在产生了挠曲变形的构件中引起的附加弯矩，附加弯矩与构件的挠曲形态有关，一般中间大，两端小；P-Δ 效应是指由于结构的水平变形引起的重力附加效应，可称之为重力二阶效应，结构在水平力（风荷载或水平地震作用）作用下发生水平变形后，重力荷载因该水平变形而引起附加效应，结构发生的水平侧移绝对值较大，P-Δ 效应越显著，若结构的水平变形过大，可能因重力二阶效应而导致结构失稳。

② 一般来说，7 度以上抗震设防的建筑，其结构刚度由地震或风荷载作用的位移控制，只要满足位移要求，整体稳定性自动满足，可不考虑 P-Δ 效应。SATWE 软件采用的是等效几何刚度的有限元算法，修正结构总刚，考虑 P-Δ 效应后结构周期不变。

(5) 按《高规》或者《高钢规》进行构件设计

点取此项，程序按《高规》进行荷载组合计算，按《高钢规》进行构件设计计算，否则，按多层结构进行荷载组合计算，按普通钢结构规范进行构件设计计算。高层建筑一般都钩选。

(6) 框架梁端配筋考虑受压钢筋：

默认钩选，建议不修改。

(7) 结构中的框架部分轴压比按照纯框架结构的规定采用

默认不钩选，主要是为执行《高规》第 8.1.3-4 条：框架部分承受的地震倾覆力矩大于结构总地震倾覆力矩的 80％时，按框架-剪力墙结构进行设计，但其最大适用高度宜按框架结构采用，框架部分的抗震等级和轴压比限值应按框架结构的规定采用。当结构的层间位移角不满足框架-剪力墙结构的规定时，可按本规程第 3.11 节的有关规定进行结构抗震性能分析和论证。

(8) 剪力墙构造边缘构件的设计执行《高规》第 7.2.16-4 条

对于非连体结构、错层结构以及 B 级高度高层建筑结构中的剪力墙（筒体），一般可不钩选。《高规》第 7.2.16-4 条规定：抗震设计时，对于连体结构、错层结构以及 B 级高度高层建筑结构中的剪力墙（筒体），其构造边缘构件的最小配筋率应按照要求相应提高。

钩选此项时，程序将一律按《高规》第 7.2.16-4 条的要求控制构造边缘构件的最小配筋，即对于不符合上述条件的结构类型，也进行从严控制；如不钩选，则程序一律不执行此条规定。

(9) 当边缘构件轴压比小于《抗规》第 6.4.5 条规定的限值时一律设置构造边缘构件

一般可钩选。《抗规》第 6.4.5 条：抗震墙两端和洞口两侧应设置边缘构件，边缘构件包括暗柱、端柱和翼墙，并应符合下列要求：

对于抗震墙结构，底层墙肢底截面的轴压比不大于表 2-22 规定的一、二、三级抗震墙及四级抗震墙，墙肢两端可设置构造边缘构件，构造边缘构件的配筋除应满足受弯承载力要求外，并宜符合表 2-23 的要求。

抗震墙设置构造边缘构件的最大轴压比 **表 2-22**

抗震等级或烈度	一级（9 度）	一级（7、8 度）	二、三级
轴压比	0.1	0.2	0.3

抗震墙构造边缘构件的配筋要求 **表 2-23**

抗震等级	底部加强部位			其他部位		
	纵向钢筋最小量（取较大值）	箍筋		纵向钢筋最小量（取较大值）	拉筋	
		最小直径（mm）	沿竖向最大间距（mm）		最小直径（mm）	沿竖向最大间距（mm）
一	$0.010A_c$，6ϕ16	8	100	$0.008A_c$，6ϕ14	8	150
二	$0.008A_c$，6ϕ14	8	150	$0.006A_c$，6ϕ12	8	200
三	$0.006A_c$，6ϕ12	6	150	$0.005A_c$，4ϕ16	6	200
四	$0.005A_c$，4ϕ12	6	200	$0.004A_c$，4ϕ12	6	250

注：1. A_c 为边缘构件的截面面积；
2. 其他部位的拉筋，水平间距不应大于纵筋间距的 2 倍；转角处宜采用箍筋；
3. 当端柱承受集中荷载时，其纵向钢筋、箍筋直径和间距应满足柱的相应要求。

（10）按《混规》B.0.4 条考虑柱二阶效应：

默认不钩选，一般不需要改，对排架结构柱，应钩选。对于非排架结构，如认为《混规》第 6.2.4 条的配筋结果过小，也可钩选；钩选该参数后，相同内力情况下，柱配筋与旧版程序基本相当。

（11）次梁设计执行《高规》第 5.2.3-4 条

程序默认为钩选。《高规》第 5.2.3-4 条：在竖向荷载作用下，可考虑框架梁端塑性变形内力重分布对梁端负弯矩乘以调幅系数进行调幅，并应符合下列规定：截面设计时，框架梁跨中截面正弯矩设计值不应小于竖向荷载作用下按简支梁计算的跨中弯矩设计值的 50%。

（12）柱剪跨比计算原则

程序默认为简化方式。在实际设计中，两种方式均可以，均能满足工程的精度要求。

（13）指定的过渡层个数及相应的各过渡层层号

默认为 0，不修改。《高规》第 7.2.14-3 条规定：B 级高度高层建筑的剪力墙，宜在约束边缘构件层与构造边缘构件层之间设置 1～2 层过渡层。程序不能自动判断过渡层，用户可在此指定。

（14）梁、柱保护层厚度

应根据工程实际情况查《混规》表 8.2.1。混凝土结构设计规中有说明，保护层厚度指截面外边缘至最外层钢筋（箍筋、构造筋、分布筋等）外缘的距离。

(15) 梁柱重叠部分简化为刚域：

一般不选；大截面柱和异形柱应考虑选择该项；考虑后，梁长变短，刚度变大，自重变小，梁端负弯矩变小。

(16) 钢柱计算长度系数

该参数仅对钢结构有效，对混凝土结构不起作用，通常钢结构宜选择“有侧移”，如不考虑地震、风作用时，可以选择“无侧移”。

无侧移与填充墙无关，与支撑的抗侧刚度有关。钢结构建筑满足《抗规》相应要求，而层间位移不大于 1/1000 时，方可考虑按无侧移方法取计算长度系数。有支撑就认为结构无侧移的说法也是不对的。填充墙更不能作为考虑无侧移的条件。桁架计算长度是按无侧移取的。

(17) 柱配筋计算原则：

默认为按单偏压计算，一般不需要修改。{单偏压} 在计算 X 方向配筋时不考虑 Y 向钢筋的作用，计算结果具有唯一性，详“混规” 7.3 节；而 {双偏压} 在计算 X 方向配筋时考虑了 Y 向钢筋的作用，计算结果不唯一，详《混规》附录 F。建议采用 {单偏压} 计算，采用 {双偏压} 验算。《高规》第 6.2.4 条规定：“抗震设计时，框架角柱应按双向偏心受力构件进行正截面承载力设计”。如果用户在＜特殊构件补充定义＞中“特殊柱”菜单下指定了角柱，程序对其自动按照 {双偏压} 计算。对于异形柱结构，程序自动按 {双偏压} 计算异形柱配筋。详见 2009 年 2 期《PKPM 新天地》中“柱单偏压与双偏压配筋的两个问题”一文。

注：1. 角柱是指建筑角部柱的两个方向各只有一根框架梁与之相连的框架柱，故建筑凸角处的框架柱为角柱，而凹角处框架柱并非角柱。

2. 全钢结构中，指定角柱并选《高钢规》验算时，程序自动按《高钢规》第 5.3.4 条放大角柱内力 30%。一般单偏压计算，双偏压验算；考虑双向地震时，采用单偏压计算；对于异形柱，结构程序自动采用双偏压计算。

7. 配筋信息（图 2-66）

(1) 梁主筋级别、梁箍筋级别、柱主筋级别、柱箍筋级别、墙主筋级别、墙水平分布筋级别、墙竖向分布筋级别、边缘构件箍筋级别

一般应根据实际工程填写，主筋一般都填写为 HRB4000，箍筋也以 HRB400 居多。

(2) 梁、柱箍筋间距

程序默认为 100mm，不可修改。

(3) 墙水平分布筋间距

抗震墙的竖向和横向分布钢筋的间距不宜大于 300mm，部分框支抗震墙结构的落地抗震墙底部加强部位，竖向和横向分布钢筋的间距不宜大于 200mm。

在实际设计中一般填写 200mm。

(4) 墙竖向分布筋配筋率

一、二、三级抗震墙的竖向和横向分布钢筋最小配筋率均不应小于 0.25%，四级抗震墙分布钢筋最小配筋率不应小于 0.20%。高度小于 24m 且剪压比很小的四级抗震墙，其竖向分布筋的最小配筋率应允许按 0.15%采用。部分框支抗震墙结构的落地抗震墙底部加强部位，竖向和横向分布钢筋配筋率均不应小于 0.3%。

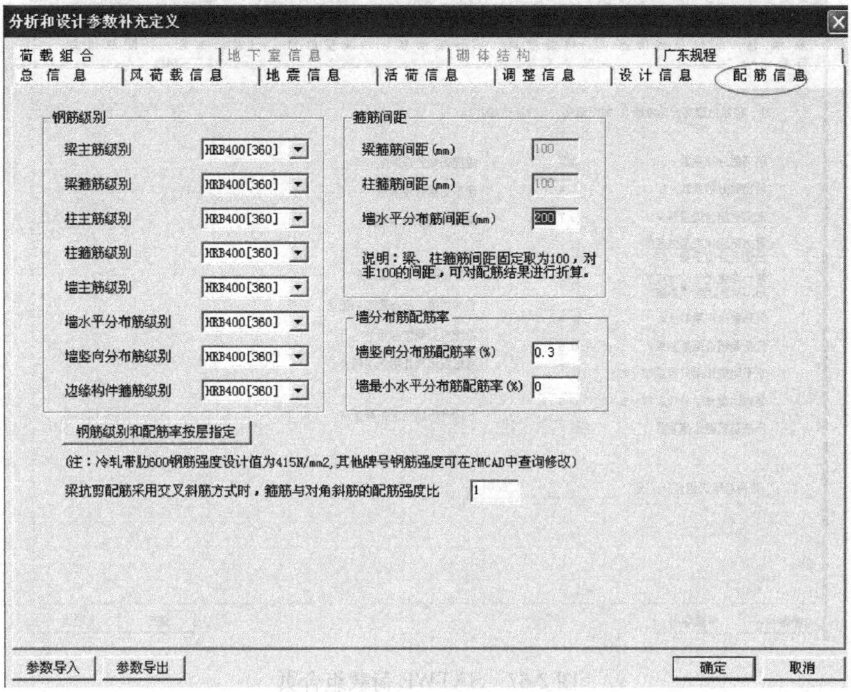

图 2-66　SATWE 配筋信息页

(5) 墙最小水平分布筋配筋率

一、二、三级抗震墙的竖向和横向分布钢筋最小配筋率均不应小于 0.25%，四级抗震墙分布钢筋最小配筋率不应小于 0.20%。部分框支抗震墙结构的落地抗震墙底部加强部位，竖向和横向分布钢筋配筋率均不应小于 0.3%。

(6) 梁抗剪配筋采用交叉斜筋方式时，箍筋与对角斜筋的配筋强度比

一般可按默认值 1.0 填写。《混规》11.7.10 对此作了相关的规定。其属性可在“特殊梁”中指定。当采用“交叉斜筋”方式时，需要用户指定“箍筋与对角斜筋的配筋强度比”参数，一般可取 0.6～1.2，详见《混规》第 11.7.10-1 条。经计算后，程序会给出 A_{sd}面积，单位为 cm^2。

(7) 钢筋级别与配筋率按层指定

可以分层指定构件纵筋、箍筋的级别、墙竖向、墙水平方向纵筋配筋率。

8. 荷载组合（图 2-67）

(1) 一般来说，本页中的这些系数是不用修改的，因为程序在做内力组合时是根据规范的要求来处理的。只有在有特殊需要的时候，一定要修改其组合系数的情况下，才有必要根据实际情况对相应的组合系数做修改。

《荷规》第 3.2.5 条

基本组合的荷载分项系数，应按下列规定采用：

1) 永久荷载的分项系数：

① 当其效应对结构不利时

—对由可变荷载效应控制的组合，应取 1.2；

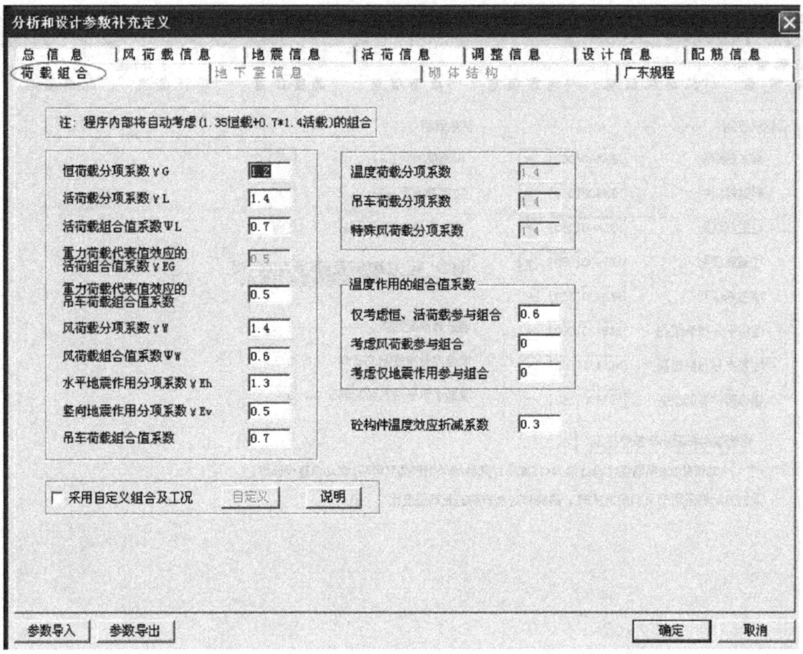

图 2-67　SATWE 荷载组合页

一对由永久荷载效应控制的组合，应取 1.35；

② 当其效应对结构有利时的组合，应取 1.0。

2）可变荷载的分项系数：

一般情况下取 1.4；

对标准值大于 $4kN/m^2$ 的工业房屋楼面结构的活荷载取 1.3。

(2) 采用自定义组合及工况：

点取{采用自定义组合及工况}按钮，程序弹出对话框，用户可自定义荷载组合。首次进入该对话框，程序显示缺省组合，用户可直接对组合系数进行修改，或者通过下方的按钮增加、删除荷载组合。删除荷载组合时，需首先点击要删除的组合号，然后点删除按钮。用户修改的信息保存在 SAT_LD.PM 和 SAT_LF.PM 文件中，如果要恢复缺省组合，删除这两个文件即可。

9. 地下室信息（图 2-68）

地下室层数为零时，“地下室信息”页为灰，不允许选择；在 PMCAD 设计信息中填入地下室层数时，“地下室信息”页变亮，允许选择。

当四周有覆土、地下室相关范围刚度满足规范要求、水平力在地下室顶板处传递连续、板厚满足规范要求时，一般可将嵌固端定在地下室顶板处，这样的模型比较理想，也比较经济。地下室部分刚度大时（满足规范要求），地下室顶板处水平位移较小，同时若地下室四周覆土约束住了地下室水平扭转变形，地下室部分可不考虑地震作用。当不是四周有覆土时，比如三面有覆土，且地下室形状比较规则，地震作用下地下室扭转变形较小时，我们应该“抓大放小”，较准确地模拟结构的边界条件，将嵌固端定位地下室顶板处，但是用上述边界条件模拟整个结构受力会对某些构件不利，此时应该分别取不同的嵌固

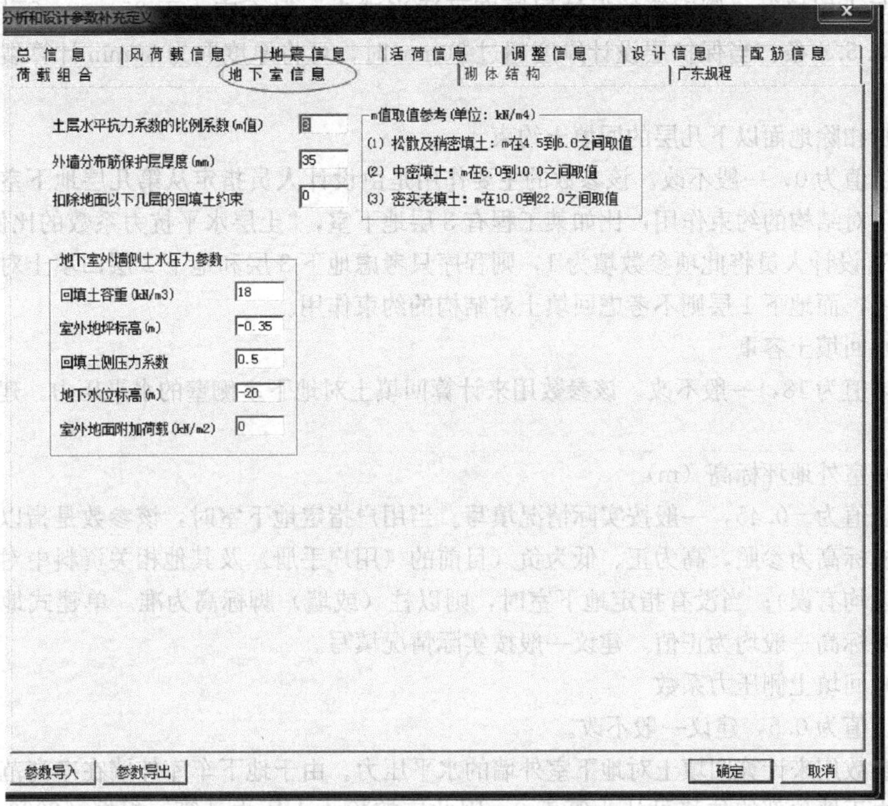

图 2-68　SATWE 地下室信息页

端，进行包络设计。当地下室覆土较小且地下室最终的扭转变形较大时，应当满足结构的实际受力情况，将嵌固端下移。地下室设计时有两个关键要点：第一是刚度比约束水平位移；第二是四周覆土约束水平扭转变形。

(1) 土层水平抗力系数的比值系数（*M* 值）

默认值为 3，需修改。土层水平抗力系数的比例系数 m，其计算方法即是土力学中水平力计算常用的 m 法。M 值的大小随土类及土状态而不同；对于松散及稍密填土，m 在 4.5～6.0 之间取值；对于中密填土，m 在 6.0～10.0 之间取值；对于密实老填土，m 在 10.0～22.0 之间取值。需要注意的是，负值仍保留原有版本的意义，即为绝对嵌固层数。该值≤地下室层数，如果有 2 层地下室，该值填写－2，则表示 2 层地下室无水平位移。

土层水平抗力系数的比例系数 m，用 m 值求出的地下室侧向刚度约束呈三角形分布，在地下室顶层处为 0，并随深度增加而增加。

(2) 外墙分布筋保护层厚度

默认值为 35，一般可根据实际工程填写，比如南方地区，当做了防水处理措施时，可取 30mm。根据《混规》表 8.2.1 选择，环境类别见表 3.5.2。在地下室外围墙平面外配筋计算时用到此参数。外墙计算时没有考虑裂缝问题；外墙中的边框柱也不参与水土压力计算。《混规》第 8.2.2-4 条：对地下室墙体采取可靠的建筑防水做法或防护措施时，与土层接触一侧钢筋的保护层厚度可适当减少，但不应小于25mm。《耐久性规范》第3.5.4条：当保护层设计厚度超过30mm时，可将厚度取为30mm计算裂缝最大宽度。

(3) 扣除地面以下几层的回填土约束

默认值为0，一般不改。该参数的主要作用是由设计人员指定从第几层地下室考虑基础回填土对结构的约束作用，比如某工程有3层地下室，“土层水平抗力系数的比例系数”填10，若设计人员将此项参数填为1，则程序只考虑地下3层和地下2层回填土对结构有约束作用，而地下1层则不考虑回填土对结构的约束作用。

(4) 回填土容重

默认值为18，一般不改。该参数用来计算回填土对地下室侧壁的水平压力。建议一般取18.0。

(5) 室外地坪标高（m）

默认值为−0.45，一般按实际情况填写。当用户指定地下室时，该参数是指以结构地下室顶板标高为参照，高为正、低为负（目前的《用户手册》及其他相关资料中对该项参数的描述均有误）；当没有指定地下室时，则以柱（或墙）脚标高为准。单建式地下室的室外地坪标高一般均为正值。建议一般按实际情况填写。

(6) 回填土侧压力系数

默认值为0.5，建议一般不改。

该参数用来计算回填土对地下室外墙的水平压力。由于地下车库外墙在净高范围内的土压力由于墙顶部的位移可认为等于0，因此应按静止土压力计算。根据《2003技术措施》中第2.6.2条，“地下室侧墙承受的土压力宜取静止土压力”，而静止土压力的系数可近似按 $K_0=1-\sin\varphi$（土的内摩擦角=30°）计算。建议一般取默认值0.5。当地下室施工采用护坡桩时，该值可乘以折减系数0.66后取0.33。

注：手算时，回填土的侧压力宜按恒载考虑，分项系数根据荷载效应的控制组合取1.2或1.35。

(7) 地下水位标高（m）

该参数标高系统的确定基准同{室外地坪标高}，但应满足≤0。建议一般按实际情况填写。若勘察未提供防水设计水位和抗浮设计水位时，宜从填土完成面（设计室外地坪）满水位计算。上海地区，一般情况可按设计室外地坪以下0.5m计算。

(8) 室外地面附加荷载：

该参数用来计算地面附加荷载对地下室外墙的水平压力。建议一般取5.0kN/m²（详见《2009技术措施（结构体系）》F.1-4条7）。

2.8.2 特殊构件补充定义

点击【接PM生成SATWE数据】→【特殊构件补充定义】，进入“特殊构件补充定义”菜单，如图2-69所示。

2.8.3 生成SATWE数据文件及数据检查

点击【生成SATWE数据文件及数据检查（必须执行）】，弹出对话框，如图2-71所示。

2.8.4 结构内力、配筋计算

点击【结构内力、配筋计算】，弹出“SATWE计算参数控制”对话框，如图2-72所示。

注：1. 本工程点击【特殊柱/角柱】，有两种选择模式：光标选择、窗口选择。然后，点击【换标准层】→【拷贝前层】，直至完成所有角柱定义。如图2-70所示。

2. 本工程无须定义【弹性板】。弹性楼板必须以房间为单元进行定义，与板厚有关，点击【弹性板】，会有以下三种选择：①弹性楼板6。程序真实考虑楼板平面内、外刚度对结构的影响，采用壳单元，原则上适用于所有结构。但采用弹性楼板6计算时，由于是弹性楼板，楼板的平面外刚度与梁的平面内刚度都是竖向，板与梁会共同分配水平风荷载或地震作用产生的弯矩，这样计算出来的梁的内力和配筋会较刚性板假设时算出的要少，且与真实情况不相符合（楼板是不参与抗震的），梁会变得不安全，因此该模型仅适用板柱结构。②弹性楼板3。程序设定楼板平面内刚度为无限大，真实考虑平面外刚度，采用壳单元，因此该模型仅适用厚板结构。③弹性膜。程序真实考虑楼板平面内刚度，而假定平面外刚度为零。采用膜剪切单元，因此该模型适用钢楼板结构。刚性楼板是指平面内刚度无限大，平面外刚度为0，内力计算时不考虑平面内外变形，与板厚无关，程序默认楼板为刚性楼板。

其他工程还会经常使用【抗震等级】、【强度等级】等。【特殊梁】中能定义“不调幅梁”、“连梁”、“转换梁”等，还能定义梁的“抗震等级”、“刚度系数”、“扭矩折减”、“调幅系数”等；【抗震等级】、【强度等级】能定义“梁”、“柱”、“墙”、“支撑”构件的抗震等级与强度等级。

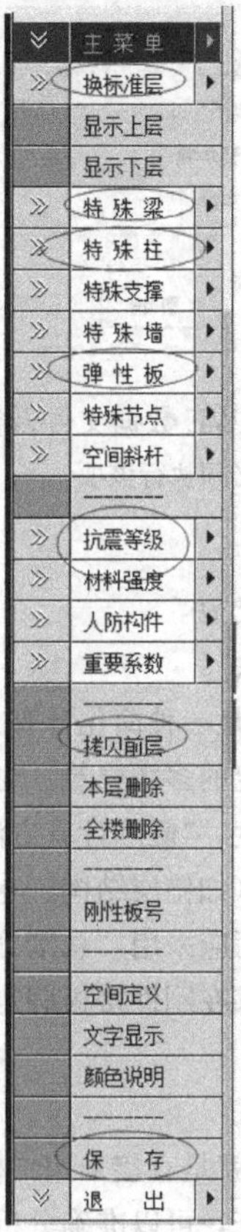

图2-69 “特殊构件补充定义”菜单

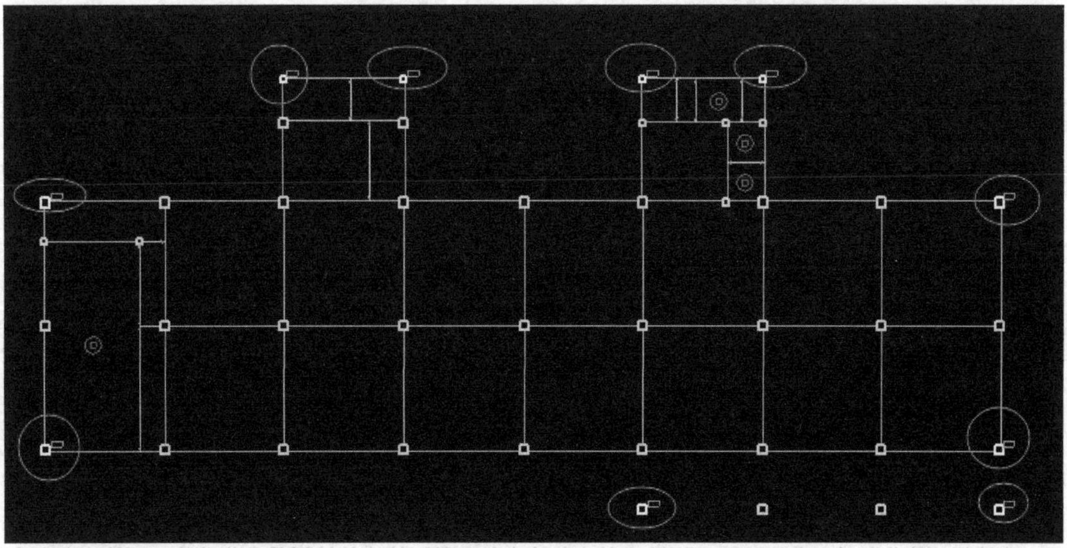

图2-70 角柱定义

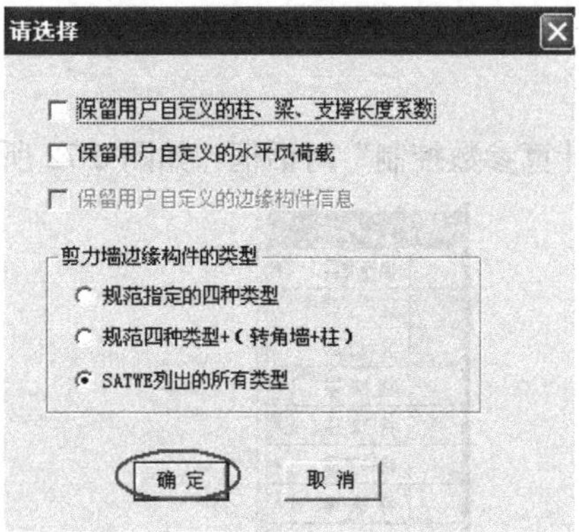

图 2-71 生成 SATWE 数据文件及数据检查

注：必须执行该项

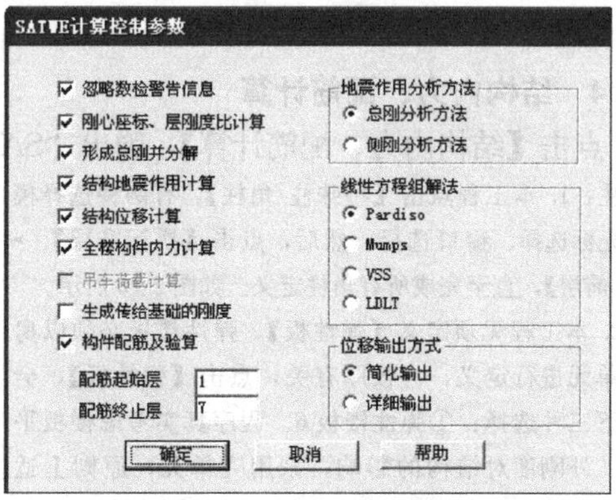

图 2-72 SATWE 计算控制参数

参数注释：

1. 地震作用分析方法

（1）侧刚分析方法

“侧刚分析方法”是一种简化计算方法，只适用于采用楼板平面内无限刚假定的普通建筑和采用楼板分块平面内无限刚假定的多塔建筑。对于这类建筑，每层的每块刚性楼板只有两个独立的平动自由度和一个独立的转动自由度。“侧刚计算方法”的应用范围是有限，对于定义有较大范围的弹性楼板、有较多不与楼板相连的构件（如错层结构、空旷的工业厂房、体育馆所等）或有较多的错层构件的结构，“侧刚分析方法”不适用，而应采用“总刚分析方法”。

大多数工程一般都在刚性楼板假定下计算查看位移比、周期比，再用总刚分析方法进行结构整体内力分析与计算。

（2）总刚分析方法

“总刚分析方法”就是直接采用结构的总刚和与之相应的质量阵进行地震反应分析。“总刚”的优点是精度高，适用方法广，可以准确分析出结构每层每根构件的空间反应。通过分析计算结果，可以发现结构的刚度突变部位、连接薄弱的构件以及数据输入有误的部位等。其不足之处是计算量大，比“侧刚”计算量大数倍。这是一种真实的结构模型转化成的结构刚度模型。

对于没有定义弹性楼板且没有不与楼板相连构件的工程，“侧刚”与“总刚”的计算结果是一致的。对于定义了弹性楼板的结构（如使用 SATWE 进行空旷厂房的三维空间分析时，定义轻钢屋面为“弹性膜”），应使用“总刚分析方法”进行结构的地震作用分析。鉴于目前的电脑运行速度已经较快，故建议对所有的结构均采用“总刚模型”进行计算。

结构整体计算时选择总刚分析方法，则结构本身的周期、振型等固有特性，即周期值和各周期振型的平动系数和扭转系数不会改变，但平动系数在两个方向的分量会有所改变。而侧刚模型是为减少结构的自由度而采取的一种简化计算方法，结构旋转一定角度后，结构简化模型的侧向刚度将随之改变，结构的周期和振型都会发生变化。因此建议在结构整体计算时，在各种情况下均应采用总刚模型，不应采用侧刚模型。

2. 线性方程组解法

程序默认为 pardiso，一般可不更改。“VSS 向量稀疏求解器”是一种大型稀疏对称矩阵快速求解方法；“LDLT 三角分解”是通常所用的非零元素下的三角求解方法。“VSS 向量稀疏求解器”在求解大型、超大型方程时要比“LDLT 三角分解”方法快很多。

3. 位移输出方式［简化输出］或［详细输出］

当选择“简化”时，在 WDISP. OUT 文件中仅输出各工况下结构的楼层最大位移值，不输出各节点的位移信息。按“总刚”进行结构的振动分析后，在 WZQ. OUT 文件中仅输出周期、地震力，不输出各振型信息。若选择“详细”时，则在前述的输出内容的基础上，在 WDISP. OUT 文件中还输出各工况下每个节点的位移，WZQ. OUT 文件中还输出各振型下每个节点的位移。

4. 生成传给基础的刚度

钩选后，上部结构刚度与基础共同分析，更符合实际受力情况，即上下部共同工作，一般也会更经济。如果基础计算不采用 JCCAD 程序进行，则选与不选都没关系。JCCAD 中有个参数，需要上部结构的刚度凝聚。详见 JCCAD 的用户手册。

2.9 SATWE 计算结果分析与调整

2.9.1 SATWE 计算结果分析与调整

《高规》第 2.1.1 条：高层建筑 tall building，high-rise building，10 层及 10 层以上或房屋高度大于 28m 的住宅建筑和房屋高度大于 24m 的其他高层民用建筑。对于多层结构，由于“轴压比”、“位移比”、“剪重比”、“楼层侧向刚度比”、“受剪承载力比”“弹性层间位移角”这六个指标《抗规》、《高规》都有明确的规定，所以多层结构应按照《抗规》要求控制这六个指标；“周期比”、“刚重比”只在《高规》中规定，对于多层结构，“周期比”可根据具体情况适当放宽，“刚重比”可按照《高规》控制。点击【分析结果图形和文本显示】，如图 2-73 所示。

1. 剪重比

剪重比即最小地震剪力系数 λ，主要是控制各楼层最小地震剪力，尤其是对于基本周期大于 3.5s 的结构，以及存在薄弱层的结构。

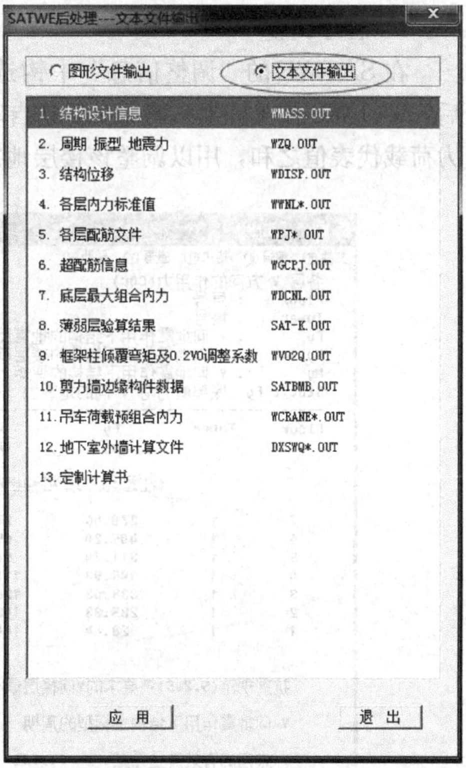

图 2-73 文本文件输出

剪重比的本质是地震影响系数与振型参数系数。对于普通的多层结构，一般均能满足最小剪重比要求，对于高层结构，当结构自振周期在 0.1s～特征周期之间时，地震影响系数不变。广州容柏生建筑结构设计事务所廖耘、容柏生、李盛勇在《剪重比的本质关系推导及其对长周期超高层建筑的影响》一文中做了相关阐述：对剪重比影响最大的是振型参与系数，该参数与建筑体型分布，各层用途有关，与该振型各质点的相对位移及相对质量有关。当结构总重量恒定时，振型相对位移较大处的重量越大，则该振型的振型参与质量系数越大，但对抗震不利。保持质量分布不变的前提下，直接减小结构总质量可以加大计算剪重比，但这很困难。在保持质量不变的前提下，直接加大结构刚度也可以加大计算剪重比，但可能要付出较大的代价。

实际设计中，对于普通的高层结构，如果底部某些楼层剪重比偏小，改变结构层高的可能性一般不大，一般是增加结构整体刚度（往往增加结构外围墙长，更有利于抗扭，位移比及周期比的调整），同时减少结构内边的墙（减轻结构自重的同时、更有利于位移比，周期比的调整）。提高振型参与质量系数的最好办法，还是增加结构整体刚度。考虑到反应谱长周期段本身的一些缺陷，保证长周期超高层建筑具有足够的抗震承载力和刚度储备是必要的。可不必强求计算剪重比，而应考虑采用放大剪重比并通过修改反应谱曲线的方法来使结构达到一定的设计剪重比，或采用更严格的位移限值来控制结构变形。

（1）规范规定

《抗规》第 5.2.5 条：抗震验算时，结构任一楼层的水平地震剪力应符合下式要求：

$$V_{eki} > \lambda \sum_{j=i}^{n} G_j \tag{2-1}$$

式中 V_{eki}——第 i 层对应于水平地震作用标准值的楼层剪力；

λ——剪力系数，不应小于表 2-18 规定的楼层最小地震剪力系数值，对竖向不规则结构的薄弱层，尚应乘以 1.15 的增大系数；

G_j——第 j 层的重力荷载代表值。

（2）计算结果查看

【SATWE/分析结果图形和文本显示】→【文本文件输出/周期、振型、地震力(WZQ.OUT)】，最终查看结果如图 2-74 所示。

（3）剪重比不满足规范规定时的调整方法

1）程序调整

在 SATWE 的“调整信息”中钩选“按《抗规》第 5.2.5 条调整各楼层地震内力”后，SATWE 按《抗规》第 5.2.5 条自动将楼层最小地震剪力系数直接乘以该层及以上重力荷载代表值之和，用以调整该楼层地震剪力，以满足剪重比要求。

```
WZQ - 记事本
文件(F) 编辑(E) 格式(O) 查看(V) 帮助(H)
 各层 Y 方向的作用力(CQC)
 Floor     : 层号
 Tower     : 塔号
 Fy        : Y 向地震作用下结构的地震反应力
 Vy        : Y 向地震作用下结构的楼层剪力
 My        : Y 向地震作用下结构的弯矩
 Static Fy: 底部剪力法 Y 向的地震力
 -----------------------------------------------------------------------------
 Floor    Tower      Fy           Vy (分塔剪重比) (整层剪重比)      My        Static Fy
                    (kN)         (kN)                             (kN-m)       (kN)

               (注意:下面分塔输出的剪重比不适合于上连多塔结构)

   7        1      270.46      270.46( 2.55%)     ( 2.55%)       973.66       401.
   6        1      405.20      652.05( 2.11%)     ( 2.11%)      3284.56       378.
   5        1      311.74      905.62( 1.85%)     ( 1.85%)      6462.47       279.
   4        1      308.93     1101.45( 1.65%)     ( 1.65%)     10266.78       222.
   3        1      338.63     1289.31( 1.49%)     ( 1.49%)     14617.30       183.
   2        1      285.33     1435.53( 1.37%)     ( 1.37%)     22165.57       113.
   1        1       28.44     1448.50( 1.12%)     ( 1.12%)     24252.79        31.

    抗震规范(5.2.5)条要求的Y向楼层最小剪重比 =   0.80%

    Y 向地震作用下结构主振型的周期 = 1.6931

    Y 方向的有效质量系数:    93.53%
```

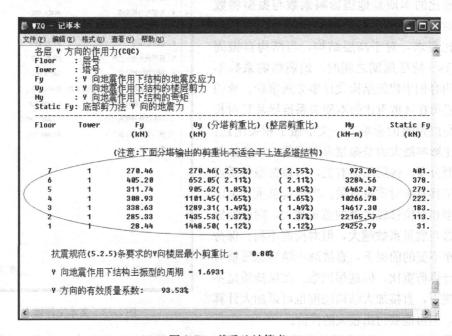

图 2-74 剪重比计算书

调整信息中提供了强、弱轴方向动位移比例，当剪重比满足规范要求时，可不对此参数进行设置。若不满足，就分别用 0、0.5、1.0 这几个规范指定的调整系数来调整剪重比。如果平动周期<特征周期，处于加速度控制段，则各层的剪力放大系数相同，此时动位移比例填 0；如果特征周期≤平动周期≤5 倍特征周期，处于速度控制段，此时动位移比例可填 0.5；如果平动周期>5 倍特征周期，处于位移控制段，此时动位移比例可填 1。

注：弱轴就是指结构长周期方向，强轴指短周期方向，分别给定强、弱轴两个系数，方便对两个方向采用有可能不同的调整方式，对于多塔的情况，比较复杂，只能通过自定义调整系数的方式来进行剪重比调整。

2）人工调整

如果需人工干预，可按下列三种情况进行调整：

① 当地震剪力偏小而层间侧移角又偏大时，说明结构过柔，宜适当加大墙、柱截面，提高刚度；

② 当地震剪力偏大而层间侧移角又偏小时，说明结构过刚，宜适当减小墙、柱截面，降低刚度以取得合适的经济技术指标；

③ 当地震剪力偏小而层间侧移角又恰当时，可在 SATWE 的“调整信息”中的“全楼地震作用放大系数”中输入大于 1 的系数增大地震作用，以满足剪重比要求。

（4）设计时要注意的一些问题

① 对高层建筑而言，结构剪重比一般底层最小，顶层最大，故实际工程中，结构剪重比一般由底层控制。

② 剪重比不满足要求时，首先要检查有效质量系数是否达到 90%。剪重比是反映地震作用大小的重要指标，它可以由“有效质量系数”来控制。当“有效质量系数”大于 90%时，可以认为地震作用满足规范要求；若没有，则有以下几个方法：a. 查看结构空间振型简图，找到局部振动位置，调整结构布置或采用强制刚性楼板，过滤掉局部振动；b. 由于有局部振动，可以增加计算振型数，采用总刚分析；c. 剪重比仍不满足时，对于需调整楼层层数较少（不超过楼层总数的 15%），且剪重比与规范限值相差不大（地震剪力调整系数不大于 1.1）时，可以通过选择 SATWE 的相关参数来达到目的，也可以提前和审图公司沟通，看他们可接受多少层剪重比不满足规范要求。剪重比不满足规范要求，还应检查周期折减系数是否取值正确。

③ 控制剪重比的根本原因在于建筑物周期很长的时候，由振型分解法所计算出的地震效应会偏小。剪重比与抗震设防烈度、场地类别、结构形式和高度有关，对于一般多、高层建筑，最小的剪重比值往往容易满足，高层建筑，由于结构布置原因，可能出现底部剪重比偏小的情况。在满足规范规定时，没必要刻意去提高，规范规定剪重比主要是增加结构的安全储备。

④ 4%左右的剪重比对多层框架结构应该是合理的。结构体系对剪重比的计算数值影响较大，矮胖型的钢筋混凝土框架结构一般剪重比比较大，体型纤细的长周期高层建筑一般剪重比会比较小。

⑤ 周期比调整的过程中，减法很重要，剪重比调整的过程中，也可以采用这种方法。

2. 周期比

（1）规范规定

《高规》第 3.4.5 条：结构扭转为主的第一自振周期 T_t 与平动为主的第一自振周期

T_1 之比，A 级高度高层建筑不应大于 0.9，B 级高度高层建筑、超过 A 级高度的混合结构及本规程第 10 章所指的复杂高层建筑不应大于 0.85。

(2) 计算结果查看

【SATWE/分析结果图形和文本显示】→【文本文件输出/周期、振型、地震力(WZQ.OUT)】，最终查看结果如图 2-75 所示。

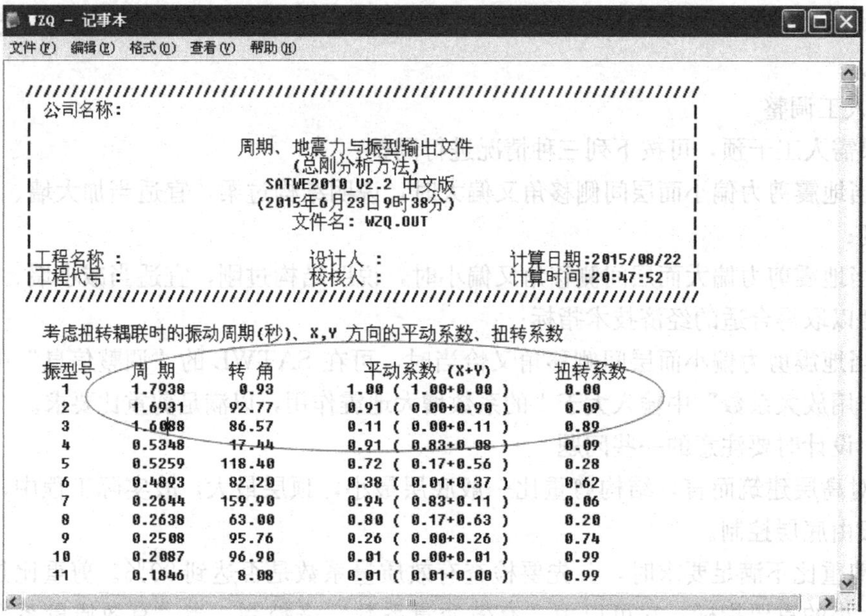
WZQ - 记事本

文件(F) 编辑(E) 格式(O) 查看(V) 帮助(H)

公司名称：

周期、地震力与振型输出文件
(总刚分析方法)
SATWE2010_V2.2 中文版
(2015年6月23日9时38分)
文件名：WZQ.OUT

工程名称 ： 设计人 ： 计算日期:2015/08/22
工程代号 ： 校核人 ： 计算时间:20:47:52

考虑扭转耦联时的振动周期(秒)、X,Y 方向的平动系数、扭转系数

振型号	周 期	转 角	平动系数 (X+Y)	扭转系数
1	1.7938	0.93	1.00 (1.00+0.00)	0.00
2	1.6931	92.77	0.91 (0.00+0.90)	0.09
3	1.6088	86.57	0.11 (0.00+0.11)	0.89
4	0.5348	17.44	0.91 (0.83+0.08)	0.09
5	0.5259	118.40	0.72 (0.17+0.56)	0.28
6	0.4893	82.20	0.38 (0.01+0.37)	0.62
7	0.2644	159.90	0.94 (0.83+0.11)	0.06
8	0.2638	63.00	0.80 (0.17+0.63)	0.20
9	0.2508	95.76	0.26 (0.00+0.26)	0.74
10	0.2087	96.90	0.01 (0.00+0.01)	0.99
11	0.1846	8.08	0.01 (0.01+0.00)	0.99

图 2-75 周期数据计算书

(3) 周期比不满足规范规定时的调整方法

① 程序调整：SATWE 程序不能实现。

② 人工调整：人工调整改变结构布置，提高结构的扭转刚度。总的调整原则是加强结构外围墙、柱或梁的刚度（减小第一扭转周期），适当削弱结构中间墙、柱的刚度（增大第一平动周期）。周边布置要均匀、对称、连续，有较大凹凸的部位加拉梁等（减小变形）。

③ 当不满足周期比时，若层位移角控制潜力较大，宜减小结构内部竖向构件刚度，增大平动周期；当不满足周期比时，且层位移角控制潜力不大，应检查是否存在扭转刚度特别小的楼层，若存在则应加强该楼层（构件）的抗扭刚度；当周期比不满足规范要求且层位移角控制潜力不大，各层抗扭刚度无突变时，则应加大整个结构的抗扭刚度。

(4) 设计时要注意的一些问题

① 控制周期比主要是为了控制当相邻两个振型比较接近时，由于振动耦联，结构的扭转效应增大。周期比不满足要求时，一般只能通过调整平面布置来改善，这种改变一般是整体性的。局部小的调整往往收效甚微。周期比不满足要求，说明结构的扭转刚度相对于侧移刚度较小，调整原则是加强结构外部或虚弱内部，由于是虚弱内部的刚度，往往起到事半功倍的效果。

② 周期比是控制侧向刚度与扭转刚度之间的一种相对关系，而非其绝对大小，它的

目的是使抗侧力构件的平面布置更有效、更合理，使结构不至于出现过大的扭转效应，控制周期比不是要求结构是否足够结实，而是要求结构承载布局合理。多层结构一般不要求控制周期比，但位移比和刚度比要控制，避免平面和竖向不规则，以及进行薄弱层验算。位移比本质是扭转变形，傅学怡《实用高层建筑结构设计》（第二版）指出：位移比指标是扭转变形指标，而周期比是扭转刚度指标。但周期比的本质其实也是扭转变形，因为扭转刚度指标在某些特殊情况下（比如偏心荷载）作用下，也会产生扭转变形。扭转变形也是相对扭转变形，对于复杂建筑，比如蝶形建筑，有时候蝶形一侧四周应加长墙去形成“稳”的盒子，多个盒子稳固了，则无论平面度复杂，一般需要较小的代价就能满足周期比、位移比，否则不形成稳的盒子，需要利用到相当刚度与相对扭转变形的概念，平面的不规则，质心与刚心偏心距太大，模型很难调过。

③ 一般情况下，周期最长的扭转振型对应第一扭转周期 T_t，周期最长的平动振型对应第一平动周期 T_1，但也要查看该振型基底剪力是否比较大，在“结构整体空间振动简图”中，是否能引起结构整体振动，局部振动周期不能作为第一周期。当扭转系数大于 0.5 时，可认为该振型是扭转振型，反之为平动振型。

④ 对于某个特定的地震作用引起的结构反应而言，一般每个参与振型都有着一定的贡献，贡献最大的振型就是主振型；贡献指标的确定一般有两个：一是基底剪力的贡献大小；二是应变能的贡献大小。基底剪力的贡献大小比较直观，容易接受。结构动力学认为，结构的第一周期对应的振型所需的能量最小，第二周期所需要的能量次之，依次往后推。而由反应谱曲线可知，第一振型引起的基底反力一般来说都比第二振型引起的基底反力要小，因为过了 T_g，反应谱曲线是下降的。无论是结构动力学还是反应谱曲线分析方法，都是花最小的“代价”激活第一周期。

多层结构宜满足周期比，但《高规》中不是限值。满足有困难时，可以不满足，但第一振型不能出现扭转。高层结构：应满足周期比。在一定的条件下，也可以突破规范的限值。当层间位移角不大于规范限值的 40%，位移角小于 1.2 时，其限值可以适当放松，但不应超过 0.95。平动成分超过 80%就是比较纯粹的平动。

⑤ 周期比其实是小震不坏、大震不倒的一个抗震措施。对于小震可以按弹性计算，对于大震无法按弹性计算，通常只有通过这些措施来控制结构的大震不倒。小震时如果位移比过大，并且扭转周期比过大，在大震的时候就容易出现边跨构件位移过大而破坏，风荷载的计算机理完全是另外一种方法，是实实在在的荷载，按弹性状态来进行设计的。周期比是抗震的控制措施，非抗震时可不用控制。

⑥ 对于位移比和周期等控制应尽量遵循实事，而不是一味要求“采用刚性板假定”。不用刚性板假定，实际周期可能由于局部振动或构比较弱，周期可能较长，周期比也没有意义，但不代表有意义的比值就是真实周期体现。在设计时，可以采用弹性板计算结构的周期，但要区分哪些是局部振动或较弱构件的周期，因为其意义不大。当然，也可以采用刚性楼板假定去过滤掉那些局部振动或较弱构件的周期，前提条件是结构楼板的假定符合刚性楼板假定，当不符合时应采用一定的构造措施符合。

3. 位移比

（1）规范规定

《高规》第 3.4.5 条：结构平面布置应减少扭转的影响。在考虑偶然偏心影响的规定水平地震力作用下，楼层竖向构件最大的水平位移和层间位移，A级高度高层建筑不宜大于该楼层平均值的1.2倍，不应大于该楼层平均值的1.5倍；B级高度高层建筑、超过A级高度的混合结构及本规程第10章所指的复杂高层建筑不宜大于该楼层平均值的1.2倍，不应大于该楼层平均值的1.4倍。

注：当楼层的最大层间位移角不大于本规程第3.7.3条规定的限值的40%时，该楼层竖向构件的最大水平位移和层间位移与该楼层平均值的比值可适当放松，但不应大于1.6。

(2) 计算结果查看

【SATWE/分析结果图形和文本显示】→【文本文件输出/结构位移（WDISP.OUT)】，最终查看结果如图2-76所示，位移比小于1.4，满足规范要求。

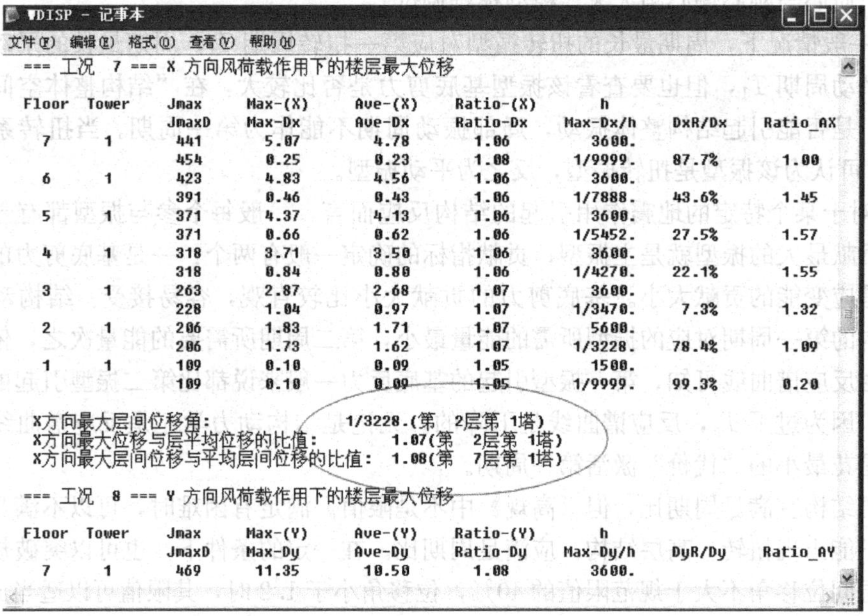

Floor	Tower	Jmax	Max-(X)	Ave-(X)	Ratio-(X)	h		
Floor	Tower	Jmax	Max-(X)	Ave-(X)	Ratio-(X)	h		
		JmaxD	Max-Dx	Ave-Dx	Ratio-Dx	Max-Dx/h	DxR/Dx	Ratio_AX
7	1	441	5.07	4.78	1.06	3600.		
		454	0.25	0.23	1.08	1/9999.	87.7%	1.00
6	1	423	4.83	4.56	1.06	3600.		
		391	0.46	0.43	1.06	1/7888.	43.6%	1.45
5	1	371	4.37	4.13	1.06	3600.		
		371	0.66	0.62	1.06	1/5452.	27.5%	1.57
4	1	318	3.71	3.50	1.06	3600.		
		318	0.84	0.80	1.06	1/4270.	22.1%	1.55
3	1	263	2.87	2.68	1.07	3600.		
		228	1.04	0.97	1.07	1/3470.	7.3%	1.32
2	1	206	1.83	1.71	1.07	5600.		
		206	1.73	1.62	1.07	1/3228.	78.4%	1.09
1	1	109	0.10	0.09	1.05	1500.		
		109	0.10	0.09	1.05	1/9999.	99.3%	0.20

X方向最大层间位移角： 1/3228.(第 2层第 1塔)
X方向最大位移与层平均位移的比值： 1.07(第 2层第 1塔)
X方向最大层间位移与平均层间位移的比值： 1.08(第 7层第 1塔)

=== 工况 8 === Y 方向风荷载作用下的楼层最大位移

Floor	Tower	Jmax	Max-(Y)	Ave-(Y)	Ratio-(Y)	h		
		JmaxD	Max-Dy	Ave-Dy	Ratio-Dy	Max-Dy/h	DyR/Dy	Ratio_AY
7	1	469	11.35	10.50	1.08	3600.		

图2-76 位移比和位移角计算书

(3) 位移比不满足规范规定时的调整方法

① 程序调整：SATWE程序不能实现。

② 人工调整：改变结构平面布置，加强结构外围抗侧力构件的刚度，减小结构质心与刚心的偏心距。点击【SATWE/分析结果图形和文本显示/文本文件输出/结构位移】，找出看到的最大的位移比，记住该位移比所在的楼层号及对应的节点编号。点击【SATWE/分析结果图形和文本显示/各层配筋构件编号简图】，在右边菜单中点击【换层显示】，切换到最大位移比所在的楼层号，然后点击【搜索构件/节点】，输入记下的编号，程序会自动显示该节点的位置，再加强该节点对应的墙、柱等构件的刚度。

(4) 设计时要注意的一些问题

① 位移比即楼层竖向构件的最大水平位移与平均水平位移的比值。层间位移比即楼层竖向构件的最大层间位移角与平均层间位移角的比值；最大位移 Δu 以楼层最大的水平位移差计算，不扣除整体弯曲变形。位移比是考察结构扭转效应，限制结构实际的扭转的

量值。扭转所产生的扭矩，以剪应力的形式存在，一般构件的破坏准则通常是由剪切决定的，所以扭转比平动危害更大。

② 刚心、质心的偏心大小并不是扭转参数是否能调合理的主要因素。判断结构扭转参数的主要因素不是刚心、质心是否重合，而是由结构抗扭刚度和因刚心、质心偏心产生的扭转效应的比值来决定的。换而言之，就是虽然刚心、质心偏心比较大，但结构的抗扭刚度更大，足以抵抗刚心、质心偏心产生的扭转效应。所以调整结构的扭转参数的重点不是非要把刚心和质心调完全重合（实际工程这种可能性是比较小的），重点在于调整结构抗扭刚度和因刚心质心偏心产生的扭转效应的比值，同时兼顾调整刚心和质心的偏心。

③ 验算位移比时一般应选择"强制刚性楼板假定"，但目的是为了有一个量化参考标准，而不是这样的概念才是正确，软件设置需要一个包络设计，能涵盖大部分结构工程，而且符合规范要求。做设计时，应尽量遵循实事求是的原则，而不是一味要求"采用刚性板假定"，对于有转换层等复杂高层建筑，由于采用刚性楼板假定可能会失真，不宜采用刚性楼板的假定。当结构凸凹不规则或楼板局部不连续时，应采用符合楼板平面内实际刚度变化的计算模型或者采取一定的构造措施符合刚性楼板假定。位移比应考虑偶然偏心、不考虑双向地震作用。验算位移比应之前，周期需要按 WZQ 重新输入，并考虑周期折减系数。

④ 位移比其实是小震不坏、大震不倒的一个抗震措施。对于小震可以按弹性计算，对于大震无法按弹性计算，通常只有通过这些措施来控制结构的大震不倒。小震时如果位移比过大，并且扭转周期比过大，在大震的时候就容易出现边跨构件位移过大而破坏，风荷载的计算机理完全是另外一种方法，是实实在在的荷载，按弹性状态来进行设计的，位移比大也可能（一般不用管风荷载作用下的位移比），算出来边跨结构构件的力就大，构件相应满足计算要求就是。位移比是抗震的控制措施，非抗震时可不用控制。

⑤《抗规》第 3.4.3 条和《高规》第 3.4.5 条对"扭转不规则"采用"规定水平力"定义，其中《抗规》条文："在规定水平力下楼层的最大弹性水平位移（层间位移），大于该楼层两端弹性水平位移（层间位移）平均值的 1.2 倍"。根据 2010 版《抗震规范》，楼层位移比不再采用根据 CQC 法直接得到的节点最大位移与平均位移比值计算，而是根据给定水平力下的位移计算。CQC-complete quaddratic combination，即完全二次项组合方法，其不光考虑到各个主振型的平方项，而且还考虑到耦合项，将结构各个振型的响应在概率的基础上采用完全二次方开方的组合方式得到总的结构响应，每一点都是最大值，可能出现两端位移大，中间位移小，所以 CQC 方法计算的结构位移比可能偏小，有时不能真实地反映结构的扭转不规则。

⑥ 两端（X 方向或 Y 方向）刚度接近（均匀）或外部刚度相对于内部刚度合理才位移比小，在实际设计中，位移比可不超过 1.4 并且允许两个不规则，对于住宅来说，位移比控制在 1.2 以内一般难度较大，3 个或 3 个以上不规则，就要做超限审查。由于规范控制的位移比是基于弹性位移，位移比的定义初衷，主要是避免刚心和质量中心不在一个点上引起的扭转效应，而风荷载与地震作用都能引起扭转效应，所以风荷载作用下的位移比也应该考虑，做沿海项目时经常会遇到风荷载作用下的位移比较大的情况（从另一个角度

考虑，地震作用下考虑位移比的初衷如果是：位移比大于 1.4 时，在中震、大震的作用下，结构受力很不好，破坏严重，则风荷载作用下可不考虑位移比。因为最大风压为固定值，没有“中震”、“大震”这一说法，由于初衷无法考察，姑且考虑风荷载作用下的位移比偏保守)。

当位移比超限时，可以在 SATWE 找到位移大的节点位置，通过增加墙长（建筑允许)、加局部剪力墙、柱截面（建筑允许）或加梁高（建筑允许）减小该节点的位移，此时还应加大与该节点相对一侧墙、柱的位移（减墙长、柱截面及梁高)。当位移比超限时，可以根据位移比的大小调整加墙长的模数，一般而言，墙身模数至少 200mm，翼缘 100mm。如果位移比超限值不大，按以上模数调整模型计算分析即可。如果位移比超出限值很大，可以按更大的模数，比如 500～1000mm，此模数的选取，还可以先按建筑给定的最大限值取，再一步一步减小墙长。应特别注意的是，布置剪力墙时尽量遵循以下原则：外围、均匀、双向、适度、集中、数量尽可能少。

4. 弹性层间位移角

(1) 规范规定

《高规》第 3.7.3 条：按弹性方法计算的风荷载或多遇地震标准值作用下的楼层层间最大水平位移与层高之比 $\Delta u/h$ 宜符合下列规定：

高度不大于 150m 的高层建筑，其楼层层间最大位移与层高之比 $\Delta u/h$ 不宜大于表 2-24 的限值。

楼层层间最大位移与层高之比的限值 **表 2-24**

结构体系	$\Delta u/h$ 限值	结构体系	$\Delta u/h$ 限值
框架	1/550	筒中筒、剪力墙	1/1000
框架-剪力墙、框架-核心筒、板柱-剪力墙	1/800	除框架结构外的转换层	1/1000

(2) 计算结果查看

【SATWE/分析结果图形和文本显示】→【文本文件输出/结构位移（WDISP.OUT)】，可查看计算结果。

(3) 弹性层间位移角不满足规范规定时的调整方法

弹性层间位移角不满足规范要求时，位移比、周期比等也可能不满足规范要求，可以加强结构外围墙、柱或梁的刚度，同时减弱结构内部墙、柱或梁的刚度或直接加大侧向刚度很小的构件的刚度。

(4) 设计时要注意的一些问题

① 限制弹性层间位移角的目的有两点，一是保证主体结构基本处于弹性受力状态，避免混凝土墙柱出现裂缝，控制楼面梁板的裂缝数量、宽度；二是保证填充墙、隔墙、幕墙等非结构构件的完好，避免产生明显的损坏。

② 当结构扭转变形过大时，弹性层间位移角一般也不满足规范要求，可以通过提高结构的抗扭刚度减小弹性层间位移角。

③ 高层剪力墙结构弹性层间位移角一般控制在 1/1100 左右（10%的余量)，不必刻意追求此指标，关键是结构布置要合理。

④“弹性层间位移角”计算时只需考虑结构自身的扭转耦联，不考虑偶然偏心与双向

地震作用，《高规》并没有强制规定层间位移角一定要是刚性楼板假定下的，但是对于一般的结构采用现浇钢筋混凝土楼板和有现浇面层的预制装配式楼板，在无削弱的情况下，均可视为无限刚性楼板，弹性板与刚性板计算弹性层间位移角对于大多数工程，差别不大(弹性板计算时稍微偏保守)，选择刚性楼板进行计算，首先理论上有所保证；其次计算速度快；第三经过大量工程检验。弹性方法计算与采用弹性楼板假定进行计算完全不是一个概念，弹性方法就是构件按弹性阶段刚度，不考虑塑性变形，其得到的位移也就是弹性阶段的位移。

5. 轴压比

(1) 基本概念

柱子轴压比：柱组合的轴压力设计值与柱的全截面面积和混凝土轴心抗压强度设计值乘积之比值。

墙肢轴压比：重力荷载代表值作用下墙肢承受的轴压力设计值与墙肢的全截面面积和混凝土轴心抗压强度设计值乘积之比值。

(2) 规范规定

《抗规》第 6.3.6 条：柱轴压比不宜超过表 2-25 的规定；建造于Ⅳ类场地且较高的高层建筑，柱轴压比限值应适当减小

《高规》第 7.2.13 条：重力荷载代表值作用下，一、二、三级剪力墙墙肢的轴压比不宜超过表 2-26 的限值。

(3) 计算结果查看

【分析结果图形和文本显示】→【图形文件输出/弹性挠度、柱轴压比、墙边缘构件简图】，最终查看结果如图 2-77 所示。

(4) 轴压比不满足规范规定时的调整方法

① 程序调整：SATWE 程序不能实现。

② 人工调整：增大该墙、柱截面或提高该楼层墙、柱混凝土强度等级，箍筋加密等。

柱轴压比限值 **表 2-25**

结构类型	抗震等级			
	一	二	三	四
框架结构	0.65	0.75	0.85	0.90
框架-抗震墙，板柱-抗震墙、框架-核心筒及筒中筒	0.75	0.85	0.90	0.95
部分框支抗震墙	0.6	0.7	—	

注：1. 轴压比指柱组合的轴压力设计值与柱的全截面面积和混凝土轴心抗压强度设计值乘积之比值；对本规范规定不进行地震作用计算的结构，可取无地震作用组合的轴力设计值计算；
2. 表内限值适用于剪跨比大于 2、混凝土强度等级不高于 C60 的柱；剪跨比不大于 2 的柱，轴压比限值应降低 0.05；剪跨比小于 1.5 的柱，轴压比限值应专门研究并采取特殊构造措施；
3. 沿柱全高采用井字复合箍且箍筋肢距不大于 200mm、间距不大于 100mm、直径不小于 12mm，或沿柱全高采用复合螺旋箍、螺旋间距不大于 100mm、箍筋肢距不大于 200mm、直径不小于 12mm，或沿柱全高采用连续复合矩形螺旋箍、螺旋净距不大于 80mm、箍筋肢距不大于 200mm、直径不小于 10mm，轴压比限值均可增加 0.10；上述三种箍筋的最小配箍特征值均应按增大的轴压比由本规范表 6.3.9 确定；
4. 在柱的截面中部附加芯柱，其中另加的纵向钢筋的总面积不少于柱截面面积的 0.8%，轴压比限值可增加 0.05；此项措施与注 3 的措施共同采用时，轴压比限值可增加 0.15，但箍筋的体积配箍率仍可按轴压比增加 0.10 的要求确定；
5. 柱轴压比不应大于 1.05。

剪力墙墙肢轴压比限值　　表 2-26

抗震等级	一级（9 度）	一级（6、7、8 度）	二、三级
轴压比限值	0.4	0.5	0.6

注：墙肢轴压比是指重力荷载代表值作用下墙肢承受的轴压力设计值与墙肢的全截面面积和混凝土轴心抗压强度设计值乘积之比值。

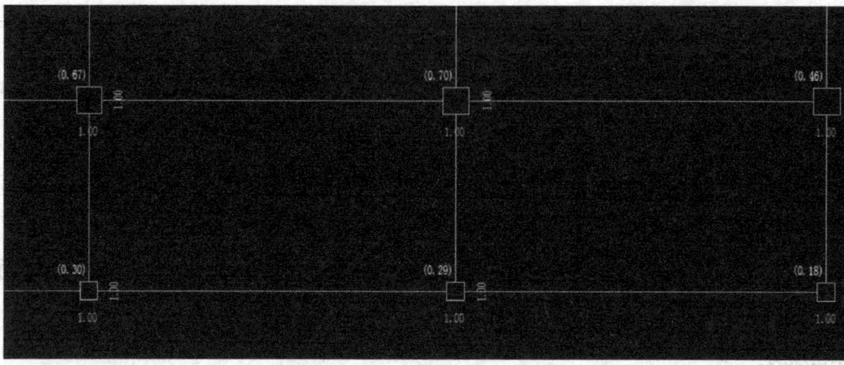

图 2-77　墙、柱轴压比计算结果

（5）设计时要注意的一些问题

① 抗震等级越高的建筑结构或构件，其延性要求也越高，对轴压比的限制也越严格，比如框支柱、一字形剪力墙等。抗震等级低或非抗震时可适当放松对轴压比的限制，但任何情况下不得小于 1.05。

② 通常验算底截面墙柱的轴压比，当截面尺寸或混凝土强度等级变化时，还应验算该位置的轴压比。试验证明，混凝土强度等级，箍筋配置的形式与数量，均与柱的轴压比有密切的关系，因此，规范针对不同的情况，对柱的轴压比限值作了适当的调整。

③ 柱轴压比的计算在《高规》和《抗规》中的规定并不完全一样，《抗规》第 6.3.6 条规定，计算轴压比的柱轴力设计值既包括地震组合；也包括非地震组合；而《高规》第 6.4.2 条规定，计算轴压比的柱轴力设计值仅考虑地震作用组合下的柱轴力。软件在计算柱轴压比时，当工程考虑地震作用，程序仅取地震作用组合下的柱轴力设计值计算，而对于非地震组合产生的轴力设计值则不予考虑；当该工程不考虑地震作用时，程序才取非地震作用组合下的柱轴力设计值计算，这也是在设计过程中有时会发现程序计算轴压比的轴力设计值不是最大轴力的主要原因。

从概念上讲，轴压比仅适用于抗震设计。当为非抗震设计时，剪力墙在 PKPM 中显示的轴压比为“0”。当结构恒载或活载比较大时，地震组合下轴压比有可能小于非抗震组合下的轴压比。所以，在设计时，对于地震组合内力不起控制作用时，特别是那些恒载或活载比较大的结构，框架柱轴压比要留有余地。

④ 柱截面种类不宜太多是设计中的一个原则，在柱网疏密不均的建筑中，某根柱或为数不多的若干根柱由于轴力大而需要较大截面，如果将所有柱截面放大以求统一，会增加柱用钢量，可以对个别柱的配筋采用加芯柱、加大配箍率甚至加大主筋配筋率以提高其轴压比，从而达到控制其截面的目的。

⑤ 程序计算柱轴压比时，有时候数字按规范要求并没有超限，但是程序也显示红色，这是因为随着柱的剪跨比的不同或降低，轴压比限值也要降低。

6. 楼层侧向刚度比

（1）规范规定

《高规》第 3.5.2 条：抗震设计时，高层建筑相邻楼层的侧向刚度变化应符合下列规定：

1）对框架结构，楼层与其相邻上层的侧向刚度比 λ_1 可按式（2-2）计算，且本层与相邻上层的比值不宜小于 0.7，与相邻上部三层刚度平均值的比值不宜小于 0.8。

$$\lambda_1 = \frac{V_i \Delta_{i+1}}{V_{i+1} \Delta_i} \tag{2-2}$$

式中 λ_1——楼层侧向刚度比；

V_i、V_{i+1}——第 i 层和 $i+1$ 层的地震剪力标准值（kN）；

Δ_i、Δ_{i+1}——第 i 层和 $i+1$ 层在地震作用标准值作用下的层间位移（m）。

2）对框架-剪力墙、板柱-剪力墙结构、剪力墙结构、框架-核心筒结构、筒中筒结构、楼层与其相邻上层的侧向刚度比 λ_2 可按式（1-3）计算，且本层与相邻上层的比值不宜小于 0.9；当本层层高大于相邻上层层高的 1.5 倍时，该比值不宜小于 1.1；对结构底部嵌固层，该比值不宜小于 1.5。

$$\lambda_2 = \frac{V_i \Delta_{i+1}}{V_{i+1} \Delta_i} \frac{h_i}{h_{i+1}} \tag{2-3}$$

式中 λ_2——考虑层高修正的楼层侧向刚度比。

《高规》第 5.3.7 条：高层建筑结构整体计算中，当地下室顶板作为上部结构嵌固部位时，地下一层与首层侧向刚度比不宜小于 2。

《高规》第 10.2.3 条：转换层上部结构与下部结构的侧向刚度变化应符合本规程附录 E 的规定。

当转换层设置在 1、2 层时，可近似采用转换层与其相邻上层结构的等效剪切刚度比 γ_{e1} 表示转换层上、下层结构刚度的变化，γ_{e1} 宜接近 1。非抗震设计时，γ_{e1} 不应小于 0.4；抗震设计时，γ_{e1} 不应小于 0.5。γ_{e1} 可按下列公式计算：

$$\gamma_{e1} = \frac{G_1 A_1}{G_2 A_2} \times \frac{h_2}{h_1} \tag{2-4}$$

$$A_i = A_{w,i} + \sum_j C_{i,j} A_{ci,j} \quad (i = 1,2) \tag{2-5}$$

$$C_{i,j} = 2.5\left(\frac{h_{ci,j}}{h_i}\right)^2 \quad (i = 1,2) \tag{2-6}$$

式中 G_1、G_2——分别为转换层和转换层上层的混凝土剪变模量；

A_1、A_2——分别为转换层和转换层上层的折算抗剪截面面积；

$A_{w,i}$——第 i 层全部剪力墙在计算方向的有效截面面积（不包括翼缘面积）；

$A_{ci,j}$——第 i 层第 j 根柱的截面面积；

h_i——第 i 层的层高；

$h_{ci,j}$——第 i 层第 j 根柱沿计算方向的截面高度；

$C_{i,j}$——第 i 层第 j 根柱截面面积折算系数，当计算值大于 1 时取 1。

当转换层设置在第 2 层以上时，按本规程式（12-2）计算的转换层与其相邻上层的侧向刚度比不应小于 0.6。

当转换层设置在第 2 层以上时，尚宜采用图 E 所示的计算模型按公式（2-7）计算转换层下部结构与上部结构的等效侧向刚度比 γ_{e2}。γ_{e2} 宜接近 1，非抗震设计时 γ_{e2} 不应小于 0.5，抗震设计时 γ_{e2} 不应小于 0.8。

$$\gamma_{e2}=\frac{\Delta_2 H_1}{\Delta_1 H_2} \tag{2-7}$$

（2）计算结果查看

【SATWE/分析结果图形和文本显示】→【文本文件输出/结构设计信息（WMASS.OUT）】，最终查看结果如图 2-78 所示。

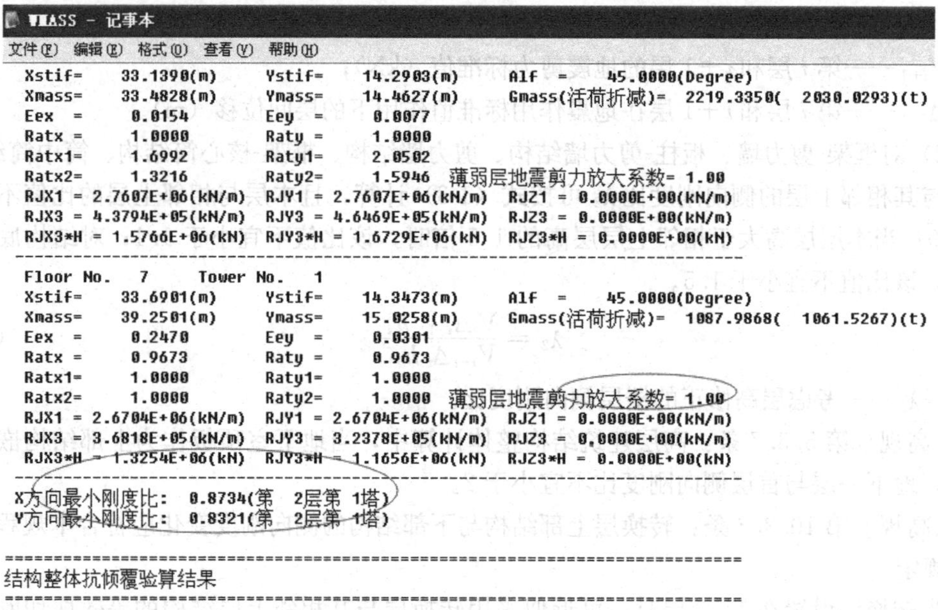

```
WMASS - 记事本
文件(F) 编辑(E) 格式(O) 查看(V) 帮助(H)
 Xstif=    33.1390(m)     Ystif=    14.2903(m)     Alf   =    45.0000(Degree)
 Xmass=    33.4828(m)     Ymass=    14.4627(m)     Gmass(活荷折减)=  2219.3350(  2030.0293)(t)
 Eex   =    0.0154        Eey   =    0.0077
 Ratx =     1.0000        Raty =     1.0000
 Ratx1=     1.6992        Raty1=     2.0502
 Ratx2=     1.3216        Raty2=     1.5946  薄弱层地震剪力放大系数= 1.00
 RJX1 = 2.7607E+06(kN/m) RJY1 = 2.7607E+06(kN/m) RJZ1 = 0.0000E+00(kN/m)
 RJX3 = 4.3794E+05(kN/m) RJY3 = 4.6469E+05(kN/m) RJZ3 = 0.0000E+00(kN/m)
 RJX3*H = 1.5766E+06(kN) RJY3*H = 1.6729E+06(kN) RJZ3*H = 0.0000E+00(kN)
---------------------------------------------------------------------------
 Floor No.   7      Tower No.   1
 Xstif=    33.6901(m)     Ystif=    14.3473(m)     Alf   =    45.0000(Degree)
 Xmass=    39.2501(m)     Ymass=    15.0258(m)     Gmass(活荷折减)=  1087.9868(  1061.5267)(t)
 Eex   =    0.2470        Eey   =    0.0301
 Ratx =     0.9673        Raty =     0.9673
 Ratx1=     1.0000        Raty1=     1.0000
 Ratx2=     1.0000        Raty2=     1.0000  薄弱层地震剪力放大系数= 1.00
 RJX1 = 2.6704E+06(kN/m) RJY1 = 2.6704E+06(kN/m) RJZ1 = 0.0000E+00(kN/m)
 RJX3 = 3.6818E+05(kN/m) RJY3 = 3.2378E+05(kN/m) RJZ3 = 0.0000E+00(kN/m)
 RJX3*H = 1.3254E+06(kN) RJY3*H = 1.1656E+06(kN) RJZ3*H = 0.0000E+00(kN)
---------------------------------------------------------------------------
X方向最小刚度比:  0.8734(第  2层第  1塔)
Y方向最小刚度比:  0.8321(第  2层第  1塔)

===========================================================================
结构整体抗倾覆验算结果
===========================================================================
```

图 2-78　楼层侧向刚度比计算书

（3）楼层侧向刚度比不满足规范规定时的调整方法

① 程序调整：如果某楼层刚度比的计算结果不满足要求，SATWE 自动将该楼层定义为薄弱层，并按《高规》第 3.5.8 条将该楼层地震剪力放大 1.25 倍。

② 人工调整：如果还需人工干预，可适当降低本层层高和加强本层墙、柱或梁的刚度，适当提高上部相关楼层的层高或削弱上部相关楼层墙、柱或梁的刚度，减小相邻上层墙、柱的截面尺寸。

（4）设计时要注意的问题

结构楼层侧向刚度比要求在刚性楼板假定条件下计算，对于有弹性板或板厚为零的工程，应计算两次，先在刚性楼板假定条件下计算楼层侧向刚度比并找出薄弱层，再选择“总刚”完成结构的内力计算。

7. 刚重比

（1）概念

结构的侧向刚度与重力荷载设计值之比称为刚重比。它是影响重力二阶效应的主要参数，且重力二阶效应随着结构刚重比的降低呈双曲线关系增加。高层建筑在风荷载或水平地震作用下，若重力二阶效应过大则会引起结构的失稳倒塌，所以要控制好结构的刚重比。

（2）规范规定

《高规》第 5.4.1 条：当高层建筑结构满足下列规定时，弹性计算分析时可不考虑重力二阶效应的不利影响。

1）剪力墙结构、框架-剪力墙结构、板柱剪力墙结构、筒体结构：

$$EJ_d \geqslant 2.7H^2 \sum_{i=1}^{n} G_i \quad (2\text{-}8)$$

2）框架结构

$$D_i \geqslant 20\sum_{j=i}^{n} G_j / h_i \quad (i = 1, 2, \cdots\cdots, n) \quad (2\text{-}9)$$

式中 EJ_d——结构一个主轴方向的弹性等效侧向刚度，可按倒三角形分布荷载作用下结构顶点位移相等的原则，将结构的侧向刚度折算为竖向悬臂受弯构件的等效侧向刚度；

H——房屋高度；

G_i、G_j——分别为第 i、j 楼层重力荷载设计值，取 1.2 倍的永久荷载标准值与 1.4 倍的楼面可变荷载标准值的组合值；

h_i——第 i 楼层层高；

D_i——第 i 楼层的弹性等效侧向刚度，可取该层剪力与层间位移的比值；

n——结构计算总层数。

《高规》第 5.4.4 条：高层建筑结构的整体稳定性应符合下列规定

1）剪力墙结构、框架-剪力墙结构、筒体结构应符合下式要求：

$$EJ_d \geqslant 1.4H^2 \sum_{i=1}^{n} G_i \quad (2\text{-}10)$$

2）框架结构应符合下式要求：

$$D_i \geqslant 10\sum_{j=i}^{n} G_j / h_i \quad (i = 1, 2, \cdots\cdots, n) \quad (2\text{-}11)$$

（3）计算结果查看

【SATWE/分析结果图形和文本显示】→【文本文件输出/结构设计信息（WMASS.OUT）】，最终查看结果如图 2-79 所示。

（4）刚重比不满足规范规定时的调整方法

① 程序调整：SATWE 程序不能实现。

② 人工调整：调整结构布置，增大结构刚度，减小结构自重。

（5）设计时要注意的问题

高层建筑的高宽比满足限值时，一般可不进行稳定性验算，否则应进行。结构限制高宽比主要是为了满足结构的整体稳定性和抗倾覆，当超出规范中高宽比的限值时要对结构进行整体稳定和抗倾覆验算。

8. 受剪承载力比

（1）规范规定

《高规》第 3.5.3 条：A 级高度高层建筑的楼层抗侧力结构的层间受剪承载力不宜小于

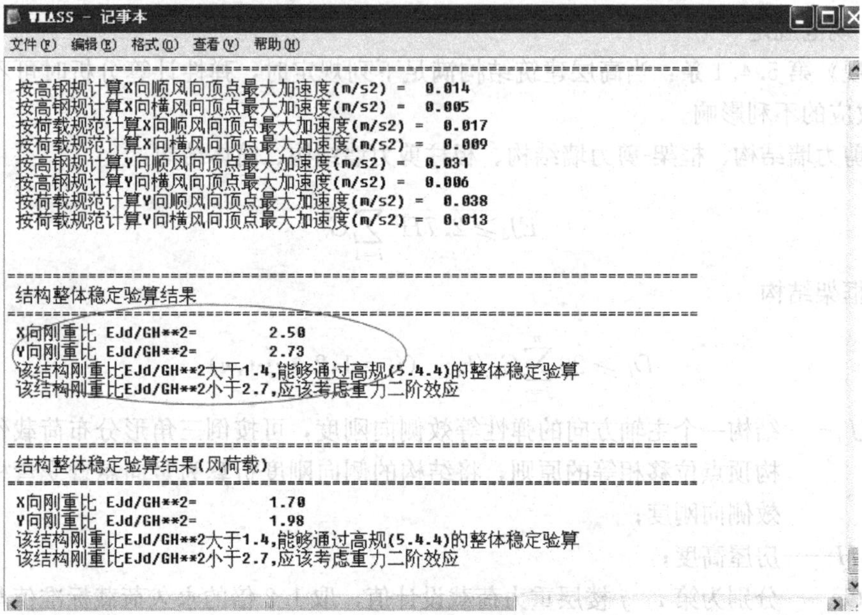

WMASS - 记事本

文件(F) 编辑(E) 格式(O) 查看(V) 帮助(H)

按高钢规计算X向顺风向顶点最大加速度(m/s2) = 0.014
按高钢规计算X向横风向顶点最大加速度(m/s2) = 0.005
按荷载规范计算X向顺风向顶点最大加速度(m/s2) = 0.017
按荷载规范计算X向横风向顶点最大加速度(m/s2) = 0.009
按高钢规计算Y向顺风向顶点最大加速度(m/s2) = 0.031
按高钢规计算Y向横风向顶点最大加速度(m/s2) = 0.006
按荷载规范计算Y向顺风向顶点最大加速度(m/s2) = 0.038
按荷载规范计算Y向横风向顶点最大加速度(m/s2) = 0.013

结构整体稳定验算结果

X向刚重比 EJd/GH**2= 2.50
Y向刚重比 EJd/GH**2= 2.73
该结构刚重比EJd/GH**2大于1.4,能够通过高规(5.4.4)的整体稳定验算
该结构刚重比EJd/GH**2小于2.7,应该考虑重力二阶效应

结构整体稳定验算结果(风荷载)

X向刚重比 EJd/GH**2= 1.70
Y向刚重比 EJd/GH**2= 1.98
该结构刚重比EJd/GH**2大于1.4,能够通过高规(5.4.4)的整体稳定验算
该结构刚重比EJd/GH**2小于2.7,应该考虑重力二阶效应

图 2-79 刚重比计算书

其相邻上一层受剪承载力的 80%，不应小于其相邻上一层受剪承载力的 65%；B 级高度高层建筑的楼层抗侧力结构的层间受剪承载力不应小于其相邻上一层受剪承载力的 75%。

注：楼层抗侧力结构的层间受剪承载力是指在所考虑的水平地震作用方向上，该层全部柱、剪力墙、斜撑的受剪承载力之和。

(2) 计算结果查看

【SATWE/分析结果图形和文本显示】→【文本文件输出/结构设计信息（WMASS. OUT)】，最终查看结果如图 2-80 所示。

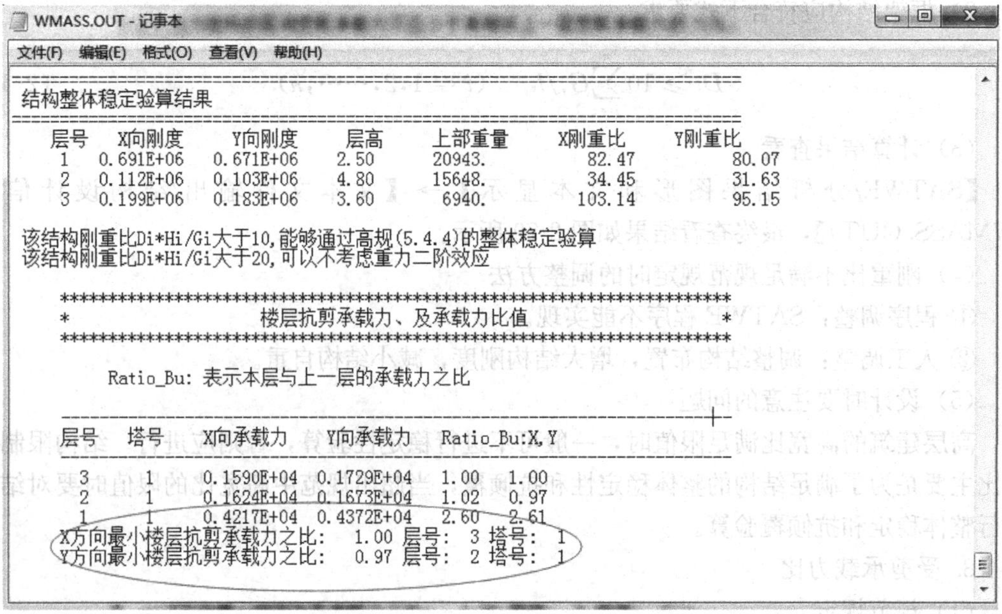

WMASS.OUT - 记事本

文件(F) 编辑(E) 格式(O) 查看(V) 帮助(H)

结构整体稳定验算结果

层号	X向刚度	Y向刚度	层高	上部重量	X刚重比	Y刚重比
1	0.691E+06	0.671E+06	2.50	20943.	82.47	80.07
2	0.112E+06	0.103E+06	4.80	15648.	34.45	31.63
3	0.199E+06	0.183E+06	3.60	6940.	103.14	95.15

该结构刚重比Di*Hi/Gi大于10,能够通过高规(5.4.4)的整体稳定验算
该结构刚重比Di*Hi/Gi大于20,可以不考虑重力二阶效应

楼层抗剪承载力、及承载力比值

Ratio_Bu: 表示本层与上一层的承载力之比

层号	塔号	X向承载力	Y向承载力	Ratio_Bu:X	Ratio_Bu:Y
3	1	0.1590E+04	0.1729E+04	1.00	1.00
2	1	0.1624E+04	0.1673E+04	1.02	0.97
1	1	0.4217E+04	0.4372E+04	2.60	2.61

X方向最小楼层抗剪承载力之比: 1.00 层号: 3 塔号: 1
Y方向最小楼层抗剪承载力之比: 0.97 层号: 2 塔号: 1

图 2-80 楼层受剪承载力计算书

(3) 层间受剪承载力比不满足规范规定时的调整方法

① 程序调整：在 SATWE 的“调整信息”中的“指定薄弱层个数”中填入该楼层层号，将该楼层强制定义为薄弱层，SATWE 按《高规》第 3.5.8 条将该楼层地震剪力放大 1.25 倍。

② 人工调整：适当提高本层构件强度（如增大配筋、提高混凝土强度或加大截面）以提高本层墙、柱等抗侧力构件的承载力，或适当降低上部相关楼层墙、柱等抗侧力构件的承载力。

2.9.2 超筋处理对策

超筋是因为结构或构件位移、相对位移大或变形不协调，结构位移有水平位移，竖向位移、转角及扭转。超筋也可能是构件抗力小于作用效应。超筋的查看方式为：点击【SATWE/分析结果图形和文本显示】→【图形文件输出/混凝土构件配筋及钢构件验算简图】，如出现红颜色的数字，则表示超筋。

1. 超筋的种类

超筋大致可以分为以下七种情况：1）弯矩超（如梁的弯矩设计值大于梁的极限承载弯矩）；2）剪扭超；3）扭超；4）剪超；5）配筋超（梁端钢筋配筋率 $\rho\geqslant2.5\%$）；6）混凝土受压区高度 ζ 不满足；7）在水平风荷载或地震作用时由扭转变形或竖向相对位移引起超筋。

2. 超筋的查看方式

超筋可以点击【SATWE/分析结构图形和文本显示】→【图形文件输出/混凝土构件配筋及钢构件验算简图】查看，会看到椭圆框内的数字显红色，如图 2-81 所示。

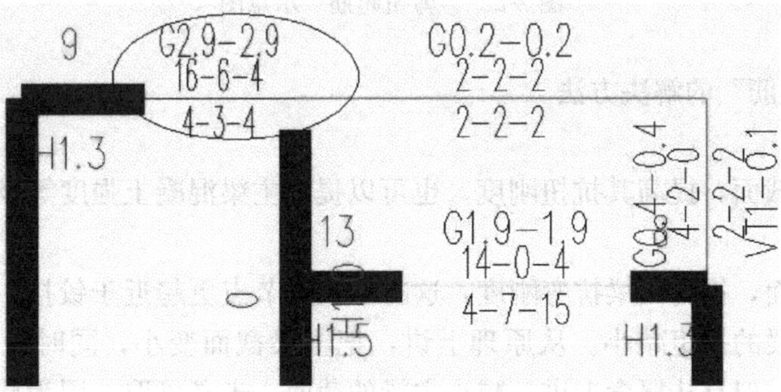

图 2-81 梁超筋示意图

3. 超筋的解决方法

(1) 抗

加大构件的截面，提高构件的刚度。比如加大梁高、梁宽等。也可以提高混凝土强度等级。

(2) 放

当梁抗扭超筋，在某些情况下可以点铰，以梁端开裂为代价，不宜多用。当梁点铰把梁端弯矩调幅到跨中，并释放扭矩，强行点铰不符合实际情况，不安全。

(3) 调

通过调整结构布置来改变输入力流的方向，使力流避开超筋处的构件，把部分力流引到其他构件。

4. 对“剪扭超筋”的认识及处理

(1)“剪扭超筋”常出现的位置

当次梁距主梁支座很近或主梁两边次梁错开（距离很小）与主梁相连时容易引起剪扭超筋。

(2) 引起“剪扭超筋”的原因

“剪扭超筋”一般是扭矩、剪力比较大。《混凝土结构设计规范》GB 50010—2010 第 6.4.1 条做了相关规定。

(3)“剪扭超筋”的查看方式

“剪扭超筋”可以点击【SATWE/分析结构图形和文本显示】→【图形文件输出/混凝土构件配筋及钢构件验算简图】查看，会看到椭圆框内的数字显红色，且 TV 旁的数字比较大，如图 2-82 所示。

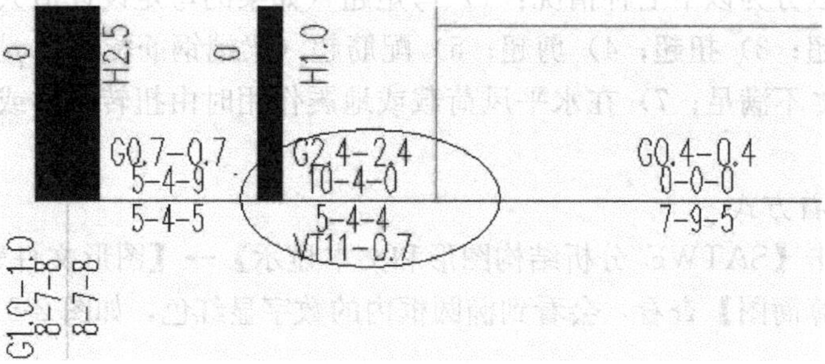

图 2-82 “剪扭超筋”示意图

(4)“剪扭超筋”的解决方法

① 抗

加大主梁的截面，提高其抗扭刚度，也可以提高主梁混凝土强度等级。

② 调

加大次梁截面，提高次梁抗弯刚度，这时主次梁节点更趋近于铰接，次梁梁端弯矩变小，于是传给主梁的扭矩减小。从原理上讲，把主梁截面变小，同时又增加次梁抗弯刚度，会更接近铰，但是从概念上讲，减小主梁的截面，未必可取，因为减小主梁截面的同时，抗扭能力也变差了，在实际设计中，往往把这两种思路结合，在增加次梁抗弯刚度的同时，适量增加主梁的抗扭刚度，主梁高度可增加 50～100mm，但增加次梁抗弯刚度更有效。

③ 点铰

以开裂为代价，尽量少用，且一般不把在同一直线上共用一个节点的 2 根次梁都点铰。但在设计时，有时点铰无法避免，此时次梁面筋要构造设置，支座钢筋不能小于底筋的 1/4，次梁端部要箍筋加密，以抵抗次梁开裂后，斜裂缝间混凝土斜压力在次梁纵筋上的挤压，主梁筋腰筋可放大 20%～50%，并按抗扭设计。

④ PKPM 程序处理

考虑楼板约束的有利作用，次梁所引起的弯矩有很大一些部分由楼板来承受。一般考虑楼板对主梁的约束作用后，梁的抗扭刚度加大，但程序没有考虑这些有利因素，于是梁扭矩要乘以一个折减系数，折减系数一般在 0.4～1.0 之间，刚性楼板可以填 0.4，弹性楼板填 1.0。若有的梁需要折减，有的梁不需要折减时，可以分别设定梁的扭矩折减系数计算两次。雨篷、弧梁等构件由于楼板对其约束作用较弱，一般不考虑梁扭矩折减系数。

⑤ 改变结构布置。

当梁两边板荷载差异大时，可加小次梁分隔受荷面积，减小梁受到的扭矩。也可以用宽扁梁，比如截面为 300mm×1000mm 的宽扁梁，使得次梁落在宽扁梁上，但尽量不要这样布置，影响建筑美观。

（5）小结

在设计时，先考虑 PKPM 中的扭矩折减系数，如果还超筋，采用上面的抗、调两种方法，或者调整结构布置，最后才选择点铰。

当次梁离框架柱比较近时，其他办法有时候很难满足，因为主梁受到的剪力大，扭矩大，此时点铰接更简单。

无论采用哪种方法，次梁面筋要构造设置，支座钢筋不能小于底筋的 1/4，次梁端部要箍筋加密，以抵抗次梁开裂后斜裂缝间混凝土斜压力在次梁纵筋上的挤压，主梁腰筋可放大 20%～50%，并按抗扭设计。

5. 对“剪压比超筋”的处理

当剪压比超限时，可以加大截面或提高混凝土强度等级。一般加大梁宽比梁高更有效。也可以减小梁高，使得跨高比变大。

6. 对“配筋超筋、弯矩超筋”的认识及处理

（1）“配筋超筋、弯矩超筋”常出现的位置

常出现在两柱之间框架梁上。

（2）“配筋超筋、弯矩超筋”的查看方式

“配筋超筋、弯矩超筋”可以点击【SATWE/分析结构图形和文本显示】→【图形文件输出/混凝土构件配筋及钢构件验算简图】查看，会看到椭圆框内的数字显红色，且跨中或梁端 M 显示红色数字 1000，如图 2-83 所示。

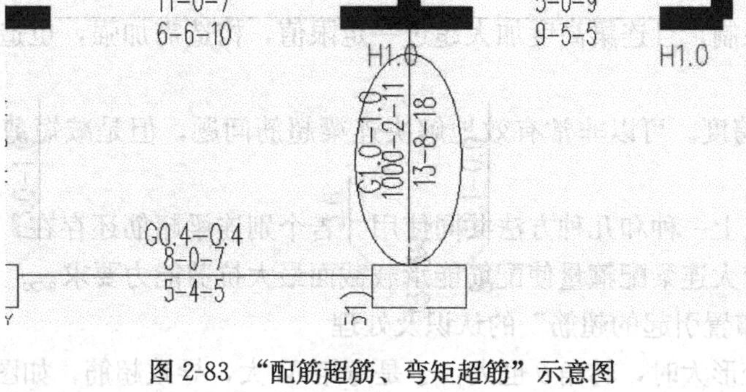

图 2-83 “配筋超筋、弯矩超筋”示意图

(3) 引起“配筋超筋、弯矩超筋”的原因

荷载大或地震作用大，梁截面小或跨度大。

(4)“配筋超筋、弯矩超筋”的解决方法

①加大截面，一般加梁高。梁的抗弯刚度 EI 中 $I=bh^3/12$，加梁高后端弯矩 M 比加梁宽后梁端弯矩 M 更小。有些地方梁高受限时，只能加大梁宽。

② 把一些梁不搭在超筋的框架梁上，减小梁上的荷载。

③ 加柱，减小梁的跨度，但一般不用。

7. 对“抗剪超筋”的认识及处理

(1)“抗剪超筋”的查看方式

“抗剪超筋”可以点击【SATWE/分析结构图形和文本显示】→【图形文件输出/混凝土构件配筋及钢构件验算简图】查看，会看到椭圆框内的数字显红色，且 G 旁边的数字很大，如图 2-84 所示。

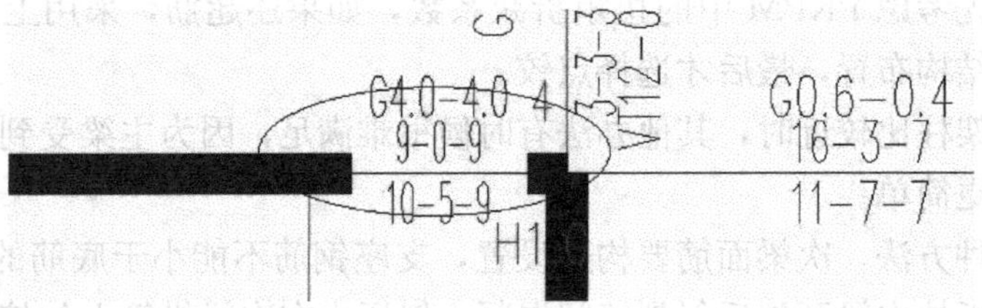

图 2-84 “抗剪超筋”示意图

(2)“抗剪超筋”的解决方法

一般选择提高混凝土强度等级或加大梁宽。加大梁宽而不加大梁高是因为加梁宽，可增加箍筋肢数，可利用箍筋抗剪，并且根据混凝土抗剪承载力公式可知，增加梁宽提高混凝土的抗剪能力远大于增加梁高。

① 调幅法。抗震设计剪力墙中连梁的弯矩和剪力可进行塑性调幅，以降低其剪力设计值。但在结构计算中已对连梁进行了刚度折减，其调幅范围应限制或不再调幅。当部分连梁降低弯矩设计值后，其余部位的连梁和墙肢的弯矩应相应加大。经调幅法处理的连梁，应确保连梁对承受竖向荷载无明显影响。

② 减小和加大梁高。减小梁高使梁所受内力减小，在通常情况下对调整超筋是十分有效的，但是在结构位移接近限值的情况下，可能造成位移超限。加大连梁高度连梁所受内力加大，但构件抗力也加大，可能使连梁不超筋，且可以减小位移，但是这种方法可能受建筑对梁高的限制，且连梁高度加大超过一定限值，构造需加强，也造成了钢筋用量的增加。

③ 加大连梁跨度。可以非常有效地解决连梁超筋问题，但是减短剪力墙可能造成位移加大。

设计时可以以上一种和几种方法共同使用。若个别连梁超筋还存在，也可以采用加大相连墙肢配筋及加大连梁配箍量使配筋能承载截面最大抗剪能力要求。

8. 对“结构布置引起的超筋”的认识及处理

当结构扭转变形大时，转角 θ 也大，于是弯矩 M 大，导致超筋，如图 2-85 所示。

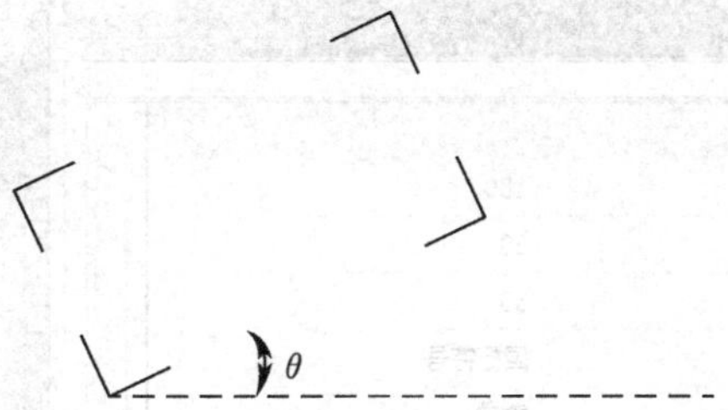

图 2-85　结构扭转变形过大引起超筋示意图

注：当结构扭转变形过大引起超筋时，首先找到超筋的位置，再调整结构布置，加大结构外围刚度，减小结构内部刚度，减小结构扭转变形。总之，尽量使刚度在水平方向（x 方向或 y 方向）与竖向方向均匀。

9. 转换梁抗剪超筋

(1) 超筋原因

外部原因：荷载太大，竖向荷载、地震荷载引起梁斜截面抗剪超、结构刚度局部偏小。

内部原因：壳单元与杆单元的位移协调带来应力集中、单元相对很短，造成刚度偏大，内力较大、单元划分不合理。

(2) 用多个不同模型的软件复核，如：PMSAP、FEQ 等。加截面，提高强度等。

10. 转换梁上部的连梁抗剪超筋

连梁的两端受下部轴向刚度的不均匀性，在竖向荷载作用下，两端产生较大的竖向位移差，从而造成连梁抗剪超筋，在文本文件输出，超配筋信息里，抗剪超筋可以查看到。

11. 转换梁上部的不落地剪力墙抗剪超筋

恒载作用下，墙两端产生较大的竖向位移差。加大转换梁截面效果不大，主要是调整墙的布置，减小墙两端产生的竖向相对位移差。如果要加大转换梁截面，最好加宽度，因为加大梁高后地震作用的增加会大于抗剪承载力的提高。

2.10　上部结构施工图绘制

2.10.1　梁施工图绘制

1. 软件操作

点击【墙梁柱施工图/梁平法施工图】→【配筋参数】，如图 2-86 所示。

参数注释：

1. 平面图比例：1∶100；
2. 剖面图比例：1∶20；
3. 立面图比例：1∶50；
4. 钢筋等级符号使用：国标符号；
5. 是否考虑文字避让：考虑；
6. 计算配筋结果选择：SATWE；
7. 计算内力结果选择：SATWE；
8. 梁梁相交支座生成依据：按弯矩判断；
9. 连续梁连通最大允许角度：10.0；

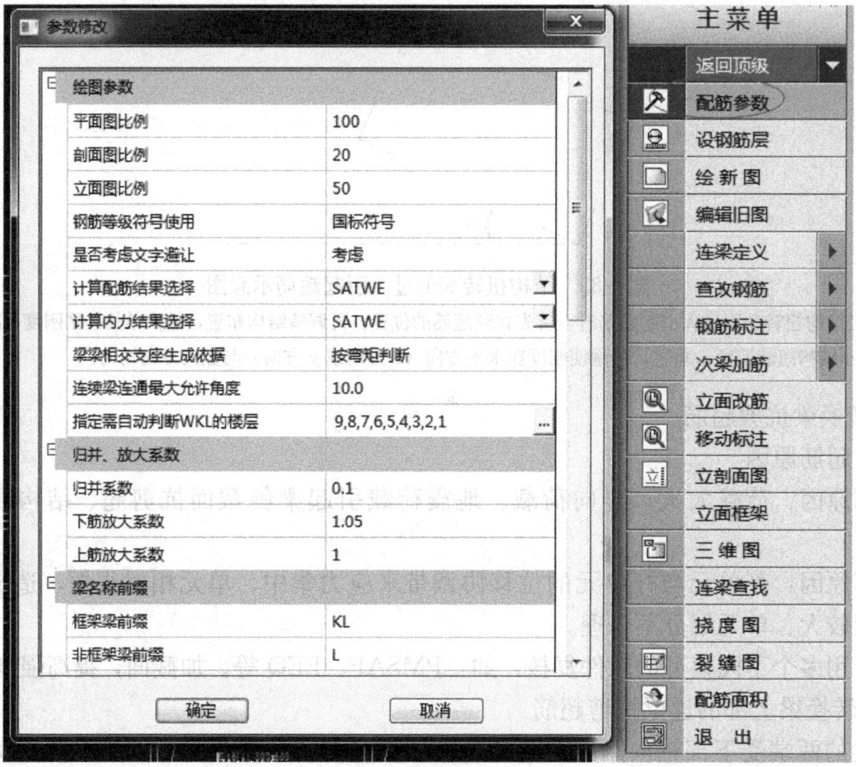

图 2-86 配筋参数

注：梁平法施工图参数需要准确填写的原因是因为现在很多设计院都利用 PKPM 自动生成的梁平法施工图作为模板，再用“拉伸随心”小软件移动标注位置，最后修改小部分不合理的配筋即可。

10. 归并系数：一般可取 0.1；

11. 下筋放大系数：一般可取 1.05；

12. 上筋放大系数：一般可取 1.0；

13. 柱筋选筋库：一般最小直径为 14、最大直径为 25；

14. 下筋优选直径：25；

15. 上筋优选直径：14；

16. 至少两根通长上筋：可以选择所有梁；当次梁需要搭接时，可以选择“仅抗震框架梁”；

17. 选主筋允许两种直径：是；

18. 主筋直径不宜超过柱尺寸的 1/20：《抗规》第 6.3.4-2 条：一、二、三级框架梁内贯通中柱的每根纵向钢筋直径，对框架结构不应大于矩形截面柱在该方向截面尺寸的 1/20，或纵向钢筋所在位置圆形截面柱弦长的 1/20；对其他结构类型的框架不宜大于矩形截面柱在该方向截面尺寸的 1/20，或纵向钢筋所在位置圆形截面柱弦长的 1/20。

19. 箍筋选筋库：6、8、10、12；

20. 根据裂缝选筋：一般可选择否。由于现在计算裂缝采用准永久组合，裂缝计算值比较小，有的设计院规定也可以采用根据裂缝选筋。

21. 支座宽度对裂缝的影响：考虑；

22. 其他按默认值。

点击【设置钢筋层】，可按程序默认的方式，如图 2-87、图 2-88 所示。

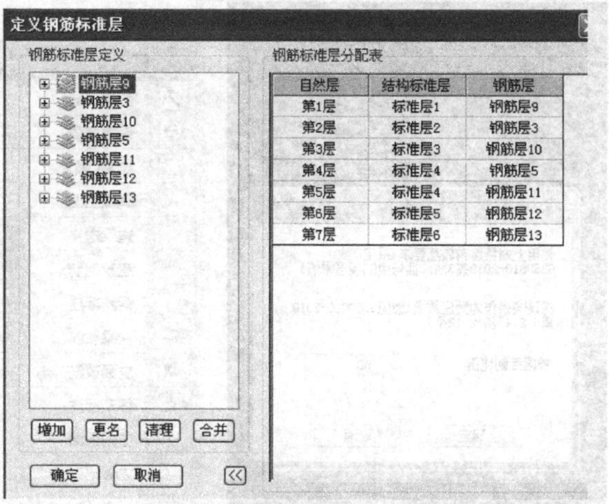

图 2-87　定义钢筋标准层

注：钢筋层的作用是对同一标准层中的某些连续楼层进行归并。

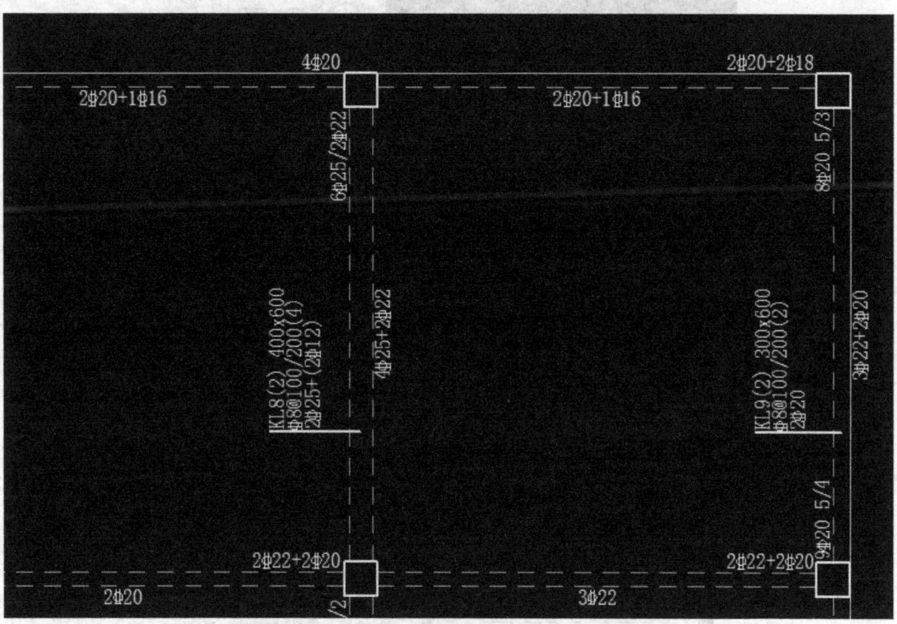

图 2-88　梁平法施工图（部分）

点击【挠度图】，弹出“挠度计算参数”对话框，如图 2-89 所示。

点击【裂缝图】，弹出“裂缝计算参数”对话框，如图 2-90 所示。

点击【配筋面积/“S/R 验算”】，程序会自动按照《抗规》第 5.4.2 条进行验算。如果不满足规范要求，程序会显示红色。如图 2-91 所示。

在屏幕左上方点击【文件/T 图转 DWG】，如图 2-92 所示。

2. 预应力叠合梁设计

预应力叠合梁（底部直线型）设计时，PKPM 程序不能自动计算，需要借助小软件，比如“理正”，在设计时，底部纵筋一般由“恒+活”工况控制。

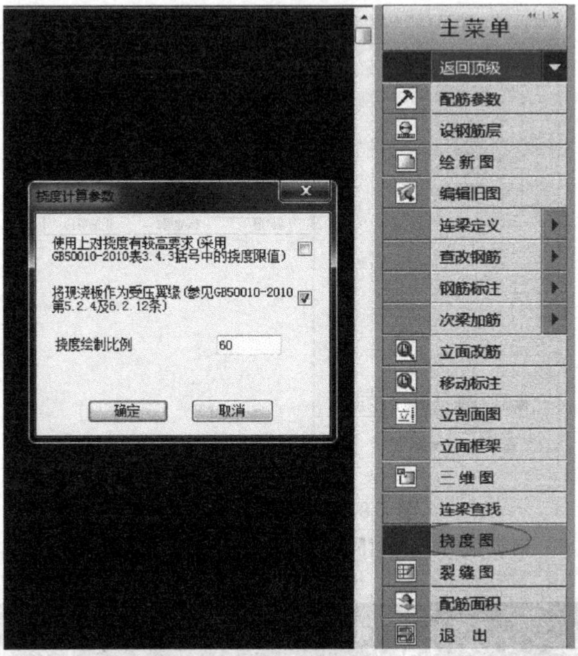

图 2-89 挠度计算参数对话框

注：1. 一般可钩选“将现浇板作为受压翼缘”；

2. 挠度如果超过规范要求，梁最大挠度值会显示红色。

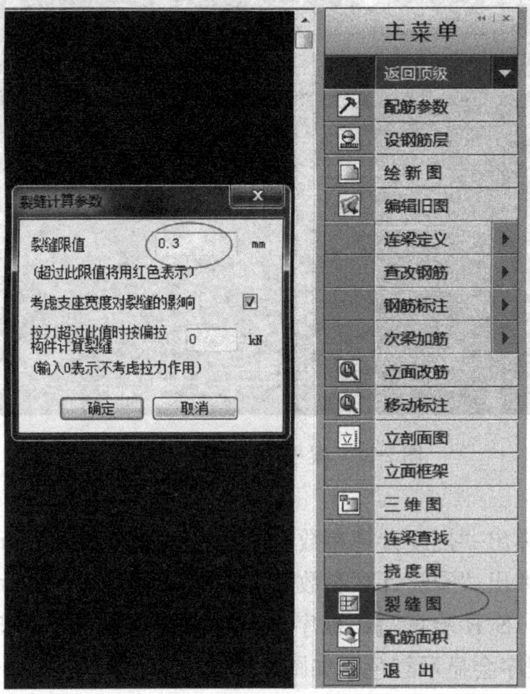

图 2-90 裂缝计算参数对话框

注：1. 裂缝限值为 0.3，楼面层与屋顶层均可按 0.3mm 控制（有的设计院屋面层裂缝按 0.2mm 控制是没必要的)。一般可钩选“考虑支座宽度对裂缝的影响”。

2. 裂缝如果超过规范要求，梁最大裂缝值会显示红色。

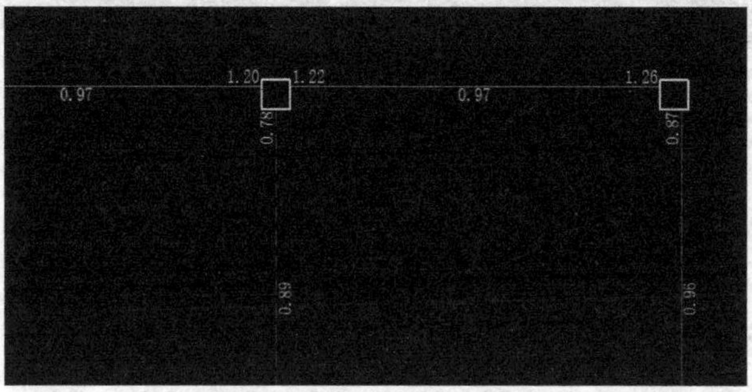

图 2-91　S/R 验算

注：当实际配筋面积太大，使得 S（作用效应）过大，不满足规范要求，需要减小梁钢筋面积。

点击【分析结果图形和文本显示】→【2. 混凝土构件配筋及钢构件验算简图】→【构件信息/梁信息】，用鼠标左键单击某一跨中具有“代表性”的梁，在弹出的对话框中（图 2-93）包含该梁构件的所有信息，一般选取：恒载工况与活载工况下的弯矩与剪力。

点击“理正”，选择“预应力弯曲构件”，在对话框中填写相关信息，如图 2-94、图 2-95 所示。

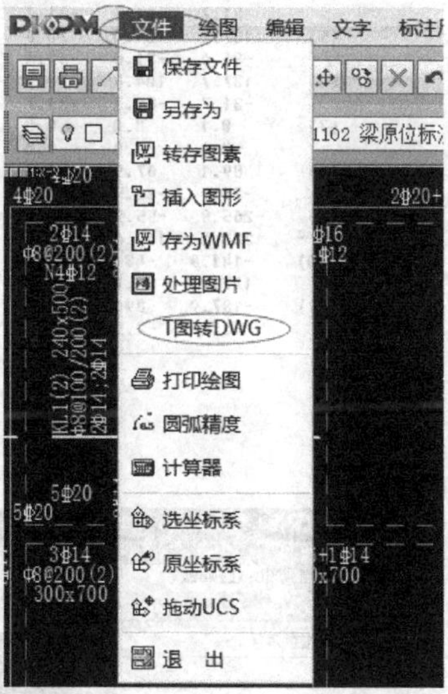

图 2-92　梁平法施工图转 DWG 图

注：“第一层梁平法施工图”转换为“DWG 图”后，存放在 PKPM 模型文件中的“施工图”文件夹下。

3. 画或修改梁平法施工图时应注意的问题

（1）梁纵向钢筋

1）规范规定

《混凝土结构设计规范》GB 50010—2010 第 9.2.1 条（以下简称《混规》）：梁的纵向受力钢筋应符合下列规定：

① 入梁支座范围内的钢筋不应少于 2 根。

② 梁高不小于 300mm 时，钢筋直径不应小于 10mm；梁高小于 300mm 时，钢筋直径不应小于 8mm。

③ 梁上部钢筋水平方向的净间距不应小于 30mm 和 1.5d；梁下部钢筋水平方向的净间距不应小于 25mm 和 d。当下部钢筋多于 2 层时，2 层以上钢筋水平方向的中距应比下面 2 层的中距增大一倍；各层钢筋之间的净间距不应小于 25mm 和 d，d 为钢筋的最大直径。

④ 在梁的配筋密集区域宜采用并筋的配筋形式。

《混规》第 9.2.6 条：梁的上部纵向构造钢筋应符合下列要求：

① 当梁端按简支计算但实际受到部分约束时，应在支座区上部设置纵向构造钢筋。其截面面积不应小于梁跨中下部纵向受力钢筋计算所需截面面积的 1/4，且不应少于 2 根。该纵向构造钢筋自支座边缘向跨内伸出的长度不应小于 $l_0/5$，l_0 为梁的计算跨度。

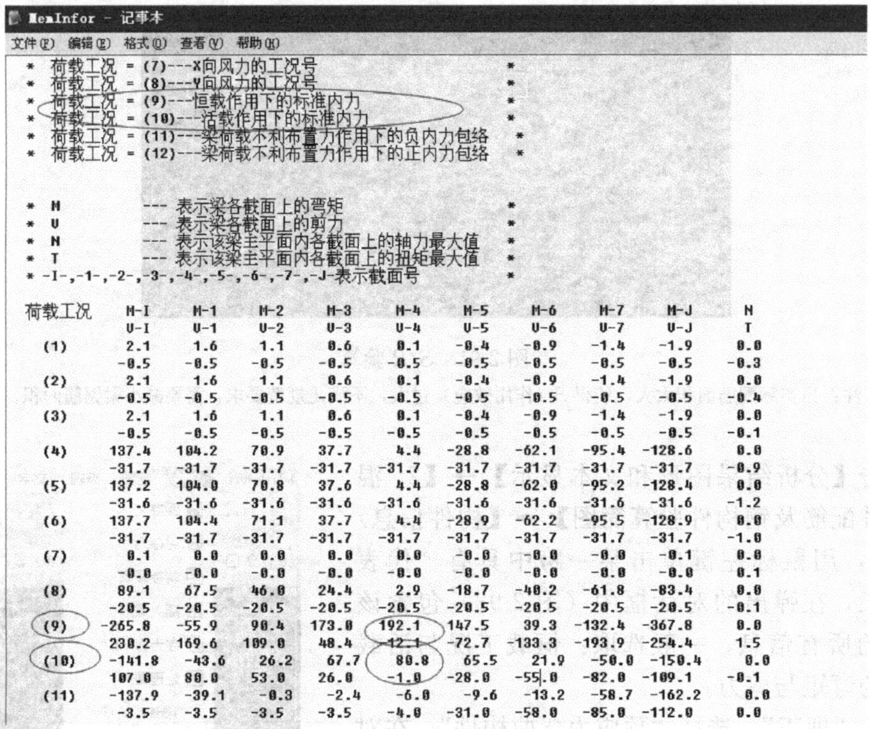

MemInfor - 记事本

文件(F) 编辑(E) 格式(O) 查看(V) 帮助(H)

```
*  荷载工况 = (7)---X向风力的工况号                    *
*  荷载工况 = (8)---Y向风力的工况号                    *
*  荷载工况 = (9)---恒载作用下的标准内力                *
*  荷载工况 = (10)---活载作用下的标准内力               *
*  荷载工况 = (11)---梁荷载不利布置力作用下的负内力包络   *
*  荷载工况 = (12)---梁荷载不利布置力作用下的正内力包络   *

*  M          --- 表示梁各截面上的弯矩                 *
*  V          --- 表示梁各截面上的剪力                 *
*  N          --- 表示该梁主平面内各截面上的轴力最大值   *
*  T          --- 表示该梁主平面内各截面上的扭矩最大值   *
* -I-,-1-,-2-,-3-,-4-,-5-,-6-,-7-,-J-表示截面号         *
```

荷载工况	M-I V-I	M-1 V-1	M-2 V-2	M-3 V-3	M-4 V-4	M-5 V-5	M-6 V-6	M-7 V-7	M-J V-J	N T
(1)	2.1	1.6	1.1	0.6	0.1	-0.4	-0.9	-1.4	-1.9	0.0
	-0.5	-0.5	-0.5	-0.5	-0.5	-0.5	-0.5	-0.5	-0.5	-0.3
(2)	2.1	1.6	1.1	0.6	0.1	-0.4	-0.9	-1.4	-1.9	0.0
	-0.5	-0.5	-0.5	-0.5	-0.5	-0.5	-0.5	-0.5	-0.5	-0.4
(3)	2.1	1.6	1.1	0.6	0.1	-0.4	-0.9	-1.4	-1.9	0.0
	-0.5	-0.5	-0.5	-0.5	-0.5	-0.5	-0.5	-0.5	-0.5	-0.1
(4)	137.4	104.2	70.9	37.7	4.4	-28.8	-62.1	-95.4	-128.6	0.0
	-31.7	-31.7	-31.7	-31.7	-31.7	-31.7	-31.7	-31.7	-31.7	-0.9
(5)	137.2	104.0	70.8	37.6	4.4	-28.8	-62.0	-95.2	-128.4	0.0
	-31.6	-31.6	-31.6	-31.6	-31.6	-31.6	-31.6	-31.6	-31.6	-1.2
(6)	137.7	104.4	71.1	37.7	4.4	-28.9	-62.2	-95.5	-128.9	0.0
	-31.7	-31.7	-31.7	-31.7	-31.7	-31.7	-31.7	-31.7	-31.7	-1.0
(7)	0.1	0.0	0.0	0.0	0.0	-0.0	-0.0	-0.0	-0.1	0.0
	-0.0	-0.0	-0.0	-0.0	-0.0	-0.0	-0.0	-0.0	-0.0	0.1
(8)	89.1	67.5	46.0	24.4	2.9	-18.7	-40.2	-61.8	-83.4	0.0
	-20.5	-20.5	-20.5	-20.5	-20.5	-20.5	-20.5	-20.5	-20.5	-0.1
(9)	-265.8	-55.9	90.4	173.0	192.1	147.5	39.3	-132.4	-367.8	0.0
	230.2	169.6	109.0	48.4	-12.1	-72.7	-133.3	-193.9	-254.4	1.5
(10)	-141.8	-43.6	26.2	67.7	80.8	65.5	21.9	-50.0	-150.4	0.0
	107.0	80.0	53.0	26.0	-1.0	-28.0	-55.0	-82.0	-109.1	-0.1
(11)	-137.9	-39.1	-0.3	-2.4	-6.0	-9.6	-13.2	-58.7	-162.2	0.0
	-3.5	-3.5	-3.5	-3.5	-4.0	-31.0	-58.0	-85.0	-112.0	0.0

图 2-93　梁构件信息

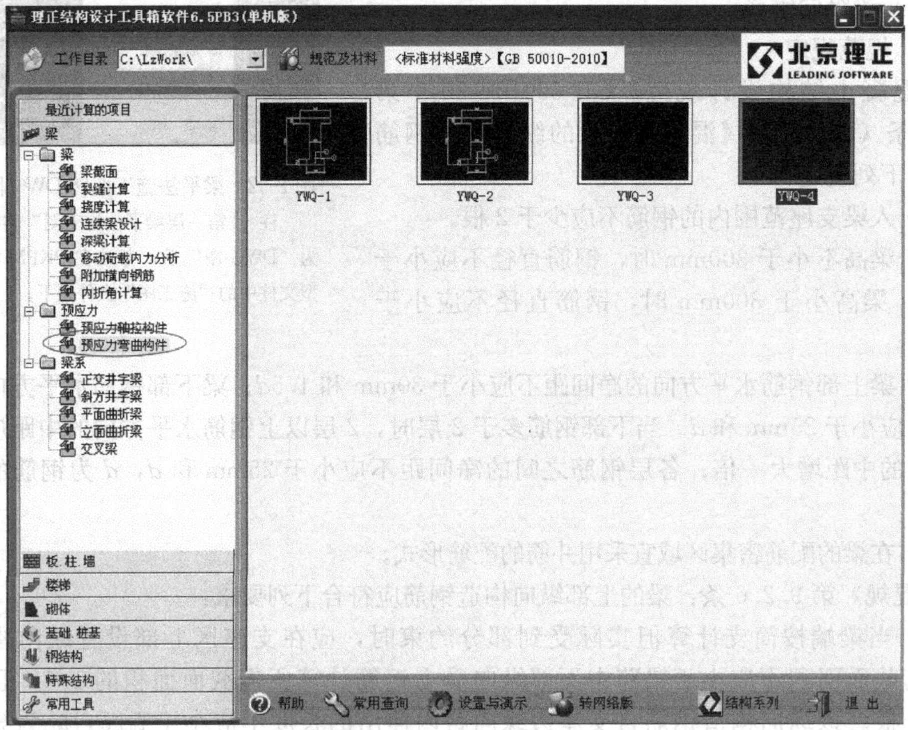

图 2-94　“理正”菜单

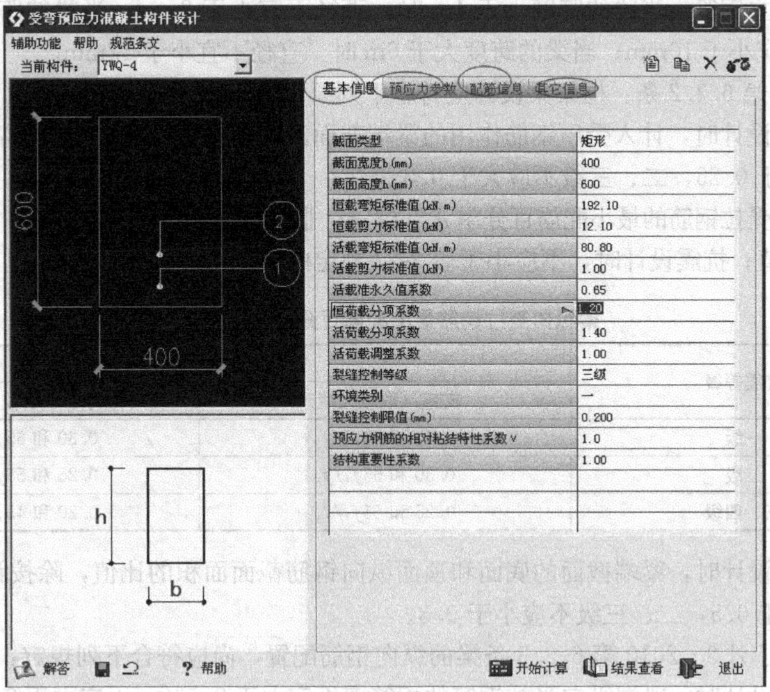

图 2-95 受弯预应力混凝土构件设计

注：1. 应分别点击“基本信息”、“预应力参数”、“配筋信息”、“其他信息”，准确填写相关参数后，点击“计算”。

2. 预应力位置及根数不能随便填写，应与工厂生产预应力预制梁的模具对应。预应力叠合梁计算时，预应力的数量应不超过相关的预应力度，然后根据裂缝、强度计算值协调与底部纵筋的比例关系。一般是裂缝控制，对于楼面梁、裂缝控制等级为三级（0.2mm），对于屋面梁，裂缝控制等级为二级（0.0mm）。

3. 预应力叠合梁端部U型筋除了满足梁端部计算配筋值外（图 2-96），还应满足《预制预应力混凝土装配整体式框架结构技术规程》JGJ 224 第 5.1.3 条的要求：伸入节点的U型钢筋面积，一级抗震等级不应小于梁上部钢筋面积的 0.55 倍，二、三级抗震等级不应小于梁上部钢筋面积的 0.4 倍。在实际设计中，如果框架抗震等级为四级，由于规范没有明确要求，该值可以按 0.3 取。梁柱节点详图如图 2-96 所示。

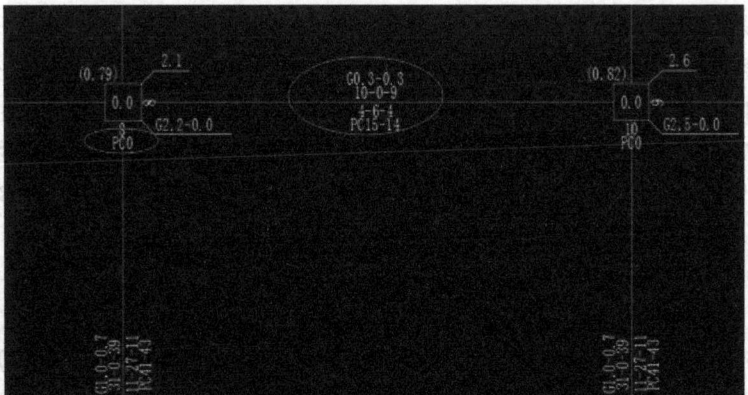

图 2-96 SATWE 预应力叠合梁计算结果

注：画圈中的 PC15-14，表示梁两端连接纵筋面积；画圈中的 G0.3-0.3，表示斜截面抗剪与纵向叠合面抗剪箍筋较大值；PC0 表示柱底连接纵筋面积为构造。

② 对架立钢筋，当梁的跨度小于4m时，直径不宜小于8mm；当梁的跨度为4～6m时，直径不应小于10mm；当梁的跨度大于6m时，直径不宜小于12mm。

《高规》第6.3.2条：框架梁设计应符合下列要求：

① 抗震设计时，计入受压钢筋作用的梁端截面混凝土受压区高度与有效高度之比值，一级不应大于0.25，二、三级不应大于0.35。

② 纵向受拉钢筋的最小配筋百分率ρ_{min}（%），非抗震设计时，不应小于0.2和$45f_t/f_y$二者的较大值；抗震设计时，不应小于表2-27规定的数。

梁纵向受拉钢筋最小配筋百分率ρ_{min}（%） **表2-27**

抗震等级	位置	
	支座（取较大值）	跨中（取较大值）
一级	0.40和$80f_t/f_y$	0.30和$65f_t/f_y$
二级	0.30和$65f_t/f_y$	0.25和$55f_t/f_y$
三、四级	0.25和$55f_t/f_y$	0.20和$45f_t/f_y$

③ 抗震设计时，梁端截面的底面和顶面纵向钢筋截面面积的比值，除按计算确定外，一级不应小于0.5，二、三级不应小于0.3。

《高规》JGJ 3—2010第6.3.3条梁的纵向钢筋配置，尚应符合下列规定：

① 抗震设计时，梁端纵向受拉钢筋的配筋率不宜大于2.5%，不应大于2.75%；当梁端受拉钢筋的配筋率大于2.5%时，受压钢筋的配筋率不应小于受拉钢筋的一半。

② 沿梁全长顶面和底面应至少各配置两根纵向配筋，一、二级抗震设计时钢筋直径不应小于14mm，且分别不应小于梁两端顶面和底面纵向配筋中较大截面面积的1/4；三、四级抗震设计和非抗震设计时钢筋直径不应小于12mm。

③ 一、二、三级抗震等级的框架梁内贯通中柱的每根纵向钢筋的直径，对矩形截面柱，不宜大于柱在该方向截面尺寸的1/20；对圆形截面柱，不宜大于纵向钢筋所在位置柱截面弦长的1/20。

注：当一根梁受到竖向荷载的时候，在同一部位的梁一面受压，一面受拉，所以2.5%的配筋率不包括受压钢筋。

2）修改梁平法施工图时要注意的一些问题

① 梁端经济配筋率为1.2%～1.6%，跨中经济配筋率为0.6%～0.8%。梁端配筋率太大，比如大于2.5%，钢筋会很多，造成施工困难，钢筋偏位等。在梁高受限制时，一般是加大梁宽；一般配筋率≤1.6%，有助于梁端形成塑性铰，有利于抗震。当配筋率>1.6%时，应采用封闭箍筋取代135°弯钩的普通箍筋，以防止弯钩走位，挤走上铁位置。

剪力墙中连梁，其受力以抗剪为主，抗弯一般不起控制。因此，其箍筋一般加大且需要全长加密，纵筋配筋率一般较低（0.6%～1.0%）。

梁端配筋率太大，比如大于2.5%，钢筋会很多，造成施工困难，钢筋偏位等。在梁高受限制时，一般是加大梁宽；一般配筋率≤1.6%，有助于梁端形成塑性铰，有利于抗震。当配筋率>1.6%时，应采用封闭箍筋取代135°弯钩的普通箍筋，以防止弯钩走位，挤走上铁位置。

应避免梁端纵向受拉钢筋配筋率大于2.0%，以免增加箍筋用量。除非内力控制计算梁的截面要求比较高，否则不要轻易取大于570mm梁高，这样避免配一些腰筋。跨度大的悬臂梁，当面筋较多时，除角筋需伸至梁端外，其余尤其是第二排钢筋均可在跨中某个部位切断。

一边和柱连，一边没有柱，经常出现梁配筋大，可以将支撑此梁的支座梁截面调大，如果钢筋还配不下，支座梁截面调整范围有限，实在不行，就在计算时设成铰接，负筋适当配一些就行。这样的做的弊端就是梁柱节点处裂缝会比较大，但安全上没问题，且裂缝有楼板装饰层的遮掩。也可以梁加腋。

② 面筋钢筋一般不多配，可以采用组合配筋形式，控制在计算面积的95%～100%；底筋尽量采用同一直径，实配在计算面积的100%～110%（后期的施工图设计中）；对于悬挑梁，顶部负筋宜根据悬挑长度和负荷面积适当放大1.1～1.2倍；

梁两端面筋计算结果不一样时，一般按大者配。若两端面筋计算结果相差太大，计算结果小的那一端可以比计算结果大的那一端少配一根或几根钢筋，但其他钢筋必须相同（计算结果大的那端梁多配的钢筋可锚固到柱子里）；

抗震设计时，除了满足计算外，梁端截面的底面和顶面纵向钢筋截面面积的比值一级抗震应≥0.5，二、三级≥0.3，挑梁截面的底面和顶面纵向钢筋截面面积的比值可以等于0.5，配足够的受压钢筋以减小徐变产生的附加弯矩。

梁钢筋过密时，首先应分析原因，要满足规范要求，比如钢筋净距等构造要求。如果较细直径钢筋很密，可以考虑换用较粗直径的钢筋，低强度钢筋可以考虑换为高强度钢筋。重要构件钢筋过密对受力有影响或施工质量难以保证时，应该考虑适当调整构件断面。

③ 一、二、三级抗震的框架梁的纵筋直径应≤1/20柱在该方向的边长，主要是防止柱子在反复荷载作用下，钢筋发生滑移。当柱尺寸为500mm×500mm时，500mm/20=25mm，纵筋直径取ϕ25比较合适。

钢筋混凝土构件中的梁柱箍筋的作用一是承担剪（扭）力，二是形成钢筋骨架，在某些情况下，加密区的梁柱箍筋直径可能比较大、肢数可能比较多，但非加密区有可能不需要这么大直径的箍筋，肢数也不要多，于是要合理的设计，减少浪费，比如当梁的截面大于等于350mm时，需要配置四肢箍，具体做法可以将中间两根负弯矩钢筋从伸入梁长$L/3$处截断，并以2ϕ12的钢筋代替作为架立筋。钢筋之间的直径应合理搭配，梁端部钢筋与其用2ϕ22，还不如用3ϕ18，因通长钢筋直径小。

同一梁截面钢筋直径一般不能相差两级以上，是为了使混凝土构件的应力尽量分布均匀些，以达到最佳的受力状态。

底筋、面筋一、二级抗震设计时钢筋直径不应小于14mm，三、四级抗震设计和非抗震设计时钢筋直径不应小于12mm。在实际设计时，框架主梁底筋一般不小于14mm（底筋计算配筋可能很小，1直径12mm的钢筋太柔，且梁端形成塑性铰后，一般要适量放大），面筋则根据规范要求确定，一、二级抗震设计时钢筋直径不应小于14mm，三、四级抗震设计和非抗震设计时钢筋直径不应小于12mm。

梁钢筋排数不宜过多，当梁截面高度不大时，一般不超过两排；地下室有覆土的梁或者其他地方跨度大荷载也大的梁可取3排。

④ 梁的裂缝稍微超一点没关系，不要见裂缝超出规范就增大钢筋面积，PKPM中梁的配筋是按弯矩包络图中的最大值计算的，在计算裂缝时，应选用正常使用情况下的竖向

荷载计算，不能用极限工况的弯矩计算裂缝。

混凝土裂缝计算公式中，保护层厚度越大，最大裂缝宽度也越大，但从结构的耐久性角度考虑，不应该随便减小保护层厚度。电算计算所得的裂缝宽度是不准确的，应该考虑支座的影响。并且在有抗震设计的框架梁支座下部钢筋实配量相当多，因此梁支座受拉钢筋的实际应力小很多。也不应该一味地加大梁端钢筋面积，否则对梁和柱节点核心区加强反而违反了抗震结构应强柱弱梁、强节点的设计原则。

⑤ 为经济性考虑，对于跨度较大的梁，在满足规范要求的贯通筋量的基础上，可尽量采用小直径的贯通筋。跨度较小（2.4m）的框架梁顶部纵筋全部贯通；在工程设计中，板跨在 4.5m 以内者应尽量少布置次梁，可将隔墙直接砌在板上，墙底附加筋，一般可参考以下规律：$L\leqslant 3.0$m，3ϕ8，$L\leqslant 3.9$m，4ϕ8，$L\leqslant 4.5$m，3ϕ10，按简支单向板计算，此附加箍筋可承担 50%的墙体荷载。

⑥ 反梁的板吊在梁底下，板荷载宜由箍筋承受，应适当增大箍筋。梁的下筋面积不小于上筋的一半。梁端配筋率>2%时，箍筋加密区的直径加大 2mm。两根错交次梁中间的箍筋一般要加密；梁上开洞时，不但要计算洞口加筋，更应验算梁洞口下偏拉部分的裂缝宽度。

⑦ 挑梁宜做成等截面（大挑梁外露者除外），对于大挑梁，梁的下部宜配置受压钢筋以减小挠度，挑梁梁端钢筋可放大 1.2 倍。挑梁出挑长度小于梁高时，应按牛腿计算或按深梁构造配筋。

⑧ 梁受力，当受压区高度为界限高度时，若受拉区钢筋和受压区混凝土同时进入屈服状态，此时一般比较省钢筋，一般发生适筋破坏，梁一般具有较好的延性。如果增加梁底部钢筋，为了平衡底部钢筋的拉力，可以在受压区配置受压钢筋，受压区高度减少。

⑨ 梁配筋率比较大时，首先是加梁高，再加梁宽。当荷载不大时，梁宽可为 200mm 或 250mm，但当荷载与跨度比较大时，梁宽最好为 300mm 或者更大，否则钢筋很不好摆放。

3）梁纵筋单排最大根数

表 2-28 是当环境类别为一类 a，箍筋直径为 8mm 时，按《混凝土结构设计规范》GB 50010—2010 计算出的梁纵筋单排最大根数

梁纵筋单排最大根数 **表 2-28**

《2010 混凝土结构设计规范》梁纵筋单排最大根数														
环境类别：		一	类		箍筋：	8	mm							
梁宽 b	钢筋直径（mm）													
mm	14		16		18		20		22		25		28	
	上部	下部	上部	下部	上部	下部	上部	下部	上部	下部	上部	下部	上部	下部
150	2	3	2	2	2	2	2	2	2	2	2	2	1	2
200	3	4	3	4	3	3	3	3	3	3	2	3	2	3
250	5	5	4	5	4	5	4	4	4	4	3	4	3	3
300	6	6	5	6	5	6	5	5	5	5	4	5	4	4
350	7	8	7	7	6	7	6	7	5	6	5	6	4	5
400	8	9	8	9	7	8	7	8	6	7	6	7	5	6
450	9	10	9	10	8	9	8	9	7	8	6	8	6	7

（2）箍筋

1）规范规定

《高规》第 6.3.2-4 条：抗震设计时，梁端箍筋的加密区长度、箍筋最大间距和最小直径应符合表 2-29 的要求；当梁端纵向钢筋配筋率大于 2%时，表中箍筋最小直径应增大 2mm。

梁端箍筋加密区的长度、箍筋最大间距和最小直径　　表 2-29

抗震等级	加密长度（取较大值）（mm）	箍筋最大间距（取最小值）（mm）	箍筋最小直径（mm）
一	$2.0h_b$，500	$h_b/4$，$6d$，100	10
二	$1.5h_b$，500	$h_b/4$，$8d$，100	8
三	$1.5h_b$，500	$h_b/4$，$8d$，150	8
四	$1.5h_b$，500	$h_b/4$，$8d$，150	6

注：1. d 为纵向钢筋直径，h_b 为梁截面高度；

2. 一、二级抗震等级框架梁，当箍筋直径大于 12mm，肢数不少于 4 肢且肢距不大于 150mm 时，箍筋加密区最大间距应允许适当放松，但不应大于 150mm。

《高规》第 6.3.4 条：非抗震设计时，框架梁箍筋配筋构造应符合下列规定：

① 应沿梁全长设置箍筋，第一个箍筋应设置在距支座边缘 50mm 处。

② 截面高度大于 800mm 的梁，其箍筋直径不宜小于 8mm；其余截面高度的梁不应小于 6mm。在受力钢筋搭接长度范围内，箍筋直径不应小于搭接钢筋最大直径的 1/4。

③ 箍筋间距不应大于表 2-30 的规定；在纵向受拉钢筋的搭接长度范围内，箍筋间距尚不应大于搭接钢筋较小直径的 5 倍，且不应大于 100mm；在纵向受压钢筋的搭接长度范围内，箍筋间距尚不应大于搭接钢筋较小直径的 10 倍，且不应大于 200mm。

非抗震设计梁箍筋最大间距（mm）　　表 2-30

h_b（mm） \ V	$V>0.7f_tbh_0$	$V\leqslant0.7f_tbh_0$
$h_b\leqslant300$	150	200
$300<h_b\leqslant500$	200	300
$500<h_b\leqslant800$	250	350
$h_b>800$	300	400

《高规》第 6.3.5-2 条：在箍筋加密区范围内的箍筋肢距：一级不宜大于 200mm 和 20 倍箍筋直径的较大值，二、三级不宜大于 250mm 和 20 倍箍筋直径的较大值，四级不宜大于 300mm。

2）设计时要注意的一些问题

① 梁宽 300mm 时，可以用两肢箍，但要满足《抗规》、《混规》及《高规》对框架梁箍筋加密区肢距的要求，当箍筋直径为 ϕ12 以上时，更容易满足相应规定。对于加密区箍筋肢数，只要满足承载力及肢距要求，用 3 肢箍是完全可行的，不仅节约钢材，而且方便施工下料、绑扎、浇筑混凝土，但也可以按构造做成 4 肢箍。

② 规范、规程只针对有抗震要求的框架梁提出了箍筋加密的要求，箍筋加密可以提高梁端延性，但并非抗震结构中每一根梁都是有抗震要求的，楼面次梁就属于非抗震梁，其钢筋构造只需要满足一般梁的构造即可。地基梁也属于非抗震梁，地基梁不需要按框架梁构造考虑抗震要求，因此可以按非抗震梁构造并结合具体工程需要确定构造。在满足承载力需要的前提下，亦可按梁剪力分布配置箍筋，梁端部剪力大的地方箍筋较密或直径较

大，中部则可加大间距或减小直径，这样布置箍筋可以节约钢材，但这和抗震上说的箍筋加密区是不一样的，不可混为一谈。

③ 当梁截面宽度大于 400mm 且一层内的纵向受压钢筋多于 3 根时，或当梁截面宽度不大于 400mm 但一层内的纵向受压钢筋多于 4 根时，应设置复合箍筋，从规范角度出发，350mm 宽的截面做成 3 肢箍，但一般是遵循构造做成 4 肢箍。

④ 井字梁、双向刚度接近的十字交叉梁等，其交点一般不需要附加箍筋，这和主次梁节点加箍筋的原理不一样。

⑤ 悬挑结构属于静定结构，没有多余的赘余度，因此在构造上宜适当加强；概念设计时应满足强剪弱弯，可对箍筋进行加强，比如箍筋加密，若出挑长度较长，还应考虑竖向地震作用；在设计时，通常将悬梁纵筋放大以提高可靠度，此时箍筋也应放大，最简单的办法就是不改直径而把间距缩小，一般箍筋可全长加密。

悬挑结构属于静定结构，塑性铰是客观存在的，塑性铰的定义是在钢筋屈服截面，从钢筋屈服到达极限承载力，截面在外弯矩增加很小的情况下产生很大转动，表现得犹如一个能够转动的铰，称为“塑性铰”，但对于静定结构来说，这个条件恰恰不存在，故其必发展之充分破坏，所以悬挑结构一般不考虑塑性铰，也不考虑其形成塑性铰去耗能，而考虑静定结构在抗震设计时要有更充裕的安全度，即使地震时也要让其保证弹性状态。

（3）梁侧构造钢筋

1）规范规定

《混规》第 9.2.13 条：梁的腹板高度 h_w 不小于 450mm 时，在梁的两个侧面应沿高度配置纵向构造钢筋。每侧纵向构造钢筋（不包括梁上、下部受力钢筋及架立钢筋）的间距不宜大于 200mm，截面面积不应小于腹板截面面积（bh_w）的 0.1%，但当梁宽较大时可以适当放松。此处，腹板高度 h_w 按本规范第 6.3.1 条的规定取用。

2）设计时要注意的一些问题

现代混凝土构件的尺度越来越大，工程中大截面尺寸现浇混凝土梁日益增大。由于配筋较少，往往在梁腹板范围内的侧面产生垂直于梁轴线的收缩裂缝，可以在大尺寸梁的两侧沿梁长度方向布置纵向构造钢筋（腰筋），以控制垂直裂缝。梁的腹板高度 h_w 小于 450mm 时，梁的侧面防裂可以由上下钢筋兼顾，无须设置腰筋，上下钢筋已满足防裂要求，也可以根据经验适当配置，当梁的腹板高度 $h_w \geqslant 450$mm 时，其间距应满足图 2-97。

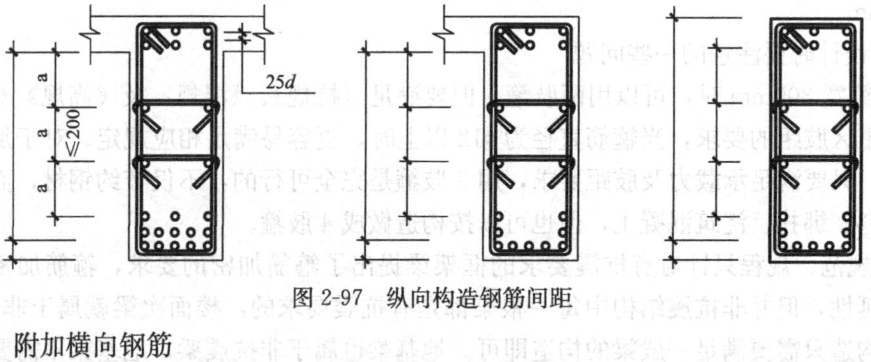

图 2-97　纵向构造钢筋间距

（4）附加横向钢筋

在主次梁相交处，次梁在负弯矩作用下可能产生裂缝，次梁传来的集中力通过次梁受压区的剪切作用传至主梁的中下部，这种作用在集中荷载作用点两侧各 0.5～0.65 倍次梁高范围内，可能引起主拉应力破坏而产生斜裂缝。为防止集中荷载作用影响区下部混凝土脱落并导致主梁斜截面抗剪能力降低，应在集中荷载影响范围内加“附加横向钢筋”。

附加箍筋设置的长度为 $2h_1+3b$（b 为次梁宽度，h_1 为主次梁高差），一般是主梁左右两边各 3～5 根箍筋，间距 50mm，直径可与主梁相同。当次梁宽度比较大时，附加箍筋间距可以减小些，次梁与主梁高差相差不大时，附加箍筋间距可以加大些。设计时一般首选设置附加箍筋，且不管抗剪是否满足，都要设置，当设置附加横向钢筋后仍不满足时，设置吊筋。

梁上立柱，柱轴力直接传递上梁混凝土的受压区，因此不再需要横向钢筋，但是需要注意的是一般梁的混凝土等级比柱要低，有的时候低比较多，这就可能有局压的问题出现。

吊筋的叫法是一种形象的说法，其本质的作用还是抗剪，并阻止斜裂缝的开展。吊筋长度＝2×锚固长度＋2×斜段长度＋次梁宽度＋2×50mm，当梁高≤800mm 时，斜长的起弯角度为 45°，梁高＞800mm 时，斜长的起弯角度为 60°。吊筋至少设置 2 根，最小直径为 12mm，不然钢筋太柔。吊筋要到主梁底部，因为次梁传来的集中荷载有可能使主梁下部混凝土产生八字形斜裂缝。挑梁与墙交接处，较大集中力作用位置一般都要设置吊筋，但当次梁传来的荷载较小或集中力较小时可只设附加箍筋。有些情况不需要设置吊筋，比如集中荷载作用在主梁高度范围以外，梁上托柱就属于此种情况，次梁与次梁相交处一般不用设置吊筋。吊筋的间公式如式（2-12）所示，在梁平法施工图中有“箍筋开关”、“吊筋开关”，可以查询集中力 F 设计值。也可以在 SATWE 中查看梁设计内力包络图，注意两侧的剪力相加才是总剪力。

$$A_{sv} \geqslant \frac{F}{f_{yv}\sin\alpha} \tag{2-12}$$

式中 A_{sv}——附加横向钢筋的面积；

F——集中力设计值；

f_{yv}——附加横向钢筋强度设计值；

$\sin\alpha$——附加横向钢筋与水平方向的夹角。当设置附加箍筋时，$\alpha=90°$，设置吊筋时，$\alpha=45°$或 60°。

4. 梁平法施工图

梁平法施工图（二层部分）如图 2-98 所示。

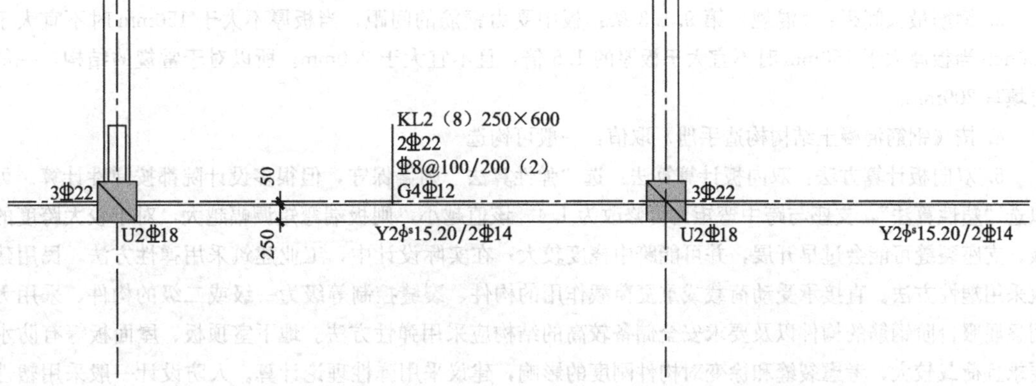

图 2-98 二层梁配筋图（部分）

注：《预制预应力混凝土装配整体式框架结构技术规程》第 5.2.3：U 型钢筋直径不宜大于 20mm。

2.10.2 板施工图绘制

1. 软件操作

(1) 计算参数

点击【结构/PMCAD/画结构平面图】→【计算参数】，如图 2-99～图 2-101 所示。

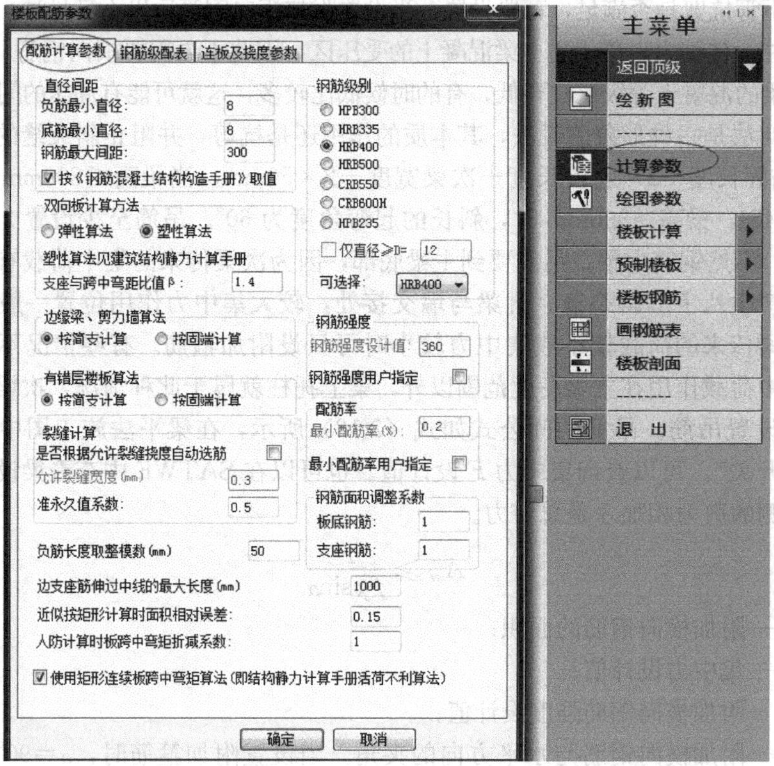

图 2-99 配筋计算参数

参数注释：

1. 负筋最小直径：一般可填写 8mm；当板厚大于 150mm 时，最小直径可取 10mm。

2. 底筋最小直径：一般可填写 8mm；当板厚大于 150mm 时，最小直径可取 10mm。

3. 钢筋最大间距：《混规》第 9.1.3 条：板中受力钢筋的间距，当板厚不大于 150mm 时不宜大于 200mm 当板厚大于 150mm 时不宜大于板厚的 1.5 倍，且不宜大于 250mm。所以对于常规的结构，一般可填写 200mm。

4. 按《钢筋混凝土结构构造手册》取值：一般可钩选。

5. 双向板计算方法：双向板计算算法：选“弹性算法”则偏保守，但很多设计院都按弹性计算。可以选“塑性算法”，支座与跨中弯矩比可修改为 1.4。该值越小，则板端弯矩调幅越大，对于较大跨度的板，支座裂缝可能会过早开展，并可能跨中挠度较大；在实际设计中，工业建筑采用弹性方法，民用建筑采用塑性方法。直接承受动荷载或重复荷载作用的构件、裂缝控制等级为一级或二级的构件、采用无明显屈服台阶钢筋的构件以及要求安全储备较高的结构应采用弹性方法。地下室顶板、屋面板等有防水要求且荷载较大，考虑裂缝和徐变对构件刚度的影响，建议采用弹性理论计算。人防设计一般采用塑性计算。住宅建筑，板跨度较小，如采用 HRB400 级钢筋，既可采用弹性计算方法也可采用塑性计算方法，计算结果相差不大，通常采用塑性计算。

6. 边缘梁、剪力墙算法：一般可按程序的默认方法，按简支计算。

7. 有错层楼板算法：一般可按程序的默认方法，按简支计算。

8. 裂缝计算：一般不应钩选“允许裂缝挠度自动选筋”。

9. 准永久值系数：此系数主要是用来算裂缝与挠度，对于整个结构平面，根据功能布局，可查《荷规》第 5.1.1 条，一般以 0.4、0.5 居多。对于整层是书库、档案室、储藏室等，应将该值改为 0.8。

10. 负筋长度取整模数（mm）：一般可取 50。

11. 钢筋级别：按照实际工程填写，现在越来越多工程板钢筋用三级钢。

12. 边支座筋伸过中线的最大长度：对于普通的边支座，一般的做法是板负筋伸至支座外侧减去保护层厚度，根据需要再做弯锚。一般可填写 200mm 或按默认值 1000，因为值越大，对于常规工程，生成的板筋施工图没有影响。

13. 近似按矩形计算时面积相对误差（%）：可按默认值 0.15。

14. 人防计算时板跨中弯矩折减系数：据《人民防空地下室设计规范》GB 50038—94 第 4.6.6 条之规定，当板的周边支座横向伸长受到约束时，其跨中截面的计算弯矩值可乘以折减系数 0.7。当有人防且符合规范规定时，可填写 0.7；对于普通没有人防的楼板，可按默认值 1.0。

15. 使用矩形连续板跨中弯矩算法（即结构静力计算手册活荷不利算法）：一般应钩选。

16. 其他参数可按默认值。

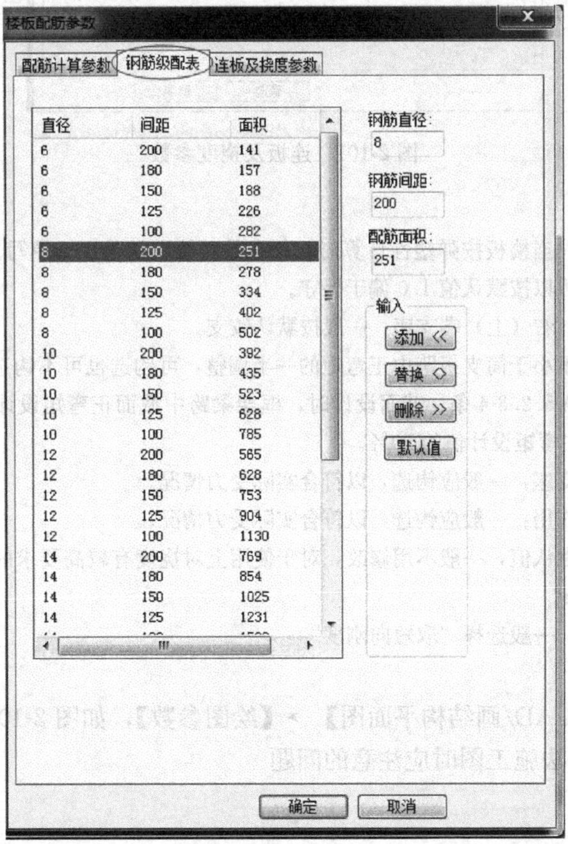

图 2-100 钢筋级配表

参数注释：

“钢筋级配表”对话框中的参数一般可不修改。

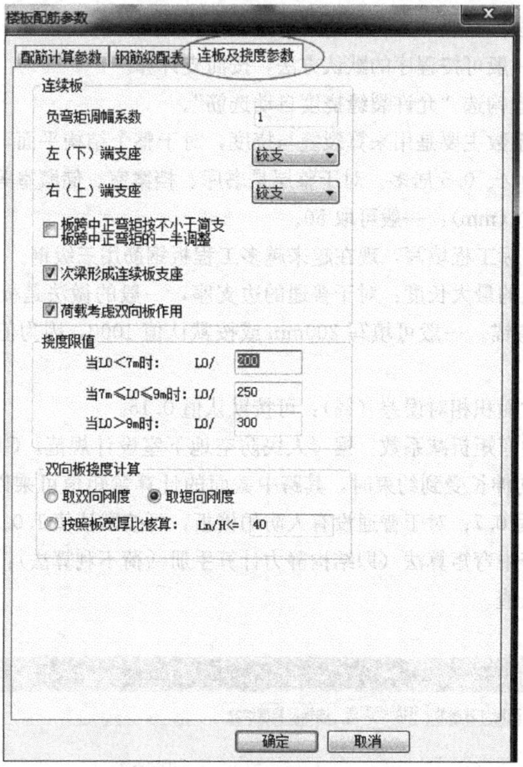

图 2-101　连板及挠度参数

参数注释：

1. 负弯矩调幅系数：当楼板按弹塑性计算时，此参数可按默认值 1.0 填写。当楼板按弹性计算时，可系数可填写 0.85，也可以按默认值 1.0 偏于保守。

2. 左（下）端支座、右（上）端支座：一般按默认铰支。

3. 板跨中正弯矩按不小于简支板跨中正弯矩的一半调整：可钩选也可不钩选，因为一般均满足。此参数主要参考《高规》第 5.2.3-4 条：截面设计时，框架梁跨中截面正弯矩设计值不应小于竖向荷载作用下按简支梁计算的跨中弯矩设计值的 50%。

4. 次梁形成连续板支座：一般应钩选，以符合实际受力情况。

5. 荷载考虑双向板作用：一般应钩选，以符合实际受力情况。

6. 挠度限值：可按默认值，一般不用修改，对于使用上对挠度有较高要求的构件应修改。具体规定可见《混规》第 3.4.3 条。

7. 双向板挠度计算：一般选择“取短向刚度”。

（2）绘图参数

点击【结构/PMCAD/画结构平面图】→【绘图参数】，如图 2-102 所示。

2. 画或修改板平法施工图时应注意的问题

（1）板钢筋

1）规范规定

《混规》第 9.1.6 条：按简支边或非受力边设计的现浇混凝土板，当与混凝土梁、墙整体浇筑或嵌固在砌体墙内时，应设置板面构造钢筋，并符合下列要求：

① 钢筋直径不宜小于 8mm，间距不宜大于 200mm，且单位宽度内的配筋面积不宜小

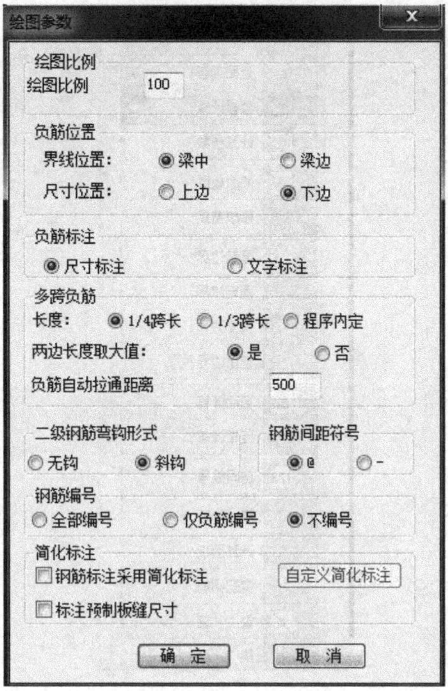

图 2-102 绘图参数

参数注释：

1. 绘图比例：一般按默认值 1：100；

2. 界限位置：一般填写梁中；

3. 尺寸位置：一般填写下边；

4. 负筋标注：如果利用 PMCAD 板模板图，一般选择尺寸标注；

5. 多跨负筋：长度一般按 1/4 取；当可变荷载小于 3 倍恒载时，荷载处的板负筋长度取跨度的 1/4；当可变荷载大于 3 倍恒载时，荷载处的负筋长度取跨度的 1/3；

6. 两边长度取大值：一般选择是；

7. 负筋自动拉通长度：一般可选取 500，此参数与甲方对含钢量的要求有关；

8. 二级钢筋弯钩形式：可按默认值钩选斜钩，由于板钢筋一般选择三级钢，此参数对板配筋没有影响；

9. 钢筋间距符号：一般钩选@；

10. 钢筋编号：一般选择不编号；

11. 钢筋标注采用简化标注：一般可按默认值，不钩选；

12. 标注预制板尺寸：一般可按默认值，不钩选。

点击【楼板计算/显示边界、固定边界、简支边界】，可用“固定边界”、“简支边界”来修改边界条件，红颜色表示“固定边界”，蓝颜色表示“简支边界”，如图 2-103 所示。

于跨中相应方向板底钢筋截面面积的 1/3。与混凝土梁、混凝土墙整体浇筑单向板的非受力方向，钢筋截面面积尚不宜小于受力方向跨中板底钢筋截面面积的 1/3。

② 钢筋从混凝土梁边、柱边、墙边伸入板内的长度不宜小于 $l_0/4$，砌体墙支座处钢筋伸入板边的长度不宜小于 $l_0/7$，其中计算跨度 l_0 对单向板按受力方向考虑，对双向板按短边方向考虑。

③ 在楼板角部，宜沿两个方向正交、斜向平行或放射状布置附加钢筋。

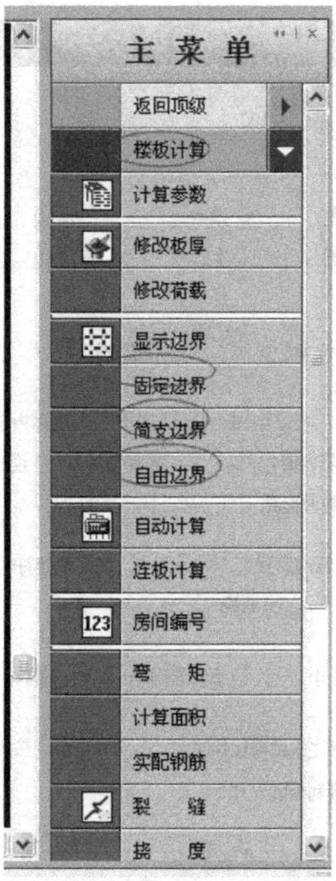

图 2-103 边界显示、修改

注：1. 对于跨度较大的预应力装配整体式框架结构，由于传力已经改为对边传导，在设计板时，应该把支座都改为简支边界，一般构造配筋双向 8@150（面筋）；

2. 在装配整体式剪力墙结构中，楼板若采用单向预应力叠合板，60mm（预制）+60mm（现浇）则设计时，板同样应改为：对边传导，但支座可以为固定边界，在板面筋进行设计时，应进行包络设计（对边导荷与四边导荷两种情况），分别按板厚 120mm 与板厚 60mm 计算不同方向板的面筋（120mm 为导荷方向，60mm 为非导荷方向）。

《混规》第 9.1.7 条：当按单向板设计时，应在垂直于受力的方向布置分布钢筋，单位宽度上的配筋不宜小于单位宽度上的受力钢筋的 15%，且配筋率不宜小于 0.15%；分布钢筋直径不宜小于 6mm，间距不宜大于 250mm；当集中荷载较大时，分布钢筋的配筋面积尚应增加，且间距不宜大于 200mm。当有实践经验或可靠措施时，预制单向板的分布钢筋可不受本条的限制。

《混规》第 9.1.8 条：在温度、收缩应力较大的现浇板区域，应在板的表面双向配置防裂构造钢筋。配筋率均不宜小于 0.10%，间距不宜大于 200mm。防裂构造钢筋可利用原有钢筋贯通布置，也可另行设置钢筋并与原有钢筋按受拉钢筋的要求搭接或在周边构件中锚固。楼板平面的瓶颈部位宜适当增加板厚和配筋。沿板的洞边、凹角部位宜加配防裂构造钢筋，并采取可靠的锚固措施。

《混规》第 9.1.3 条：板中受力钢筋的间距，当板厚不大于 150mm 时不宜大于 200mm；当板厚大于 150mm 时不宜大于板厚的 1.5 倍，且不宜大于 250mm。

2）经验

① 画板施工图时，板的受力筋最小直径为 8mm，间距一般为 200mm、180mm、150mm。按简支边或非受力边设计的现浇混凝土板构造筋一般 $\phi 8@200$ 能满足要求。楼板角部放射筋在结构总说明中给出，一般≥7ϕ8 且直径 d≥边跨，长度大于板跨的 1/3，且不

得小于1.2m。若板的短跨计算长度为l_0，则板支座负筋的伸出长度一般都按$l_0/4$取，且以50mm为模数。

板中受力钢筋的常用直径，板厚不超过120mm时，适宜的钢筋直径为8～12mm；板厚120～150mm时，适宜的钢筋直径为10～14mm；板厚150～180mm时，适宜的钢筋直径为12～16mm；板厚180～220mm时，适宜的钢筋直径为14～18mm。

板的构造配筋率取0.2%和$0.45f_t/f_y$中的较大值，一般三级钢+C30或二级钢+C25组合时，板的配筋率由0.2%控制。板的经济配筋率一般是0.3%～1%。

端跨、管线密集处、屋面板、大开间板的长向（@150）要注意防止裂缝及渗漏，宜关注。

② 当中间支座两侧板的短跨长度不一样时，中间支座两侧板的上铁长度应一样，其两侧长度应按大跨板短跨的1/4取，原因是中间支座处的弯矩包络图实际不是突变而是渐变的，只有按大跨板短跨的1/4取才能包住小跨板的弯矩包络图。跨度小于2m的板上部钢不必断开。

③ 以下情况板负筋一般可拉通：超过160厚的板；温度变化较敏感的外露板，例如屋面板、阳台、露台、过街桥；对于防水要求比较高地板，如厨房、卫生间、蓄水池；受力复杂的板，例如放置或者悬挂重型设备的板；悬挑板；在住宅结构中，各地都有自己地方规定，要求普遍都更加严苛，比如跨度超过3.9m，厚度超过120，位于平面边部或阳角部，位于较大洞口或者错层部位边，露台、阳台等外露板，卫生间等多开孔的板，形状不规则的板（非矩形）负筋均要拉通。

④ 板施工图的绘制可以按照11G101中板平法施工图方法进行绘制，板负筋相同且个数比较多时，可以编为同一个编号，否则不应编号，以防增加施工难度。

屋面板配筋一般双层双向，再另加附加筋。未注明的板配筋可以文字说明的方式表示。

（2）板挠度

规范规定：

《混规》第3.4.3条：钢筋混凝土受弯构件的最大挠度应按荷载的准永久组合，预应力混凝土受弯构件的最大挠度应按荷载的标准组合，并均应考虑荷载长期作用的影响进行计算，其计算值不应超过表2-31规定的挠度限值。

受弯构件的挠度限值 **表2-31**

构件类型		挠度限值
吊车梁	手动吊车	$l_0/500$
	电动吊车	$l_0/600$
屋盖、楼盖及楼梯构件	当$l_0<7$m时	$l_0/200$（$l_0/250$）
	当7m$\leq l_0\leq$9m时	$l_0/250$（$l_0/300$）
	当$l_0>9$m时	$l_0/300$（$l_0/400$）

注：1. 表中l_0为构件的计算跨度；计算悬臂构件的挠度限值时，其计算跨度l_0按实际悬臂长度的2倍取用；
2. 表中括号内的数值适用于使用上对挠度有较高要求的构件；
3. 如果构件制作时预先起拱，且使用上也允许，则在验算挠度时，可将计算所得的挠度值减去起拱值；对预应力混凝土构件，尚可减去预加力所产生的反拱值；
4. 构件制作时的起拱值和预加力所产生的反拱值，不宜超过构件在相应荷载组合作用下的计算挠度值。

《混规》第 3.4.4 条：结构构件正截面的受力裂缝控制等级分为三级，等级划分及要求应符合下列规定：

一级——严格要求不出现裂缝的构件，按荷载标准组合计算时，构件受拉边缘混凝土不应产生拉应力。

二级——一般要求不出现裂缝的构件，按荷载标准组合计算时，构件受拉边缘混凝土拉应力不应大于混凝土抗拉强度的标准值。

三级——允许出现裂缝的构件：对钢筋混凝土构件，按荷载准永久组合并考虑长期作用影响计算时，构件的最大裂缝宽度不应超过本规范表 3.4.5 规定的最大裂缝宽度限值。对预应力混凝土构件，按荷载标准组合并考虑长期作用的影响计算时，构件的最大裂缝宽度不应超过本规范第 3.4.5 条规定的最大裂缝宽度限值；对二 a 类环境的预应力混凝土构件，尚应按荷载准永久组合计算，且构件受拉边缘混凝土的拉应力不应大于混凝土的抗拉强度标准值。

(3) 板裂缝

1) 规范规定

《混规》第 3.4.5 条：结构构件应根据结构类型和本规范第 3.5.2 条规定的环境类别，按表 2-32 的规定选用不同的裂缝控制等级及最大裂缝宽度限值 ω_{lim}。

结构构件的裂缝控制等级及最大裂缝宽度的限值（mm）　表 2-32

环境类别	钢筋混凝土结构		预应力混凝土结构	
	裂缝控制等级	ω_{lim}	裂缝控制等级	ω_{lim}
一	三级	0.30（0.40）	三级	0.20
二 a		0.20		0.10
二 b			二级	—
三 a、三 b			一级	—

注：1. 对处于年平均相对湿度小于 60%地区一类环境下的受弯构件，其最大裂缝宽度限值可采用括号内的数值；

2. 在一类环境下，对钢筋混凝土屋架、托架及需作疲劳验算的吊车梁，其最大裂缝宽度限值应取为 0.20mm；对钢筋混凝土屋面梁和托梁，其最大裂缝宽度限值应取为 0.30mm；

3. 在一类环境下，对预应力混凝土屋架、托架及双向板体系，应按二级裂缝控制等级进行验算；对一类环境下的预应力混凝土屋面梁、托梁、单向板，应按表中二 a 级环境的要求进行验算；在一类和二 a 类环境下需作疲劳验算的预应力混凝土吊车梁，应按裂缝控制等级不低于二级的构件进行验算；

4. 表中规定的预应力混凝土构件的裂缝控制等级和最大裂缝宽度限值仅适用于正截面的验算；预应力混凝土构件的斜截面裂缝控制验算应符合本规范第 7 章的有关规定；

5. 对于烟囱、筒仓和处于液体压力下的结构，其裂缝控制要求应符合专门标准的有关规定；

6. 对于处于四、五类环境下的结构构件，其裂缝控制要求应符合专门标准的有关规定；

7. 表中的最大裂缝宽度限值为用于验算荷载作用引起的最大裂缝宽度。

2) 设计时要注意的一些问题

裂缝：一类环境，比如楼面，裂缝极限值取 0.3mm；对于屋面板，由于做了保温层、防水层等，环境类别可当做一类，裂缝限值也可按 0.3mm 取。

(4) 挑板

设计时要注意的一些问题：

① 悬挑构件并非几次超静定结构，支座一旦坏了，就会塌下来，所以应乘以足够大

的放大系数，一般放大 20%～50%。施工应采取可靠措施保证上铁的位置。

② 挑板底筋可以按最小配筋率 0.2%来配筋，假设挑板 150mm 厚，则 A_s＝0.2%×150×1000mm＝300mm²，ϕ8@150＝335mm²。对于大挑板，底面应配足够多的受压钢筋，一般为面筋的 1/2～1/3，间距 150mm 左右，底筋可以减小因板徐变而产生的附加挠度，也可以参与混凝土板抗裂。

③ 悬挑板的净挑尺寸不宜大于 1.5m，否则应采取梁式悬挑。注意与厚挑板的相邻板跨，其板厚应适当加厚，厚度差距不要过大（可控制在 20～40mm 以内）且应尽量相同，否则挑板支座梁受扭，或剪力墙平面外有弯矩作用，为了施工方便，一般与挑板同厚，若板厚相差太大，可以构造上加腋，以平衡内外负弯矩。

④ 挑出长度不大时，可不在 PMCAD 中设置挑板，而把挑板折算成线荷载和扭矩加在边梁上面。挑板单独进行处理，用小软件和手算。

⑤ 悬挑类构件如没有可靠的经验，应该算裂缝和挠度。裂缝验算《混规》规定的对构件正常使用状态下承载力验算内容之一，是对构件正常使用状态下变形的控制要求，经过抗震设计的结构，框架梁的裂缝一般满足裂缝要求，因为地震作用需要的配筋比正常使用状态下的配筋大很多，一般可以包覆。当悬挑类构件上有砌体时，挠度的控制应从严，以免砌体开裂。

⑥ 一般阳台挑出长度小于 1.5m 时应挑板，大于 1.5m 时应挑梁。板厚一般按 1/10 估算。挑出长度大于 1.5m 时，可增加封口梁，可以减小板厚（100mm），将“悬挑”板变为接近于“简支”板，但边梁的增加几乎不改变板的受力模式，悬挑板的属性没有改变。封口梁要想作为板的支座，板支承条件的梁其高度应不小于 3 倍板厚。

挑出长度大于 1.5m 时若用悬挑板，施工单位可能会偷工减料，悬挑板根部厚度太大，与相邻房屋板协调性能不好。悬挑板在施工过程中，由于施工原因，顶部受力钢筋会不同程度的被踩踏变形，导致根部的计算高度 h_0 削弱较多。

⑦ 挑板不同悬挑长度下的板厚、配筋经验，如表 2-33 所示。

挑板不同悬挑长度下的板厚、配筋经验　　表 2-33

悬挑长度（m）	板厚尺寸（mm）	单向受力实配钢筋面积（mm²）（面筋）	底筋（mm²）
1.2	120	HRB400：12@200＝565	8@150＝335
1.5	150	HRB400：12@150＝754	8@150＝335
1.8	180	HRB400：12@100＝1131	10@150＝524
2	200	HRB400：14@100＝1500	12@150＝754

⑧ 对于挑板、雨篷板，设计师可以自己取最不利荷载，大致手算其弯矩及配筋、再乘以一个放大系数并不小于构造配筋。

2.10.3 柱施工图绘制

1. 软件操作

点击【墙梁柱施工图/柱平法施工图】→【参数修改】，如图 2-104 所示。

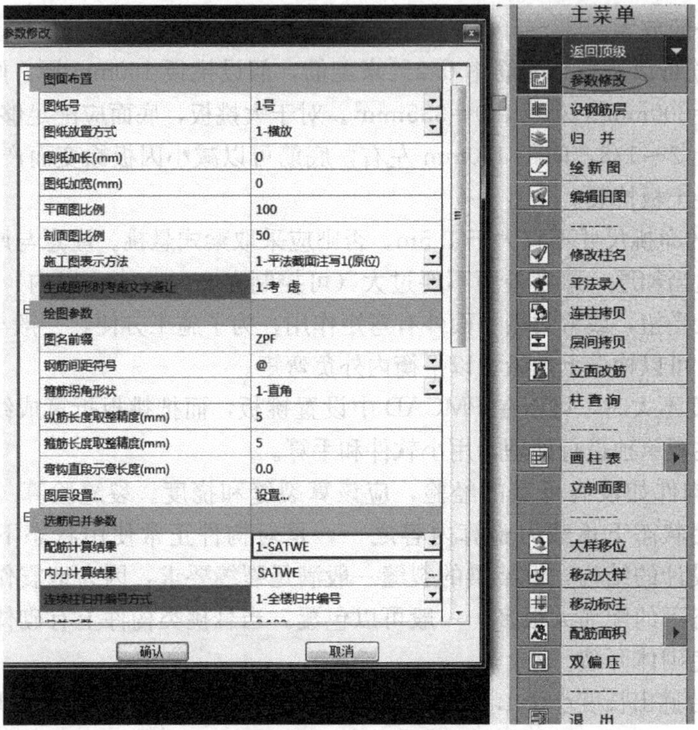

图 2-104　参数修改

注：一般不利用PKPM自动生成的柱平法施工图作为模板，只是方便校对配筋。柱平法施工图一般可以利用探索者（TSSD）绘制，点击TSSD/布置柱子/柱复合箍。

参数注释：

1. 施工图表示方法：程序提供了7中表示方法，一般可选择第一种，平法截面注写1（原位）；

2. 生成图形时考虑文字避让：1-考虑；

3. 连续柱归并编号方式：用两种方式可选择，1-全楼归并编号；2-按钢筋标准层归并编号；选择哪一种归并方式都可以；

4. 主筋放大系数：一般可填写1.0；

5. 归并系数：一般可填写0.2；

6. 箍筋形式：一般选择矩形井字箍；

7. 是否考虑上层柱下端配筋面积：应根据设计院要求来选择；一般可不选择；

8. 是否包括边框柱配筋：包括；

9. 归并是否考虑柱偏心：不考虑；

10. 每个截面是否只选择一种直径的纵筋：一般选择0-否；

11. 是否考虑优选钢筋直径：1-是；

12. 其他参数可按默认值。

2. 柱大样（图2-105）

3. 画或修改柱平法施工图时应注意的问题

（1）柱纵向钢筋

1）钢筋等级

应按照设计院的做法来，由于现在二级钢与三级钢价格差不多，大多数设计院柱纵筋与箍筋均用三级钢。

编号	KZ-1	KZ-1a	KZ-1b	KZ-1c
截面	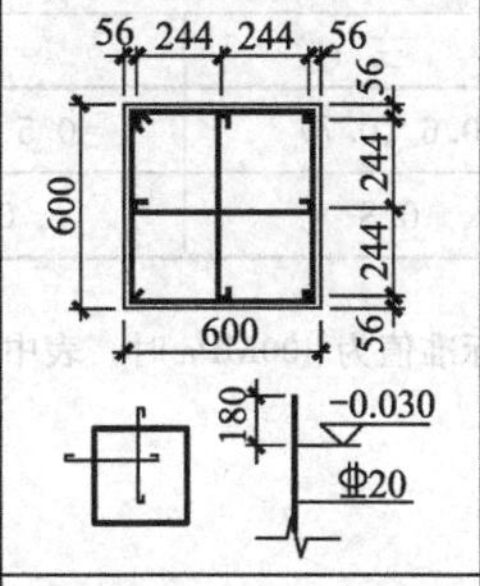	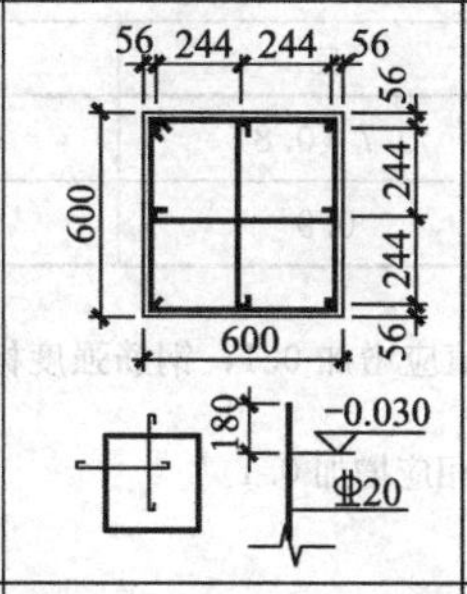	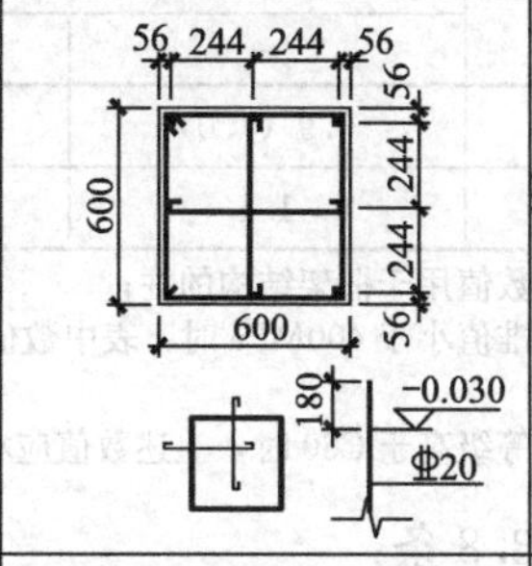	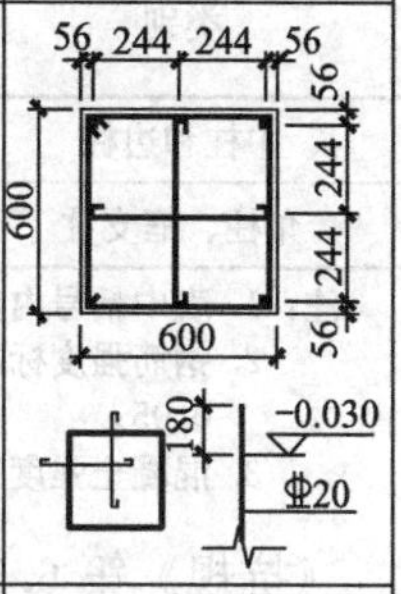
标高	基础面~12.770(12.770~16.370)	基础面~9.170(9.170~16.370)	基础面~12.770[12.770~16.370]	基础面~16.370
全部纵筋	8Φ20	8Φ20	8Φ20[8Φ25]	8Φ20
箍筋	Φ10@100/200(Φ8@100/200)	Φ8@100(Φ8@100/200)	Φ10@100/200[Φ8@100/200]	Φ8@100
备注	标高-0.030以上为预制	标高-0.030以上为预制	标高-0.030以上为预制	标高-0.030以上为预制

图 2-105　柱大样

2）纵筋直径

多层时，纵筋直径以 ϕ16～ϕ20 居多，纵筋直径尽量不大于 ϕ25，不小于 ϕ16，柱内钢筋比较多时，尽量用 ϕ28、ϕ30 的钢筋。钢筋直径要≤矩形截面柱在该方向截面尺寸的 1/20。

构造柱比如截面尺寸为 250mm×250mm，一般配 4ϕ12。结构柱，当截面尺寸不小于 400mm×400mm 时，最小直径为 16mm，太小了施工容易弯折，截面尺寸小于 400mm×400mm 时，最小直径为 14mm。

3）纵筋间距

① 规范规定

《高规》第 6.4.4-2 条：截面尺寸大于 400mm 的柱，一、二、三级抗震设计时其纵向钢筋间距不宜大于 200mm 抗震等级为四级和非抗震设计时，柱纵向钢筋间距不宜大于 300mm；柱纵向钢筋净距均不应小于 50mm。

② 经验

柱纵筋间距，在不增大柱纵筋配筋率的前提下，尽量采用规范上限值，以减小箍筋肢数，表 2-34 给出了柱单边最小钢筋根数。

柱单边最小钢筋根数　　　**表 2-34**

截面（mm）	250～300	300～450	500～750	750～900
单边	2	3	4	5

4）纵筋配筋原则

宜对称配筋，柱截面纵筋种类宜一种，不要超过两种。钢筋直径不宜上大下小。

5）纵筋配筋率

① 规范规定

《抗规》第 6.3.7-1 条：柱的钢筋配置，应符合下列各项要求：

柱纵向受力钢筋的最小总配筋率应按表 2-35 采用，同时每一侧配筋率不应小于 0.2%；对建造于Ⅳ类场地且较高的高层建筑，最小总配筋率应增加 0.1%。

柱截面纵向钢筋的最小总配筋率（百分率） **表 2-35**

类别	抗震等级			
	一	二	三	四
中柱和边柱	0.9（1.0）	0.7（0.8）	0.6（0.7）	0.5（0.6）
角柱、框支柱	1.1	0.9	0.8	0.7

注：1. 表中括号内数值用于框架结构的柱；

2. 钢筋强度标准值小于 400MPa 时，表中数值应增加 0.1，钢筋强度标准值为 400MPa 时，表中数值应增加 0.05；

3. 混凝土强度等级高于 C60 时，上述数值应相应增加 0.1。

《抗规》第 6.3.8 条：

a. 柱总配筋率不应大于 5%；剪跨比不大于 2 的一级框架的柱，每侧纵向钢筋配筋率不宜大于 1.2%。

b. 边柱、角柱及抗震墙端柱在小偏心受拉时，柱内，纵筋总截面面积应比计算值增加 25%。

② 经验

柱子总配筋率一般在 1.0%～2%之间。当结构方案合理时，竖向受力构件一般为构造配筋，框架柱配筋率在 0.7%～1.0%之间。对于抗震等级为二、三级的框架结构，柱纵向钢筋配筋率应在 1.0%～1.2%之间，角柱和框支柱配筋率应在 1.2%～1.5%之间。

(2) 箍筋

1）柱加密区箍筋间距和直径

《抗规》第 6.3.7-2 条：柱箍筋在规定的范围内应加密，加密区的箍筋间距和直径，应符合下列要求：

① 一般情况下，箍筋的最大间距和最小直径，应按表 2-36 采用。

柱箍筋加密区的箍筋最大间距和最小直径 **表 2-36**

抗震等级	箍筋最大间距（采用较小值，mm）	箍筋最小直径（mm）
一	6*d*，100	10
二	8*d*，100	8
三	8*d*，150（柱根 100）	8
四	8*d*，150（柱根 100）	6（柱根 8）

注：1. *d* 为柱纵筋最小直径；

2. 柱根指底层柱下端箍筋加密区。

② 一级框架柱的箍筋直径大于 12mm 且箍筋肢距不大于 150mm 及二级框架柱的箍筋直径不小于 10mm 且箍筋肢距不大于 200mm 时，除底层柱下端外，最大间距应允许采用 150mm；三级框架柱的截面尺寸不大于 400mm 时，箍筋最小直径应允许采用 6mm；四级框架柱剪跨比不大于 2 时，箍筋直径不应小于 8mm。

③ 框支柱和剪跨比不大于 2 的框架柱，箍筋间距不应大于 100mm。

2）柱的箍筋加密范围

《抗规》第 6.3.9-1 条：柱的箍筋加密范围，应按下列规定采用：

① 柱端，取截面高度（圆柱直径）、柱净高的 1/6 和 500mm 三者的最大值；

② 底层柱的下端不小于柱净高的 1/3；

③ 刚性地面上下各 500mm；

④ 剪跨比不大于 2 的柱、因设置填充墙等形成的柱净高与柱截面高度之比不大于 4 的柱、框支柱、一级和二级框架的角柱，取全高。

3）柱箍筋加密区箍筋肢距

《抗规》第 6.3.9-2 条：柱箍筋加密区的箍筋肢距，一级不宜大于 200mm，二、三级不宜大于 250mm，四级不宜大于 300mm。至少每隔一根纵向钢筋宜在两个方向有箍筋或拉筋约束；采用拉筋复合箍时，拉筋宜紧靠纵向钢筋并钩住箍筋。

4）柱箍筋非加密区的箍筋配置

《抗规》第 6.3.9-4 条：柱箍筋非加密区的箍筋配置，应符合下列要求：

① 柱箍筋非加密区的体积配箍率不宜小于加密区的 50%。

② 箍筋间距，一、二级框架柱不应大于 10 倍纵向钢筋直径，三、四级框架柱不应大于 15 倍纵向钢筋直径。

5）柱加密区范围内箍筋的体积配箍率：

《抗规》第 6.3.9-3 条：柱箍筋加密区的体积配箍率，应按下列规定采用：

① 柱箍筋加密区的体积配箍率应符合下式要求：

$$\rho_v \geqslant \lambda_v f_c / f_{yv} \tag{2-13}$$

式中 ρ_v——柱箍筋加密区的体积配箍率，一级不应小于 0.8%，二级不应小于 0.6%，三、四级不应小于 0.4%；计算复合螺旋箍的体积配箍率时，其非螺旋箍的箍筋体积应乘以折减系数 0.5；

f_c——混凝土轴心抗压强度设计值，强度等级低于 C35 时，应按 C35 计算；

f_{yv}——箍筋或拉筋抗拉强度设计值；

λ_v——最小配箍特征值。

② 框支柱宜采用复合螺旋箍或井字复合箍，其最小配箍特征值应比表 6.3.9 内数值增加 0.02，且体积配箍率不应小于 1.5%。

③ 剪跨比不大于 2 的柱宜采用复合螺旋箍或井字复合箍，其体积配箍率不应小于 1.2%，9 度一级时不应小于 1.5%。

6）箍筋设计时要注意的一些问题：

箍筋直径尽量用 $\phi8$，当 $\phi8@100$ 不满足要求时，可以用到 $\phi10$，原则上不用 $\phi12$，否则应加大保护层厚度。一级抗震时箍筋最小直径为 $\phi10$，实际设计中一般加密区箍筋间距取 100mm，非加密区一般取 200mm，但要满足计算和规范规定。

高层建筑有时候会遇到柱截面较大箍筋也较为密集的情况，可以考虑设置菱形箍筋，以便形成浇筑通道，方便施工。

对于短柱、框支柱，一级和二级框架的角柱，柱子要全高加密，对于三级和四级框架的角柱可以不全高加密。至少每隔一根纵向钢筋宜在两个方向有箍筋或拉筋约束，箍筋的底线是隔一根纵筋就拉一根，全部拉上是最好的。箍筋肢距不能太大，肢距至多是纵筋间距的两倍。

（3）SATWE配筋简图及有关文字说明（图2-106）

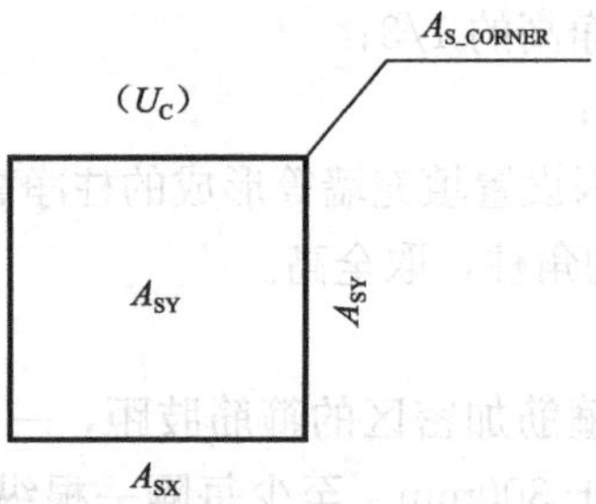

图2-106　SATWE配筋简图及有关文字说明（柱）

注：1. As _ corner为柱一根角筋的面积，采用双偏压计算时，角筋面积不应小于此值，采用单偏压计算时，角筋面积可不受此值控制（cm^2）。

2. A_{sx}，A_{sy}分别为该柱B边和H边的单边配筋，包括角筋（cm^2）。

3. A_{sv}表示柱在S_c范围内的箍筋（一面），它是取柱斜截面抗剪箍筋和节点抗剪箍筋的大值（cm^2）。

4. U_c表示柱的轴压比。

2.11　基础设计

2.11.1　基础选型方法

（1）工程设计中最常用的基础形式有独立基础、筏板基础以及桩基础三种，一般至少要留20%的安全储备。

（2）地基的本质是土，基础的本质是与土紧密相连的混凝土构件。独立基础、筏板基础是浅基础，桩基础是深基础。凡是设计跟土有关的均采用荷载标准值，凡是设计与基础构件有关的均采用荷载基本组合。

（3）地面以下5m以内（无地下室）或底板板底土的地基承载力特征值（可考虑深度修正）f_a与结构总平均重度$p=np_0$（p_0为楼层平均重度，n为楼层数）之间关系对基础选型影响很大，一般规律如下：

若$p\leqslant 0.3f_a$，则采用独立基础；

若$0.3f_a<p\leqslant 0.5f_a$，可采用条形基础；

若$0.5f_a<p\leqslant 0.8f_a$，可采用筏板基础；

若$p>0.8f_a$，应采用桩基础或进行地基处理后采用筏板基础。

由于填土较深，局部达到10m，故本工程采用为摩擦端承桩，管桩外径：$D=400$mm（AB型桩），根据工程地质勘查报告，桩端持力层为层为8号黏土层，估计桩长约25m，设计单桩竖向抗压承载力特征值R_a（kN）=1200kN。

2.11.2　查看地质勘查报告

刘铮在《建筑结构设计快速入门》中总结了怎么有效地去查看地质勘查报告：第一，直接看结束语和建议中的持力层土质、地基承载力特征值和地基类型一级基础建议砌置标高；第二，结合钻探点号看懂地质剖面图，并一次确定基础埋置标高；第三，重点看结束语或建议中对存在饱和砂土和饱和粉土（即饱和软土）的地基，是否有液化判别；第三，重点看两个水位，历年来地下室最高水位和抗浮水位；第五，特别扫读一下结束语或建议中定性的预警语句，并且必要时将其转化为基础的一般说明中；第六，特别扫读一下结束语或建议中场地类别、场地类型、覆盖层厚度和地面下 15m 范围内平均剪切波速，尤其是建筑场地类别。此外，还可以次要的看下述内容：比如持力层土质下是否存在不良工程地质中的局部软弱下卧层，如果有，则要验算一下软弱下卧层的承载力是否满足要求。

（1）一般认为持力层土质承载力特征值不小于 180kPa 则为好土，小于则不是好土。在设计时如果房屋层数不高，比如 3 层左右，与其用独立基础＋防水板，不如做 250～300mm 厚筏板基础，因为用独立基础截面很大且防水板构造配筋也不小，而筏板基础整体性更好也易满足上述要求。回填土即“虚土”，承载力特征值一般为 60～80kPa，比如单层砖房住宅、单层大门作为地基承载力的参考值。

一般情况下，不同类土地基承载力大小如下：稳定岩石，碎石土＞密实或中密砂＞稍密黏性土＞粉质黏土＞回填土和淤泥质土。

勘察单位建议的基础砌筑标高，也即埋深，但具体数值还要设计人员结合实际工程情况确定，在不危及安全的前提下，基础尽量要浅埋，这样经济性比较好。因为地下部分的造价一般都很高。除了浅埋外，基础至少不得埋在冻土深度范围内，否则基础会受到冰反复胀缩的破坏性影响。

（2）确定基础埋置标高：设计人员首先以报告中建议的最高埋深为起点（用铅笔）画一条水平线从左向右贯穿剖面图，看此水平线是否绝大部分落在了报告所建议的持力层土质标高层范围之内，一般由 3 种情况，第一，此水平线完全落在了报告所建议的持力层土质标高范围之内，那么可以直接判定建议标高适合作为基础埋置标高；第二，此水平线绝大部分落在了建议持力层土质标高层范围之内，极小的一部分（小于 5%）落在了建议持力层土质标号层之上一邻层，即进入了不太有利的土质上，仍然可以判定建议标高适合作为基础埋置标高，但日后验槽时，再采取有效的措施处理这局部的不利软土层，目的是使得软土变硬些，比如局部换填或局部清理，视具体情况加豆石混凝土或素混凝土替换；第三，此水平线绝大部分并非落在了报告中所建议的持力层土质标号范围之内，而是大部分进入到了持力层之上一邻层，这说明了建议标高不适合作为基础埋置标高，须进一步降低该标高。

（3）饱和软土的液化判别对地基来说很重要，结构在常遇地震时地面处的倾覆安全系数很高，但液化地基上的建筑在发生地震时很不利。因为平时地基土中的水分同土紧密结合在一起，与土共同承担支撑整个建筑物的重量，当发生地震时，地基土会振实下沉，水分会漂上来，此时基础底部的土中含水量急剧极大，地基土承载力会降低很多。

（4）一般设计地下混凝土外墙时，用历年最高水位。抗浮时要用抗浮水位，抗浮水位一般比历年最高水位低一些，有时低很多。

（5）剪切波速就是剪切波竖向垂直穿越过各个土层的速度，一般土层土质越硬，穿越速度就越快。建筑场地类别应根据土层等效剪切波速和场地覆盖厚度查《抗规》确定，当剪切波速越大，覆盖层厚度越小（地面到达坚硬土层的总厚度），说明场地土质越硬，场地类别的判别级别就越高。

（6）局部软弱下卧层验算：将原来基础基地的附加压应力，再叠加上局部软弱下卧层顶部以上的自重压应力，与软弱下卧层承载力特征值做个比较，如果不满足要求，则局部深挖到好土或者局部换填处理。

本工程基础持力层为全风化岩层，承载力特征值 f_{ak} 为 240kpa，基础底标高为－1.400m。地质比较好，没有局部软弱下卧层。地下水位较低，没有地下室，不考虑抗浮。

2.11.3 PKPM 程序操作

(1) 点击【JCCAD/基础人机交互输入】→【应用】，弹出初始选择对话框，如图 2-107、图 2-108 所示。

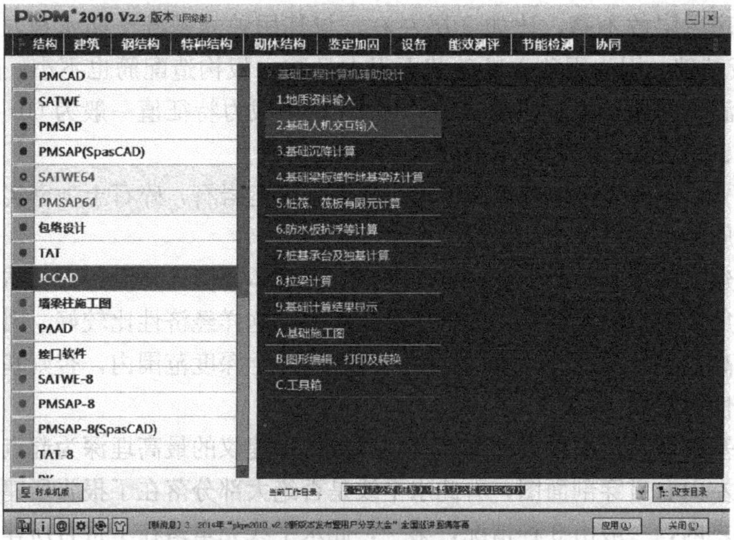

图 2-107 JCCAD/基础人机交互输入

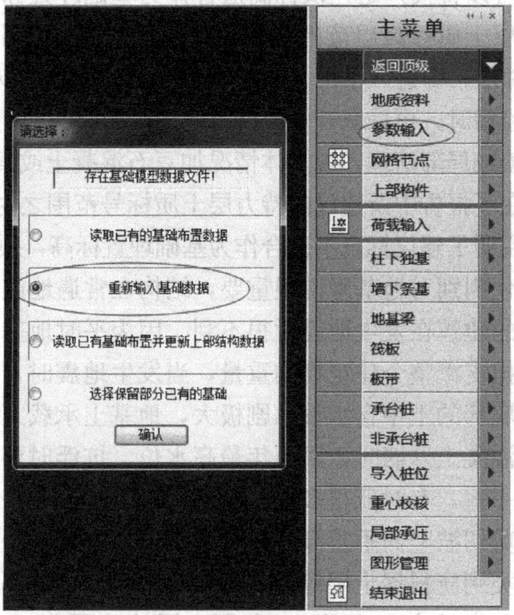

图 2-108 初始选择对话框

注：【读取已有的基础布置数据】：能让程序读取以前的数据；【重新输入基础数据】：一般第一次操作时都应选择该项，如以前存在数据，将被覆盖；【读取已有的基础布置并更新上部结构数据】：基础数据可保留，当上部结构不变化时应点选该项；【选择保留部分已有的基础】：只保留部分基础数据时应点选该项，点选该选项后，在弹出的对话框中根据需要钩选要保留的内容。

（2）点击【荷载输入/荷载参数】，弹出“荷载组合参数”对话框，如图 2-109 所示。

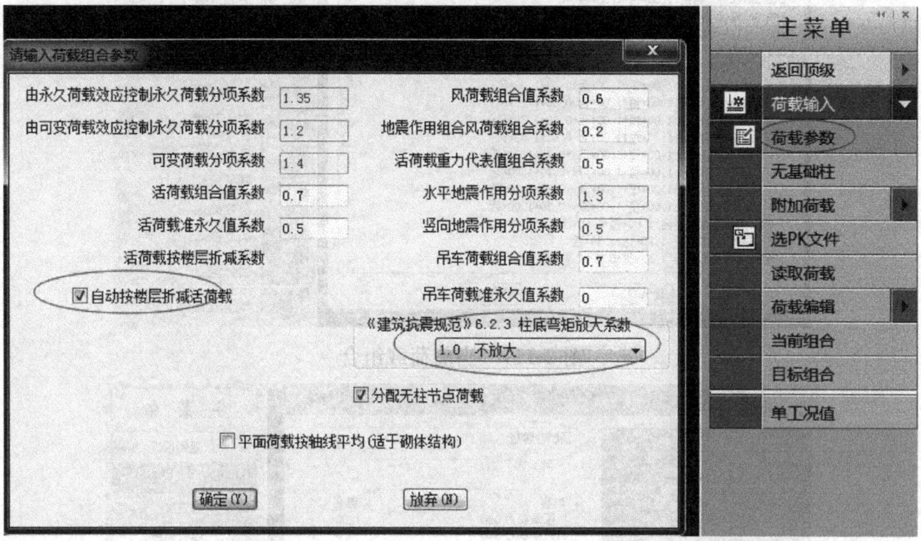

图 2-109 “荷载组合参数”对话框

1）荷载分项系数一般情况下可不修改，灰色的数值时规范指定值，一般不修改，若用户要修改，则可以双击灰色的数值，将其变成白色的输入框后再修改。

2）当“分配无柱节点荷载”打“勾号”后，程序可将墙间无柱节点或无基础柱上的荷载分配到节点周围的墙上，从而使墙下基础不会产生丢荷载情况。分配原则是按周围墙的长度加权分配，长墙分配的荷载多，短墙分配的荷载少。

3）JCCAD 读入的是上部未折减的荷载标准值，读入 JCCAD 的荷载应折减。当“自动按楼层折减或荷载”打“勾号”后，程序会根据与基础相连的每个柱、墙上面的楼层数进行活荷载折减。

（3）点击【读取荷载】，弹出“选择荷载来源”对话框，如图 2-110 所示。

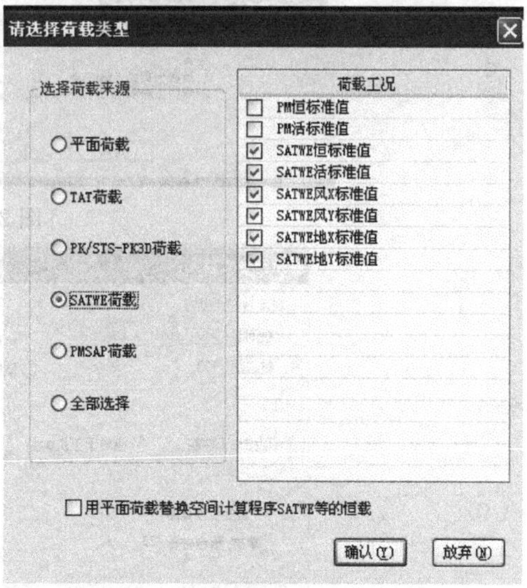

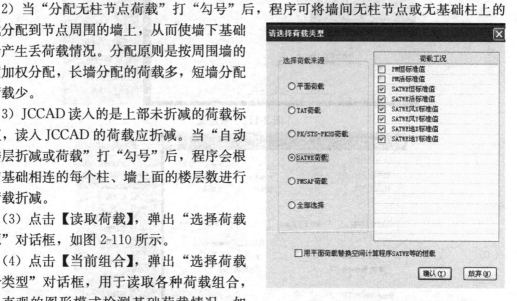

图 2-110 读取荷载/选择荷载类型

（4）点击【当前组合】，弹出“选择荷载组合类型”对话框，用于读取各种荷载组合，可以直观的图形模式检测基础荷载情况，如图 2-111 所示。

（5）点击【承台桩/桩定义/新建】，定义 $D=400$（AB 型桩）预应力管桩，如图 2-112 所示。

（6）点击【承台桩/承台参数】，如图 2-113 所示。

（7）点击【自动生成】，框选整个底平面，程序会自动生成柱下桩承台，如图 2-114 所示。

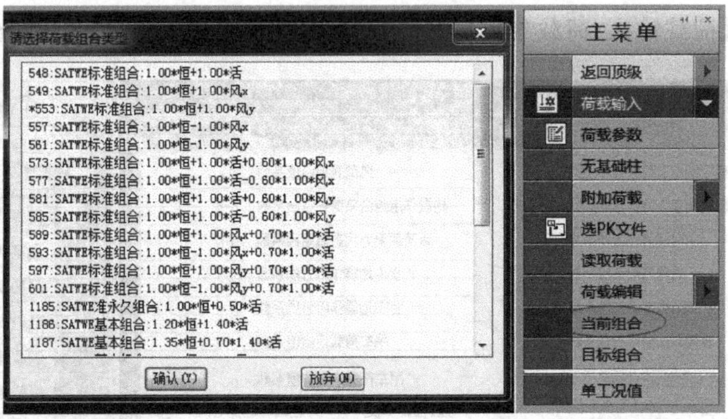

图 2-111　当前荷载组合

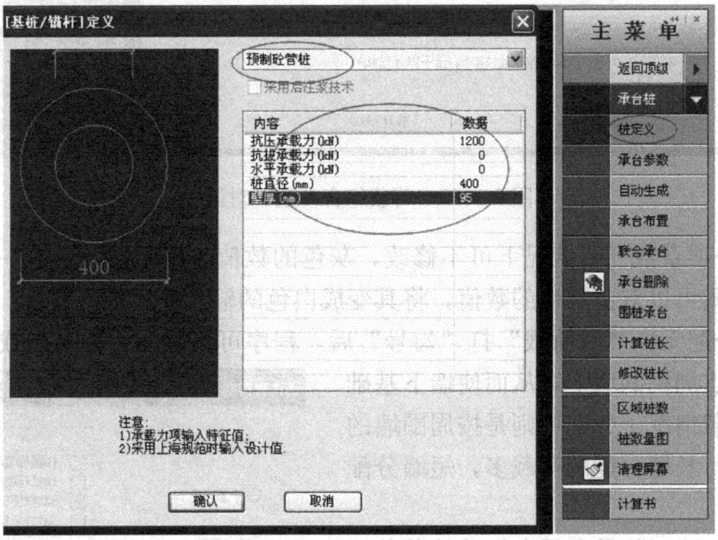

图 2-112　桩定义

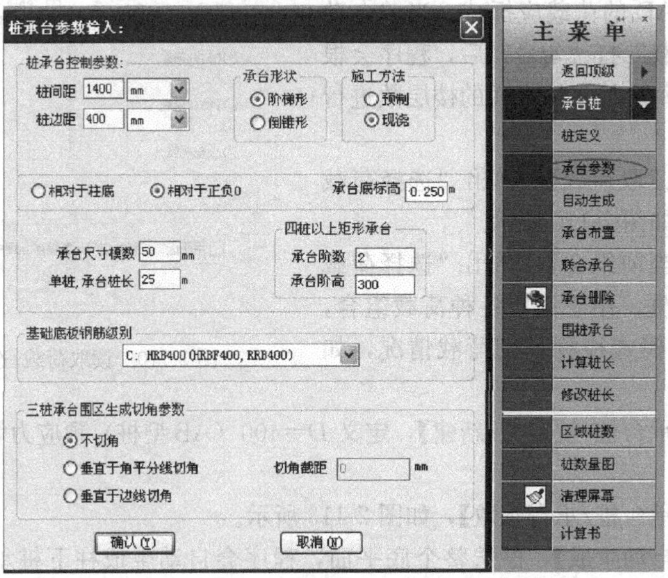

图 2-113　桩承台参数输入

(8) 点击【7. 桩基承台及独基计算】→【计算参数】，如图 2-115 所示。

点击【承台计算/SATWE 荷载】，程序会自动完成计算。点击【结果显示】，会弹出对话框，如图 2-116 所示，可以根据需求查看各种计算结果，对于桩承台，一般查看“单桩反力”及“承台筋”。

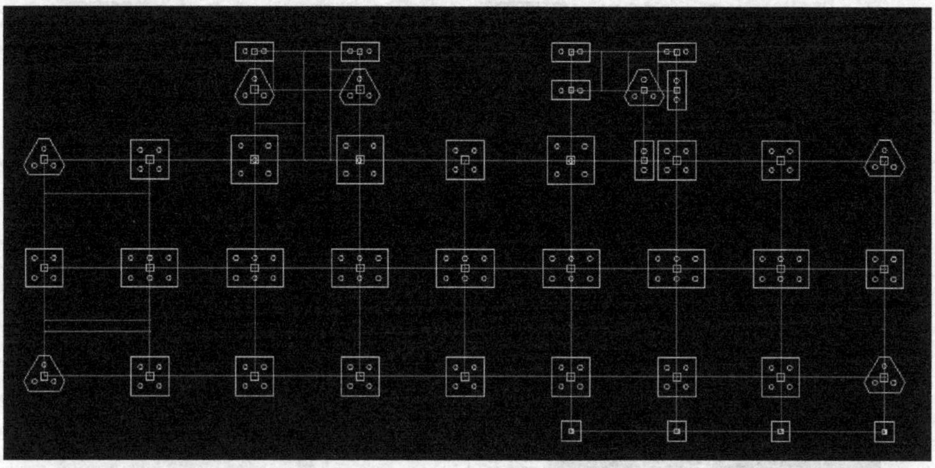

图 2-114　柱下桩承台

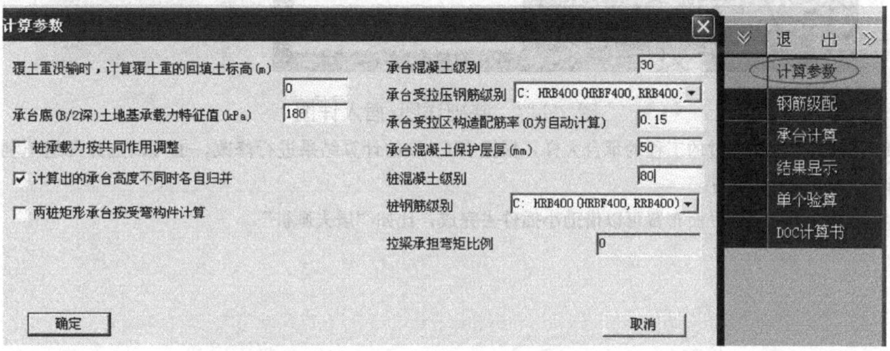

图 2-115　计算参数

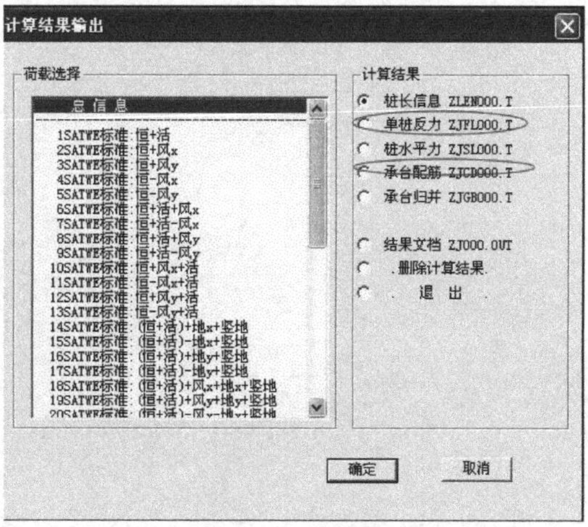

图 2-116　计算结果输出

2.11.4 基础平面布置图

点击【JCCAD/基础施工图】→【基础详图/插入详图】，可以在程序自动生成的基础平面布置图中插入承台大样，如图 2-117 所示。

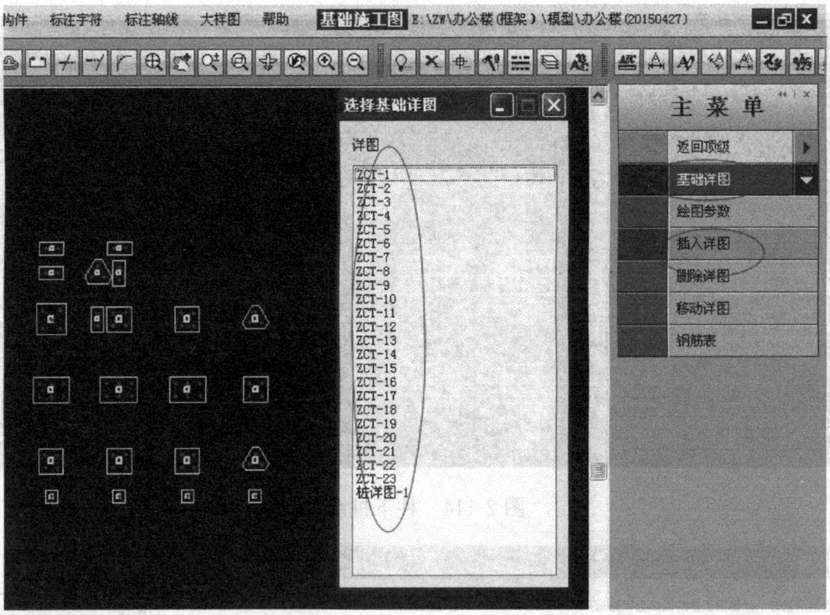

图 2-117 基础详图/插入详图

注：1. 可以拷贝以前做过的工程的承台大样，根据 JCCAD 的计算结果进行修改，也可以选择几组不利内力组合用小软件计算承台高度及配筋；

2. 在实际设计中，基础平面布置可以借助小插件去完成，比如“屠夫画桩”。

3 装配整体式剪力墙结构设计

3.1 工程概况

本工程位于广西南宁市，为公共租赁住房，采用装配整体式剪力墙结构技术体系，总建筑面积约 7780m²，主体地上 16 层，地下 0 层，建筑高度 49.05m。该项目抗震设防类别为丙类，建筑抗震设防烈度为 6 度，设计基本加速度值为 0.05g，设计地震分组为第一组，场地类别为Ⅱ类，设计特征周期为 0.35s，剪力墙抗震等级为四级。桩端持力层为强风化板岩，桩端阻力特征值为 2000kPa，采用人工挖孔桩。

3.2 上部构件截面估算

3.2.1 梁

1. 梁截面尺寸

(1) 参考 2.2.1 节。

(2) 本工程梁截面尺寸如图 3-1～图 3-4 所示。

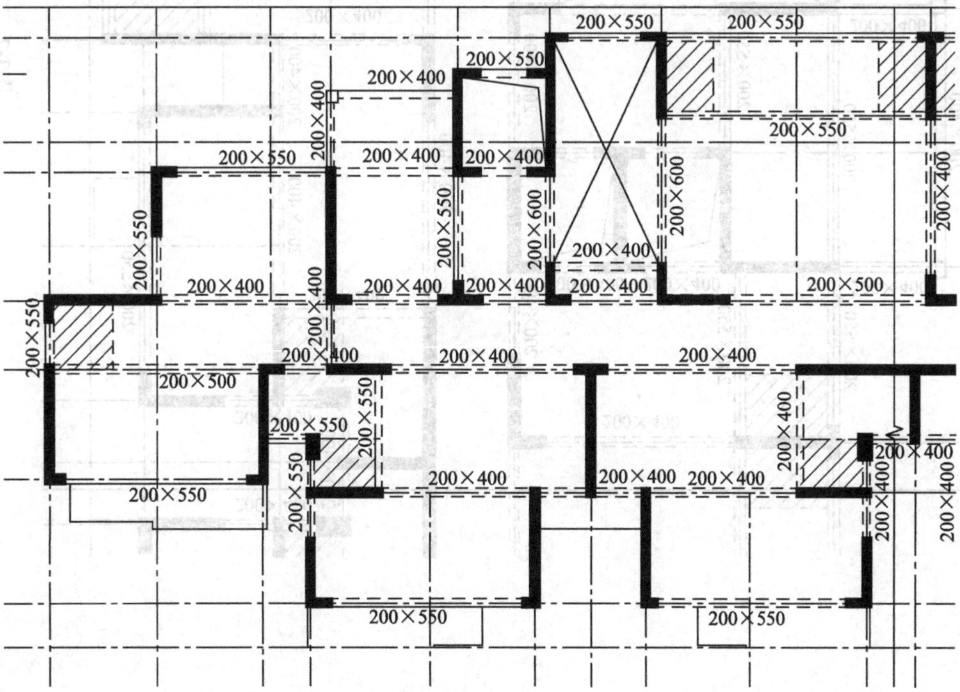

图 3-1 标准层梁截面尺寸（左半部分）

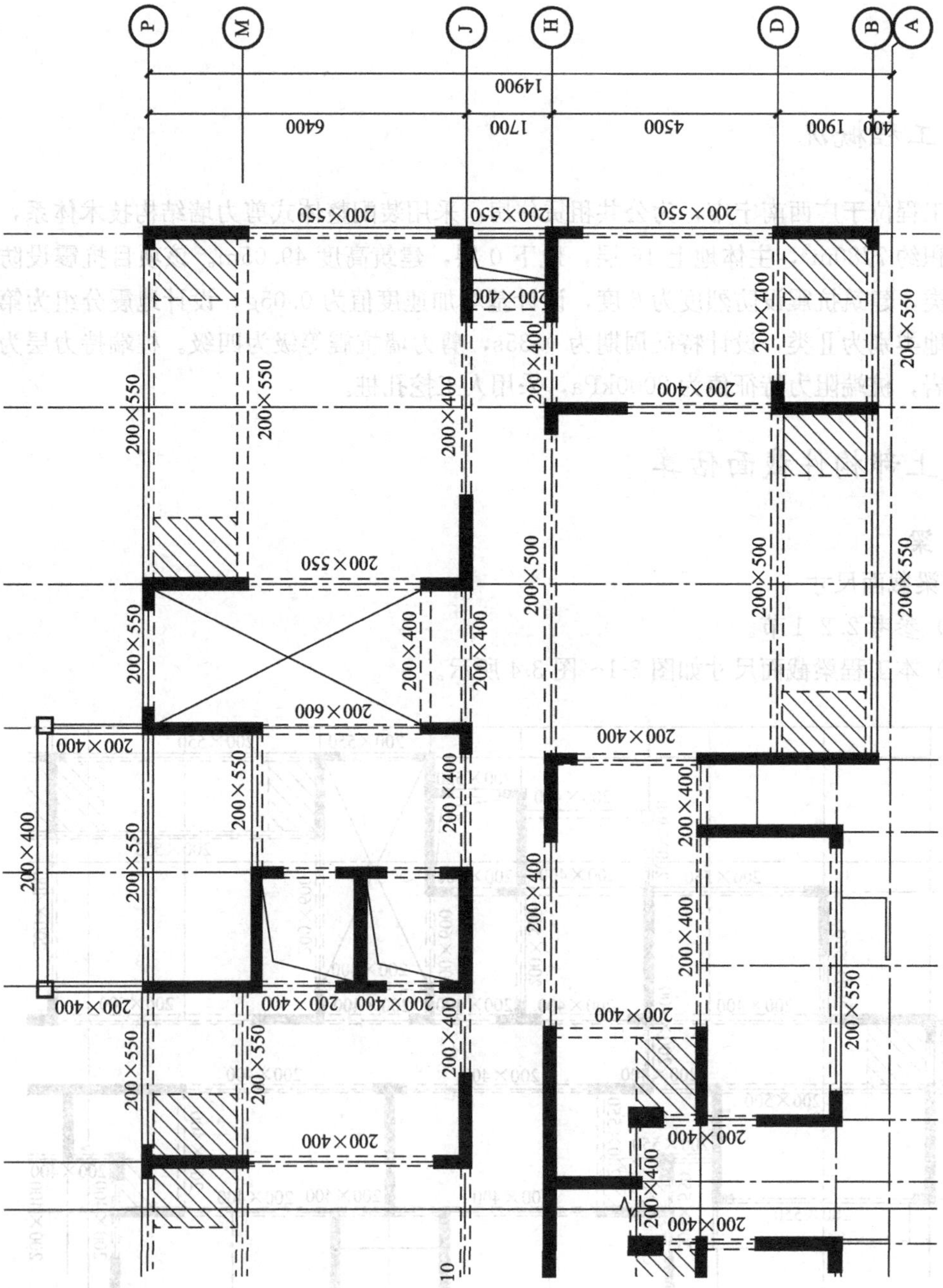

图3-2　二层梁截面尺寸（右半部分）

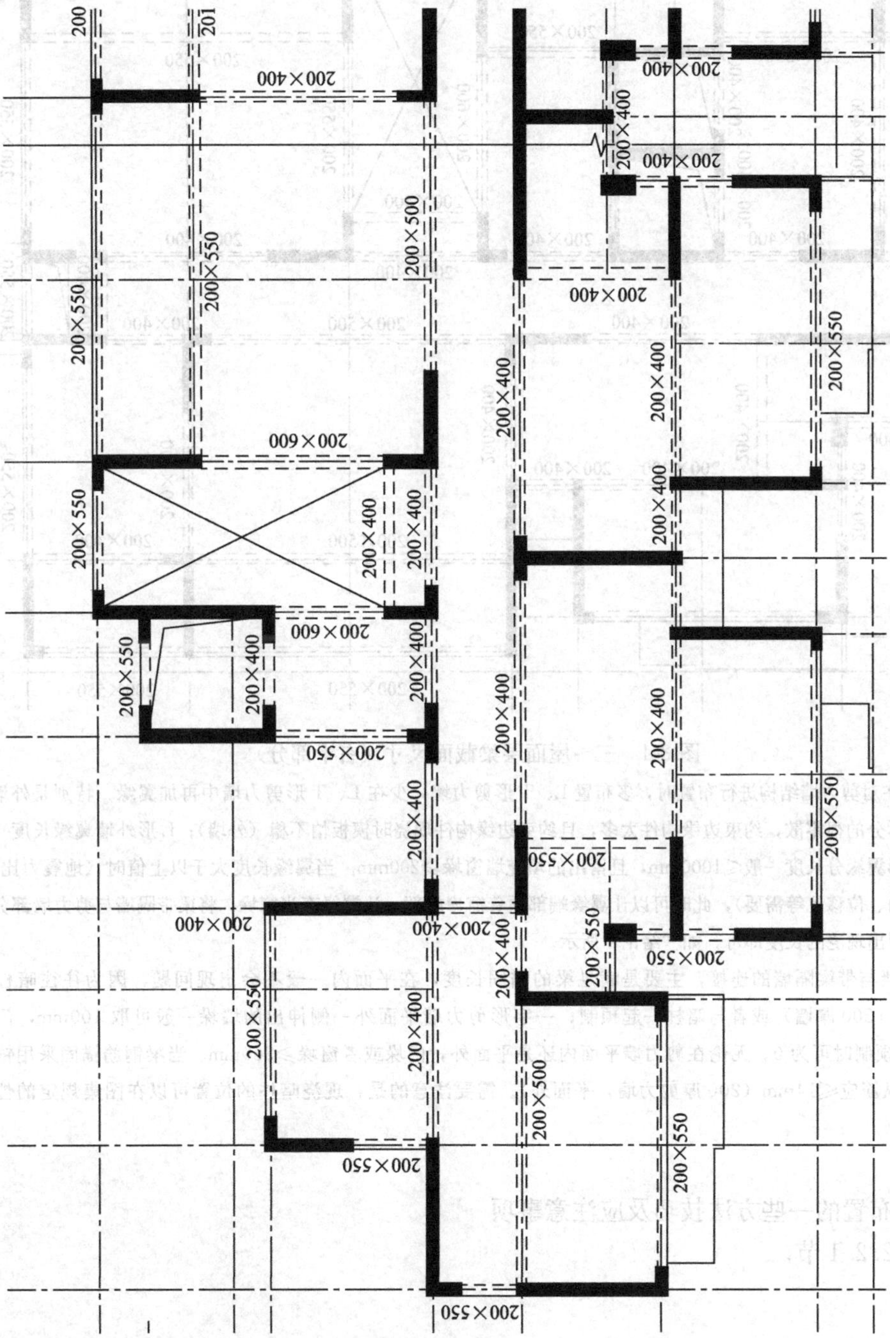

图3-3 三~屋面层梁截面尺寸（左半部分）

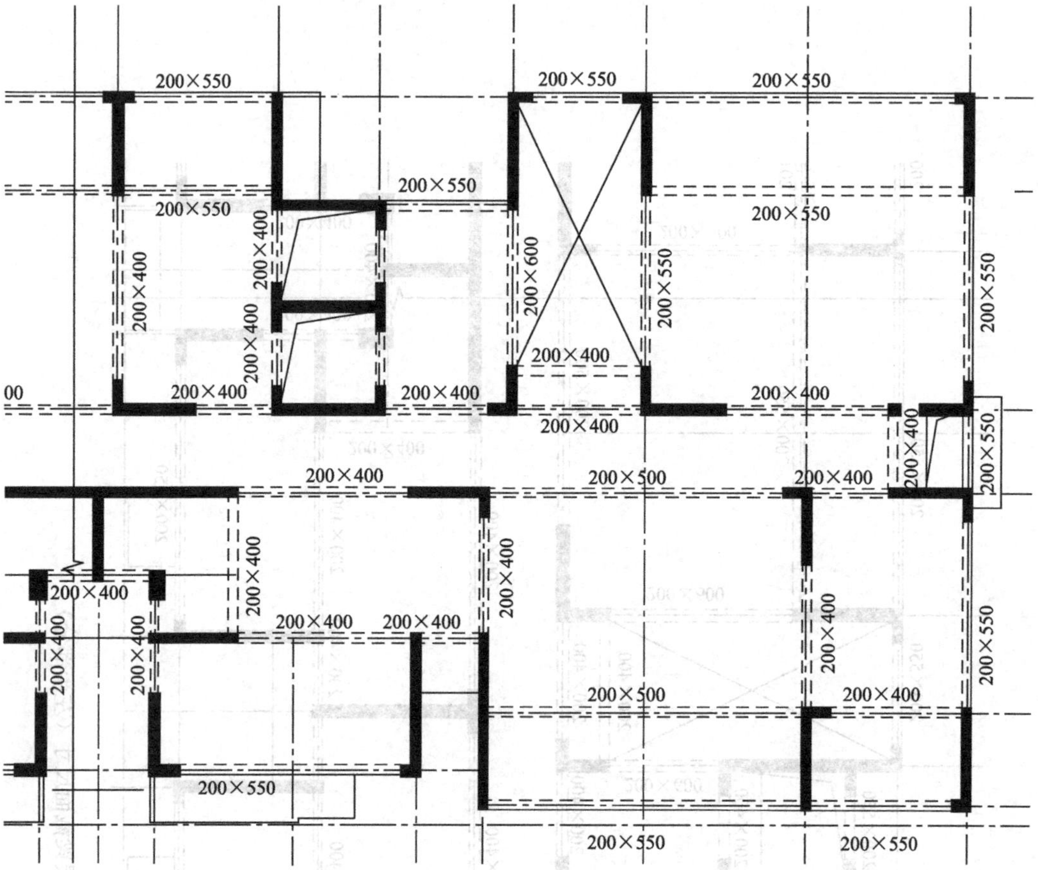

图 3-4 三～屋面层梁截面尺寸（右半部分）

注：1. 在对剪力墙结构进行布置时，多布置 L、T 形剪力墙，少在 L、T 形剪力墙中再加翼缘，特别是外墙，否则拆墙时被拆分的很零散，约束边缘构件太多，且约束边缘构件现浇时模板怕不稳（外墙）；L 形外墙翼缘长度一般≤600mm。T 形翼缘分长度一般≤1000mm，且留出的填充墙窗垛≥200mm。当翼缘长度大于以上值时（地震力比较大，调层间位移角、位移比等需要），此时可以让翼缘端部顶着窗户端部，让翼缘充当窗垛，将梁带隔墙与剪力墙部分翼缘一起预制，留出现浇的长度即可，如"绪论"所示。

2. 剪力墙与带梁隔墙的连接，主要是满足梁的锚固长度，在平面内一般不会出现问题，因为往往暗柱留有 400mm 现浇（200 厚墙）或者与暗柱一起预制；一字形剪力墙平面外一侧伸出的墙垛一般可取 100mm，门垛≥200m，整体预制时可为 0。无论在剪力墙平面内还是平面外，门垛或者窗垛≥200mm。当梁钢筋锚固采用锚板的形式时，梁纵筋应≤14mm（200 厚剪力墙，平面外）。需要注意的是，现浇暗柱的位置可以在图集规定的位置附近转移。

2. 梁布置的一些方法技巧及应注意事项

参考 2.2.1 节。

3.2.2 柱

柱截面尺寸：

（1）参考 2.2.2 节。

（2）柱网不是很大时，一般每 10 层柱截面按 0.3～0.4m^2 取。本工程框架柱受荷面积减小，约为普通框架结构中柱子受荷面积的 1/4～1/2，所以，本工程框架柱截面面积为 16/10×(1/4～1/2)×(0.3～0.4)。《抗规》第 6.3.5 条规定，当层数超过 2 层时，框架柱截面尺寸不宜小于 400mm。《抗规》第 6.4.7 条，端柱截面尺寸不宜小于 2 倍墙厚。本工程框架柱截面尺寸如图 3-3～图 3-6 所示。

3.2.3 墙

1. 墙的分类

墙的分类如表 3-1 所示。

墙的分类　　表 3-1

h_w/b_w	$h_w/b_w \leqslant 4$	$4 < h_w/b_w \leqslant 8$	$h_w/b_w > 8$
类型	按框架柱设计	短肢剪力墙	一般墙

有效翼墙可以提高剪力墙墙肢的稳定性，但不改变墙肢短肢剪力墙的属性。以下几种情况可不算短肢剪力墙：①地下室墙肢，对应的地上墙肢为一般剪力墙，地下室由于层高原因需加厚剪力墙，于是不满足一般剪力墙的宽厚比，如果满足墙肢稳定性要求，可不按短肢剪力墙设计；②$b_w \leqslant 500$，但 $b_w \geqslant H/15$，$b_w \geqslant 300$，$h_w \geqslant 2000$；③$b_w > 500$，$h_w/b_w \geqslant 4$；④《北京市建筑设计技术细则（结构）》：墙肢截面高度与厚度为 4～8mm，且墙肢两侧均与较强的连梁（连梁净跨与连梁高度之比≤2.5）相连时或有翼墙相连的短肢墙，可不作为短肢墙。

2. 规范规定

《高规》第 7.2.1 条：一、二级剪力墙：底部加强部位不应小于 200mm，其他部位不应小于 160mm；一字形独立剪力墙底部加强部位不应小于 220mm，其他部位不应小于 180mm。

三、四级剪力墙：不应小于 160mm，一字形独立剪力墙的底部加强部位尚不应小于 180mm。

非抗震设计时不应小于 160mm。剪力墙井筒中，分隔电梯井或管道井的墙肢截面厚度可适当减小，但不宜小于 160mm。

《抗规》第 6.4.1 条：抗震墙的厚度，一、二级不应小于 160m 且不宜小于层高或无支长度的 1/20，三、四级不应小于 140mm 且不宜小于层高或无支长度的 1/25；无端柱或翼墙时，一、二级不宜小于层高或无支长度的 1/16，三、四级不宜小于层高或无支长度的 1/20。

底部加强部位的墙厚，一、二级不应小于 200mm 且不宜小于层高或无支长度的 1/16，三、四级不应小于 160mm 且不宜小于层高或无支长度的 1/20；无端柱或翼墙时，一、二级不宜小于层高或无支长度的 1/12，三、四级不宜小于层高或无支长度的 1/16。

3. 经验

1）剪力墙墙厚

在设计时，墙厚一般不变，若墙较厚，可以隔一定层数缩进。剪力墙墙厚除满足规范外，对于高层，墙厚一般应≥180mm；转角窗外墙≥200mm；电梯井筒部分可以做到180mm。

注：墙厚一般主要影响结构的刚度和稳定性，若层高有突变，在底层，则应适当把墙加厚，否则受剪承载力比值不易满足规范要求。若是顶部跃层，可不单独加厚，但要验算该墙的稳定性，并采取构造措施加强。

2）剪力墙底部墙厚

当建筑层数在25～33之间时，剪力墙底部墙厚在满足规范的前提下一般遵循以下规律：6度区约为8n（n为结构层数），7度区约为10n，8度（0.2g）区约为13n，8度（0.3g）区约为15n。

4. 本工程剪力墙截面尺寸如图3-5、图3-6所示。

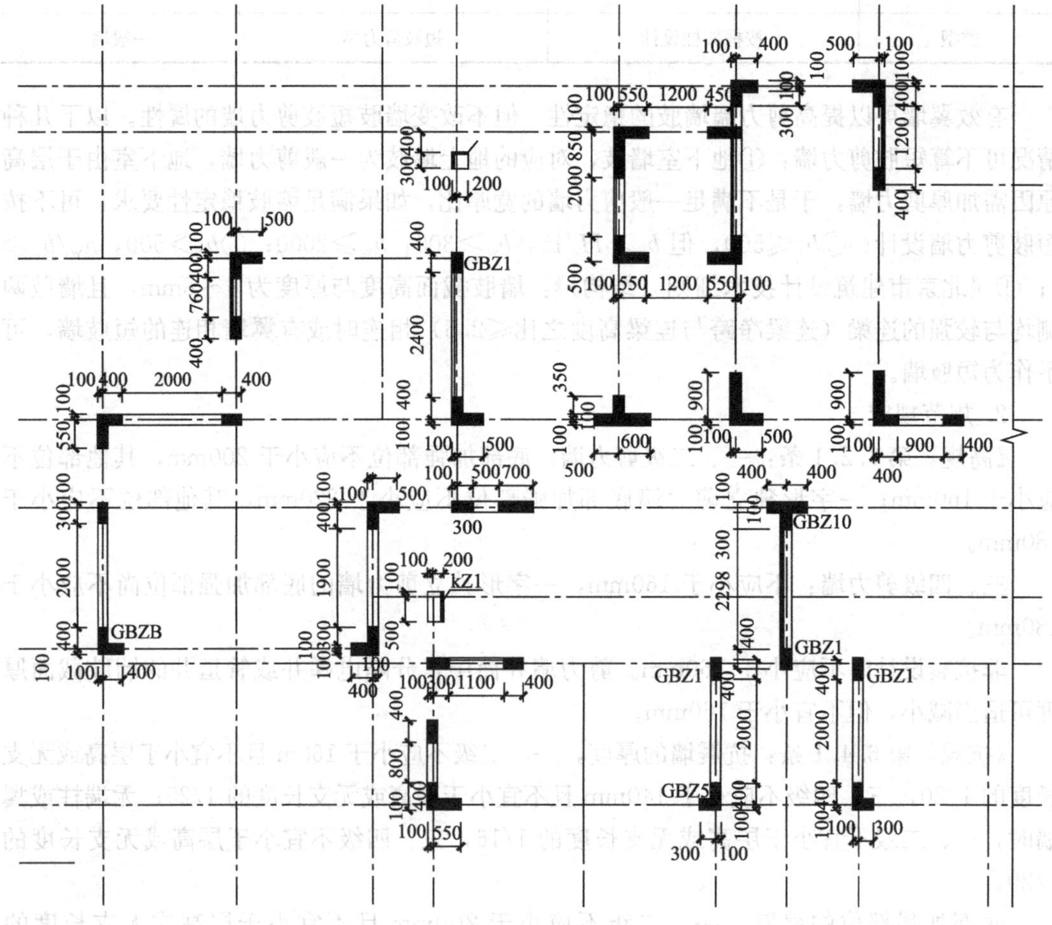

图3-5 墙柱平面布置图（左半部分）

注：墙厚均为200mm

3.2.4 板

参考2.2.3节。标准层板布置如图3-7所示。电梯机房底板150mm（现浇），闷顶层板均为120mm（60mm预制＋60mm现浇），采用钢屋架屋顶，如图3-8所示。

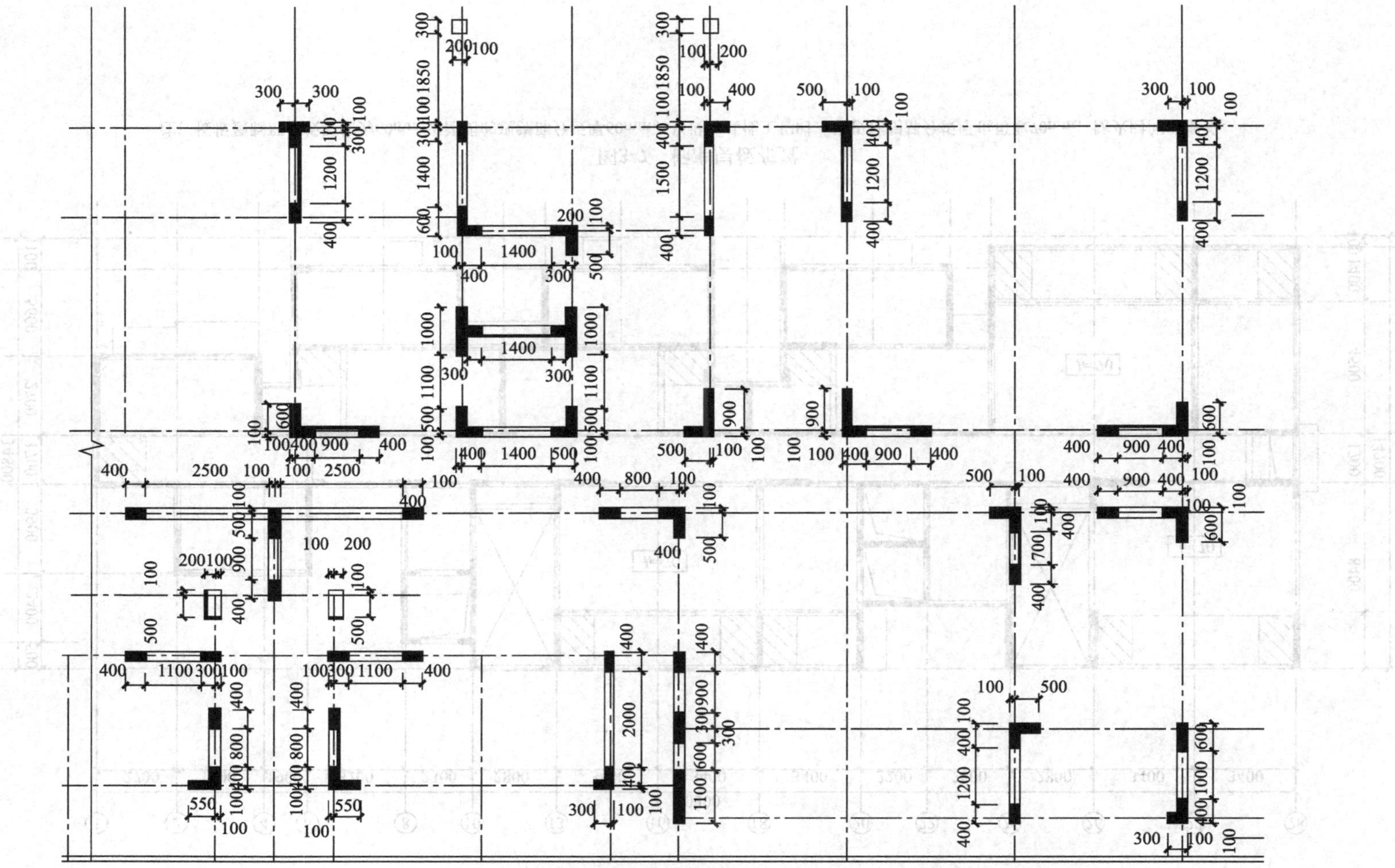

图3-6　墙柱平面布置图（右半部分）

注：墙厚均为200mm

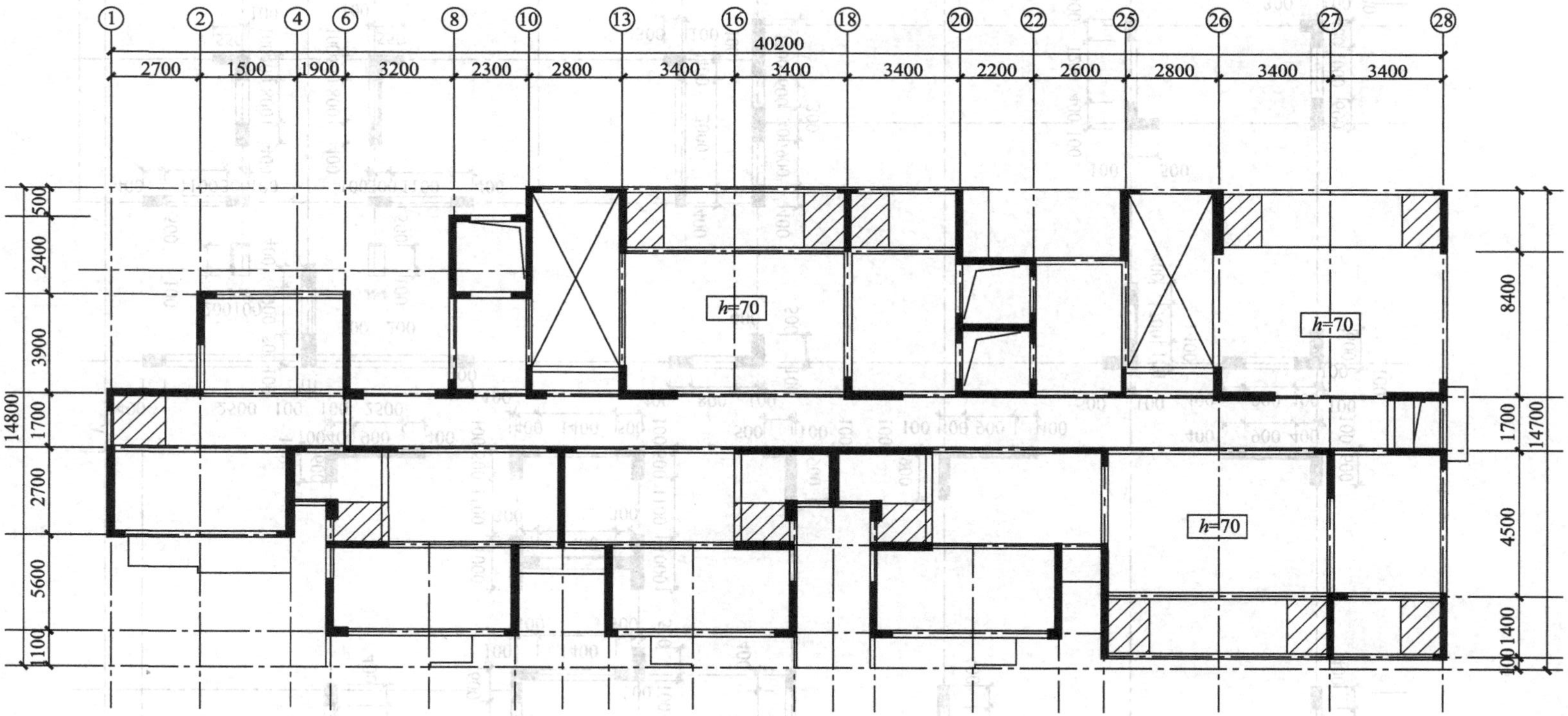

图3-7　标准层板布置

注：楼板预制部分板厚均为60mm,未注明的现浇部分板厚60mm。当设计其他工程时，楼板预制部分板厚也可取70mm，防火时间能增长。

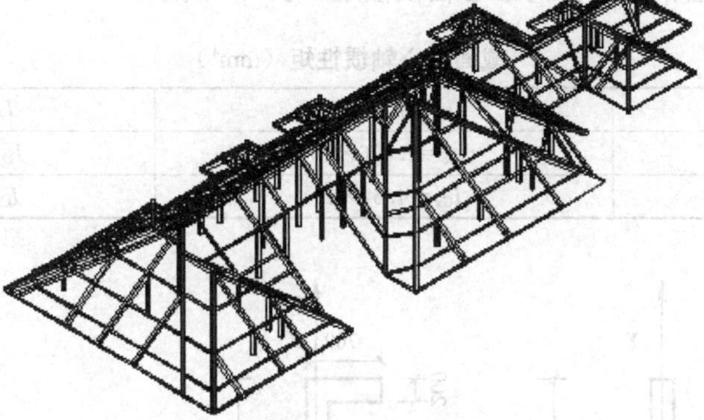

图 3-8　钢屋架轴侧图

3.3　荷载

(1) 参考 2.3 节。

(2) 恒载为板厚＋附加恒载，本工程标准层附加恒载取 1.5kN/m²。屋面附加恒载取 3.5kN/m²。活荷载如表 3-2 所示。

活荷载取值　　表 3-2

房间名称	荷载取值	房间名称	荷载取值	房间名称	荷载取值	房间名称	荷载取值	房间名称	荷载取值
住宅	2.0	厨房	2.0	阳台、露台	2.5	主卫生间	4.0	不上人屋面	0.5
上人屋面	2.0	户内楼梯	2.5	门厅	2.0	车库	4.0		

注：电梯机房屋面活荷载取 7.0kN/m²，对机房楼板承载力不存在问题，但对支承曳引机设备的承重梁来说，可能不够，一般可人为放大梁钢筋。电梯屋顶吊钩用于安装维修时用于提升主机设备，也可以用来电梯安装时定位，在 PKPM 中建模时，在梁上输入集中荷载（比如 30kN，该值由电梯厂商提供）。而普通的杂货电梯，是由电梯吊钩承担受力。

(3) 线荷载参考 2.3.3 线荷载取值。墙体材料重度：烧结多孔砖为 16kN/m³，加气混凝土砌块为 6.8kN/m³。

3.4　混凝土强度等级

混凝土强度等级参考 2.4 节。本工程所有层墙板柱墙混凝土强度等级均取 C35。

3.5　保护层厚度

保护层厚度参考 2.5 节。

3.6　剪力墙布置

1. 理论知识

(1) 惯性矩大小

截面 A、截面 B、截面 C 的尺寸如图 3-9 所示，经计算，截面 A、截面 B、截面 C 沿

X方向形心轴惯性矩、沿Y方向形心轴惯性矩如表3-3所示。

截面形心轴惯性矩（mm^4） **表3-3**

截面A	$I_{Ax}=9.72\times10^{10}$	$I_{Ay}=1.2\times10^{9}$
截面B	$I_{Bx}=1.476\times10^{11}$	$I_{By}=1.29\times10^{10}$
截面C	$I_{Cx}=4.67\times10^{8}$	$I_{Cy}=5.72\times10^{9}$

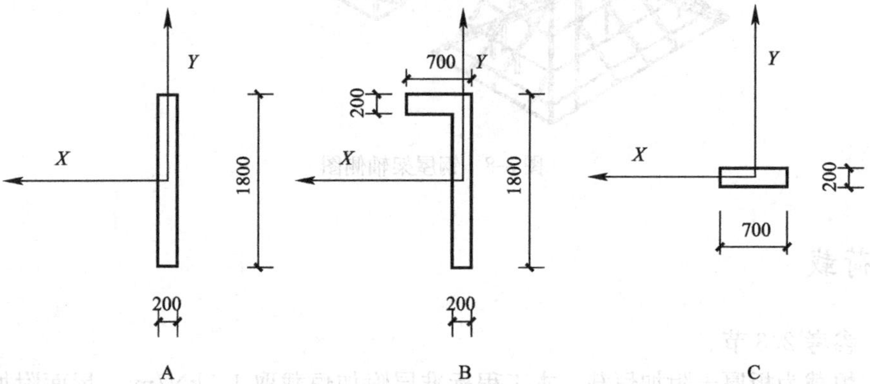

图3-9 截面尺寸（mm）

（2）构件平外内外刚度比较

假设截面长边方向为构件平面内刚度方向，截面短边方向为构件平面外刚度方向，构件材料相同，材料弹性模量均为E，则平外内外抗弯刚度EI如表3-4所示。

截面平面内外抗弯刚度 **表3-4**

	未加翼缘		加翼缘	
截面A	平面内抗弯刚度	平面外抗弯刚度	平面内抗弯刚度	平面外抗弯刚度
	$9.72\times10^{10}E$	$1.2\times10^{9}E$	$1.476\times10^{11}E$	$1.29\times10^{10}E$
截面C	平面内抗弯刚度	平面外抗弯刚度	平面内抗弯刚度	平面外抗弯刚度
	$5.72\times10^{9}E$	$4.67\times10^{8}E$	$1.29\times10^{10}E$	$1.476\times10^{11}E$

由表3-4可知，截面A加翼缘后，平面内抗弯刚度增加0.519倍，平面外抗弯刚度增加10.75倍，截面C加翼缘后，平面内抗弯刚度增加2.24倍，平面外抗弯刚度增加316倍。

（3）在弯矩M作用下截面A的正应力、剪应力图，如图3-10所示。

截面A加翼缘后，组成一个H形截面D（图3-11），在弯矩作用下，截面D（构件）与截面A（构件）相比较，最大正应力减小，翼缘几乎承受全部正应力，腹板几乎承受全部切应力，在计算时，让翼缘抵抗弯矩，腹板抵抗剪力。

（4）总结

由以上分析可知，构件布置翼缘后，平面内外刚度均增大，刚度内外组合，互为翼缘，能提高材料效率。布置剪力墙时，墙要连续，互为翼缘。拐角处变形大，更应遵循这条原则，否则应力大，会增大墙截面，与墙相连的梁截面，也容易引起梁超筋，周期比、位移比等不满足规范要求。墙布置翼缘，边缘构件配筋会增大，但结构布置合理了才经济，否则因小失大。

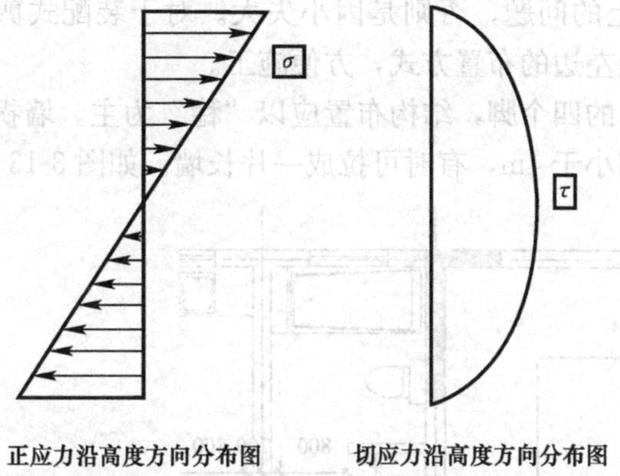

图 3-10　应力分布图

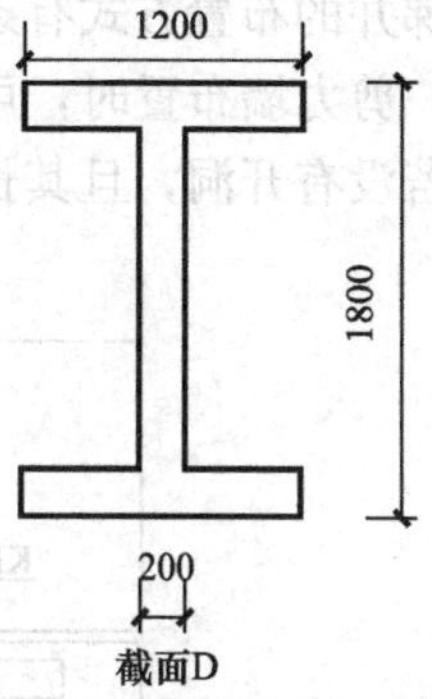

图 3-11　截面 D 尺寸（mm）

2. 经验

（1）外围、均匀。剪力墙布置在外围，在水平力作用下，$F_1 \cdot H = F_2 \cdot D$，抗倾覆力臂 D 越大，F_2 越小，于是竖向相对位移差越小，反之，如果竖向相对位移差越大，则可能会导致剪力墙或连梁超筋。剪力墙布置在外围，整个结构抗扭刚度很大，反之，如果不布置在外围，则可能会导致位移比、周期比等不满足规范。

（2）拐角处，楼梯、电梯处要布墙。拐角处布墙是因为拐角处扭转变形大，楼梯、电梯处布墙是因为此位置无楼板，传力中断，一般都会有应力集中现象，布墙是让墙去承担大部分力。

（3）多布置 L 形、T 形剪力墙，尽量不用短肢剪力墙、一字形剪力墙、Z 形剪力墙。短肢剪力墙，一字形剪力墙受力不好且配筋大，而 Z 形剪力墙边缘构件多，不经济。

（4）6 度、7 度区剪力墙间距一般为 6～8m；8 度区剪力墙间距一般为 4～6m。当剪力墙长度大于 5m 时，若刚度有富余，可设置结构洞口。设防烈度越高，地震作用越大，所需要的刚度越大，于是剪力墙间距越小。剪力墙的间距大小也可以由梁高反推，假设梁高 500mm，则梁的跨度取值 $L=(10\sim15)\times500\text{mm}=5.0\sim7.5\text{m}$。

（5）当抗震设防烈度为 8 度或者更大时，由于地震作用很大，一般要布置长墙，即用“强兵强将”去消耗地震作用效应。

（6）剪力墙边缘构件的配筋率显著大于墙身，故从经济性角度，应尽量采用片数少、长度大、拐角少的墙肢；减少边缘构件数量和大小，降低用钢量。

（7）电梯井筒一般有如下三种布置方法（图 3-12 中从左至右），由于电梯的重要性很大，从概念上一般按第一种方法布置，当电梯井筒位于结构中间位置且地震作用不是很大时，可参考第二种或第三种方法布置。当为了减小位移比及增加平动周期系数时，可以改变电梯井的布置（减少刚度大一侧的电梯井的墙体），参考第二种或第三种方法布置，不用在整个电梯井上布置墙，而采用双 L 形墙。在实际工程中，电梯井筒的布置应在以上三个图基础上修改，与周围的竖向构件用梁拉结起来，尽管墙的形状可能有些怪异也浪费钢

图 3-12　电梯井筒布置

筋，但结构布置合理了才能考虑经济上的问题，否则是因小失大。对于装配式剪力墙结构，电梯井的布置方式有条件时应用最左边的布置方式，方便施工。

（8）剪力墙布置时，可以类比桌子的四个脚，结构布置应以“稳”为主。墙拐角与拐角之间若没有开洞，且其长度不大，如小于 4m，有时可拉成一片长墙。如图 3-13 所示。

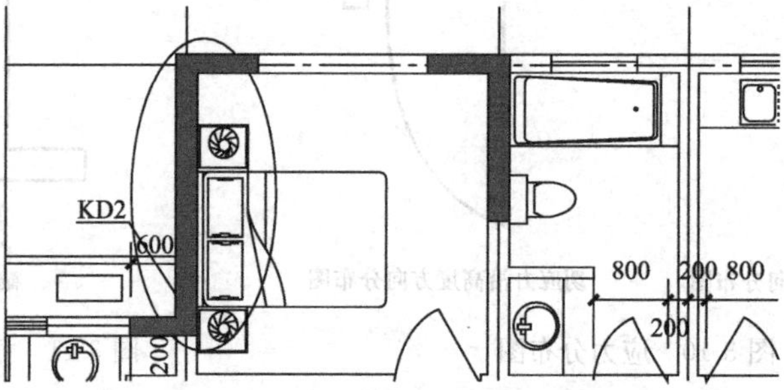

图 3-13　剪力墙布置（1）

（9）剪力墙的布置原则是：外围、均匀、双向、适度、集中、数量尽可能少。一般根据建筑形状大致确定什么位置或方向该多布置墙，比如横向（短向）的外围应多布置墙，品字形的部位应多布置墙。“均匀”与“双向”应同步控制，这样 X 或 Y 方向两侧的刚度趋近于一致，位移比更容易满足，周期的平动系数更高。剪力墙的总刚度的大小是否合适可以查看“弹性层间位移角”，剪力墙外围墙体应集中布置（长墙等），一般振型参与系数会提高，更容易控制剪重比，扭转刚度增加，对周期比、位移比的调整都有利。

3. 本工程剪力墙布置如图 3-5～图 3-6 所示。

3.7　PKPM 中建模

1. 参考 2.6 节。

2. PMCAD 中建模时要注意的一些问题

（1）PKPM 建模时，一般是在两个节点之间布置墙，点击【轴线输入/两点直线】，用“两点直线”布置好节点，再在节点之间布墙。若剪力墙结构是对称布置，可以先布置好一边，另一边用“镜像复制”来完成建模。如果剪力墙长度需要改变，可以点击【网格生成/平移网点】来修改剪力墙的长度。

（2）布置剪力墙

点击【/建筑模型与荷载输入】→【楼层定义/墙布置】，如图 3-14 所示。

（3）布置洞口

点击【楼层定义/洞口布置】，弹出“洞口截面列表”对话框，如图 3-17 所示。

（4）连梁建模

① 就实际操作的方便性来说，按框架梁输入比较好，连梁上的门窗洞口荷载及连梁截面调整较方便。可先按框架来输入，再视情况调整。

② 剪力墙两端连梁有两种建模方式：a. 开洞，程序默认其为连梁；b. 先定义节点，再按普通框架梁布置，如果要将其改为连梁，可以在 SATWE“特殊构件补充定义”里将框架梁改为连梁。

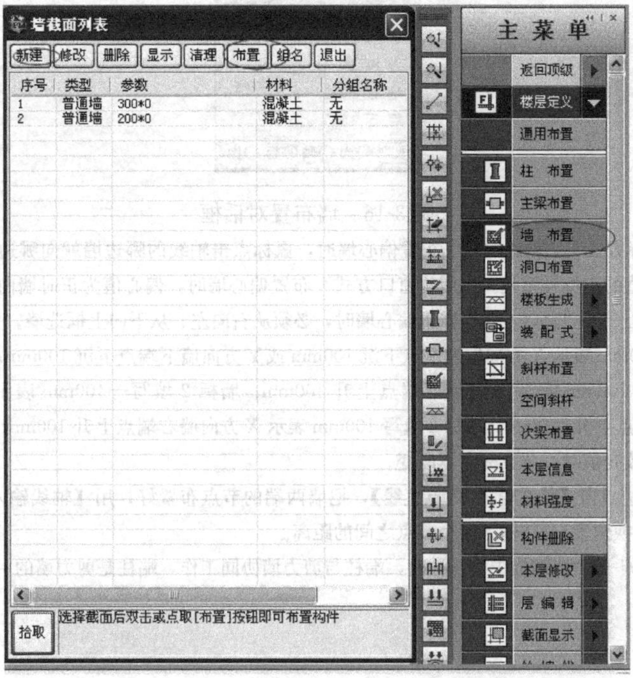

图 3-14 墙截面列表对话框

注：所有墙截面都在此对话框中，点击“新建”，定义墙截面，选择“截面类型”，填写“厚度”、“材料类别”（6为混凝土），如图 3-15 所示。

③ 连梁的两种建模方式比较，如表 3-5 所示。

两者计算结果基本没有可比性，配筋差异太大，为了尽能符合实际情况，按以下原则：

A. 当跨高比≥5 时，按梁计算连梁，构造按框架梁。

B. 当跨高比≤2.5 时，一般按连梁（墙开洞），但是当梁高＜400mm 时，宜按梁，否则，连梁被忽略不计。

C. 当跨高比：$2.5 \leqslant L/h \leqslant 5$ 且梁高＜400mm 时，应按梁，否则，连梁被忽略不计。

D. 当梁高＜300 时，按墙开洞的连梁会被忽略，即无连梁，一般梁应≥400mm，尽量不要出现梁高＜400mm 的情况。

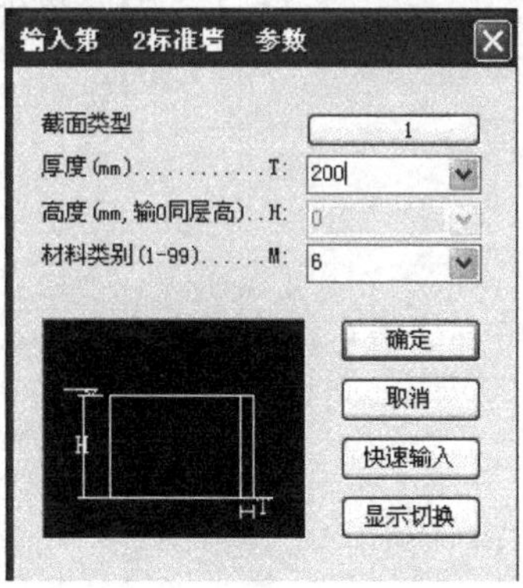

图 3-15 标准墙参数对话框

注：填写参数后，点击“确定”，选择要布置的墙截面，再点击“布置”，如图 3-14、图 3-16 所示。

（5）端柱

剪力墙中的端柱在墙平面外充当框架柱的作用时应该按框架柱建模。

端柱不是柱，而是墙，对剪力墙提供约束作用，并有利于剪力墙平面外稳定性。由于混凝土对竖向荷载的扩散作用，其竖向荷载由墙肢全截面共同承担，端柱和墙体共同承担竖向荷载及竖向荷载引起的弯矩，并且墙体始终是承担竖向荷载的主体。剪力墙中的端柱往往在墙平面外充当框架柱的作用。

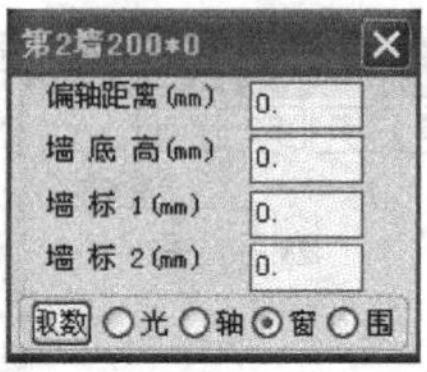

图 3-16　墙布置对话框

注：1. 当用“光标方式”、“轴线方式”布置偏心墙时，鼠标点击轴线的哪边墙就向哪边偏心，偏心值在“偏轴距离”中填写，与输入值的正负号无关。当用“窗口方式”布置偏心墙时，偏心值为正时墙向上、向左偏心，偏心值为负时墙向下、向右偏心，用“窗口方式”布置偏心墙时，必须从右向左、从下向上框选墙。

2. 墙标 1 填写－100mm 表示 X 方向墙左端点下沉 100mm 或 Y 方向墙下端点下沉 100mm；墙标 1 填写 100mm 表示 X 方向墙左端点上升 100mm 或 Y 方向墙下端点上升 100mm；墙标 2 填写－100mm 表示 X 方向墙右端点下沉 100mm 或 Y 方向墙上端点下沉 100mm；墙标 2 填写 100mm 表示 X 方向墙右端点上升 100mm 或 Y 方向墙上端点上升 100mm。当输入墙标高改变值时，节点标高不改变。

3. 布置墙时，首先应点击【轴线输入/两点直线】，把墙两端的节点布置好，用【轴线输入/两点直线】命令布置节点时，应按 F4 键（切换角度），并输入两个节点之间的距离。

4. 剪力墙结构或框架-剪力墙结构中有端柱时，端柱与剪力墙协同工作，端柱是剪力墙的一部分，一般可把端柱按框架柱建模。

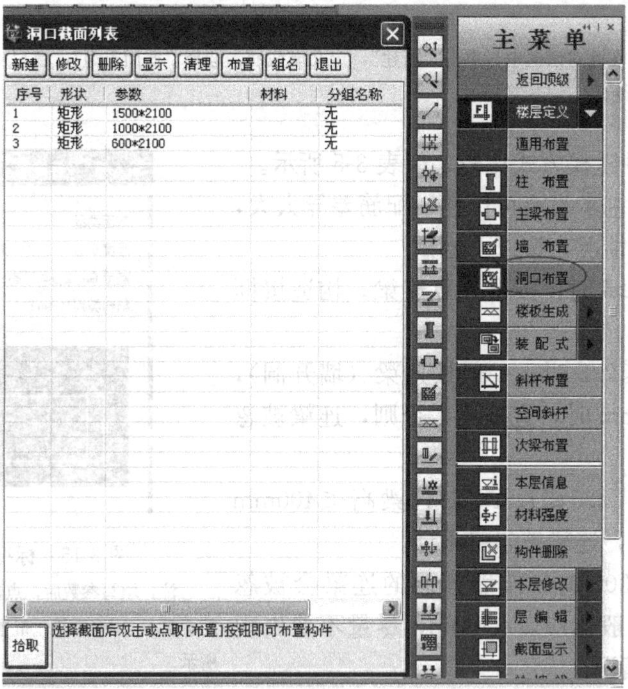

图 3-17　洞口截面列表对话框

注：1. 所有竖向洞口都在此对话框中点击“新建”命令定义，填写“矩形洞口宽度”、“矩形洞口高度”，如图 3-18 所示。

2. 开洞形成的梁为连梁，不可在“特殊构件定义”中根据需要将其改为框架梁。在 PMCAD 中定义的框架梁，程序会按一定的原则，自动将部分符合连梁条件的梁转化为连梁。也可以在 SATWE 特殊构件中间将框架梁定义为连梁。

端柱按柱输入，则端柱与墙的总截面面积比实际情况增加，直接影响带端柱剪力墙的抗剪承载力，且偏于不安全。当采用柱墙分离式计算时，常导致同一结构内端柱与墙肢的计算压应力水平差异很大，常常导致柱墙轴力的绝大部分由端柱承担，而剪力墙只承担其中的很小部分，端柱配筋过大，不合理。

当采用柱墙分离式计算时，会出现端柱的抗震等级同框架，应该人工修改柱的抗震等级，使其同剪力墙。

(6) 女儿墙建模

女儿墙在 PKPM 中不用建模，一般加上竖向线荷载即可（恒载）。风荷载对结构的影响很小，由于女儿墙是悬臂受力构件，地震作用很弱，对结构的影响基本可以忽略。

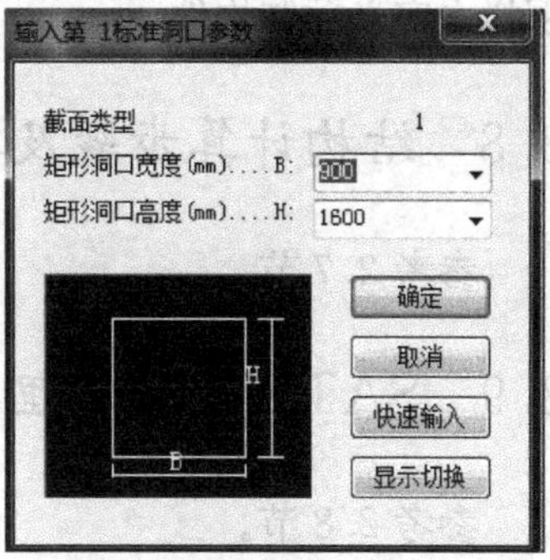

图 3-18 标准洞口参数对话框

注：填写参数后，点击“确定”，选择要布置的洞口截面，再点击“布置”，如图 3-17、图 3-19 所示。

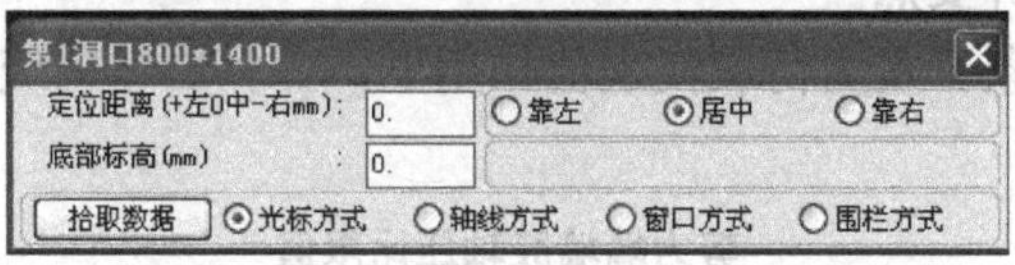

图 3-19 洞口布置对话框

注：若定位距离填写 600，则表示洞口左端节点离 X 方向墙体（在 X 方向墙体上开洞）左端节点的距离为 600mm 或洞口下端节点离 Y 方向墙体下端节点的距离为 600mm；若定位距离填写－600，则表示洞口右端节点离 X 方向墙体右端节点的距离为 600mm 或洞口上端节点离 Y 方向墙体上端节点的距离为 600mm。底部标高填写 500，则表示洞口的底部标高上升 500mm，底部标高填写－500，则表示洞口的底部标高下降 500mm。

连梁的两种建模方式比较 **表 3-5**

连梁	方法 1（普通梁输入法）	方法 2：（墙上开洞法）
属性	1. 连梁混凝土强度等级同梁。 2. 可进行“特殊构件定义”：调幅、转换梁、连梁耗能梁。 3. 抗震等级同框架	1. 连梁混凝土强度等级同墙。 2. 不可以进行“特殊构件定义”，只能为“连梁”。 3. 抗震等级同剪力墙
荷载	按梁输入各种荷载，荷载比较真实	按“墙间荷载”，除集中荷载外，其他荷载形式均在计算时转化为均布荷载，存在误差
计算模型	按杆单元，考虑了剪切变形。杆单元与墙元变形不协调，通过增加“罚单元”解决，有误差	按墙单元，与剪力墙一起进行单元划分，变形协调
刚度	整体刚度小	整体刚度大
位移	大	小
周期	大	小
梁内力	梁端弯矩、剪力大	梁端弯矩、剪力小
剪力墙配筋	配筋小	配筋大

(7) 由于布置单向预应力叠合板，应点击【荷载输入/导荷方式/对边传导】，按照拆板的原则，把力的传导模式改为“对边传导”。

(8) 当第一标准层建模与荷载输入完成后，应点击【楼层定义/装配式/指定预制柱，指定预制墙，指定叠合梁】，可以根据程序提示，用四种不同的方式：光标、轴线、窗口、围栏去定义预制构件。

3.8 结构计算步骤及控制点

参考2.7节。

3.9 SATWE前处理、内力配筋计算

参考2.8节。

3.10 SATWE计算结果分析与调整

SATWE计算结果分析与调整可参照2.9节。

3.10.1 墙轴压比的设计要点

《高规》第7.2.13条：重力荷载代表值作用下，一、二、三级剪力墙墙肢的轴压比不宜超过表3-6的限值。

剪力墙墙肢轴压比限值 **表3-6**

抗震等级	一级（9度）	一级（6、7、8度）	二、三级
轴压比限值	0.4	0.5	0.6

注：墙肢轴压比是指重力荷载代表值作用下墙肢承受的轴压力设计值与墙肢的全截面面积和混凝土轴心抗压强度设计值乘积之比值。

3.10.2 周期比超限实例分析

实例1：

一栋24层剪力墙结构，第二振型是扭转，第一振型平动系数是1.0，第二振型平动系数是0.3，第三振型平动系数是0.7；第三振型转角1.97°，第二振型转角2.13°，第一振型转角91.20°。

分析：

(1) 第二振型为扭转，说明结构沿两个主轴方向的侧移刚度相差较大，结构的扭转刚度相对其中一主轴（第一振型转角方向）的侧移刚度是合理的；但相对于另一主轴（第三振型转角方向）的侧移刚度则过小，此时宜适当削弱结构内部沿“第三振型转角方向”的刚度，并适当加强结构外围（主要是沿第三振型转角方向）的刚度。

(2) 第三振型转角1.97°，靠近X轴；第一振型转角91.20°，靠近Y轴；先看下位移比、周期比，如果位移比不大，可以增大结构外围X方向的刚度，适当削弱内部沿X方向的刚度（墙肢变短、开洞等）。

(3) “平1”、“扭”、“平2”。“扭”没有跑到“平1”前，说明“平1”方向的扭转周期小于“平1”方向的平动周期，即“平1”方向的扭转刚度足够；加强“平2”方向外围的墙体，扭转刚度比平动刚度增大的更快，于是扭转周期跑到了“平2”后面，即“平平扭”。在实际设计中，减少内部的墙体会更有效也更具有操作性。一定要记住，位移比，周期比的本质在于控制扭转变形，控制扭转变形的关键在于外部刚度相对于内部。

注：1. “平 1”：第一平动周期；“平 2”：第二平动周期；“扭”：第一扭转周期。

2. 增大 X 方向结构外围刚度时，应在 SATWE 后处理-图形文件输出中点击【结构整体空间振动简图】，查看是 X 方向哪一侧扭转刚度弱（扭转变形大），增加扭转变形大那一侧结构外围的刚度，增加扭转刚度的同时还应保证两侧刚度均匀（控制位移比与周期平动系数）。同时减小结构内部沿着 X 方向刚度，两端刚度大于中间刚度才会扭转小。

3. 平动周期系数，不同的地区有不同的规定，一般应控制在≥90%。但有时由于建筑体型的原因，平动周期系数很难控制在≥90%，深圳某大型国有民用设计研究院对此的底线是≥55%。

实例 2：

某 32 层剪力墙结构，第一周期出现了扭转。

考虑扭转耦联时的振动周期（s）、X，Y 方向的平动系数、扭转系数：

振型号	周期	转角（°）	平动系数（X+Y）	扭转系数
1	3.1669	178.85	0.49（0.49+0.00）	0.51
2	2.8769	89.08	1.00（0.00+1.00）	0.00
3	2.5369	179.31	0.51（0.51+0.00）	0.49
4	0.9832	179.33	0.62（0.62+0.00）	0.38
5	0.8578	89.11	1.00（0.00+1.00）	0.00
6	0.7805	178.74	0.38（0.38+0.00）	0.62
7	0.4984	179.59	0.73（0.73+0.00）	0.27
8	0.4126	89.04	1.00（0.00+1.00）	0.00
9	0.3842	177.54	0.27（0.27+0.00）	0.73
10	0.3072	179.72	0.79（0.79+0.00）	0.21
11	0.2446	89.10	1.00（0.00+1.00）	0.00
12	0.2302	176.67	0.21（0.20+0.00）	0.79
13	0.2109	179.79	0.83（0.83+0.00）	0.17
14	0.1653	89.25	1.00（0.00+1.00）	0.00
15	0.1558	179.61	0.68（0.68+0.00）	0.32

地震作用最大的方向＝－85.950°

分析：

（1）关键在于调整构件的布置，使得水平面 X、Y 方向的两侧刚度均匀且“强外弱内”。第一周期为扭转振型，转角接近于 180°，则应加强 X 方向外围刚度，使得扭 X 方向扭转刚度增加，或削弱 X 方向内部刚度，使得 X 方向相对扭转刚度增加。

（2）平动周期不纯时，应查看该平动周期的转角，确定是 X 方向还是 Y 方向两侧刚度不均匀。有一个直观的方法，在 SATWE 后处理——图形文件输出中点击【结构整体空间振动简图】，点击“改变视角”，切换为俯视，选择相应的 1、2 振型查看，通过查看整体震动可以判断哪个方向比较弱，然后相应加强弱的一边或者减弱强的一边。平动周期不纯的本质在于 X 或 Y 方向两侧刚度不均匀（相差太大）。

3.10.3 超筋

1. 参考 2.9.2 节。

2. 对“剪力墙中连梁超筋”的认识及处理

（1）原因

剪力墙在水平力作用下会发生错动，墙稍有变形的情况下，连梁端部会产生转角，连梁会承担极大的弯矩和剪力，从而引起超筋。

（2）“剪力墙中连梁超筋”的解决方法

方法 1：降低连梁刚度，减少地震作用

① 减小梁高，以柔克刚。如果仍然超筋，说明该连梁两侧的墙肢过强或者是吸收的地震力过大，此时，想通过调整截面使计算结果不超筋是困难且没必要的。一般由于门窗高度的限制，梁高减小的余地已不大，减小梁高，抗剪承载力可能比内力减少得更多。

② 容许连梁开裂，对连梁进行刚度折减。《抗规》GB 50011—2010 第 6.2.13-2 条规定：抗震墙连梁的刚度可折减，折减系数不宜小于 0.50。

③ 把洞口加宽，增加梁长，把连梁跨高比控制在 2.5 以上，因为跨高比 2.5 时，抗剪承载能力比跨高比<2.5 时大很多。梁长增加后，刚度变小，地震作用时连梁的内力也减小。

④ 采用双连梁。假设连梁截面为 200mm×1000mm，可以在梁高中间位置设一道缝，设缝能有效降低连梁抗弯刚度，减小地震作用。

方法 2：提高连梁抗剪承载力

① 提高混凝土强度等级。

② 增加连梁的截面宽度，增加连梁的截面宽度后抗剪承载力的提高大于地震作用的增加，而增加梁高后地震作用的增加会大于抗剪承载力的提高。

3. 水平施工缝验算不满足

（1）规范规定

《高规》第 7.2.12 条：抗震等级为一级的剪力墙，水平施工缝的抗滑移应符合下式要求：

$$V_{wj} \leqslant \frac{1}{\gamma_{RE}}(0.6f_yA_s + 0.8N) \tag{3-1}$$

式中 V_{wj}——剪力墙水平施工缝处剪力设计值；

A_s——水平施工缝处剪力墙腹板内竖向分布筋和边缘构件中的竖向钢筋总面积（不包括两侧翼缘），以及在墙体中有足够锚固长度的附加竖向插筋面积；

f_y——竖向钢筋抗拉强度设计值；

N——水平施工缝处考虑地震作用组合的轴向力设计值，压力为正值，拉力取负值。

（2）原因分析

高层剪力墙结构可以简化为竖立在地球上的一个“悬臂梁”，在水平地震作用时，“悬臂梁”产生拉压力，拉压力形成力偶去抵抗水平力产生的弯矩。水平作用越大时，拉压力越大，剪力墙可能受拉，此时剪力墙剪力也越大，对于抗震等级为一级的剪力墙，水平施工缝验算可能不满足规范要求。

（3）程序查看

剪力墙结构中水平施工缝验算超限的墙肢大多是受拉的墙肢，对于 8 度区>80m 的剪力墙结构，8 度区>60m 的框架剪力墙结构，常会遇到墙水平施工缝验算超限，可以点击【SATWE/分析结果图形和文本显示/文本文件输出/超配信息】查看超筋信息，如图 3-20 所示。

（4）解决方法

施工缝超筋可以考虑附加斜向插筋，手工复核。点击【SATWE/接 PM 生成 SATWE 数据】→【特殊构件补充定义/特殊墙/竖配筋率】如图 3-21、图 3-22 所示。

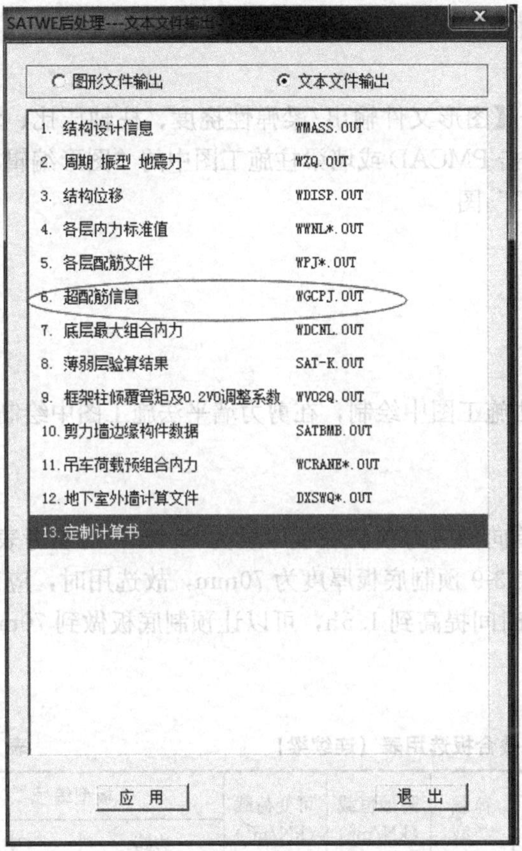

图 3-20　SATWE 后处理/超配信息

图 3-21　特殊构件菜单

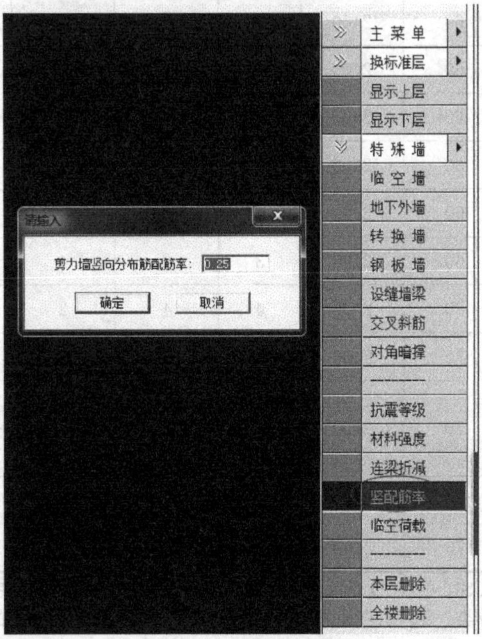

图 3-22　竖配筋率对话框

3.11 “混凝土构件配筋及钢构件验算简图”转化为DWG图

点击【分析结果图形和文本显示】→【图形文件输出/梁弹性挠度、柱轴压比、墙边缘构件简图】，点击“保存”，然后，应点击PMCAD或墙梁柱施工图中的“图形编辑、打印及转换”，将“WPJC”T图转成“DWG”图。

3.12 上部结构施工图绘制

3.12.1 梁平法施工图绘制

参考2.10.1节。连梁可不在梁平法施工图中绘制，在剪力墙平法施工图中绘制。

3.12.2 板施工图绘制

参考2.10.2节。本工程中采用的单向预应力预制底板厚度为60mm，可参考表3-7～表3-9选用板厚及钢筋，由于表3-7～表3-9预制底板厚度为70mm，故选用时，应留有一定的余地。在实际设计中，为了让防火时间提高到1.5h，可以让预制底板做到70mm，保护层厚度取30mm。

70mm底板叠合板选用表（连续梁）　　　　表3-7

<table>
<tr><th rowspan="2">板跨段（m）</th><th rowspan="2">底板厚度（mm）</th><th rowspan="2">叠合层厚度（mm）</th><th rowspan="2">预制板宽度（mm）</th><th rowspan="2">荷载类型</th><th rowspan="2">附加恒载（kN/m²）</th><th rowspan="2">可变荷载（kN/m²）</th><th colspan="2">板型编号</th></tr>
<tr><th>边跨</th><th>中跨</th></tr>
<tr><td rowspan="4">0<l_0≤3.0
(A)</td><td>70</td><td>60</td><td>2400</td><td>1</td><td>2</td><td>2</td><td>YSD76-A-S12</td><td>YSD76-A-S12</td></tr>
<tr><td>70</td><td>60</td><td>2400</td><td>2</td><td>2</td><td>2.5</td><td>YSD76-A-S12</td><td>YSD76-A-S12</td></tr>
<tr><td>70</td><td>60</td><td>2400</td><td>3</td><td>2</td><td>4</td><td>YSD76-A-S12</td><td>YSD76-A-S12</td></tr>
<tr><td>70</td><td>60</td><td>2400</td><td>4</td><td>4</td><td>2</td><td>YSD76-A-S12</td><td>YSD76-A-S12</td></tr>
<tr><td rowspan="4">3.0<l_0≤4.0
(B)</td><td>70</td><td>60</td><td>2400</td><td>1</td><td>2</td><td>2</td><td>YSD76-B-S12</td><td>YSD76-B-S12</td></tr>
<tr><td>70</td><td>60</td><td>2400</td><td>2</td><td>2</td><td>2.5</td><td>YSD76-B-S12</td><td>YSD76-B-S12</td></tr>
<tr><td>70</td><td>60</td><td>2400</td><td>3</td><td>2</td><td>4</td><td>YSD76-B-S12</td><td>YSD76-B-S12</td></tr>
<tr><td>70</td><td>60</td><td>2400</td><td>4</td><td>4</td><td>2</td><td>YSD76-B-S12</td><td>YSD76-B-S12</td></tr>
<tr><td rowspan="5">4.0<l_0≤5.0
(C)</td><td>70</td><td>70</td><td>2400</td><td>1</td><td>2</td><td>2</td><td>YSD77-C-S14</td><td>YSD77-C-S14</td></tr>
<tr><td rowspan="2">70</td><td rowspan="2">70</td><td rowspan="2">2400</td><td rowspan="2">2</td><td rowspan="2">2</td><td rowspan="2">2.5</td><td>YSD77-C-N12</td><td rowspan="2">YSD77-C-S14</td></tr>
<tr><td>YSD77-C-S14</td></tr>
<tr><td>70</td><td>70</td><td>2400</td><td>3</td><td>2</td><td>4</td><td>YSD77-C-N12</td><td>YSD77-C-S14</td></tr>
<tr><td>70</td><td>70</td><td>2400</td><td>4</td><td>4</td><td>2</td><td>YSD77-C-N12</td><td>YSD77-C-S14</td></tr>
</table>

注：单向预应力板YSD76-A-S12中YSD表示预应力混凝土叠合板、7表示预制底板厚度70mm，6表示叠合现浇60mm，A表示板跨度分类、S表示直径为7的螺旋肋钢丝、N表示直径为9的螺纹肋钢丝，12表示预应力筋根数为12。

70mm 底板叠合板选用表（连续梁） 表 3-8

板跨段（m）	底板厚度（mm）	叠合层厚度（mm）	预制板宽度（mm）	荷载类型	附加恒载（kN/m²）	可变荷载（kN/m²）	板型编号	
							边跨	中跨
5.0＜l_0≤6.0（D）	70	80	2400	1	2	2	YSD78-D-N12	YSD78-D-S14
								YSD78-D-N12
	70	90	2400	2	2	2.5	YSD79-D-N12	YSD79-D-S14
								YSD79-D-N12
	70	90	2400	3	2	4	YSD79-D-N14	YSD79-D-N12
	70	90	2400	4	4	2	YSD79-D-N14	YSD79-D-N12
6.0＜l_0≤7.0（E）	70	100	2400	1	2	2	YSD710-E-N16	YSD710-E-N12
	70	110	2400	2	2	2.5	YSD711-E-N16	YSD711-E-N12
	70	110	2400	3	2	4	YSD711-E-N18	YSD711-E-N12
	70	110	2400	4	4	2	YSD711-E-N18	YSD711-E-N12

70mm 底板叠合板选用表（简支梁） 表 3-9

板跨段（m）	底板厚度（mm）	叠合层厚度（mm）	预制板宽度（mm）	荷载类型	附加恒载（kN/m²）	可变荷载（kN/m²）	板型编号	支座负钢筋
0＜l_0≤3.0（A）	70	60	2400	1	2	2	YSD76-A-S12	⌀10@200
	70	60	2400	2	2	2.5	YSD76-A-S12	⌀10@200
	70	60	2400	3	2	4	YSD76-A-S12	⌀10@200
	70	60	2400	4	4	2	YSD76-A-S12	⌀10@200
3.0＜l_0≤4.0（B）	70	60	2400	1	2	2	YSD76-A-S12	⌀10@200
	70	60	2400	2	2	2.5	YSD76-A-S12	⌀10@200
	70	60	2400	3	2	4	YSD76-B-N12	⌀10@200
	70	60	2400	4	4	2	YSD76-B-S12	⌀10@200
4.0＜l_0≤5.0（C）	70	70	2400	1	2	2	YSD77-C-N12	⌀10@200
	70	70	2400	2	2	2.5	YSD77-C-N12	⌀10@200
	70	80	2400	3	2	4	YSD78-C-N14	⌀10@200
	70	80	2400	4	4	2	YSD78-C-N14	⌀10@200
5.0＜l_0≤6.0（D）	70	100	2400	1	2	2	YSD710-D-N14	⌀10@200
	70	100	2400	2	2	2.5	YSD710-D-N16	⌀10@200
	70	110	2400	3	2	4	YSD711-D-N18	⌀10@200
	70	110	2400	4	4	2	YSD79-D-N18	⌀10@200

3.12.3 剪力墙平法施工图绘制

1. 软件操作

点击【墙梁柱施工图/剪力墙施工图】→【工程设置】，如图 3-23 所示。

2. 边缘构件设计时应注意的问题

（1）约束边缘构件

1）设置范围

《高规》第 7.2.14 条剪力墙两端和洞口两侧应设置边缘构件，并应符合下列规定：

① 一、二、三级剪力墙底层墙肢底截面的轴压比大于表 3-10 的规定值时，以及部分

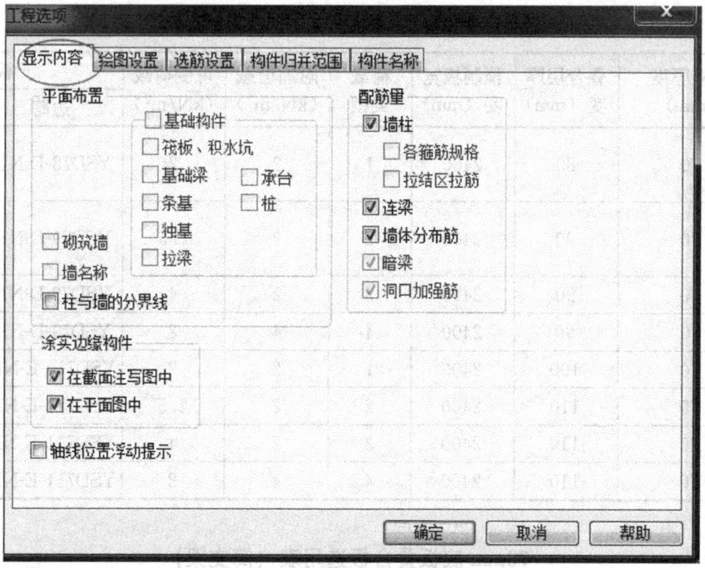

图 3-23 工程选项/显示内容

注：工程选项中的 5 个对话框均可按默认参数设置。

框支剪力墙结构的剪力墙，应在底部加强部位及相邻的上一层设置约束边缘构件，约束边缘构件应符合本规程第 7.2.15 条的规定；

② 除本条第 1 款所列部位外，剪力墙应按本规程第 7.2.16 条设置构造边缘构件；

③ B 级高度高层建筑的剪力墙，宜在约束边缘构件层与构造边缘构件层之间设置 1～2 层过渡层，过渡层边缘构件的箍筋配置要求可低于约束边缘构件的要求，但应高于构造边缘构件的要求。

剪力墙可不设约束边缘构件的最大轴压比 **表 3-10**

等级或烈度	一级（9 度）	一级（6、7、8 度）	二、三级
轴压比	0.1	0.2	0.3

剪力墙底部加强区高度的确定，见表 3-11。

剪力墙底部加强区高度 **表 3-11**

结构类型	加强区高度取值
一般结构	1/10H，底部两层高度，较大值
带转换层的高层建筑	1/10H，框支层加框支层上面 2 层，较大值
与裙房连成一体的高层建筑	1/10H，裙房层加裙房层上面一层，较大值

注：底部加强部位高度均从地下室顶板算起，当结构计算嵌固端位于地下一层的底板或以下时，底部加强部位宜向下延伸到计算嵌固端；当房屋高度≤24m 时，底部加强部位可取地下一层。

2）箍筋、拉筋

① 规范规定

《高规》第 7.2.15-1 条：

剪力墙的约束边缘构件可为暗柱、端柱和翼墙（图 7-23），并应符合下列规定：

约束边缘构件沿墙肢的长度 l_c 和箍筋配箍特征值 λ_v 应符合表 3-12 的要求，其体积配

箍率 ρ_v 应按下式计算：

$$\rho_v \geqslant \lambda_v f_c / f_{yv} \tag{3-2}$$

式中 ρ_v——箍筋体积配箍率。可计入箍筋、拉筋以及符合构造要求的水平分布钢筋，计入的水平分布钢筋的体积配箍率不应大于总体积配箍率的30%；

λ_v——约束边缘构件配箍特征值；

f_c——混凝土轴心抗压强度设计值；混凝土强度等级低于C35时，应取C35的混凝土轴心抗压强度设计值；

f_{yv}——箍筋、拉筋或水平分布钢筋的抗拉强度设计值。

注：1. 混凝土强度等级C30（小于C35时用C35的轴心抗压强度设计值16.7，C30为14.3），箍筋、拉筋抗拉强度设计值为360，配箍特征值为0.12时，0.12×16.7/360=0.557%。配箍特征值为0.20时，0.2×16.7/360=0.928%。

2. 在计算剪力墙约束边缘构件体积配箍率时，规范没明确是否扣除重叠的箍筋面积，在实际设计时可不扣除重叠的箍筋面积，也可以扣除，但《混规》第11.4.17条在计算柱体积配箍率的时候，要扣除重叠部分箍筋面积。

约束边缘构件沿墙肢的长度 l_c 及其配箍特征值 λ_v **表3-12**

项目	一级（9度）		一级（6、7、8度）		二、三级	
	$\mu_N \leqslant 0.2$	$\mu_N > 0.2$	$\mu_N \leqslant 0.3$	$\mu_N > 0.3$	$\mu_N \leqslant 0.4$	$\mu_N > 0.4$
l_c（暗柱）	$0.20h_w$	$0.25h_w$	$0.15h_w$	$0.20h_w$	$0.15h_w$	$0.20h_w$
l_c（翼墙或端柱）	$0.15h_w$	$0.20h_w$	$0.10h_w$	$0.15h_w$	$0.10h_w$	$0.15h_w$
λ_v	0.12	0.20	0.12	0.20	0.12	0.20

注：1. μ_N 为墙肢在重力荷载代表值作用下的轴压比，h_w 为墙肢的长度；

2. 剪力墙的翼墙长度小于翼墙厚度的3倍或端柱截面边长小于2倍墙厚时，按无翼墙、无端柱查表；

3. l_c 为约束边缘构件没墙肢的长度（图7.2.15）。对暗柱不应小于墙厚和400mm的较大值；有翼墙或端柱时，不应小于翼墙厚度或端柱沿墙肢方向截面高度加300mm。

《高规》第7.2.15-3条：

约束边缘构件内箍筋或拉筋沿竖向的间距，一级不宜大于100mm，二、三级不宜大于150mm；箍筋、拉筋沿水平方向的肢距不宜大于300mm，不应大于竖向钢筋间距的2倍。

② 设计时要注意的一些问题

a. 箍筋、拉筋沿水平方向的肢距不宜大于300mm，不应大于竖向钢筋间距的2倍，表明在设计时，当纵筋间距不大于150mm，纵筋可以隔一拉一，当纵筋间距大于150mm，每根纵筋上必须有箍筋或拉筋。大多数工程，肢距一般控制在200mm左右，箍筋直径一般不大于10mm以方便施工。

b. 为了充分发挥约束边缘构件的作用，在剪力墙约束边缘构件长度范围内，箍筋的长短边之比不宜大于3，相邻两个箍筋之间宜相互搭接1/3箍筋长边的长度。但在实际设计中，箍筋可以采用大箍套小箍再加拉筋的形式，其阴影区应以箍筋为主，可配置少量的拉筋，一般控制拉筋的用量在30%以下；对于约束边缘构件的非阴影区和构造边缘构件的内部可配置箍筋或拉筋（全部为箍筋或拉筋均可），转角处宜采用箍筋。

c. 约束边缘构件箍筋直径大小可参考构造边缘构件箍筋直径，并要满足最小体积配箍率的要求。当抗震等级为三级时，规范没有规定箍筋最小直径，在设计中，箍筋最小直径可取8mm，当然也可取6mm，同时减小箍筋间距，满足最小体积配箍率的要求。

d. 约束边缘构件对体积配箍率有要求，为方便画图和施工，可对箍筋进行归并，箍筋竖向间距模数可取 50mm。

3）纵筋

① 规范规定

《高规》第 7.2.15-2 条：

剪力墙约束边缘构件阴影部分的竖向钢筋除应满足正截面受压（受拉）承载力计算要求外，其配筋率一、二、三级时分别不应小于 1.2%、1.0%和 1.0%，并分别不应少于 8ϕ16、6ϕ16 和 6ϕ14 的钢筋（ϕ 表示钢筋直径）；

② 设计时要注意的一些问题

a. 剪力墙结构在布置合理的前提下，约束边缘构件一般都是构造配筋（6 度、7 度区），而在剪力墙结构外围、拐角、其他受力较大部位，可能是计算配筋控制。

b. 规范对约束边缘构件纵筋直径大小与数量的规定，是控制最小量，并非控制最小直径，可以采用组合配筋，组合配筋的钢筋级差一般不超过 2（较小钢筋的直径不应小于墙体纵筋直径，一般不小于 10mm）。

c. 从工程经验来看，约束边缘构件综合配筋率一般为 1.0%～1.5%，纵筋间距一般在 150～200mm，有些约束边缘构件纵筋间距较大，一般宜小于 300mm。

4） 其他

① L_c 为约束边缘构件沿墙肢长度，L_s 为约束边缘构件阴影区长度，当 $L_c<L_s$ 时（L_c 按规范取值小于 L_s 按构造取值），令 $L_c=L_s$；当 $L_c>L_s$（只在约束边缘构件中有这种情况），非阴影区长度在 0～100mm 时，可以并入阴影区，在 100～200mm 时，可以取 200mm，当>200mm 时，非阴影区长度按实际取，模数 50mm。

规范对阴影区长度 L_s 有一个等于 $1/2L_c$ 的要求，于是当剪力墙长度比较大时，约束边缘构件阴影区长度可能大于 400mm。

② 剪力墙中边缘构件与边缘构件之间距离小于 200mm 时，可把边缘构件合并，200mm 时可以不归并，也可以归并，由设计师自行决定。

③ 构造边缘构件

A. 设置范围

除开约束边缘构件的范围，都要设置构造边缘构件。

B. 箍筋、拉筋

a. 规范规定

《高规》第 7.2.16 条：

剪力墙构造边缘构件的范围宜按图 3-24 中阴影部分采用，其最小配筋应满足表 3-13 的规定，并应符合下列规定：

当端柱承受集中荷载时，其竖向钢筋、箍筋直径和间距应满足框架柱的相应要求；箍筋、拉筋沿水平方向的肢距不宜大于 300mm，不应大于竖向钢筋间距的 2 倍。

b. 设计时要注意的一些问题

剪力墙结构可以简化为竖立在地球上的一根悬臂梁，结构内部单个剪力墙构件在整个层高范围可以简化为“连续梁”模型，在水平力作用时“梁上”产生弯矩，离墙中性轴越远，剪应力越小，及墙身范围内剪应力大，边缘构件范围内剪应力小。边缘构件箍筋主要是为了约束混凝土，故构造边缘构件的箍筋一般不必满足墙身水平分布筋的配筋率要求。在设计时，构造边缘构件满足规范最低要求即可。

剪力墙构造边缘构件的最小配筋要求　　表 3-13

抗震等级	底部加强部位		
	竖向钢筋最小量（取较大值）	箍筋	
		最小直径（mm）	沿竖向最大间距（mm）
一	0.010A_c，6ϕ16	8	100
二	0.008A_c，6ϕ14	8	150
三	0.006A_c，6ϕ12	6	150
四	0.005A_c，6ϕ12	6	200
抗震等级	其他部位		
	竖向钢筋最小量（取较大值）	拉筋	
		最小直径（mm）	沿竖向最大间距（mm）
一	0.008A_c，6ϕ14	8	150
二	0.006A_c，6ϕ12	8	200
三	0.005A_c，4ϕ12	6	200
四	0.004A_c，4ϕ12	6	250

注：1. A_c 为构造边缘构件的截面面积，即图 7.2.16 剪力墙截面的阴影部分；
2. 符号 ϕ 表示钢筋直径；

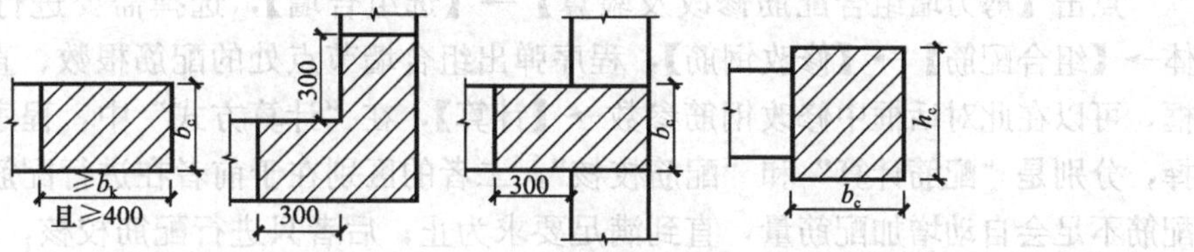

图 3-24　剪力墙的构造边缘构件范围

C. 纵筋

a. 规范规定

《高规》第 7.2.16-1 条：

竖向配筋应满足正截面受压（受拉）承载力的要求；

《高规》第 7.2.16-4 条：

抗震设计时，对于连体结构、错层结构以及 B 级高度高层建筑结构中的剪力墙（筒体），其构造边缘构件的最小配筋应符合下列要求：

(a) 竖向钢筋最小量应比表 7-12 中的数值提高 0.001A_c 采用；

(b) 箍筋的配筋范围宜取图 7-4 中阴影部分，其配箍特征值 λ_v 不宜小于 0.1。

《高规》第 7.2.16-5 条：

非抗震设计的剪力墙，墙肢端部应配置不少于 4ϕ12 的纵向钢筋，箍筋直径不应小于 6mm、间距不宜大于 250mm。

b. 设计时要注意的一些问题

(a) 剪力墙结构在布置合理的前提下，构造边缘构件一般都是构造配筋（6 度、7 度区)，而在剪力墙结构外围、拐角、其他受力较大部位，可能是计算配筋控制。

(b) 规范对构造边缘构件纵筋直径大小与数量的规定，是控制最小量，并非控制最小直径，可以采用组合配筋，组合配筋的钢筋级差一般不超过 2（较小钢筋的直径不应小于墙体纵筋直径，一般不小于 10mm)。

(c) 从工程经验来看，构造边缘构件纵筋间距一般在 150～200mm，有些构造边缘构件纵筋间距较大，一般宜小于 300mm。

(d) 剪力墙抗震等级为四级时，一般只需设置构造边缘构件，但如用“接 PM 生成 SATWE 数据→地震信息→抗震构造措施的抗震等级”指定了提高要求，也可能需要约束边缘构件。

④ 边缘构件绘图时应注意的问题

边缘构件在全楼高范围内一般要分成几段，截面变化处、配筋差异较大处要分段，再分别对每段边缘构件进行编号与配筋。同一段中，同一个编号的边缘构件，每层的截面及配筋均相同。

同一楼层截面不同的边缘构件编号不同，截面相同的边缘构件当配筋不同时（不在归并范围)，编号不同。

⑤ 剪力墙组合配筋

SATWE 软件在计算剪力墙的配筋时是针对每一个直墙进行的，当直墙段重合时，程序取各段墙肢端部配筋之和，从而使剪力墙边缘构件配筋过大。

点击【剪力墙组合配筋修改及验算】→【选组合墙】，选择需要进行组合计算的墙体→【组合配筋】→【修改钢筋】，程序弹出组合墙节点处的配筋根数、直径、面积对话框，可以在此对话框中修改钢筋参数→【计算】，在“计算方式”中，程序提供了两种选择，分别是“配筋计算”和“配筋校核”，二者的区别在于前者在进行配筋验算时若发现配筋不足会自动增加配筋量，直到满足要求为止；后者只进行配筋校核，不增加配筋量，如果不够则显示配筋不满足的提示。在设计时，一般选择“配筋校核”和“A_s 为截面配筋”进行验算，也可以选择“配筋校核”和“修改 A_s 为截面配筋”（手动修改后的钢筋)。

3. 连梁设计

连梁上的竖向荷载主要是其上的填充墙，板上荷载主要传递给刚度大的剪力墙，传给连梁的竖向荷载较小，故对其约束也较小，这也是连梁不像框架梁一样刚度放大的主要原因。连梁主要受水平荷载作用，考虑到地震力的不确定性，梁受拉受弯都有可能，一般底筋与面筋相同。

(1) 箍筋

本工程剪力墙抗震等级为三级，由《高规》第 7.2.27-2 条可知，连梁箍筋应全场加密，箍筋直径最小为 8mm，箍筋最大间距为 8 倍纵筋直径、150mm、四分之一梁高三者的较小值。由于连梁高度大多数为 450mm，则连梁箍筋构造配筋时，可取 8@100 (2)。

(2) 腰筋（抗扭筋)

《高规》第 7.2.27-4 条连梁高度范围内的墙肢水平分布钢筋应在连梁内拉通作为连梁的腰筋。连梁截面高度大于 700mm 时，其两侧面腰筋的直径不应小于 8mm，间距不应大于 200mm；跨高比不大于 2.5 的连梁，其两侧腰筋的总面积配筋率不应小于 0.3%。

(3) 连梁配筋时应查看“混凝土构件配筋及钢构件验算简图”，并将截面相同、配筋相同（跨度可不同）的连梁命名为同一根连梁。

4. 连梁设计时应注意的问题

（1）定义

规范规定：

《抗规》GB 50011—2010 第 6.2.13-2 条：

抗震墙地震内力计算时，连梁的刚度可折减，折减系数不宜小于 0.5。

《高规》第 7.1.3 条：跨高比小于 5 的连梁应按本章的有关规定设计，跨高比不小于 5 的连梁宜按框架梁设计。

（2）纵筋

规范规定

《高规》第 7.2.24 条：跨高比（l/h_b）不大于 1.5 的连梁，非抗震设计时，其纵向钢筋的最小配筋率可取为 0.2%；抗震设计时，其纵向钢筋的最小配筋率宜符合表 3-14 的要求；跨高比大于 1.5 的连梁，其纵向钢筋的最小配筋率可按框架梁的要求采用。

跨高比不大于 1.5 的连梁纵向钢筋的最小配筋率（%）　　表 3-14

跨高比	最小配筋率（采用较大值）
$l/h_b \leqslant 0.5$	0.20，$45f_t/f_y$
$0.5 < l/h_b \leqslant 1.5$	0.25，$55f_t/f_y$

《高规》第 7.2.25 条：剪力墙结构连梁中，非抗震设计时，顶面及底面单侧纵向钢筋的最大配筋率不宜大于 2.5%；抗震设计时，顶面及底面单侧纵向钢筋的最大配筋率宜符合表 3-15 的要求。如不满足，则应按实配钢筋进行连梁强剪弱弯的验算。

连梁纵向钢筋的最大配筋率（%）　　表 3-15

跨高比	最大配筋率
$l/h_b \leqslant 1.0$	0.6
$1.0 < l/h_b \leqslant 2.0$	1.2
$2.0 < l/h_b \leqslant 2.5$	1.5

《高规》第 7.2.27 条：梁的配筋构造（图 3-25）应符合下列规定：

连梁顶面、底面纵向水平钢筋伸入墙肢的长度，抗震设计时不应小于 l_{aE}，非抗震设计时不应小于 l_a，且均不应小于 600mm。

（3）箍筋

规范规定：

《高规》第 7.2.27-2 条抗震设计时，沿连梁全长箍筋的构造应符合本规程第 6.3.2 条框架梁梁端箍筋加密区的箍筋构造要求；非抗震设计时，沿连梁全长的箍筋直径不应小于 6mm，间距不应大于 150mm。

《高规》第 7.2.27-3 条顶层连梁纵向水平钢筋伸入墙肢的长度范围内应配置箍筋，箍筋间距不宜大于 150mm，直径应与该连梁的箍筋直径相同。

（4）开洞

规范规定：

《高规》第 7.2.28 条：剪力墙开小洞口和连梁开洞应符合下列规定：

① 剪力墙开有边长小于 800mm 的小洞口，且在结构整体计算中不考虑其影响时，应

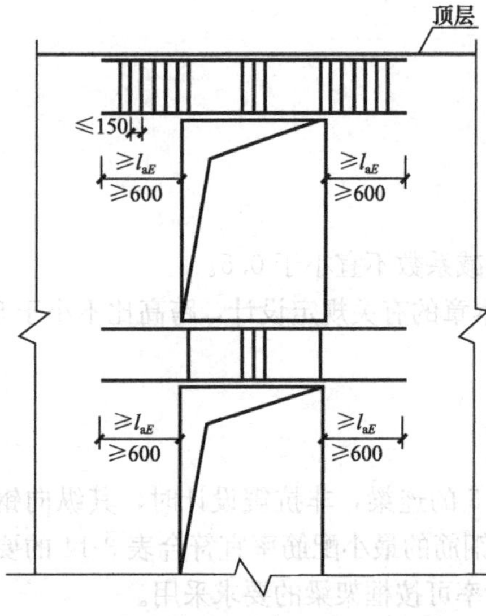

图 3-25　连梁配筋构造示意

注：非抗震设计时图中 l_{aE}取 l_a

在洞口上、下和左、右配置补强钢筋，补强钢筋的直径不应小于 12mm，截面面积应分别不小于被截断的水平分布钢筋和竖向分布钢筋的面积（图 3-26a）；

② 穿过连梁的管道宜预埋套管，洞口上、下的截面有效高度不宜小于梁高的 1/3，且不宜小于 200mm；被洞口削弱的截面应进行承载力验算，洞口处应配置补强纵向钢筋和箍筋（图 3-26b），补强纵向钢筋的直径不应小于 12mm。

（5）其他

1）连梁应设计成强墙弱梁，应允许大震下连梁开裂或损坏，以保护剪力墙。在整体结构侧向刚度足够大的剪力墙结构中，宜选用跨高比偏大的连梁，因为不需要通过选用跨高比偏小的连梁来增大剪力墙的侧向刚度。而在框架-剪力墙和框架-核心筒结构中，剪力墙和核心筒承担了大部分水平荷载，故有必要选用跨高比小的连梁以保证整体结构所需要的侧向刚度。小跨高比连梁有较大的抗弯刚度，为墙肢提供很强的约束作用，可以将其应用于整体性较差的联肢剪力墙结构中。

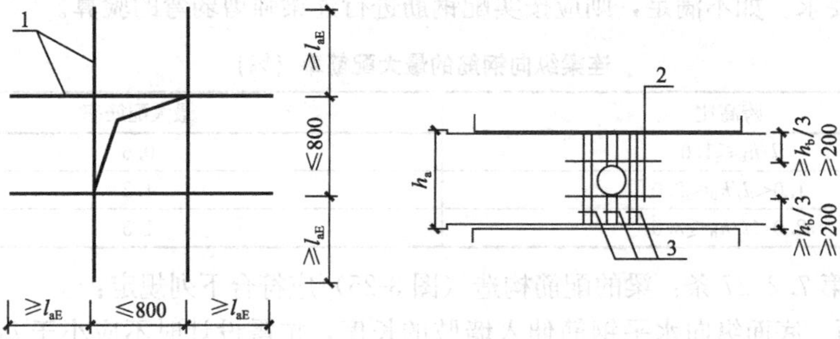

图 3-26　洞口补强配筋示意

(*a*) 剪刀墙洞口；(*b*) 连梁洞口

1—墙洞口周边补强钢筋；2—连梁洞口上、下补强纵向箍筋；

3—连梁洞口补强箍筋；非抗震设计时图中 l_{aE}取 l_a

跨高比小于 2.5 的连梁多数出现剪切破坏，为避免脆性剪切破坏，采取的主要措施是控制剪压比和适当增加箍筋数量。控制连梁的受弯钢筋数量可以限制连梁截面剪压比。

2）规范规定楼面梁不宜支撑在连梁上，不宜者，并不是不能采用，而是用的时候要采取加强措施。比如按框架梁建模分析，满足框架梁的要求。按连梁建模分析时，除正常计算分析设计外，尚应按简支梁校核连梁截面的受弯承载力，也就是只考虑梁截面下部钢筋的作用计算受完承载力。

3）连梁刚度折减是针对抗震设计，一般来说，风荷载控制时，连梁刚度要少折减，折减系数应≥0.8，以保证正常使用时连梁不出现裂缝。不受风荷载控制时，抗震设防烈度越高，连梁应多折减，比如折减系数为0.6，因为地震作用时连梁刚度折减后一般连梁的配筋也能保证在只有风荷载作用时连梁不出现裂缝，不会影响正常使用。非抗震设计地区，连梁刚度不宜折减，因为一般都是风荷载控制，尽管风很小，折减了，容易出现裂缝，影响正常使用。

4）对于连梁，程序将考虑"连梁刚度折减系数"、"梁设计弯矩放大系数"，不考虑"中梁刚度放大系数"、"梁端负弯矩调幅系数"、"梁扭矩折减系数"。连梁混凝土强度等级同剪力墙墙，抗震等级、钢筋等级与框架梁相同。

5. 墙身设计

（1）对于200厚的剪力墙，水平分布筋为8@200时（双层）时，其最小配筋率大于0.25%（双层），满足规范中对水平分布筋的规定。竖向分布筋的间距宜≤300mm，竖抗震等级为三级时，竖向分布筋最小配箍率不应小于0.25%。

《抗规》第6.4.4-3条抗震墙竖向和横向分布钢筋的直径，均不宜大于墙厚的1/10且不应小于8mm，竖向钢筋直径不宜小于10mm。在实际工程中，对于底部加强层，为了避免在底部过早出现塑性铰，一般配筋适当加大，对于装配式剪力墙结构，墙身竖向筋采用套筒连接，可采用14@300梅花形状布置，如图3-27所示，在满足墙身配筋率的前提下，布置不上下层贯通的分布竖向筋，直径为6（三级钢）。

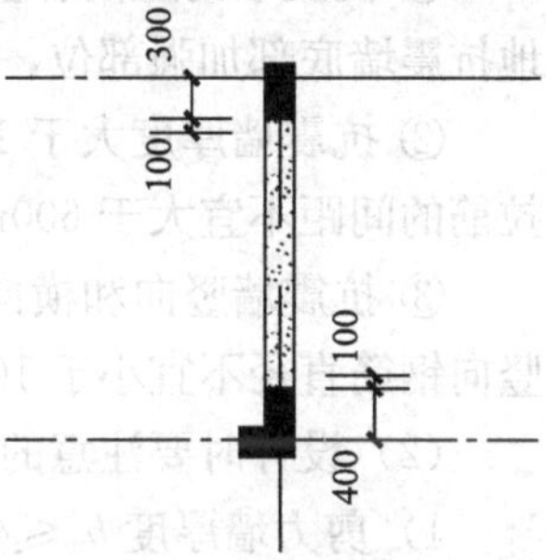

图3-27 剪力墙墙身灌浆套筒布置

（2）本工程墙身SATWE计算结果若为 $H=1.0$，$H=1.0$ 表示在墙水平分布筋间距范围内需要的水平分布筋面积为 $100mm^2$（双层），所以水平分布筋的直径为 $\phi 8$。

6. 墙身设计时应注意的问题

（1）规范规定

《高规》第7.2.17条：剪力墙竖向和水平分布钢筋的配筋率，一、二、三级时均不应小于0.25%，四级和非抗震设计时均不应小于0.20%。

第7.2.18条剪力墙的竖向和水平分布钢筋的间距均不宜大于300mm，直径不应小于8mm。剪力墙的竖向和水平分布钢筋的直径不宜大于墙厚的1/10。

第7.2.19条房屋顶层剪力墙、长矩形平面房屋的楼梯间和电梯间剪力墙、端开间纵向剪力墙以及端山墙的水平和竖向分布钢筋的配筋率均不应小于0.25%，间距均不应大于200mm。

第7.2.20条剪力墙的钢筋锚固和连接应符合下列规定：

1）非抗震设计时，剪力墙纵向钢筋最小锚固长度应取 l_a；抗震设计时，剪力墙纵向钢筋最小锚固长度应取 l_{aE}。l_a、l_{aE} 的取值应符合本规程第6.5节的有关规定。

2）剪力墙竖向及水平分布钢筋采用搭接连接时（图3-28），一、二级剪力墙的底部加强部位，接头位置应错开，同一截面连接的钢筋数量不宜超过总数量的50%，错开净距不宜小于500mm；其他情况剪力墙的钢筋可在同一截面连接。分布钢筋的搭接长度，非抗震设计时不应小于 $1.2l_a$，抗震设计时不应小于 $1.2l_{aE}$。

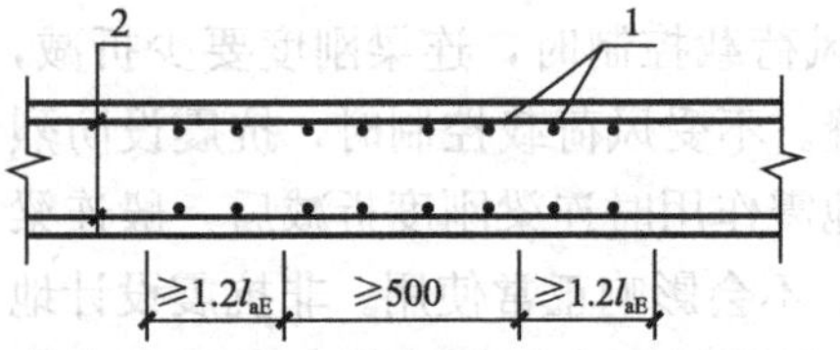

图 3-28 剪力墙分布钢筋的搭接连接

1—竖向分布钢筋；2—水平分布钢筋；非抗震时图中 l_{aE} 取 l_a

3）暗柱及端柱内纵向钢筋连接和锚固要求宜与框架柱相同，宜符合本规程第 6.5 节的有关规定。

《抗规》第 6.4.3 条：抗震墙竖向、横向分布钢筋的配筋，应符合下列要求：

① 一、二、三级抗震墙的竖向和横向分布钢筋最小配筋率均不应小于 0.25%，四级抗震墙分布钢筋最小配筋率不应小于 0.20%。

注：高度小于 24m 且剪压比很小的四级抗震墙，其竖向分布筋的最小配筋率应允许按 0.15%采用。

② 部分框支抗震墙结构的落地抗震墙底部加强部位，竖向和横向分布钢筋配筋率均不应小于 0.3%。

第 6.4.4 条抗震墙竖向和横向分布钢筋的配置，尚应符合下列规定：

① 抗震墙的竖向和横向分布钢筋的间距不宜大于 300mm，部分框支抗震墙结构的落地抗震墙底部加强部位，竖向和横向分布钢筋的间距不宜大于 200mm。

② 抗震墙厚度大于 140mm 时，其竖向和横向分布钢筋应双排布置，双排分布钢筋间拉筋的间距不宜大于 600mm，直径不应小于 6mm。

③ 抗震墙竖向和横向分布钢筋的直径，均不宜大于墙厚的 1/10 且不应小于 8mm，竖向钢筋直径不宜小于 10mm。

（2）设计时要注意的一些问题

1）剪力墙厚度 b_w≤400mm 时可以双层配筋，400<b_w≤700mm 时可以三排配筋。

2）边缘构件是影响延性和承载力的主要因数，墙身配筋率 ρ 在 0.1%～0.28%时，墙为延性破坏，一般除了底部加强部位要计算配筋外，其他部位一般都可以按构造配筋。当层高较高时，出于施工的考虑，也应适当提高竖向分布筋的配筋率（加大直径或减小间距）。墙身纵筋的配筋率越小，结构越容易产生变形和裂缝，变形和裂缝的产生会散失一部分刚度。

3）拉接筋

工程上拉筋的布置形状为梅花状，直径通常为 6mm，间距为墙分布钢筋间距的 2～3 倍，并不大于 600mm×600mm。如某剪力墙身分布钢筋为 2×10@100，相应拉筋可选用 6@300×300mm；如墙身分布钢筋选用 2×10@150，相应拉筋可选用 6@450×450mm，如墙身钢筋为 2×8@200，相应拉筋可选用 6@600×600mm。

在混凝土墙内，拉筋一般用于固定钢筋网并起适当的抗剪作用。约束边缘构件和构造边缘构件中拉筋能起到箍筋的作用。在边缘构件以外，拉筋主要的作用是固定双排钢筋网片，同时也能减小水平分布筋无支长度。无支长度过长时钢筋可能向外鼓胀，因此拉筋须钩住水平筋并设置 135°弯钩。拉筋的抗剪作用有限，拉筋直径一般用 6mm，间距为 3 倍分布筋间距。

7. 对暗柱、扶壁柱的认识及设计

规范规定：

《高规》第 7.1.6 条：当剪力墙或核心筒墙肢与其平面外相交的楼面梁刚接时，可沿楼面梁轴线方向设置与梁相连的剪力墙、扶壁柱或在墙内设置暗柱，并应符合下列规定：

1）设置沿楼面梁轴线方向与梁相连的剪力墙时，墙的厚度不宜小于梁的截面宽度；

2）设置扶壁柱时，其截面宽度不应小于梁宽，其截面高度可计入墙厚；

3）墙内设置暗柱时，暗柱的截面高度可取墙的厚度，暗柱的截面宽度可取梁宽加2倍墙厚；

4）应通过计算确定暗柱或扶壁柱的纵向钢筋（或型钢），纵向钢筋的总配筋率不宜小于表3-16的规定。

暗柱、扶壁柱纵向钢筋的构造配筋率 **表3-16**

设计状况	抗震设计				非抗震设计
	一级	二级	三级	四级	
配筋率（%）	0.9	0.7	0.6	0.5	0.5

注：采用400MPa、355MPa级钢筋时，表中数值宜分别增加0.05和0.10。

5）楼面梁的水平钢筋应伸入剪力墙或扶壁柱，伸入长度应符合钢筋锚固要求。钢筋锚固段的水平投影长度，非抗震设计时不宜小于 l_{ab}，抗震设计时不宜小于 l_{abE}；当锚固段的水平投影长度不满足要求时，可将楼面梁伸出墙面形成梁头，梁的纵筋伸入梁头后弯折锚固15d，也可采取其他可靠的锚固措施。

6）暗柱或扶壁柱应设置箍筋，箍筋直径，一、二、三级时不应小于8mm，四级及非抗震时不应小于6mm，且均不应小于纵向钢筋直径的1/4；箍筋间距，一、二、三级时不应大于150mm，四级及非抗震时不应大于200mm。

3.13 楼梯设计

楼梯设计与传统设计大同小异，由于楼梯梯段板两端支座为铰接，梯度板厚度≥$L/25$（L为跨度）。楼梯设计时施工图如图3-29～图3-33所示。

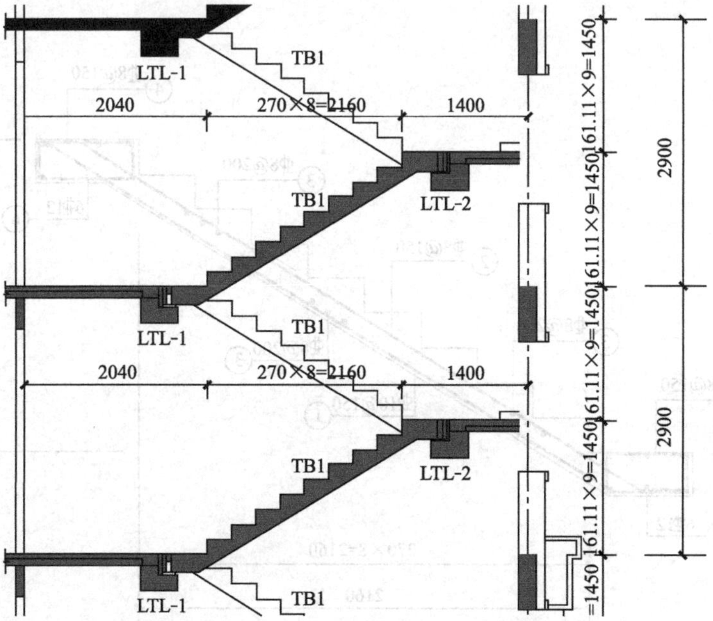

图3-29 楼梯剖面图（部分）

注：所有平台板100厚，双层双向8@200（三级刚）。

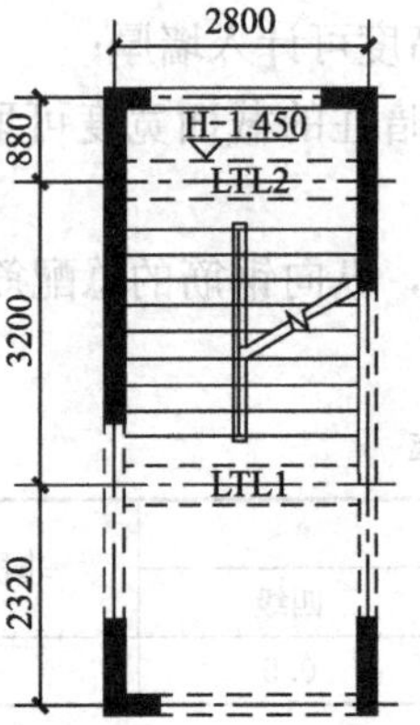

图 3-30　楼梯平面图

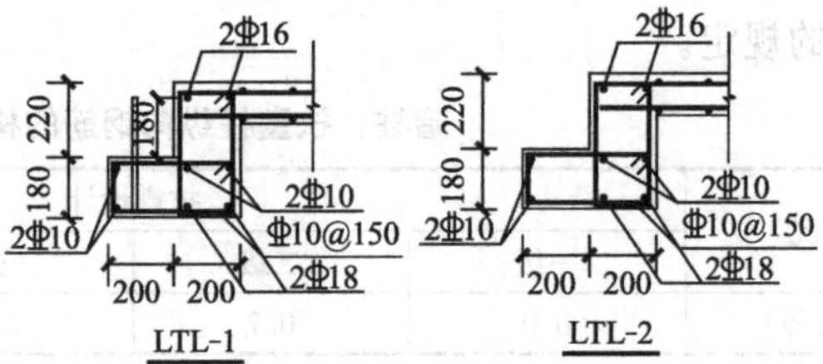

图 3-31　梯梁配筋图

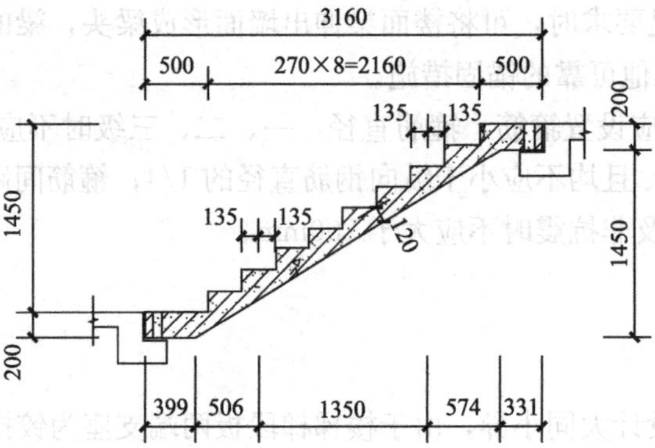

图 3-32　楼梯 1-1 剖面图

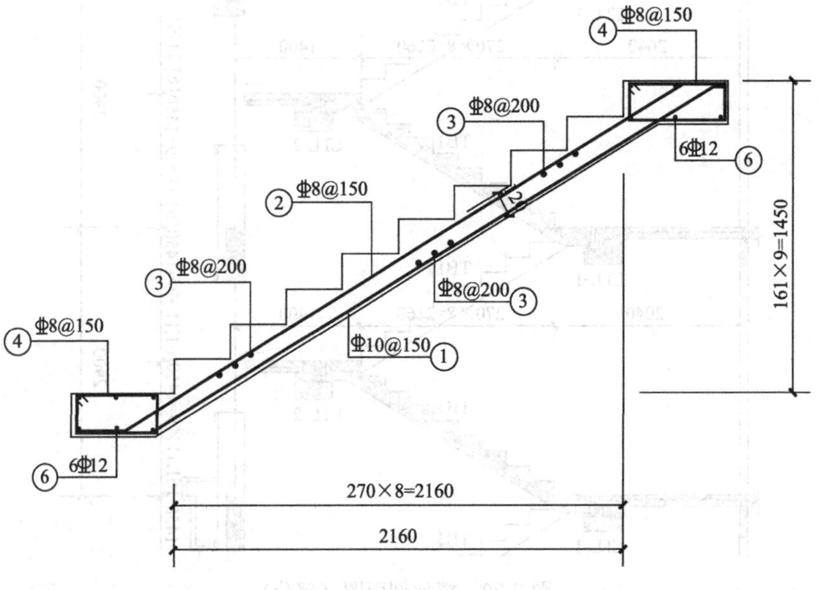

图 3-33　TB1 配筋图

3.14 基础设计

本工程场地内各地层工程特性指标如表 3-17 所示。本工程采用旋挖成孔灌注桩，点击 JCCAD/基础人机交互输入/图形文件/（显示内容，钩选节点荷载、线荷载、按柱形心显示节点荷载，线荷载按荷载总值显示）、（写图文件/全部选，再钩选标准组合，最大轴力），将 Ftarget _ 1Nmax，T 图转换为 dwg 图。对照 Ftarget _ 1 Nmax 图，对照表 3-18 布置人工挖孔注桩。

场地内各地层工程特性指标　　表 3-17

地层 \ 指标	承载力特征值（kPa）	压缩模量（MPa）	内摩擦角（度）	地层厚度（m）	人工挖孔灌注桩	
					桩的侧阻力特征值（kPa）	桩的端阻力特征值（kPa）
素填土 1				1.0～12.9		
粉质黏土 2	220	16	16	6.7～13.9	42.5	800
强风化板岩 3	350			8.1	60	2000
中风化板岩 4	400			8.6	80	3500

3.14.1 人工挖孔桩布置方法

人工挖孔桩（扩底）属于表 3-19 中的“钻，挖孔扩底桩”，对于常规工程，一般剪力墙下布置 2～3 个人工挖孔桩，桩的最小中心距为：1.5D 或 D+1.5m（但 D>2m），当不扩底时，桩间距应满足非挤土灌注桩的要求：2.5d。当人工挖孔桩端部落在岩石上时，不考虑侧摩阻时，扩底后净间距不得小于 500mm。

人工挖孔桩一般应扩底，这样可以控制桩的根数及扩底后的最小净间距（500m），在布置时，一般布置在墙的两端头，在满足最小净间距的前提下，应尽量让端部剪力墙全部落在人工挖孔桩内。

3.14.2 地基持力层的选取

对深基础而言，一般桩端持力层宜选择层位稳定的硬塑—坚硬状态的低压缩性黏性土层和粉土层，中密以上的砂土和碎石土层，中微风化的基岩。当以第四系松散沉积岩做桩端持力层时，持力层的厚度宜超过 5～10 倍桩身直径或桩身宽度。持力层的下部不应有软弱地层和可液化地层。当持力层下的软弱地层不可避免时，应从持力层的整体强度及变形要求考虑，保证持力层有足够的厚度。此外，还应结合地层的分布情况和岩土层特征，考虑成桩时穿过持力层以上各地层的可能性。

进入持力层深度：《桩基规范》第 3.3.3-5 条：应选择较硬土层作为桩端持力层。桩端全断面进入持力层的深度，对于黏性土、粉土不宜小于 2d，砂土不宜小于 1.5d，碎石类土不宜小于 1d。当存在软弱下卧层时，桩端以下硬持力层厚度不宜小于 3d。

《桩基规范》第 3.3.3-6 条：对于嵌岩桩，嵌岩深度应综合荷载、上覆土层、基岩、桩径、桩长诸因素确定；对于嵌入倾斜的完整和较完整岩的全断面深度不宜小于 0.4d 且不小于 0.5m，倾斜度大于 30%的中风化岩，宜根据倾斜度及岩石完整性适当加大嵌岩深度；对于嵌入平整、完整的坚硬岩和较硬岩的深度不宜小于 0.2d，且不应小于 0.2m。

桩基尺寸和配筋表 表 3-18

桩编号	单桩承载力特征值（kN）	单桩抗拔承载力设计值（kN）	桩顶设计标高	桩尺寸			护壁厚度		桩端扩大头尺寸					桩配筋							桩的混凝土强度等级
														截面形式	①	L_1	②加劲箍	③螺旋箍			
				d	H	H_1	a_1	a_2	D	b	h	h_1	h_2						加密区	l_n	
ZS1	1000		详平面	800	≥6000，30	＞500	100	70	800	0	200	200	0	A	14⌀14	桩长 H	⌀14@2000	φ8@200	φ8@100	4000	C35
ZS2	1500		详平面	800	≥6000，30	＞500	100	70	1000	100	500	500	300	A	14⌀14	桩长 H	⌀14@2000	φ8@200	φ8@100	4000	C35
ZS3	2200		详平面	800	≥6000，30	＞500	100	70	1200	200	800	800	600	A	14⌀14	桩长 H	⌀14@2000	φ8@200	φ8@100	4000	C35
ZS4	3000		详平面	800	≥6000，30	＞500	100	70	1400	300	1000	1000	800	A	14⌀14	桩长 H	⌀14@2000	φ8@200	φ8@100	4000	C35
ZS5	4000		详平面	800	≥6000，30	＞500	100	70	1600	400	1200	1200	1000	A	14⌀14	桩长 H	⌀14@2000	φ8@200	φ8@100	4000	C35

桩的最小中心距 **表 3-19**

土类与成桩工艺		排数不少于 3 排且桩数不少于 9 根的摩擦型桩桩基	其他情况
非挤土灌注桩		3.0d	3.0d
部分挤土桩		3.5d	3.0d
挤土桩	非饱和土	4.0d	3.5d
	饱和黏性土	4.5d	4.0d
钻、挖孔扩底桩		2D 或 D+2.0m（当 D>2m）	1.5D 或 D+1.5m（当 D>2m）
沉管夯扩、钻孔挤扩桩	非饱和土	2.2D 且 4.0d	2.0D 且 3.5d
	饱和黏性土	2.5D 且 4.5d	2.2D 且 4.0d

注：1. d—圆桩直径或方桩边长，D—扩大端设计直径。
2. 当纵横向桩距不相等时，其最小中心距离应满足“其他情况”一栏的规定。
3. 当为端承型桩时，非挤土灌注桩的“其他情况”一栏可减小至 2.5d

3.14.3 桩基础设计

桩基础采用预应力管桩、人工挖孔桩较多。上部结构层数不同时，桩身轴力差异较大。桩一般都进入较好的持力层，桩长也一般在一个固定范围，从工程经验来看，如果采用预应力管桩，一般直径 400mm、500mm、600mm 的预应力管桩组成两桩承台、三桩承台、四桩承台时，一般能包络住 10～30 层剪力墙结构中大多数长度不是很大的 L 形、T 形、Z 形、带端柱的一字形墙肢。如果采用人工挖孔桩，由于其直径可以采用多种（不宜小于 800mm），可以扩底，柱下一般采用单根人工挖孔桩，多个墙肢共用一个大承台，其设计也是比较简单的。确定桩数时，只能是找到“更优”桩数，而不是找到“最好”桩数，在设计过程中，存在一些“浪费”是必然的，不必太纠结。

1. 力的传递与转化过程

上部结构在地下室顶板处的内力有轴力、剪力、弯矩，由于地下室刚度大，地下室水平位移很小，四周有覆土的作用，地下室水平扭转变形被约束，内力传到承台时，弯矩与剪力很小，只剩下轴力。但承台并不是没有弯矩，由于不同墙肢轴力不同，与承台形心距离不同，承台也会有弯矩，此弯矩通过承台协调后，转化为轴力作用在桩上。桩身轴力又通过桩身四周土侧限阻力与桩端阻力平衡。对于预应力管桩，一般应同时考虑侧限阻力与桩端阻力的作用。人工挖孔桩桩端阻力远远大于侧摩阻力，因此侧摩阻力可以不计算，主要作为安全储备考虑。当桩身较长、长径比 $l/d>8$ 时，建议计算侧摩阻力。

在实际设计中，PKPM 程序会根据 SATWE 计算结果做一定的简化后，考虑承台承受弯矩作用。桩承台一般都是构造配筋，考虑地震作用后的承台配筋与不考虑地震作用的承台配筋差别一般不大。

2. 桩型选用

最常用的桩基础类型为预应力混凝土管桩、泥浆护壁灌注桩、人工挖孔灌注桩。在设计时，可以查看“岩土工程勘察报告”中建议的桩型。

（1）预应力混凝土管桩属于挤土桩，入岩很困难，不宜用于有孤石或较多碎石土的土层，也不宜用于持力层岩面倾斜或无强风化岩层的情况，一般主要用于层数不大于30层的建筑中，桩径一般为300～600mm，其中以直径400、500mm应用最多；如果细分，则一般10层以下宜采用直径为400mm的预制桩，10～20层宜采用边长为450～500mm的预制桩，20～30层宜采用直径大于500mm的预制桩。

（2）泥浆护壁灌注桩江湖称为万能桩，施工方便，造价低，应用范围最广，但其施工现场泥浆最大，外运渣土最大，对周围环境影响很大，因此，难以在大城市市区中心应用。桩径一般为600～1200mm，其中以直径600～800mm应用最多；如果细分，则一般10层以下宜采用直径为500mm的灌注桩，10～20层宜采用边长为800～1000mm的灌注桩，20～30层宜采用直径1000～1200mm的灌注桩。灌注桩可以做端承桩或者摩擦桩，要是看所需承载力的大小与地质情况，但一般都设计成端承桩，虽然其也考虑桩侧摩擦力。

（3）旋挖成孔灌注桩对环境影响较小，造价较高，主要用于对环境要求较高的区域，深度不应超过60m，且要求穿越的土层不能有淤泥等软土，桩径一般为800～1200mm，最常用的桩径一般为800、1000mm。

（4）人工挖孔桩施工方便快捷，造价较低，人工挖孔桩易发生人身安全事故，不得用于有淤泥、粉土、砂土的土层，否则很容易坍塌出安全问题。桩径一般为1000～3000mm（广州地区桩径不小于1200mm）。当基岩或密实卵砾石层埋藏较浅时可采用。

3. 单桩承载力特征值计算

规范规定：

《建筑地基基础设计规范》GB 50007—2011 第8.5.6-4条：初步设计时单桩竖向承载力特征值可按公式（11-6）进行估算：

$$R_a = q_{pa}A_p + u_p\sum q_{sia}l_i \tag{3-3}$$

式中 A_p——桩底端横截面面积（m^2）；

q_{pa}，q_{sia}——桩端端阻力特征值、桩侧阻力特征值（kPa），由当地静载荷试验结果统计分析算得；

u_p——桩身周边长度（m）；

l_i——第i层岩土的厚度（m）。

4. 桩身承载力控制计算

（1）规范规定

《桩基规范》第5.8.2条：钢筋混凝土轴心受压桩正截面受压承载力应符合下列规定：

① 当桩顶以下$5d$范围的桩身螺旋式箍筋间距不大于100mm，且符合本规范第4.1.1条规定时：

$$N \leqslant \psi_c f_c A_{ps} + 0.9f'_y A'_s \tag{3-4}$$

② 当桩身配筋不符合上述①款规定时：

$$N \leqslant \psi_c f_c A_{ps} \tag{3-5}$$

式中 N——荷载效应基本组合下的桩顶轴向压力设计值；

ψ_c——基桩成桩工艺系数，按本规范第5.8.3条规定取值；

f_c——混凝土轴心抗压强度设计值；

f'_y——纵向主筋抗压强度设计值；

A'_s——纵向主筋截面面积；

A_{ps}——桩身截面面积。

《建筑地基基础设计规范》GB 50007—2011 第 8.5.11 条：按桩身混凝土强度计算桩的承载力时，应按桩的类型和成桩工艺的不同将混凝土的轴心抗压强度设计值乘以工作条件系数 ϕ_c，桩轴心受压时桩身强度应符合公式（3-6）的规定。

当桩顶以下 5 倍桩身直径范围内螺旋式箍筋间距不大于 100mm 且钢筋耐久性得到保证的灌注桩，可适当计入桩身纵向钢筋的抗压作用。

$$Q \leqslant A_p f_c \phi_c \tag{3-6}$$

式中 Q——相应于作用的基本组合时的单桩竖向力设计值（kN）；

A_p——桩身横截面积（m^2）；

《桩基规范》第 5.8.7 条：钢筋混凝土轴心抗拔桩的正截面受拉承载力应符合下式规定：

$$N \leqslant f_y A_s + f_{py} A_{py} \tag{3-7}$$

式中 N——荷载效应基本组合下桩顶轴向拉力设计值；

f_y、f_{py}——普通钢筋、预应力钢筋的抗拉强度设计值；

A_s、A_{py}——普通钢筋、预应力钢筋的截面面积。

（2）其他

桩身承载力验算一般可以利用小软件或者自己编织 EXCEL 小程序计算。对于预应力管桩，土侧阻力分担了很大比例的竖向轴力，预应力管桩混凝土强度等级较高（不小于 C60），桩身承载力一般都能通过验算。

5. 桩顶作用效应及桩数计算

（1）竖向力

规范规定：

《桩基规范》第 5.1.1 条：对于一般建筑物和受水平力（包括力矩与水平剪力）较小的高层建筑群桩基础，应按下列公式计算柱、墙、核心筒群桩中基桩或复合基桩的桩顶作用效应。轴心竖向力作用下

$$N_k = \frac{F_k + G_k}{n} \tag{3-8}$$

偏心竖向力作用下

$$N_{ik} = \frac{F_k + G_k}{n} \pm \frac{M_{xk} y_i}{\sum y_j^2} \pm \frac{M_{yk} x_i}{\sum x_j^2} \tag{3-9}$$

式中 F_k——荷载效应标准组合下，作用于承台顶面的竖向力；

G_k——桩基承台和承台上土自重标准值，对稳定的地下水位以下部分应扣除水的浮力；

N_k——荷载效应标准组合轴心竖向力作用下，基桩或复合基桩的平均竖向力；

N_ik——荷载效应标准组合偏心竖向力作用下，第 i 基桩或复合基桩的竖向力；

M_{xk}、M_{yk}——荷载效应标准组合下，作用于承台底面，绕通过桩群形心的 x、y 主轴的力矩；

x_i、x_j、y_i、y_j——第 i、j 基桩或复合基桩至 y、x 轴的距离。

《桩基规范》第 5.2.1 条：桩基竖向承载力计算应符合下列要求：

1）荷载效应标准组合

轴心竖向力作用下

$$N_k \leqslant R \quad (3\text{-}10)$$

偏心竖向力作用下，除满足上式外，尚应满足下式的要求：

$$N_{kmax} \leqslant 1.2R \quad (3\text{-}11)$$

2）地震作用效应和荷载效应标准组合：

轴心竖向力作用下

$$N_{Ek} \leqslant 1.25R \quad (3\text{-}12)$$

偏心竖向力作用下，处满足上式外，尚应满足下式的要求：

$$N_{Ekmax} \leqslant 1.5R \quad (3\text{-}13)$$

式中 N_k——荷载效应标准组合轴心竖向力作用下，基桩或复合基桩的平均竖向力；

N_{kmax}——荷载效应标准组合偏心竖向力作用下，桩顶最大竖向力；

N_{Ek}——地震作用效应和荷载效应标准组合下，基桩或复合基桩的平均竖向力；

N_{Ekmax}——地震作用效应和荷载效应标准组合下，基桩或复合基桩的最大竖向力；

R——基桩或复合基桩竖向承载力特征值。

《桩基规范》第 5.2.2 条：单桩竖向承载力特征值 R_a 应按下式确定：

$$R_a = \frac{1}{K}Q_{uk} \quad (3\text{-}14)$$

式中 Q_{uk}——单桩竖向极限承载力标准值；

K——安全系数，取 $K=2$。

注：规范规定了不考虑地震作用时荷载效应标准组合轴心竖向力作用下与基桩或复合基桩竖向承载力特征值的关系，也规定了考虑地震作用时基桩或复合基桩的平均竖向力、基桩或复合基桩的最大竖向力与桩或复合基桩竖向承载力特征值的关系。一般来说，嵌固端在地下室顶板处时，地下室可以不考虑地震作用，由于 PKPM 程序作了一定的简化，考虑地震作用与不考虑地震作用都能算过，所以在算桩基础与承台时，一般也可考虑地震作用。

《桩基规范》第 5.2.3 条：对于端承型桩基、桩数少于 4 根的摩擦型柱下独立桩基或由于地层土性、使用条件等因素不宜考虑承台效应时，基桩竖向承载力特征值应取单桩竖向承载力特征值。

《桩基规范》第 5.2.4 条：对于符合下列条件之一的摩擦型桩基，宜考虑承台效应确定其复合基桩的竖向承载力特征值：1）上部结构整体刚度较好、体型简单的建（构）筑物；2）对差异沉降适应性较强的排架结构和柔性构筑物；3）按变刚度调平原则设计的桩基刚度相对弱化区；4）软土地基的减沉复合疏桩基础。

（2）水平力

《桩基规范》第 5.1.1 条：对于一般建筑物和受水平力（包括力矩与水平剪力）较小的高层建筑群桩基础，应按下列公式计算柱、墙、核心筒群桩中基桩或复合基桩的桩顶作用效应：

$$H_{ik} = H_k / n \tag{3-15}$$

式中 H_{ik}——荷载效应标准组合下，作用于第 i 基桩或复合基桩的水平力；

H_k——荷载效应标准组合下，作用于基桩或复合基桩的水平力；

n——桩基中的桩数。

《桩基规范》第 5.7.1 条：受水平荷载的一般建筑物和水平荷载较小的高大建筑物单桩基础和群桩中基桩应满足下式要求：

$$H_{ik} \leqslant R_h \tag{3-16}$$

式中 H_{ik}——在荷载效应标准组合下，作用于基桩 i 桩顶处的水平力；

R_h——单桩基础或群桩中基桩的水平承载力特征值，对于单桩基础，可取单桩的水平力特征值 R_{ha}。

6. 桩布置

(1) 规范规定

《建筑桩基设计规范》JGJ 94—2008 第 3.3.3-1 条（以下简称《桩基规范》）：

1）基桩的最小中心距应符合表 3-17 的规定；当施工中采取减小挤土效应的可靠措施时，可根据当地经验适当减小。

2）排列基桩时，宜使桩群承载力合力点与竖向永久荷载合力作用点重合，并使基桩受水平力和力矩较大方向有较大抗弯截面模量。

注：表 3-17 中桩间距是指桩中心与桩中心之间的距离。在设计时，要仔细查看地勘报告，区分非饱和土、饱和黏性土。

(2) 布桩方法

1）承台下布桩（柱下承台，剪力墙下承台）

① 使各桩桩顶受荷均匀，上部结构的荷载重心与承台形心、基桩反力合力作用点尽量重合，并在弯矩较大方向布置拉梁。

② 承台下布桩，桩间距应满足规范最小间距要求（保证土给桩提供摩擦力），承台桩桩间距小，承台配筋就会经济些，一般可按最小间距布桩。桩间距有些情况很难满足 $3.5d$（非饱和土、挤土桩），比如核心筒位置处，轴力比较大，墙又比较密，桩间距可按间距 $3d$ 控制。

③ 若按轴力只需布置 2 个桩，但墙形状复杂时，考虑结构稳定性等其他因素，可能要布置三个桩。

④ 桩的布置，可根据力的分布布置，做到“物尽其用”尤其是对于大承台桩，在满足冲切剪应力、弯矩强度计算和规范规定的前提下，桩数可以按角、边、中心依次减少的布桩方式，但基桩反力的合力应与结构轴向力重合。

⑤ 高层剪力墙结构墙下荷载往往分布较复杂，荷载局部差异较大，一般应划分区域布桩或采用不均匀布桩方式，荷载大的桩数应密。如果出现偏轴情况（结构合力作用点偏离建筑轴线）而承台位置无法调整时，我们有时还可能根据偏心情况调整桩的疏密程度，压力大的一侧密。

⑥ 承台的受力，可以简化为 $M=F \cdot D$，其中 D 为力臂，承台的布置方向，可以以怎么布置去平衡最多弯矩的原则来控制，当弯矩不大时，对承台布置方向没有规定。

2）墙下布桩

① 墙下布桩一般应直接，让墙直接传力到桩身，减小承台协调的过程，更经济。

② 剪力墙在地震力作用下，两端应力大，中间小，布桩时也应尽量符合此规律，一般应在墙端头布置桩，墙中间位置布桩时一般应比端头弱。有时候相连墙肢（如L形、T形等）有长有短，一般可先计算出单个墙肢墙下桩数，再在其附近布置，但每片墙的布桩数若均大于其各自的荷载值，可能造成桩基总承载力相对总荷载的富余量很大（即经济性差）。可考虑端部的墙公用一根桩，即单片墙下的布桩数不够（如要求2.5根，布了2根），但相邻片墙共同计算是满足的，局部的受力不平衡可由承台去协调。

③ 墙下布桩，要满足各个墙肢下桩的反力与墙肢作用力完全对应平衡较难，但整个桩基础和所有的墙肢作用力之和平衡。局部不平衡的力由承台来调节。

④ 要控制墙下布桩承台梁的高度，布桩时原则要使墙均落在冲切区；墙尽端与桩的距离控制，在数据上不上绝对的，根据荷载大小（层数），桩承载力大小确定控制是严一点或松一点，筏板较厚的控制可松一点。

⑤ 门洞口下不宜布桩，若根据桩间距要求，开洞部位必须布桩时，应对承台梁验算局部抗剪能力（剪力可以采用单桩承载力特征值），且应验算开洞部位承台梁的抗冲切能力，必要时需加密开洞部位箍筋或是提高箍筋规格及配置抗剪钢筋等。

(3) 其他

1）大直径桩宜采用一柱一桩；筒体采用群桩时，在满足桩的最小中心距要求的前提下，桩宜尽量布置在筒体以内或不超出筒体外缘1倍板厚范围之内。

2）桩基选用与优化时考虑一下原则：尽量减少桩型，如主楼采用一种桩型，裙房可采用一种桩型，桩型少，方便施工，静载试验与检测工作量小。

3）大直径人工挖孔桩直径至少800mm，地基规范中桩距为$3d$的规定其本身是针对成桩时的“挤土效应”和“群桩效应”及施工难度等因素，若大直径人工挖孔桩既要满足3倍桩距，又要满足“桩位必须优先布置在纵横墙的交点或柱下”会使得桩很难布置；但大直径人工挖孔桩属于端承桩，每个桩相当于单独的柱基，桩距可不加以限制，只要桩端扩大头面积满足承载力既可。嵌岩桩的桩距可取$2\sim2.5d$，夯扩桩、打入或压入的预置桩，考虑到挤土效应与施工难度，最小桩距宜控制在$3.5\sim4d$。

4）对于以端承为主的桩，当单桩承载力由地基强度控制时应优先考虑扩底灌注桩，当单桩承载力由桩身强度控制时，应选用较大直径桩或提高桩身混凝土强度等级。

3.14.4 承台设计

(1) 承台截面

1）规范规定

《桩基规范》第4.2.1条

桩基承台的构造，应满足抗冲切、抗剪切、抗弯承载力和上部结构要求，尚应符合下列要求：

① 独立柱下桩基承台的最小宽度不应小于500mm，边桩中心至承台边缘的距离不应小于桩的直径或边长，且桩的外边缘至承台边缘的距离不应小于150mm。对于墙下条形承台梁，桩的外边缘至承台梁边缘的距离不应小于75mm。承台的最小厚度不应小于300mm。

② 高层建筑平板式和梁板式筏形承台的最小厚度不应小于 400mm，墙下布桩的剪力墙结构筏形承台的最小厚度不应小于 200mm。

③ 高层建筑箱形承台的构造应符合《高层建筑箱形与筏形基础技术规范》JGJ 6—2011 的规定。

2）经验

① 承台厚度应通过计算确定，承台厚度需满足抗冲切、抗剪切、抗弯等要求。当桩数不多于两排时，一般情况下承台厚度由冲切和抗剪条件控制；当桩数为 3 排及其以上时，承台厚度一般由抗弯控制。

② 承台下桩布置尽量采用方形间距布置以使得承台平面为矩形，方便承台设计和施工。选择承台时应让各竖向构件的重心落在桩围内。

③ 一柱一桩的大直径人工挖孔桩承台宽度，只要满足桩侧距承台边缘的距离至 150mm 即可，承台宽度不必满足 2 倍桩径的要求。桩承台比桩宽一定尺寸的构造，主要是为了让桩主筋不与承台内的钢筋打架。另一方面，桩承台可视为支撑桩的双向悬挑构件，可受到土体向上、向下的力，承台悬挑长度过大，对承台是不利的。

④ 墙下承台的高度，关键在于概念设计，配筋一般都是构造，高度也有很强的经验性，对于剪力墙结构，一般可按每层 50～70mm 估算，即 $H=N\times(50\sim70)$。也可以套用图集。当柱距与荷载比较大时，承台厚度会不遵循以上规律，承台厚度会很大，5 层的框架结构承台厚度都有可能取到 1000mm。

⑤ 剪力墙下布桩，由于剪力墙结构具备极大整体抗弯刚度，故可将上部结构视为承台，此时布置的条形承台（梁）可以认为是"底部加强带"，同时方便钢筋锚固及满足局部受压。承台（梁）宽度可为 200mm＋桩径，高度为 600mm，在构造配筋的基础上适当放大即可。

⑥ 经验上认为两桩承台由受剪控制，3 桩承台由角桩冲切控制，4 桩承台由剪切和角桩冲切控制，超过 2 排布桩由冲切控制。

（2）承台配筋

1）规范规定

《桩基规范》第 4.2.3 条：

承台的钢筋配置应符合下列规定：

① 柱下独立桩基承台纵向受力钢筋应通长配置（图 3-34a），对四桩以上（含四桩）承台宜按双向均匀布置，对三桩的三角形承台应按三向板带均匀布置，且最里面的三根钢筋围成的三角形应在柱截面范围内（图 3-34b）。纵向钢筋锚固长度自边桩内侧（当为圆桩时，应将其直径乘以 0.8 等效为方桩）算起，不应小于 $35d_g$（d_g 为钢筋直径）；当不满足时应将纵向钢筋向上弯折，此时水平段的长度不应小于 $25d_g$，弯折段长度不应小于 $10d_g$。承台纵向受力钢筋的直径不应小于 12mm，间距不应大于 200mm。柱下独立桩基承台的最小配筋率不应小于 0.15%。

② 柱下独立两桩承台，应按现行国家《混凝土结构设计规范》GB 50010—2010 中的深受弯构件配置纵向受拉钢筋、水平及竖向分布钢筋。承台纵向受力钢筋端部的锚固长度及构造应与柱下多桩承台的规定相同。

③ 条形承台梁的纵向主筋应符合现行国家标准《混凝土结构设计规范》GB 50010—

2010 关于最小配筋率的规定（图 3-34*c*），主筋直径不应小于 12mm，架力筋直径不应小于 10mm，箍筋直径不应小于 6mm。承台梁端部纵向受力钢筋的锚固长度及构造应与柱下多桩承台的规定相同。

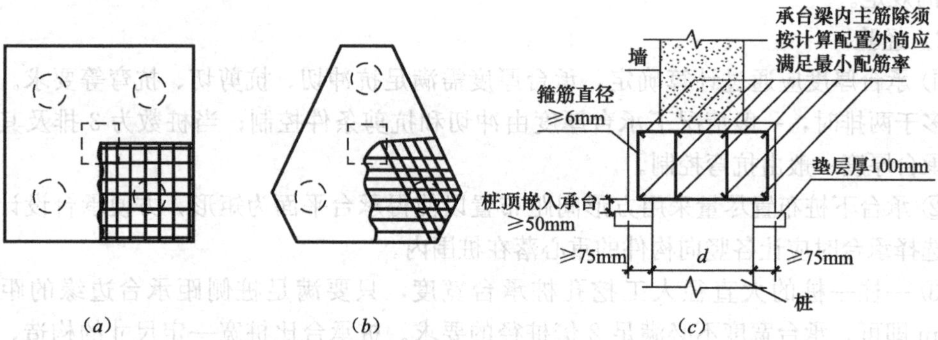

图 3-34　承台配筋示意图

(*a*) 矩形承台配筋；(*b*) 三桩承台配筋；(*c*) 墙下承台梁配筋图

2）经验

桩基承台设计，《桩基规范》明确规定，除了两桩承台和条形承台梁的纵筋须按《混规》执行最小配筋率外，其他情况均可以按照最小配筋率 0.15%控制。对联合承台或桩筏基础的筏板应按照整体受力分析的结果，采用“通长筋＋附加筋”的方式设计。对承台侧面的分布钢筋，则没必要执行最小配筋率的要求，采用 12@300 的构造钢筋即可。

规范规定承台纵向受力钢筋的直径不应小于 12mm，间距不应大于 200mm。在实际设计中，承台底筋间距常取 100～150mm，如果取 200mm，底筋纵筋可能会很大。

（3）承台其他构造

1）规范规定

《桩基规范》第 4.2.3 条：

承台底面钢筋的混凝土保护层厚度，当有混凝土垫层时，不应小于 50mm，无垫层时不应小于 70mm；此外尚不应小于桩头嵌入承台内的长度。

《桩基规范》第 4.2.4 条桩与承台的连接构造应符合下列规定：

① 桩嵌入承台内的长度对中等直径桩不宜小于 50mm；对大直径桩不宜小于 100mm。

② 混凝土桩的桩顶纵向主筋应锚入承台内，其锚入长度不宜小于 35 倍纵向主筋直径。对于抗拔桩，桩顶纵向主筋的锚固长度应按现行国家标准《混凝土结构设计规范》GB 50010—2010 确定。

③ 对于大直径灌注桩，当采用一柱一桩时可设置承台或将桩与柱直接连接。

《桩基规范》第 4.2.5 条柱与承台的连接构造应符合下列规定：

① 对于一柱一桩基础，柱与桩直接连接时，柱纵向主筋锚入桩身内长度不应小于 35 倍纵向主筋直径。

② 对于多桩承台，柱纵向主筋应锚入承台不应小于 35 倍纵向主筋直径；当承台高度不满足锚固要求时，竖向锚固长度不应小于 20 倍纵向主筋直径，并向柱轴线方向呈 90°

弯折。

③ 当有抗震设防要求时，对于一、二级抗震等级的柱，纵向主筋锚固长度应乘以1.15的系数；对于三级抗震等级的柱，纵向主筋锚固长度应乘以1.05的系数。

《桩基规范》第4.2.6条承台与承台之间的连接构造应符合下列规定：

① 一柱一桩时，应在桩顶两个主轴方向上设置联系梁。当桩与柱的截面直径之比大于2时，可不设连系梁。

② 两桩桩基的承台，应在其短向设置连系梁。

③ 有抗震设防要求的柱下桩基承台，宜沿两个主轴方向设置联系梁。

④ 连系梁顶面宜与承台顶面位于同一标高。连系梁宽度不宜小于250mm，其高度可取承台中心距的1/10～1/15，且不宜小于400mm。

⑤ 连系梁配筋应按计算确定，梁上下部配筋不宜小于2根直径12mm钢筋；位于同一轴线上的连系梁纵筋宜通长配置。

2）经验

① 位于电梯井筒区域的承台，由于电梯基坑和集水井深度的要求，通常需要局部下沉，一般情况下仅将该区域的承台局部降低，若该联合承台面积较小，可将整个承台均下降，承台顶面标高降低至电梯基坑顶面。消防电梯的集水坑应与建筑专业协调，尽量将其移至承台外的区域，通过预埋管道连通基坑和集水坑。

② 高桩承台是埋深较浅，低桩承台是埋深较深。建筑物在正常情况下水平力不大，承台埋深由建筑物的稳定性控制，并不要求基础有很大的埋深（规定不小于0.5m），但在地震区要考虑震害的影响，特别是高层建筑，承台埋深过小会加剧震害；一般仅在岸边、坡地等特殊场地当施工低桩承台有困难时，才采用高桩承台。

（4）承台布置方法（图3-35）

1）方法一：两桩中心连线与长肢方向平行，且两桩合力中心与剪力墙准永久组合荷载中心重合，布一个长方形大承台；

2）方法二：在墙肢两端各布一个单桩承台，再在两承台间布置一根大梁支承没在承台内的墙段；

3）方法三：两桩中心连线与短墙肢和长墙肢的中心连线平行，布一个长方形大承台。

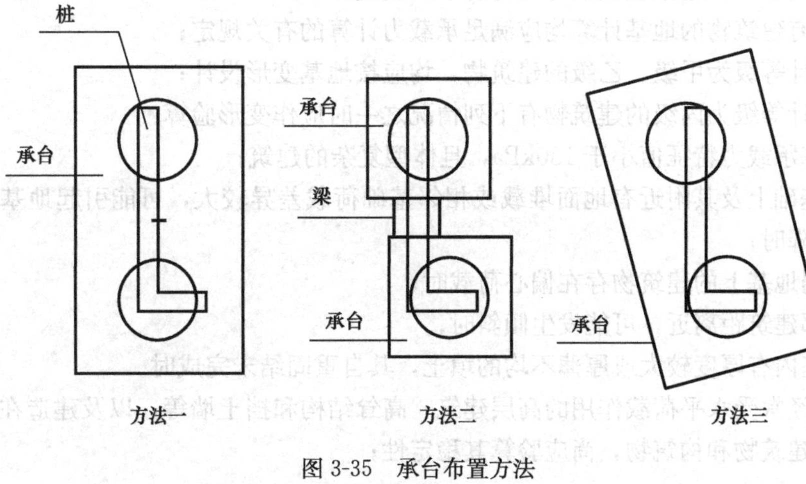

图3-35　承台布置方法

（5）承台拉梁设计

1）截面

拉梁最小宽度和高度尺寸的规定，是为了确保其平面外有足够的刚度，拉梁宽度不宜小于 250mm，其高度可取承台中心距的 1/10～1/15，且不宜小于 400mm。

2）承台拉梁计算

承台拉梁上如果没有填充墙荷载，则一般可以在构造配筋的基础上适当放大（凭借经验）。如果承台拉梁上面有填充墙荷载，一般有以下三种方法。方法一，建两次模型，第一次不输入承台拉梁，计算上部结构的配筋；第二次输入承台拉梁（在 PMCAD 中按框架梁建模），拉梁顶与承台顶齐平时，把拉梁层设为一个新的标准层，层高 1.0m 或者 1.5m 来估算，拉梁上输入线荷载（有填充墙时），用它的柱底（或墙底）内力来计算基础，同时也计算承台拉的配筋。方法二，《桩基规范》第 4.2.6 条条文说明：连系梁的截面尺寸及配筋一般按下述方法确定；以柱剪力作用于梁端，按轴心受压构件确定其截面尺寸，配筋则取与轴心受压相同的轴力（绝对值），按轴心受拉构件确定。在抗震设防区也可取柱轴力的 1/10 为梁端拉压力的粗略方法确定截面尺寸及配筋。连系梁最小宽度和高度尺寸的规定，是为了确保其平面外有足够的刚度。方法三，在实际设计中，可以不考虑 $0.1N$ 所需要的纵筋。直接按铰接计算在竖向荷载作用下所需的配筋，然后底筋与面筋相同，并满足构造要求。

3.14.5　本工程基础平面布置图

基础平面布置（部分）如图 3-36 所示。

3.14.6　基础沉降计算与计算分析

1. 规范规定

《地规》第 3.0.1 条：地基基础设计应根据地基复杂程度、建筑物规模和功能特征以及由于地基问题可能造成建筑物破坏或影响正常使用的程度分为三个设计等级，设计时应根据具体情况，按表 3-20 选用。

《地规》第 3.0.2 条：根据建筑物地基基础设计等级及长期荷载作用下地基变形对上部结构的影响程度，地基基础设计应符合下列规定：

（1）所有建筑物的地基计算均应满足承载力计算的有关规定；

（2）设计等级为甲级、乙级的建筑物，均应按地基变形设计；

（3）设计等级为丙级的建筑物有下列情况之一时应作变形验算：

1）地基承载力特征值小于 130kPa，且体型复杂的建筑；

2）在基础上及其附近有地面堆载或相邻基础荷载差异较大，可能引起地基产生过大的不均匀沉降时；

3）软弱地基上的建筑物存在偏心荷载时；

4）相邻建筑距离近，可能发生倾斜时；

5）地基内有厚度较大或厚薄不均的填土，其自重固结未完成时。

（4）对经常受水平荷载作用的高层建筑、高耸结构和挡土墙等，以及建造在斜坡上或边坡附近的建筑物和构筑物，尚应验算其稳定性；

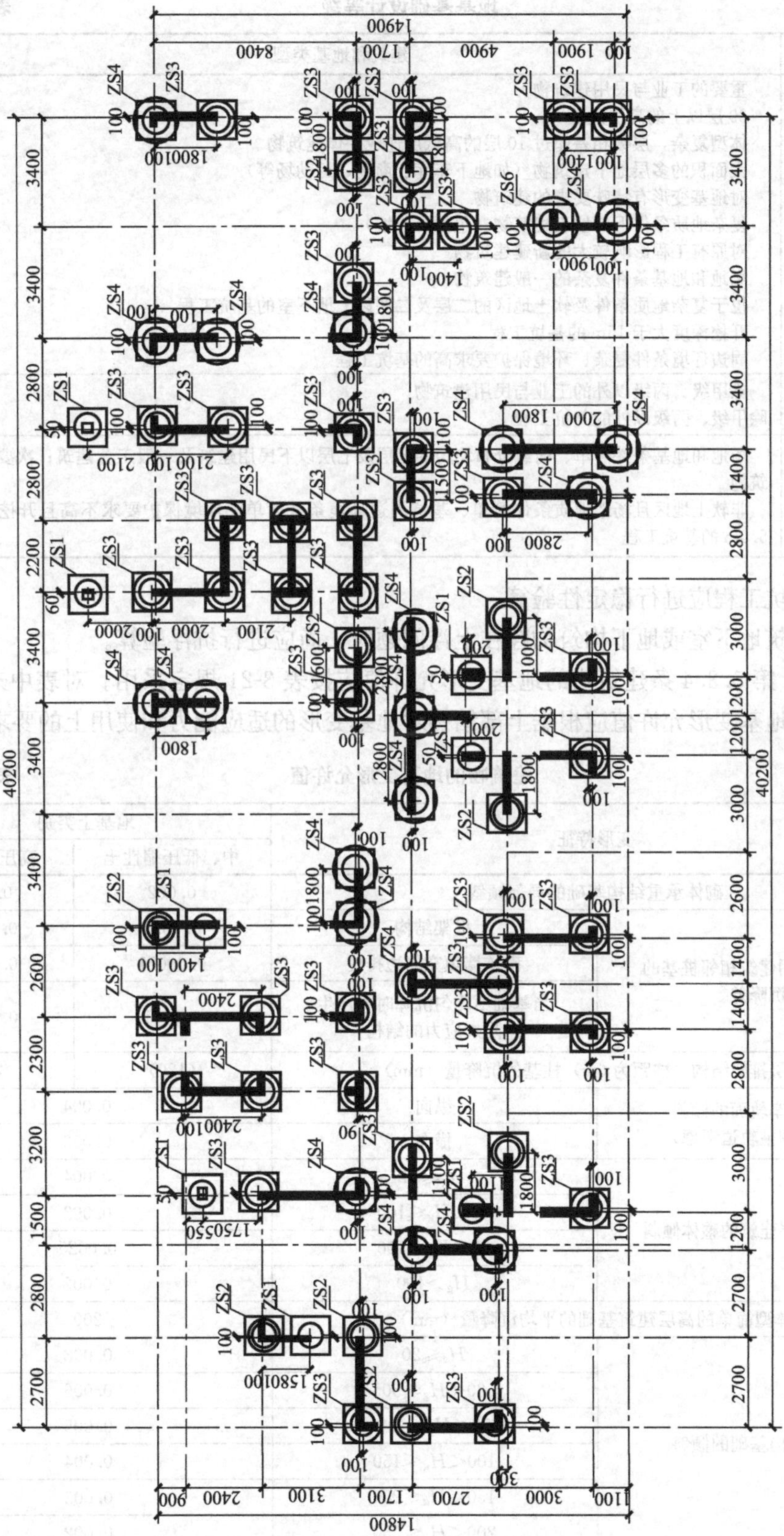

图3-36　基础平面布置图

地基基础设计等级　　表 3-20

设计等级	建筑和地基类型
甲级	重要的工业与民用建筑物 30 层以上的高层建筑 体型复杂，层数相差超过 10 层的高低层连成一体建筑物 大面积的多层地下建筑物（如地下车库、商场、运动场等） 对地基变形有特殊要求的建筑物 复杂地质条件下的坡上建筑物（包括高边坡） 对原有工程影响较大的新建建筑物 场地和地基条件复杂的一般建筑物 位于复杂地质条件及软土地区的二层及二层以上地下室的基坑工程 开挖深度大于 15m 的基坑工程 周边环境条件复杂、环境保护要求高的基坑工程
乙级	除甲级、丙级以外的工业与民用建筑物 除甲级、丙级以外的基坑工程
丙级	场地和地基条件简单、荷载分布均匀的七层及七层以下民用建筑及一般工业建筑；次要的轻型建筑物 非软土地区且场地地质条件简单、基坑周边环境条件简单、环境保护要求不高且开挖深度小于 5.0m 的基坑工程

（5）基坑工程应进行稳定性验算；

（6）建筑地下室或地下构筑物存在上浮问题时，尚应进行抗浮验算。

《地规》第 5.3.4 条建筑物的地基变形允许值应按表 3-21 规定采用。对表中未包括的建筑物，其地基变形允许值应根据上部结构对地基变形的适应能力和使用上的要求确定。

建筑物的地基变形允许值　　表 3-21

变形特征		地基土类别	
		中、低压缩性土	高压缩性土
砌体承重结构基础的局部倾斜		0.002	0.003
工业与民用建筑相邻桩基的沉降差	框架结构	0.0021	0.0031
	砌体墙填充的边排柱	0.00071	0.0011
	当基础不均匀沉降时不产生附加应力的结构	0.0051	0.0051
单层排架结构（柱距为 6m）柱基的沉降量（mm）		(120)	200
桥式吊车轨面的倾斜（按不调整轨道考虑）	纵向	0.004	
	横向	0.003	
多层和高层建筑的整体倾斜	$H_g \leqslant 24$	0.004	
	$24 < H_g \leqslant 100$	0.003	
	$60 < H_g \leqslant 100$	0.0025	
	$H_g > 100$	0.002	
体型简单的高层建筑基础的平均沉降量（mm）		200	
高耸结构基础的倾斜	$H_g \leqslant 20$	0.008	
	$20 < H_g \leqslant 50$	0.006	
	$50 < H_g \leqslant 100$	0.005	
	$100 < H_g \leqslant 150$	0.004	
	$150 < H_g \leqslant 200$	0.003	
	$200 < H_g \leqslant 250$	0.002	

续表

变形特征		地基土类别	
		中、低压缩性土	高压缩性土
高耸结构基础的沉积量（mm）	$H_g \leqslant 100$	400	
	$100 < H_g \leqslant 200$	300	
	$200 < H_g \leqslant 250$	200	

注：1. 本表数值为建筑物地基实际最终变形允许值；
2. 有括号者仅适用于中压缩性土；
3. l 为相邻柱基的中心距离（mm）；H_g 为自室外地面起算的建筑物高度（m）；
4. 倾斜指基础倾斜方向两端点的沉降差与其距离的比值；
5. 局部倾斜指砌体承重结构沿纵向 6～10m 内基础两点的沉降差与其距离的比值。

2. 经验

（1）用 JCCAD 算基础沉降不是很准确，除非地勘资料输入的很准确。在实际设计中，可以自己用小软件算，选取几个主要的角点和中间点，然后把沉降相减取绝对值，再除以两点之间的距离，得出基础的倾斜，再与《地规》第 5.3.4 条最对比。如果一定要要用 JCCAD 的计算结果，可以在计算出的沉降线之间取两点（最短），把沉降相减，再除以两点之间的距离，最后与《地规》第 5.3.4 条最对比。

（2）比如沈阳地区，30 层高层采用筏板基础，当持力层为圆砾时，总沉降一般为 2～3cm。

3.14.7 基础梁板弹性地基梁法计算与分析

1. 基础梁板弹性地基梁法计算

点击【结构/JCCAD/础梁板弹性地基梁法计算】→【模型参数】，如图 3-37～图 3-39 所示。

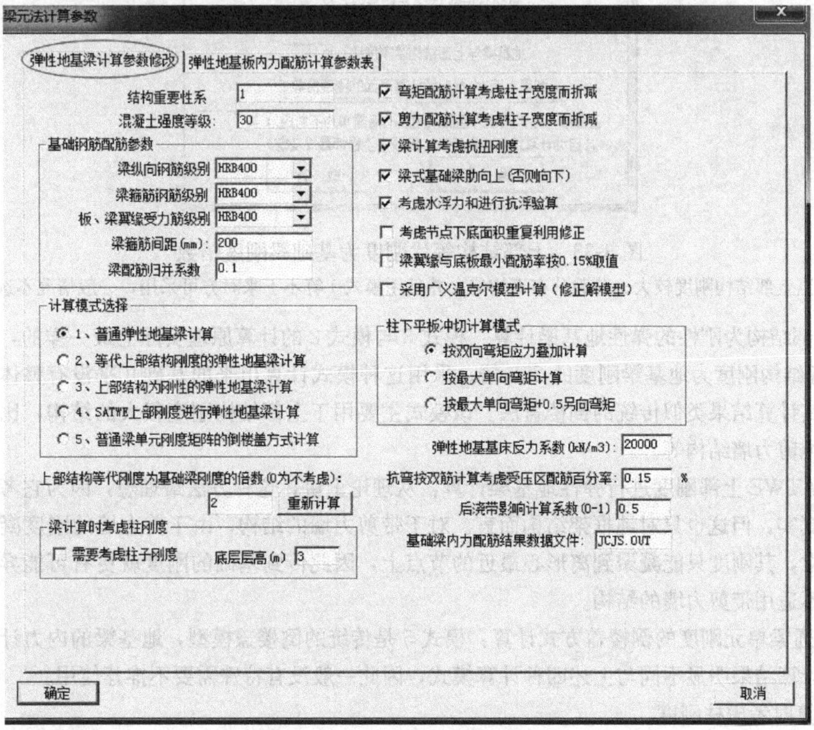

图 3-37 弹性地基梁计算参数修改

参数注释：

1. 结构重要性系数

一般可按默认值 1.0 填写。《混规》第 3.3.2 条：结构重要性系数：在持久设计状况和短暂设计状况下，对安全等级为一级的结构构件不应小于 1.1，对安全等级为二级的结构构件不应小于 1.0，对安全等级为三级的结构构件不应小于 0.9；对地震设计状况下应取 1.0。

2. 混凝土强度等级

应根据实际工程填写，一般与 C30、C35 居多。

3. 梁纵向钢筋级别、梁箍筋钢筋级别、板梁翼缘受力筋级别

应根据实际工程填写，一般可填写 HRB400。

4. 梁箍筋间距

可按默认值填写，200mm。

5. 梁配筋归并系数

应根据实际工程填写，一般可填写 0.1。

6. 计算模式选择

系统在弹性地基梁计算中给出了五种模式，一般可选择第一种，但也应根据实际工程情况、根据计算模式说明选择对应的计算模式。

① 按普通弹性地基梁计算：这种计算方法不考虑上部刚度的影响，绝大多数工程都可以采用此种方法，只有当该方法时计算截面不够且不宜扩大再考虑其他模式。

② 按等代上部结构刚度的弹性地基梁计算：该方法实际上是要求设计人员人为规定上部结构刚度是地基梁刚度的几倍。该值的大小直接关系到基础发生整体弯曲的程度。上部结构刚度相对地基梁刚度的倍数通过输入参数系统自动计算得出。如图 3-38 所示。

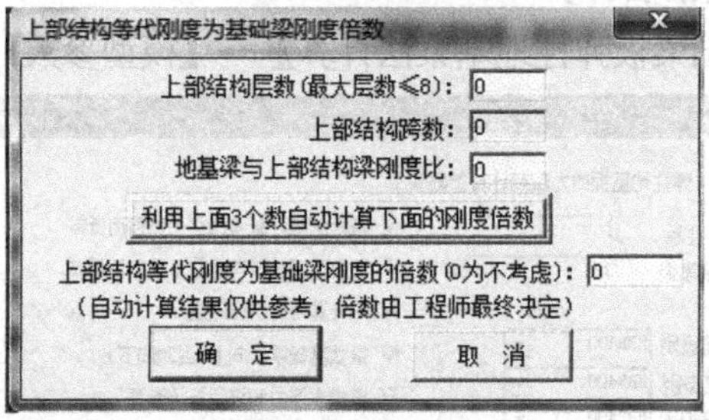

图 3-38 上部结构等代刚度为基础梁刚度倍数

注：只有当上部结构刚度较大、荷载分布不均匀，并且用模式 1 算不下来时方可采用，一般情况不选。

③ 按上部结构为刚性的弹性地基梁计算：模式 3 与模式 2 的计算原理实际上最一样的，只不过模式 3 自动取上部结构刚度为地基梁刚度的 200 倍。采用这种模式计算出来的基础几乎没有整体弯矩，只有局部弯矩。其计算结果类似传统的倒楼盖法。该模式主要用于上部结构刚度很大的结构，比如高层框支转换结构、纯剪力墙结构等。

④ 按 SATWE 上部刚度进行弹性地基架计算：从理论上讲，这种方法最理想，因为它考虑的上部结构的刚度最真实，但这也只对纯框架结构而言。对于带剪力墙的结构，由于剪力墙的刚度凝聚有时会明显地出现异常，其刚度只能凝聚到离形心最近的节点上，因此传到基础的刚度就更有可能异常。所以此种计算模式不适用带剪力墙的结构。

⑤ 按普通梁单元刚度的倒楼盖方式计算：模式 5 是传统的倒楼盖模型，地基梁的内力计算考虑了剪切变形。该计算结果明显不同与上述四种计算模式，因此一般没有特殊需要不推荐使用。

7. 梁计算时考虑柱刚度

一般可钩选。考虑柱的刚度可使柱下的地基梁转角减小一些，特别是梁端点，通常可出现正弯矩。

8. “弯矩配筋计算考虑柱子宽度而折减”、“剪力配筋计算考虑柱子宽度而折减”：

一般应钩选这两项。在弹性地基梁元法配筋计算时，程序考虑了支座（柱）宽度的影响，实际配筋用的内力为距柱边 $B/3$ 处得计算内力（B 为柱宽），同时规定折减的弯矩不大于最大弯矩的 30%。若选择此项，则相应的配筋值是用折减后的内力值计算出来的。

9. 梁计算考虑抗扭刚度

一般应钩选。若不考虑，则梁内力没有扭矩，但另一方向的梁的弯矩会增加。

10. “梁式基础梁肋向上（否则向下）”

按实际工程选择，一般在肋板式基础中，大部分基础都是使梁肋朝上，这样便于施工，梁肋之间回填或盖板处理。

11. 考虑水浮力和进行抗浮验算

一般可钩选。选择此项将在梁上加载水浮力线荷载（反向线荷载），一般来说这个线荷载对梁内力计算结果没有影响，因为水浮力与土反力加载一起与没有水浮力的土反力完全一样。抗漂浮验算是验算水浮力在局部（如群房）是否超过建筑自重时的情况。当梁底反力为负，且超过基础自重与覆土等板面恒荷之和时，即意味该处底板抗漂浮验算有问题，应采取抗漂浮措施，如底板加覆土等加大基础自重方法，或采用其他有效措施。

12. 考虑节点下底面积重复利用修正

对于柱下平板基础，可钩选，对于其他类型，可不钩选。由于在纵横梁交叉节点处下的一块底面积被两个方向上的梁使用了两次，因此存在着底面积重复利用的问题。对节点下底面积重复利用进行修正，一般来说会增加梁的弯矩，特别是梁翼缘宽度较大时，修正后弯矩和钢筋将会增加。

13. 梁翼缘与底板最小配筋率按 0.15%取值

一般可钩选。如不选取，则自动按《混规》第 8.5.1 条规定为 0.2 和 $45f_t/f_y$ 中的较大值；如选取，则按《混规》第 8.5.2 条规定适当降低为 0.15%；

《混规》第 8.5.2 条：卧置于地基上的混凝土板，板中受拉钢筋的最小配筋率可适当降低，但不应小于 0.15%。

14. 采用广义温克尔模型计算（修正解模型）

一般可钩选。温克尔地基模型：地基上任一点所受的压力强度 p 与该点的地基沉降 S 成正比，即 $p=kS$，式中比例常数 k 称为基床系数，单位为 kPa/m（地基上某点的沉降与其他点上作用的压力无关，类似胡克定理，把地基看成一群独立的弹簧）。广义温克尔地基模型：通过调整弹簧刚度来考虑地基土之间的相互作用，即采用基床系数是变化的文克勒假定。具体来说，就是通过整体基础沉降计算得到各点处的反力与竖向位移，由此可求出各点地基刚度，然后按刚度变化率调整基床反力系数。

15. 柱下平板冲切计算模式

一般可选择，按双向弯矩应力叠加计算；

16. 弹性地基基础反力系数：

可按 JCCAD2010 说明书附录值取，单位为 kN/m^3。其初始值为 20000。当基床反力系数为负值时即意味着采用广义文克尔假定计算，此时各梁基床反力系数将各不相同，一般来说边角部大些，中间小些。广义文克尔假定计算条件是前面进行了刚性假定的沉降计算，如不满足该条件，程序自动采用一般文克尔假定计算。

17. “抗弯按双筋计算考虑受压区配筋百分率”：

一般可填写 0.15%，为合理减少钢筋用量，在受弯配筋计算时考虑了受压区有一定量的钢筋。

18. 后浇带影响计算系数：

按实际工程填写。该系数指的是恒载变形在后浇带浇筑合并前的完成比例，1 表示恒载完全按照被后浇带分填开的筏板模型计算，填 0 表示恒载完全按照合并后的完整筏板模型计算。一般可填写 0.5。

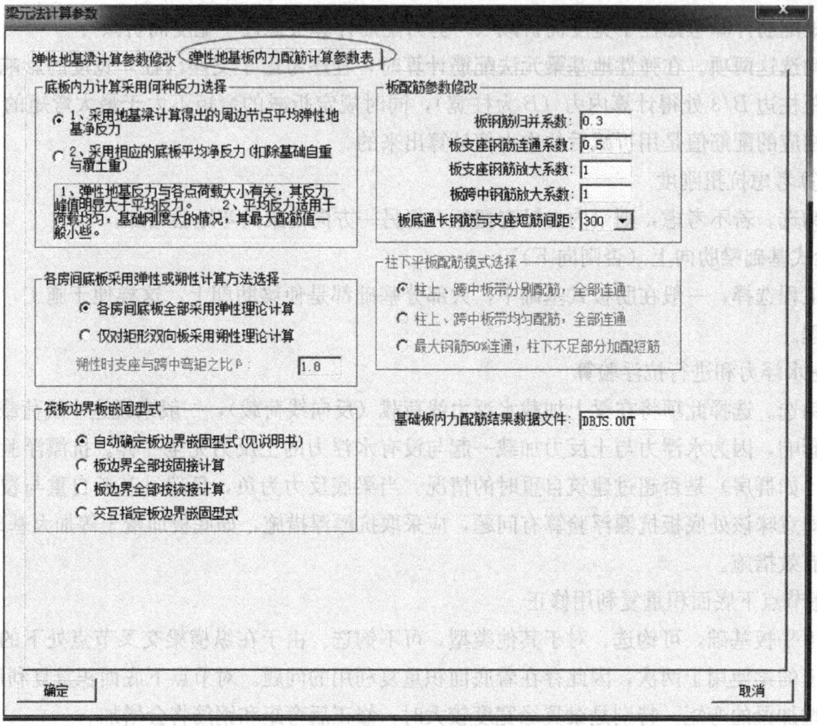

图 3-39　弹性地基板内力配筋计算参数表

参数注释：

1. 底板内力计算采用何种反力选择

一般来说上部荷载不均匀，如高层与裙房共存时，应采用“地基梁计算得出的周边节点平均弹性地基反力”，否则高层部分反力偏低，裙房部分反力偏高；当荷载均匀，基础刚度大时，可选择“相应的底板平均净反力（扣除基础自重与覆土重）”。

2. 各房间底板采用弹性或塑性计算方法选择

选择弹性理论计算还是塑性理论计算不同设计院有不同的做法。选弹性理论计算偏于安全，选塑性理论计算更符合实际受力，建议选择“仅对矩形双向板采用塑性理论计算”，塑性支座与跨中弯矩之比可填写 1.4。

3. 筏板边界板嵌固形式

一般可选择“自动确定板边界嵌固形式（见说明书）”，当墙下筏板为边界且挑出宽度小于 600mm，支座为铰接处理，否则一律按嵌固处理。

4. 板钢筋归并系数

一般可取 0.2。

5. 板支座钢筋连通系数

一般可按默认值，0.5 填写；程序还对通长支座钢筋按最小配筋率 0.15%做了验算，使通长支座钢筋不小于 0.15%的配筋率。当系数大于 0.8 时，程序按支座钢筋全部连通处理。另外跨中筋则全部连通。

6. 板支座钢筋放大系数；

一般可按默认值，1.0 填写。

7. 板跨中钢筋放大系数；

一般可按默认值，1.0 填写。

8. 板底通长钢筋与支座短筋间距

一般可按默认值 300mm 填写。该间距参数是指通长筋与通长筋的间距，短筋与短筋的间距，当通长筋与短筋同时存在时，两者间距应相同，以保持钢筋配置的有序。规范要求基础底板的钢筋间距一般不小于150mm，但由于板可能通长钢筋与短筋并存，也可能通筋单独存在，因此板筋的实配比较复杂。通过该参数，可根据不同情况控制板底总体钢筋间距。该参数隐含为300mm。当实配钢筋选择无法满足指定间距时，程序自动选择直径36mm或40mm的钢筋，间距根据配筋梁反算得到。

9. 柱下平板配筋模式选择

a. “分别配筋，全部连通”，适用于梁元法、板元法计算模型，但要求正确设置柱下板带位置，即暗梁位置；b. “均匀配筋，全部连通”，适用于跨度小或厚板情况，该方法对桩筏筏板有限元计算模型无效；c. “部分连通，柱下不足部分加配短筋”，在通长筋区域内取柱下板带最大配筋量50%和跨中板带最大配筋量得大者作为该通常区域的连通钢筋，对于柱下不足处短筋补足。此方法钢筋用量小，施工方便。该项初始值为方法（3），在第（1）、（3）中模式配筋中，程序考虑了《地规》要求的柱子宽度加一倍板厚范围内钢筋增强（不少于50%的柱下板带配筋量）的要求，并将其应用在整个柱下板带区。

2. 基础梁板弹性地基梁计算分析

（1）地梁抗剪强度不够是结构分析中常遇到的问题。一般来说，地梁内力都伴有扭矩，在弯剪扭联合作用下，很容易出现抗剪强度不足的问题。采取的措施一般是提高地梁混凝土强度等级，增加荷载集中部位的地梁数，不选择“弹性基础考虑抗扭”（地梁扭矩会减少，但弯矩会增加），增加地梁截面特别是翼缘宽度，考虑上部结构刚度影响等。

（2）弹性地基梁截面是否合适，可以自己手算配筋率，可参考普通连续梁的经济配筋率，梁端经济配筋率一般为1.2%～1.6%，跨中经济配筋率一般为0.6%～0.8%。

3.14.8 桩筏、筏板有限元计算与计算分析

点击【结构/JCCAD/桩筏、筏板有限元计算】→【模型参数】，如图3-40所示。

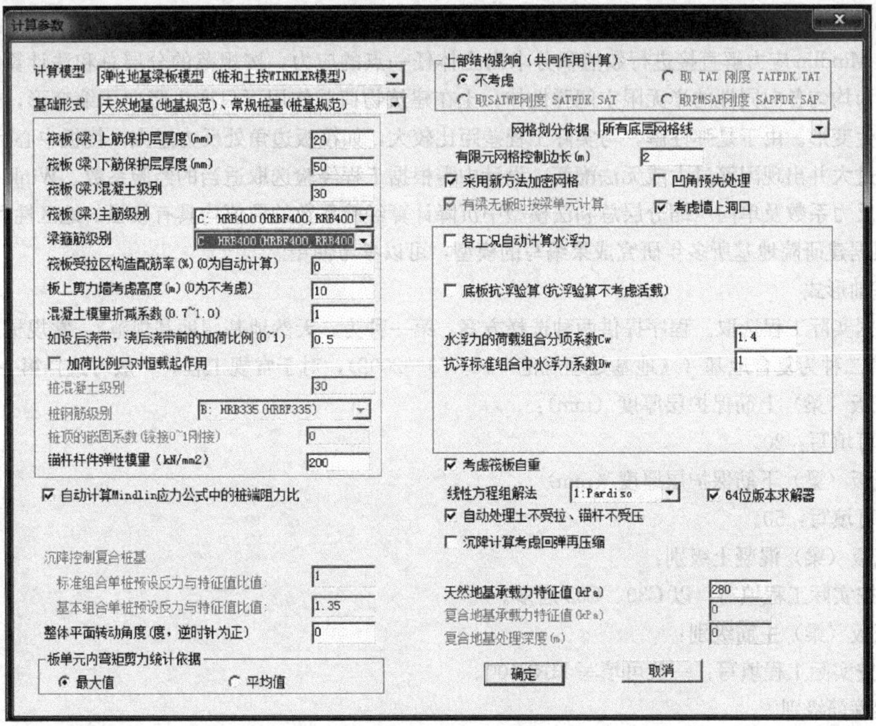

图3-40　计算参数

参数注释：

1. 计算模型

JCCAD提供四种计算方法，分别为：①弹性地基梁板模型（桩和土按WINKLER模型）；②倒楼盖模型（桩及土反力按刚性板假设求出）；③单向压缩分层总和法—弹性解：Mindlin应力公式（明德林应力公式）；④单向压缩分层总和法——弹性解修正 $*0.5l_n$（D/S_a）。对于上部结构刚度较小的结构，可采用①、③和④模型，反之，可采用第②种模型。初始选择为第一种也可根据实际要求和规范选择不同的计算模型。①适合于上部刚度较小，薄筏板基础，②适合于上部刚度较大及厚筏板基础的情况。

a. Winkler假定（弹性地基梁板模型（整体弯曲））：将地基范围以下的土假定为相互无联系的独立竖向弹簧，适用于地基土层很薄的情况，对于下覆土层深度较大的情况，土单元之间的相互联系不能忽略；计算时条板按受一组横墙集中荷载作用的无限长梁计算。其缺点是此方法一般假定基底反力是按线性分布的，柱下最大，跨中最小，只适用于柱下十字交叉条形基础和柱下筏板基础的简化计算，不适用于剪力墙结构的筏板基础计算。工程设计常用模型，虽然简单但受力明确。当考虑上部结构刚度时将比较符合实际情况。如果能根据经验调整基床系数，如将筏板边缘基床系数放大，筏板中心基床系数缩小，计算结果将接近模型3和4。对于基于Winkler假定的弹性地基梁板模型，在基床反力系数，$k<5000\sim10000kN/m^3$ 时，常用设计软件JCCAD的分析结果比通用有限元ANSYS的分析结果大，用于设计具有一定的安全储备；但该假定忽略了由土的剪切刚度得到的沉降分布规律与实际情况存在较大的差异，可考虑对于板边单元适当放大基床反力系数进行修正。

b. 刚性基础假定（倒楼盖模型/局部弯曲）：假定基础为刚性无变形，忽略了基础的整体弯曲，在此假定下计算的沉降值是根据规范的沉降公式计算的均布荷载作用下矩形板中心点的沉降。此假定在土较软，基础刚度与土刚度相差较悬殊的情况下适用；其缺点是没有考虑到地基土的反力分布实际上是不均匀的，所以各墙支座处所算得的弯矩偏小，计算值可能偏不安全。此模型在早期手工计算常采用，由于没有考虑筏板整体弯曲，计算值可能偏不安全；但对于上部结构刚度比较高的结构（如剪力墙结构、没有裙房的高层框架剪力墙结构），其受力特性接近于2模型。

c. 弹性理论有限压缩层假定（单向压缩分层总和法模型）：以弹性理论法与规范有限压缩层法为基础，采用Mindlin应力解直接进行数值积分求出土体任一点的应力，按规范的分层总和法计算沉降。假定地基土为均匀各向同性的半无限空间弹性体，土在建筑物荷载作用下只产生竖向压缩变形，侧向受到约束不产生变形。由于是弹性解，与实际工程差距比较大，如筏板边角处反力过大，筏板中心沉降过大，筏板弯矩过大并出现配筋过大或无法配筋，设计中需根据工程经验选取适当的经验系数。Winkler假定模型中基床反力系数及单向压缩分层总和法模型中沉降计算经验系数的取值均具有较强的地区性和经验性。

d. 根据建研院地基所多年研究成果编写的模型，可以参考使用。

2. 基础形式

应根据实际工程选取。程序提供两种选择方案：第一种为，天然地基《地基规范》、常规桩基《桩基规范》，第二种为复合地基（《地基处理规范》JGJ 79—2002），对于常规工程，一般可选择第一种。

3. 筏板（梁）上筋保护层厚度（mm）：

一般可填写：20。

4. 筏板（梁）下筋保护层厚度（mm）

一般可填写：50。

5. 筏板（梁）混凝土级别：

一般按实际工程填写，以C30、C35居多。

6. 筏板（梁）主筋级别：

一般按实际工程填写，一般可填写HRB400。

7. 梁箍筋级别

一般按实际工程填写，一般可填写HRB400。

8. 筏板受拉区构造配筋率（0为自动计算）

一般可填写0.15%；0为自动计算，按《混规》第8.5.1条取0.2和$45f_t/f_y$中的较大值；也可按第8.5.2条取0.15%。

9. 板上剪力墙考虑高度（m）（0为不考虑）

一般可按默认值填写，10；按深梁考虑，高度越高剪力墙对筏板刚度的贡献越大。其隐含值为10，表明10m高的深梁，0为不考虑。

10. 混凝土模量折减系数

一般填写0.85；默认值为1，计算时采用《混规》第4.1.5条中的弹性模量值，可通过缩小弹性模量减小结构刚度，进而减小结构内力，降低配筋。

11. 如设后浇带，浇后浇带前的加荷比例

一般可按默认值0.5填写。后浇带配合使用，解决由于后浇带设置后的内力、沉降计算和配筋计算、取值。填0取整体计算结果，即没有设置后浇带，填1取分别计算结果，类似于设沉降缝。取中间值a按下式计算：实际结果＝整体计算结果×$(1-a)$＋分别计算结果×a，a值与浇后浇带时沉降完成的比例相关。

12. 加荷比例只对恒载起作用

一般可不钩选。

13. 桩混凝土级别

一般按实际工程填写。

14. 桩钢筋级别

一般按实际工程填写，可填写HRB400。

15. 桩顶的嵌固系数：

一般可填写默认值0，一般工程施工时桩顶钢筋只将主筋伸入筏板，很难完成弯矩的传递，出现类似塑性铰的状态，只传递竖向力不传递弯矩。如果是钢桩或预应力管桩，深入筏板一倍桩径以上的深度，可认为是刚接；海洋平台可选刚接。

16. 锚杆杆件弹性模量

按实际工程填写。

17. 自动计算Mindlin应力公式中的桩端阻力比

一般应钩选。

18. 板单位内弯矩剪力统计数据

一般可选择，最大值；程序提供两种选择，最大值和平均值。

19. 上部结构影响（共同作用计算）

一般可选择，取SATWE刚度SATFDK SAT；考虑上下部结构共同作用计算比较准确反应实际受力情况，可以减少内力节省钢筋；要想考虑上部结构影响应在上部结构计算时，在SATWE计算控制参数中，点取“生成传给基础的刚度”。

20. 网格划分依据

当网格线不复杂时，可选择“所有底层网格线”；当底层网格线比较混乱时，划分的单元也比较混乱，一般可选择“布置构件（墙、梁、板带）的网格线”；当有桩位时，为了提高桩位周围板内力的计算精度，可选择“布置构件（墙、梁、板带）的网格线及桩位”。

21. 有限元网格控制边长

一般可按默认值2.0m填写，一般可符合工程要求。对于小体量筏板或局部计算，可将控制边长缩小（如0.5～1m）。

22. 采用新方法加密网格

一般可钩选。

23. 凹角预先处理；

一般可钩选。

24. 考虑墙上洞口：

一般可钩选。

25. 各工况自动计算水浮力

一般可钩选。在原计算工况组合中增加水浮力，标准组合的组合系数为 1.0；一般计算基底反力时只考虑上部结构荷载，而不考虑水的浮力作用，相当于存在一定的安全储备；建议在实际设计中，按有无地下水两种情况计算，详细比较计算结果，分析是否存在可以采用的潜力及设计优化。

26. 底板抗浮验算（抗浮验算不考虑活载）

一般可钩选；“底板抗浮验算”：是新增的组合，标准组合＝1.0 恒载＋1.0 浮力，基本组合＝1.0 恒载＋水浮力组合系数＊浮力。由于水浮力作用，计算结果土反力与桩反力都有可能出现负值，即受拉。如果土反力出现负值，基础设计结果是有问题的，可增加上部恒载或打桩来进行抗浮。

27. 水浮力的荷载组合分项系数

一般可按默认值填写，1.4。

28. 抗浮标准组合中水分浮力系数

一般可按默认值填写，1.0。

29. 考虑筏板自重

一般应钩选。

30. 线性方程组解法

可选择“1：Pardiso”。

31. 自动处理土不受拉、锚杆不受压

一般可钩选。

32. 沉降计算考虑回弹再压缩

一般不钩选；对于先打桩后开挖，可忽略回弹再压缩；对于其他深基础，必须考虑。根据工程实测，若不考虑回弹再压缩，裙房沉降偏小，主楼沉降偏大。

33. 天然地基承载力特征值

按实际工程填写。

4 预制预应力混凝土装配整体式框架结构节点做法及构件工艺深化设计原则

4.1 工程概况

本工程位于广西南宁，为某公司产业园项目总部的办公大楼，采用预制预应力装配整体式框架结构技术体系，总建筑面积约 7637m²，主体地上 6 层，地下 0 层，建筑高度 23.75m。该项目抗震设防类别为丙类，建筑抗震设防烈度为 6 度，设计基本加速度值为 0.05g，设计地震分组为第一组，场地类别为Ⅲ类，设计特征周期为 0.45s，框架抗震等级为四级。

由于填土较深，局部达到 10m，故本工程采用为摩擦端承桩，管桩外径：D＝400mm（AB 型桩），根据工程地质勘查报告，桩端持力层为层为 8 号黏土层。

4.2 结构体系

本工程依据《装配式混凝土结构技术规程》JGJ 1—2014、《预制预应力混凝土装配整体式框架结构技术规程》JGJ 224—2010 及《大跨度预应力空心板》13G440 进行设计。体系中采用预制混凝土柱、预制预应力混凝土叠合梁（框梁）及预制预应力空心叠合板，通过键槽节点连接形成的装配整体式框架结构。外挂板厚度：外侧 18mm（ECC 高性能混凝土板）＋保温层 50mm（岩棉）＋内侧 132mm（混凝土），内墙采用 100mm、160mm 及 200mm 厚 LC15 轻骨料混凝土。楼板大部分采用单向预应力空心叠合板、局部采用现浇混凝土双向楼板（楼板削弱部位、周边需加强或面积较小的楼板），次梁采用混凝土叠合梁，空调板、楼梯预制。结构平面布置（标准层）如图 4-1 所示。

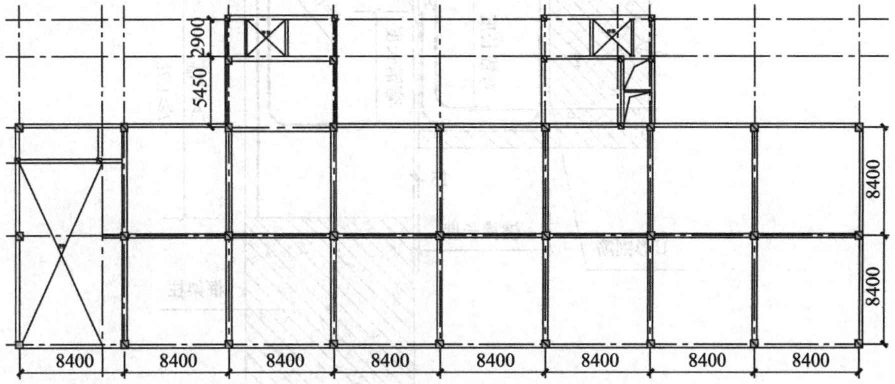

图 4-1　结构平面布置（标准层）

注：1. 由于预制预应力装配整体式框架结构采用工厂预制加工，机械进行安装，从生产及施工角度的考虑，框架结构中一般尽量避免次梁。

2. 有些位置次梁不可避免，比如楼梯间等。

4.3 梁节点做法与工艺深化设计原则

4.3.1 梁节点做法

（1）梁柱节点（顶层中间节点）如图 4-2 所示。

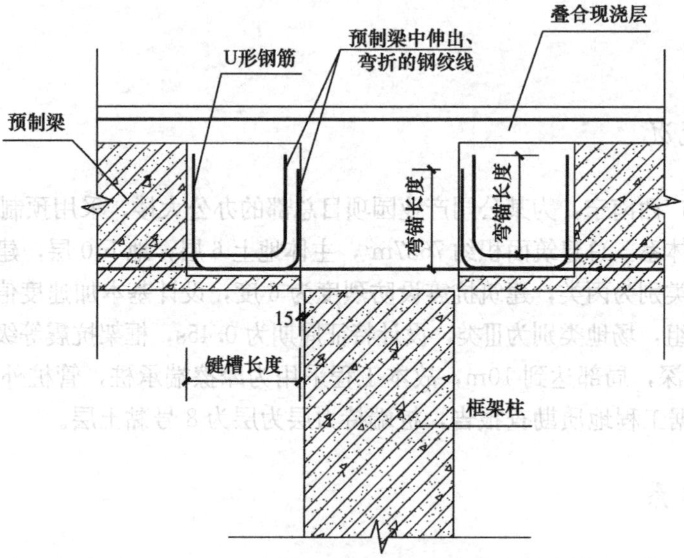

图 4-2　梁柱节点（顶层中间节点）

（2）梁柱节点（预制柱、梁顶层边节点连接）如图 4-3 所示。

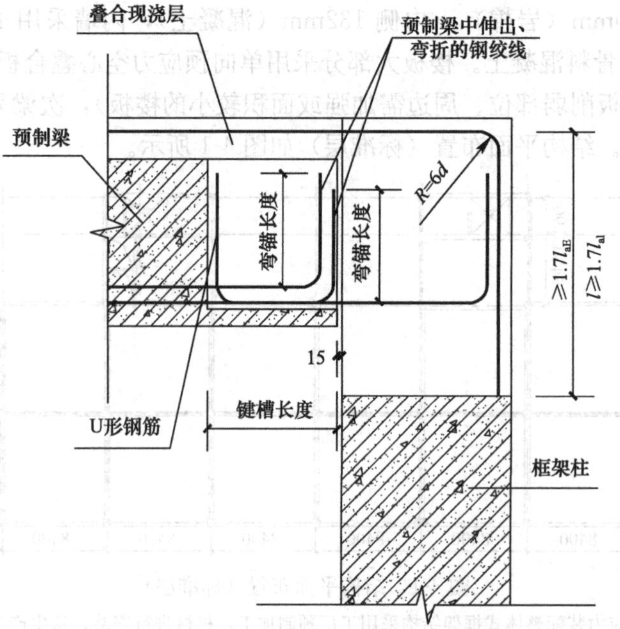

图 4-3　梁柱节点（预制柱、梁顶层边节点连接）

(3) 梁柱节点（现浇柱和预制梁顶层边节点连接）如图 4-4 所示。

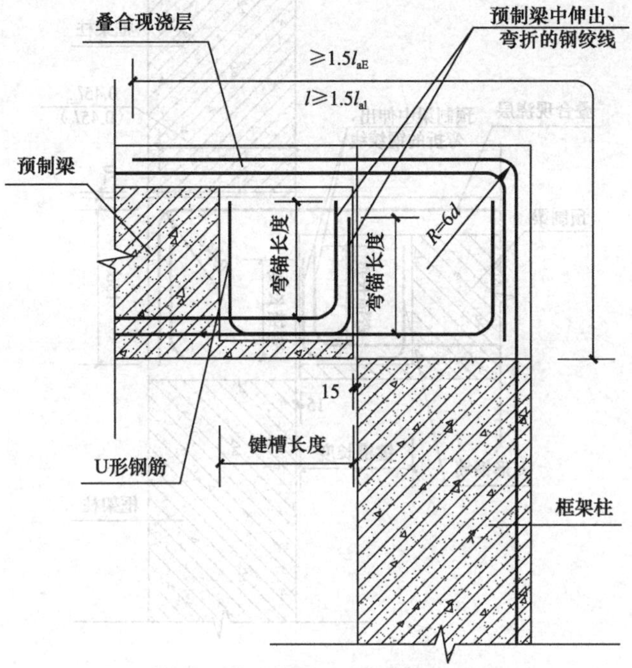

图 4-4　梁柱节点（现浇柱和预制梁顶层边节点连接）

(4) 梁柱节点（中间层中间节点）如图 4-5 所示。

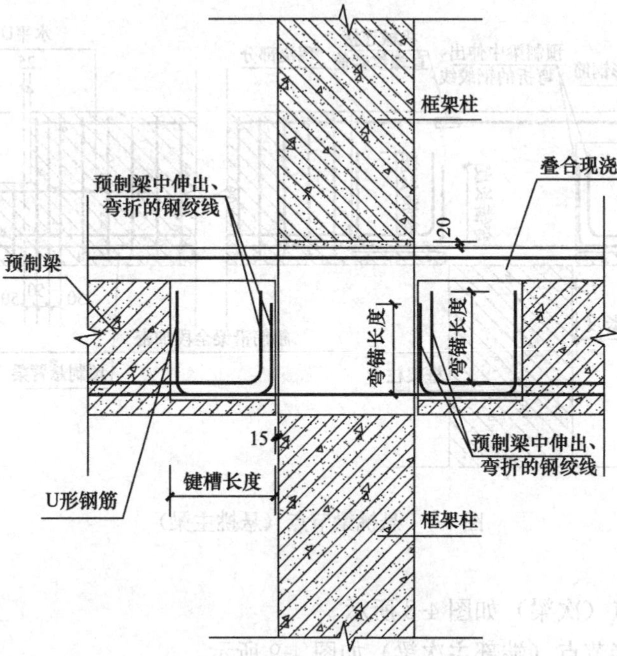

图 4-5　梁柱节点（中间层中间节点）

(5) 梁柱节点（中间层边节点）如图 4-6 所示。

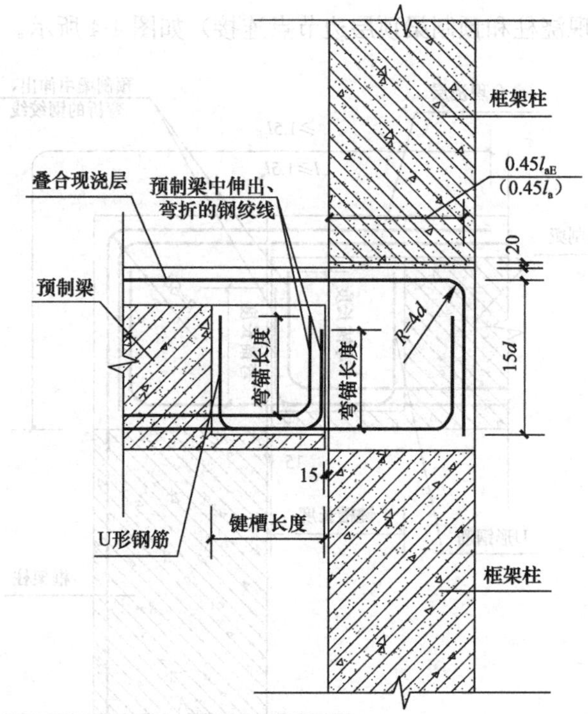

图 4-6　梁柱节点（中间层边节点）

（6）悬挑梁节点（悬挑主梁）如图 4-7 所示。

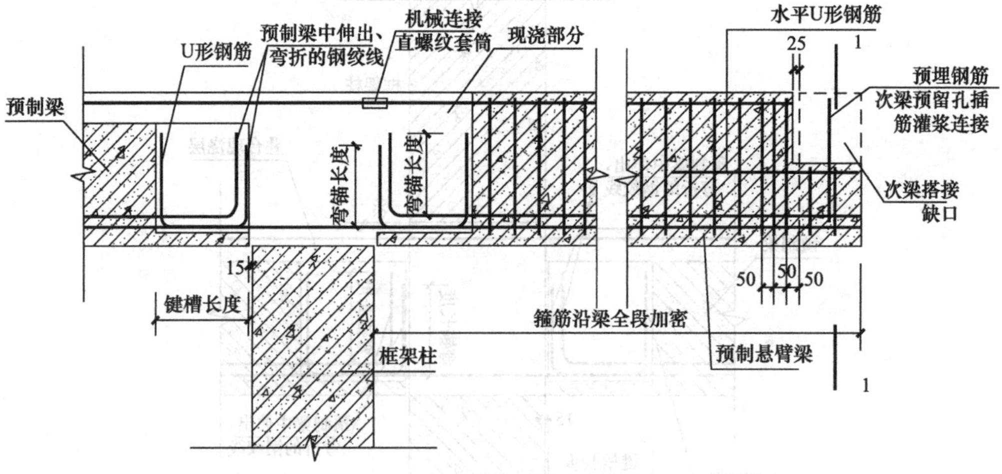

图 4-7　悬挑梁节点（悬挑主梁）

（7）悬挑梁节点（次梁）如图 4-8 所示。

（8）主次梁连接节点（端部主次梁）如图 4-9 所示。

（9）主次梁连接节点（中间部主次梁）如图 4-10、图 4-11 所示。

（10）预制梁构造如图 4-12 所示。

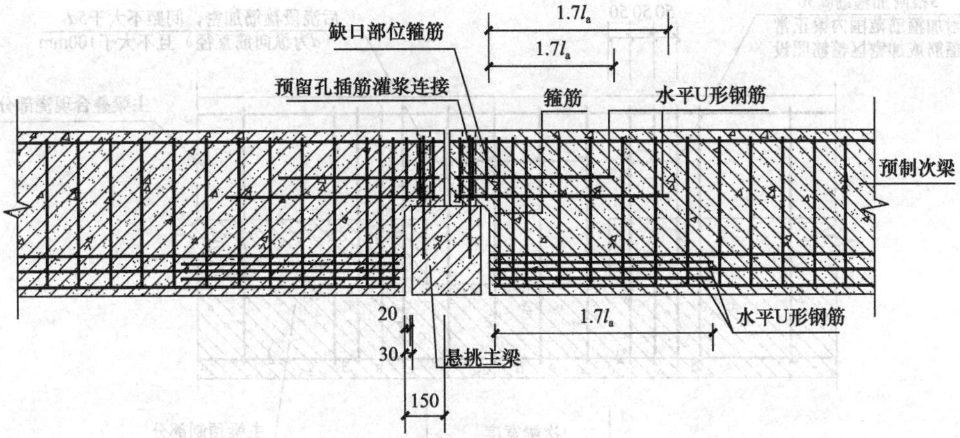

图 4-8 悬挑梁节点（次梁）

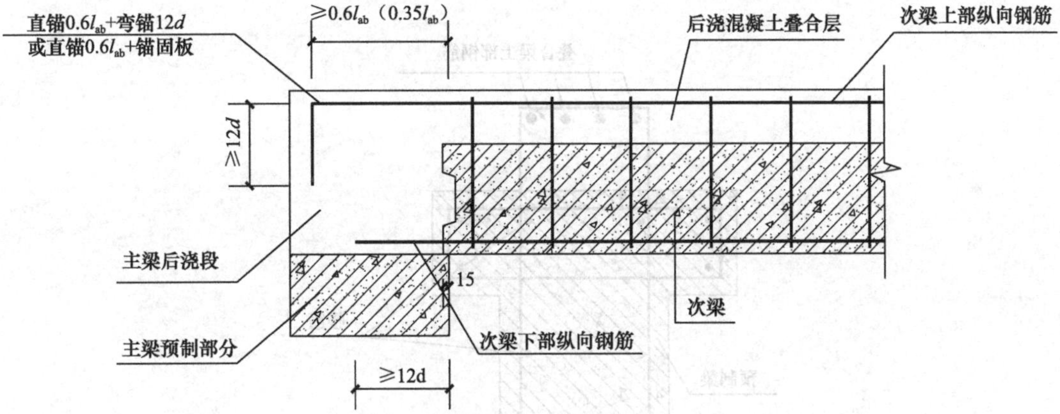

图 4-9 主次梁连接节点（端部主次梁）

注：当钢筋应力不大于钢筋强度设计值的 50%时，锚固直线段长度不应小于 0.35l_{ab}。

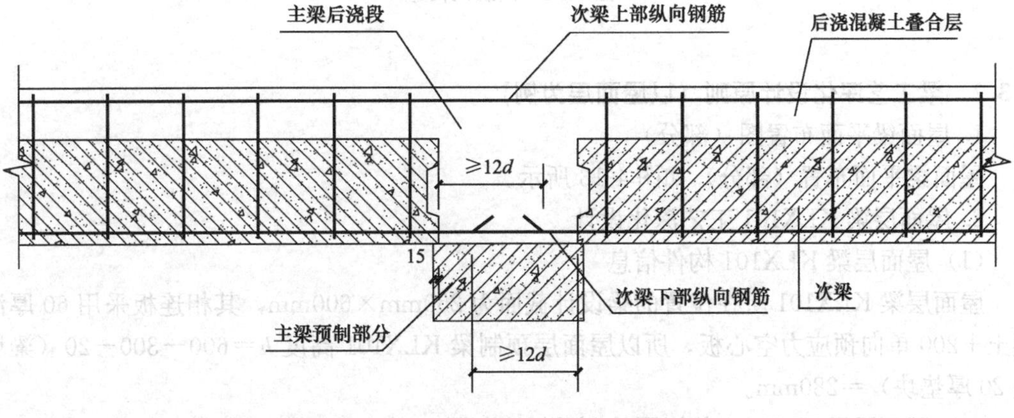

图 4-10 主次梁连接节点 1（中间部主次梁）

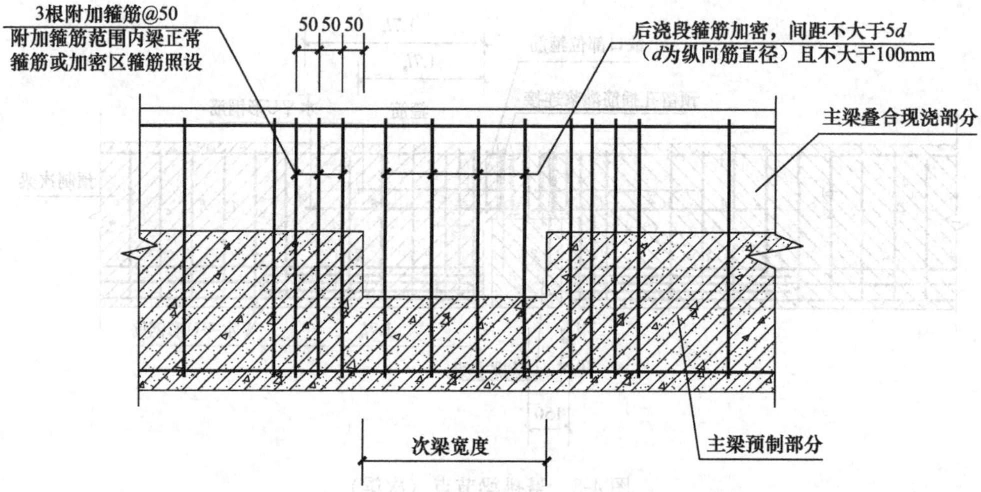

图 4-11　主次梁连接节点 2（中间部主次梁）

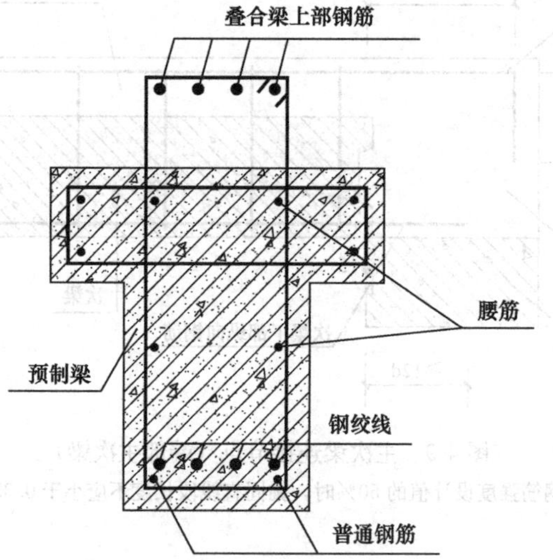

图 4-12　预制梁构造

4.3.2　梁工艺深化设计原则（以屋面层为例）

1. 屋面梁平面布置图（部分）

屋面梁平面布置（部分）如图 4-13 所示。

2. 屋面层梁 KLX101 工艺深化设计

（1）屋面层梁 KLX101 构件信息

屋面层梁 KLX101 所在位置的梁设计截面为 250mm×600mm，其相连板采用 60 厚混凝土+200 单向预应力空心板，所以屋面层预制梁 KLX101 高度 h=600－300－20（梁垛上 20 厚垫块）=280mm。

（2）屋面层梁 KLX101 前视图绘制及标注（图 4-14）

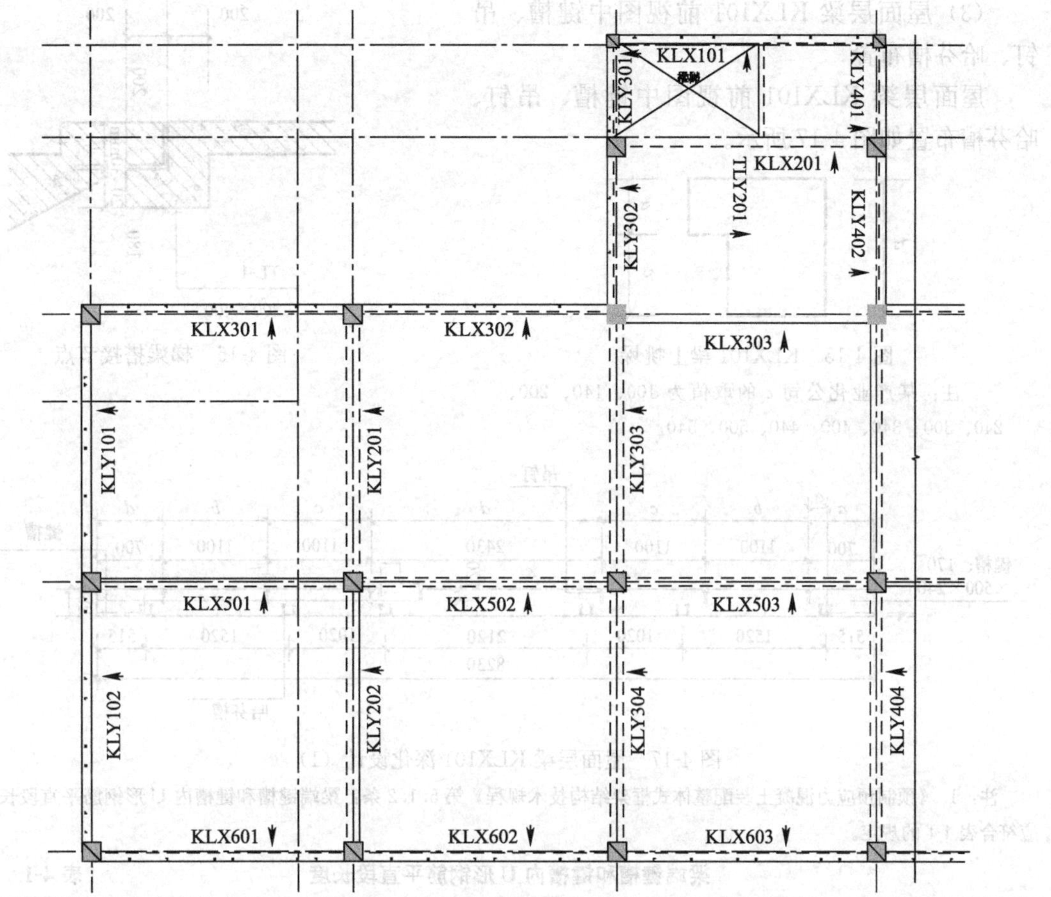

图 4-13　屋面梁平面布置（部分）

注：1. 排序一般遵循从上至下，从左至右排序的原则；

2. 图中箭头的方向为视图正面方向；

3. 框架梁搁置在预制柱上的长度为 15mm；

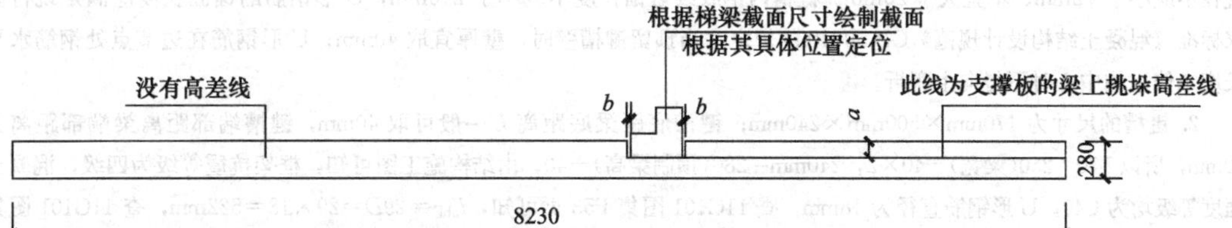

图 4-14　屋面层梁 KLX101 前视图

注：1. 由于梯梁右边有预应力空心楼盖支撑在 KL101 上，参考图 4-12，可知梯梁右边的梁上挑出垛，故有高差线；梯梁左边没有高差线，是因为左边为楼梯间，没有预应力空心叠合板支撑在其上；

2. KLX101 梁上挑垛的高度应根据具体情况具体分析，本工程 KLX101 不是预应力叠合板，则 a 一般≥100mm，本工程取 120mm；如果 KLX101 是预应力叠合梁，则应该根据模具预应力开洞的位置去取，即确定 c 的高度后，a=预制梁总高度 $d-c$，且 a 一般≥100mm，如图 4-15 所示。

3. KLX101 在相邻柱外边的距离为 8000mm，由于预制梁两端各搁置 15mm 在预制柱上，故其总长为 8000mm＋2×15mm＝8300mm。

4. 楼梯梯梁截面根据楼梯施工图绘制，如图 4-16 所示，左右两边各留宽度为 b=20～30mm 的安装缝。

(3) 屋面层梁 KLX101 前视图中键槽、吊钉、哈芬槽布置

屋面层梁 KLX101 前视图中键槽、吊钉、哈芬槽布置如图 4-17 所示。

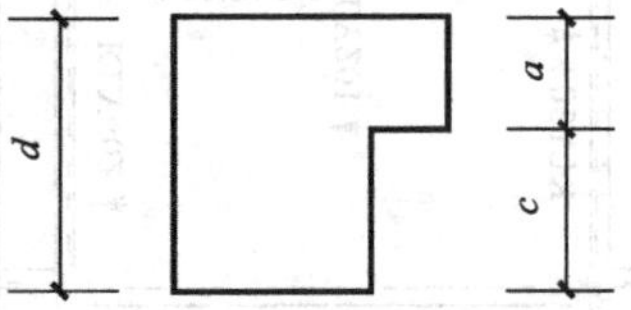

图 4-15 KLX101 梁上挑垛

注：某产业化公司 c 的取值为 100、140、200、240、300、340、400、440、500、540。

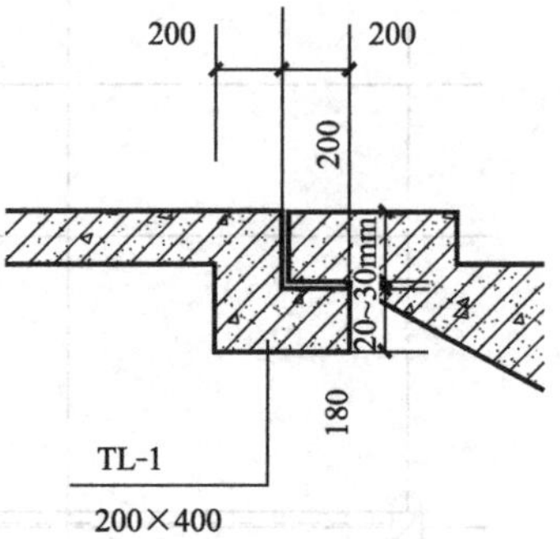

图 4-16 梯梁搭接节点

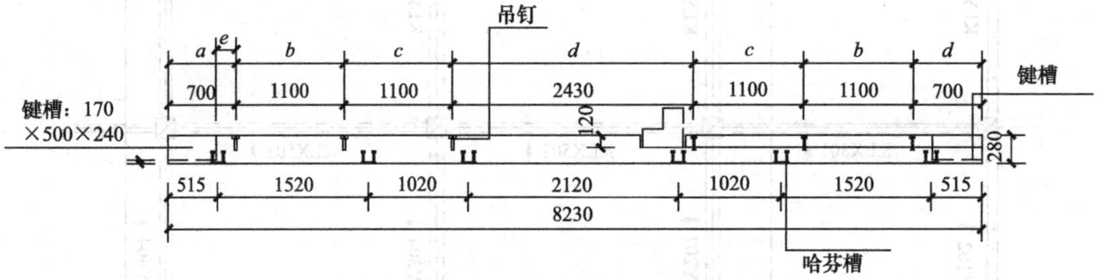

图 4-17 屋面层梁 KLX101 深化设计 (1)

注：1.《预制预应力混凝土装配整体式框架结构技术规程》第 5.1.2 条：梁端键槽和键槽内 U 形钢筋平直段长度应符合表 4-1 的规定。

梁端键槽和键槽内 U 形钢筋平直段长度 **表 4-1**

	键槽长度 l_j (mm)	键槽内 U 形钢筋平直段的长度 l_u (mm)
非抗震设计	$0.5l_1+50$ 与 350 的较大值	$0.5l_1$ 与 300 的较大值
抗震设计	$0.5l_{1E}+50$ 与 400 的较大值	$0.5l_{1E}$ 与 350 的较大值

注：表中 l_1、l_{1E} 为 U 形钢筋搭接长度。

《预制预应力混凝土装配整体式框架结构技术规程》第 5.2.3 条：梁与柱的连接可采用键槽节点。键槽的 U 形钢筋直径不应小于 12mm、不宜大于 20mm。键槽内钢绞线弯锚长度不应小于 210mm，U 形钢筋的锚固长度应满足现行国家标准《混凝土结构设计规范》GB 50010 的规定。当预留键槽壁时，壁厚宜取 40mm；U 形钢筋在边节点处钢筋水平长度未伸过柱中心时不得向上弯折。

2. 键槽的尺寸为 170mm×500mm×240mm；键槽底距梁底距离 k 一般可取 40mm，键槽端部距离梁端部距离为 40mm，所以 170=250(梁宽)－40×2，240mm=280(预制梁高)－40；由结构施工图可知，框架抗震等级为四级，混凝土强度等级均为 C40，U 形钢筋直径为 18mm，查 11G101 图集 P53 页可知，$l_{abE}=29D=29\times18=522$mm，查 11G101 图集 p55 页可知，纵向受拉钢筋搭接接头率为 100%时，修正系数为 1.6，所以按表 4-1 计算，$0.5l_{lE}+50=0.5\times522\times1.6+50=467.6$mm，取 500mm。

3. 布置吊钉是为了吊装预制梁，第一个吊钉距梁端的距离 a 不宜小于 200mm，一般取 500～600mm，由于梁端部开了键槽，吊筋与键槽端部的最小距离 e 取 200mm，所以 a 可取 700mm；b 一般可取 1000～1500mm，在实际工程中取 1100mm 或 1200mm 居多，并根据 c 的长度进行调整；c 宜大于 b，最大可取 2400mm。布置吊钉时，吊钉应成对布置，且应根据预制梁重量及每个吊钉所能承受的重量去布置吊钉。

4. 哈芬槽的布置，是为了通过连接螺纹杆固定外墙，如图 4-18 所示。哈芬槽距外梁边的距离应与建筑节点图一致，本工程取 120mm；哈芬槽的布置，应与外墙上布置的连接螺纹杆定位一致，如图 4-19 所示，其中一片单独外墙至少布置 2 个哈芬槽，哈芬槽之间的最大距离一般可取 1000～1500mm，哈芬槽距离梁边的最小距离一般可取 200～500mm，外墙边距哈芬槽的最小距离一般可取 200～500mm。

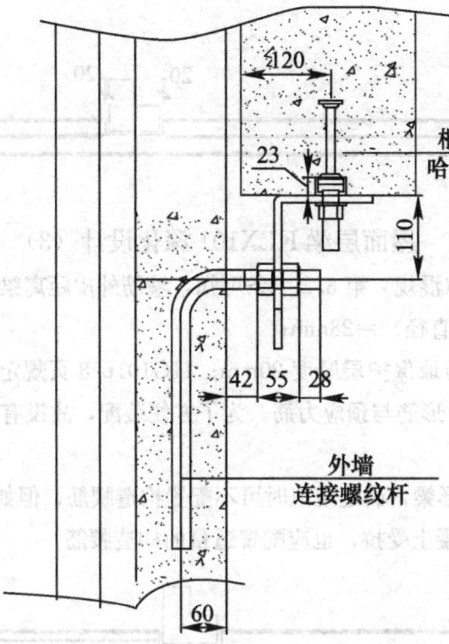

图 4-18　外墙与梁连接节点

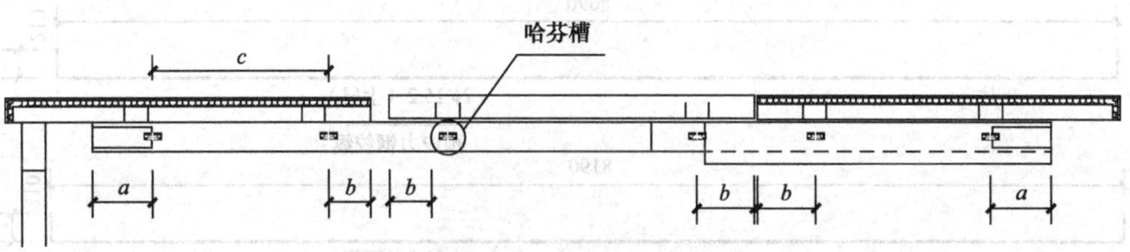

图 4-19　屋面层梁 KLX101 深化设计（2）

(4) 屋面层梁 KLX101 俯视图绘制

屋面层梁 KLX101 俯视图绘制如图 4-20 所示。

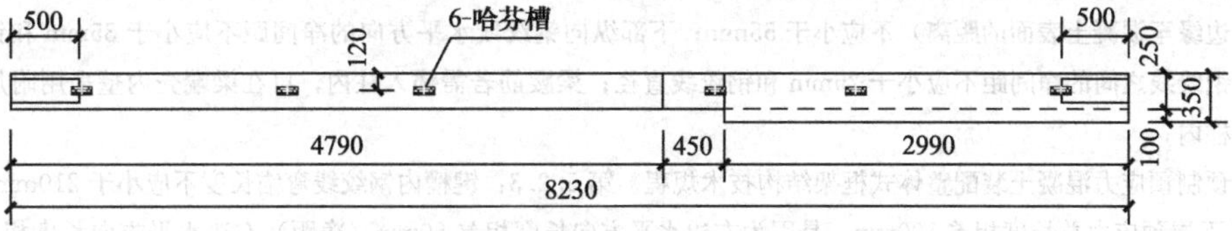

图 4-20　屋面层梁 KLX101 俯视

(5) 屋面层梁 KLX101 配筋图中底部纵筋及构造腰筋绘制

屋面层梁 KLX101 左右面筋分别为 4ϕ22（三级钢），底部钢筋由 2 排 15.2 预应力筋（每排 2 跟）＋2ϕ18 组成，设置 4ϕ12 作为构造腰筋。面层梁 KLX101 配筋图底部纵筋及构造腰筋如图 4-21 所示。

(6) 屋面层梁 KLX101 配筋图中预应力筋布置

屋面层梁 KLX101 配筋图中预应力筋布置如图 4-22 所示。

(7) 屋面层梁 KLX101 配筋图中箍筋布置

屋面层梁 KLX101 配筋图中箍筋布置如图 4-23 所示。

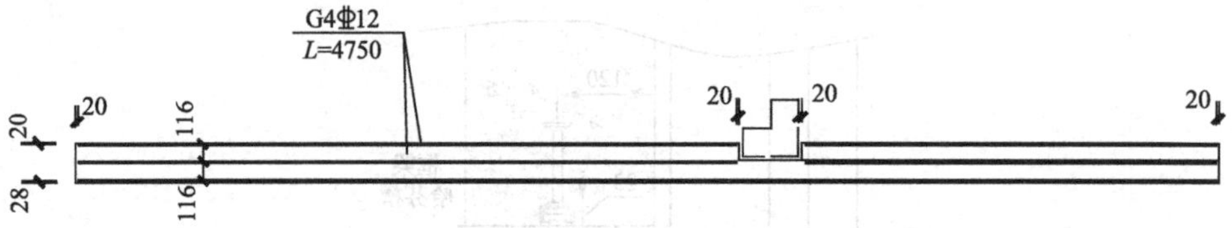

图 4-21　屋面层梁 KLX101 深化设计（3）

注：1. 底部 ϕ18 纵筋的保护层厚度查《混规》第 8.2.1 条可知，箍筋外皮距离梁底部边的距离为 20，所以底部纵筋外皮距离梁底部边的距离为 20+8（箍筋直径）=28mm；

2. 纵筋或者构造腰筋距离梁边的距离可取保护层厚度 20mm；11G101p28 页规定梁侧面构造腰筋时，其搭接与锚固长度可取为 15d，本工程由于键槽内有 U 形筋与预应力筋，为了方便装配，故没有满足此条规定；构造腰筋的布置，可以根据根数与位置，均匀间距布置；

3. 当预制梁两端均挑垛时，此时是 T 形梁，满足规范时可不配置构造腰筋，但如果采用预应力叠合梁时，先张预应力会在梁上产生“反拱”，叠合梁上部混凝土受拉，也应配置适量的构造腰筋。

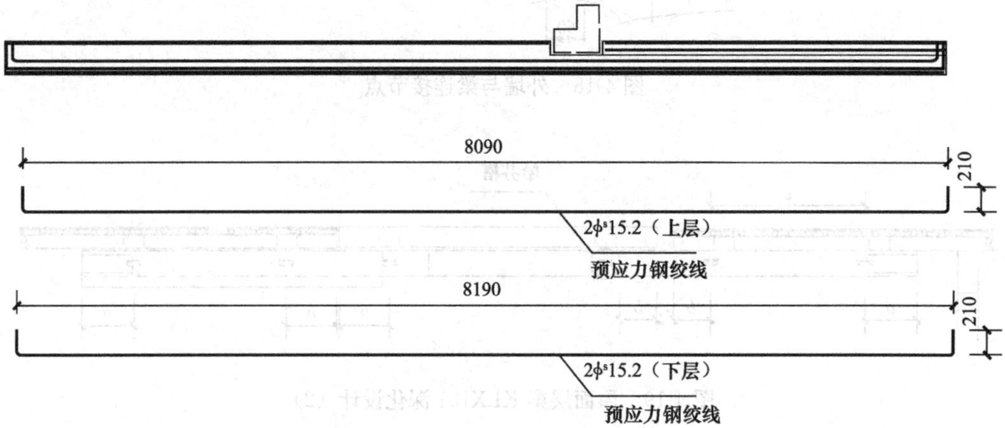

图 4-22　屋面层梁 KLX101 深化设计（4）

注：1.《预制预应力混凝土装配整体式框架结构技术规程》第 5.2.7 条：预制梁底角部应设置普通钢筋，两侧应设置腰筋；预制梁端部应设置保证钢绞线的位置的带孔模板；钢绞线的分布宜分散、对称；其混凝土保护层厚度（指钢绞线外边缘至混凝土表面的距离）不应小于 55mm；下部纵向钢绞线水平方向的净间距不应小于 35mm 和钢绞线直径，各层钢绞线之间的净间距不应小于 25mm 和钢绞线直径；梁腰筋若需锚入柱内，可在梁端壳内壁采用附加钢筋的形式锚入柱内；

2.《预制预应力混凝土装配整体式框架结构技术规程》第 5.2.3：键槽内钢绞线弯锚长度不应小于 210mm；

3. 上下层预应力总长度相差 100mm，是因为左边水平方向长度相差 50mm（净距）右边水平方向长度相差 50mm（净距）。

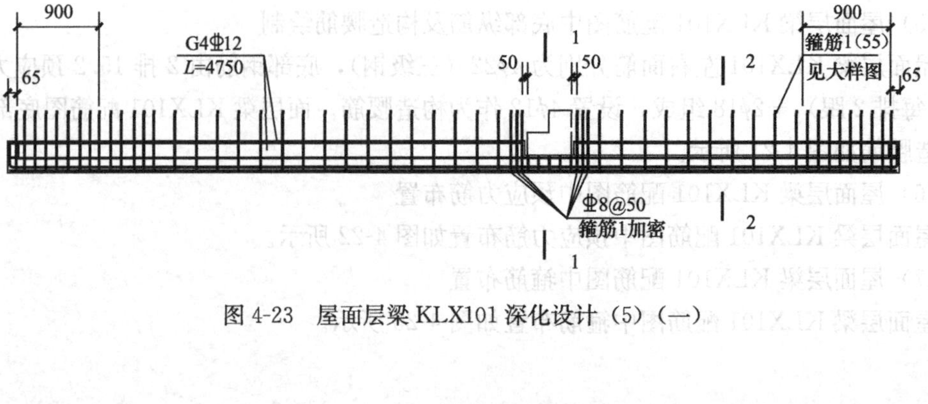

图 4-23　屋面层梁 KLX101 深化设计（5）（一）

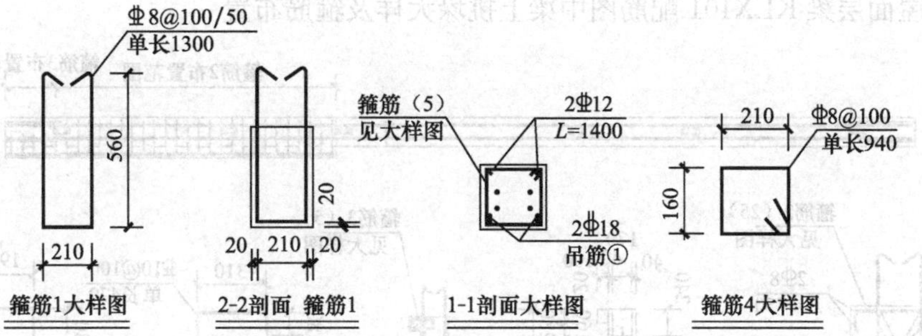

图 4-23 屋面层梁 KLX101 深化设计（5）（二）

注：1. 梁端箍筋加密区第一根箍筋距离柱边一般为 50mm，本工程预应力叠合梁搁置在柱上的长度为 15mm，所以，梁端箍筋加密区第一根箍筋距离梁边的距离可取 15＋50＝65mm；

2.《抗规》第 6.3.3 条中规定了抗震等级为四级时，加密区长度取 1.5 倍梁高与 500mm 较大值。本工程屋面层梁 KLX101 截面尺寸为 250mm×600mm，加密区长度可取：1.5×600＝900mm；

3. 梯梁与预制 KLX101 在开缺的部位会浇筑混凝土，当主次梁现浇部位主梁左右两边各布置 3φ8，间距 50mm 箍筋时，第一根箍筋距离梯梁边的距离可取 50mm；

4. KLX101 非加密区箍筋间距为 150mm，当布置非加密区箍筋时，可以从布置完加密区箍筋的一端开始以 150mm 间距布置箍筋，当最后布置的非加密区箍筋与另一端加密区箍筋间距在 100～150mm 时，可以不再布置箍筋；当最后布置的非加密区箍筋与另一端加密区箍筋间距＜100mm 时，可以增加一根加密区箍筋；当最后布置的非加密区箍筋与另一端加密区箍筋间距在 150～250mm 时，可以增加一根加密区箍筋；当最后布置的非加密区箍筋与另一端加密区箍筋间距在 250～300mm 时，可以取平均值再增加一根非加密箍筋。

5. 箍筋 1 的宽度 210＝梁宽 250－2×20（保护层厚度），箍筋 1 的高度 560＝梁高 600－2×20（保护层厚度）；

6. 箍筋 1（55）标示箍筋 1 有 55 跟。在计算箍筋长度，抗震时，箍筋弯钩长度一般取 $10d$ 与 75mm 的较大值。弯钩 r，当采用 135°弯钩时，弯钩长度 r 约为 $2×3.14×d×135/360$（°）$=2.36d$，一般可取 $4d$。

（8）屋面层梁 KLX101 配筋图中吊筋与梯梁附加钢筋布置

屋面层梁 KLX101 配筋图中吊筋与梯梁附加钢筋布置如图 4-24 所示。

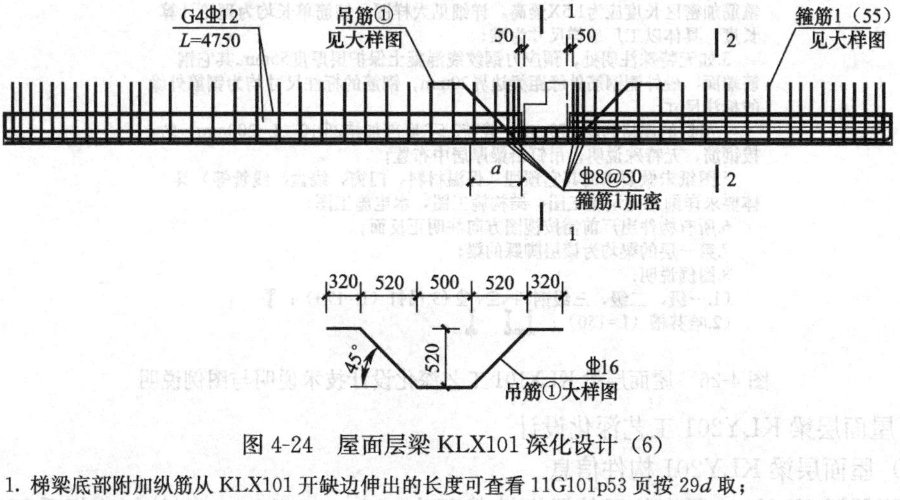

图 4-24 屋面层梁 KLX101 深化设计（6）

注：1. 梯梁底部附加纵筋从 KLX101 开缺边伸出的长度可查看 11G101p53 页按 $29d$ 取；

2. 图中吊筋大样中，500mm＝梁底部总宽度 400＋2×50mm；当梁高小于等于 800mm 时，斜长的起弯角度为 45 度；水平段 320mm 是水平段锚固长度，可查看《混凝土规范》第 9.2.7 条：受压区取 $10d$，受拉区取 $20d$；吊筋高度 520mm＝梁高 600mm－上下保护层厚度（2×20）－底部纵筋直径 18-面筋直径 22；

(9) 屋面层梁 KLX101 配筋图中梁上挑垛大样及箍筋布置

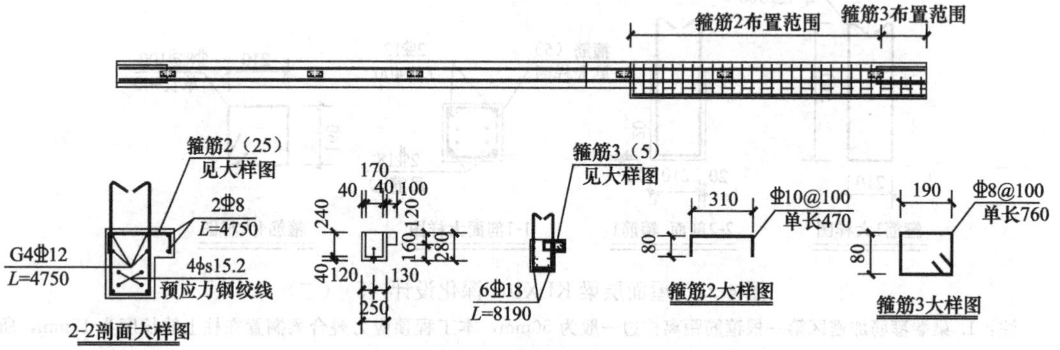

图 4-25 屋面层梁 KLX101 深化设计（7）

注：1. 箍筋 2 与箍筋 3 一般均以间距 100mm 布置；

2. 梁上伸垛，伸出的长度一般可取 100mm，具体可参考表 4-2：

梁上挑垛伸出长度 **表 4-2**

轴线跨度 L(m)	$L\leqslant10$	$10<L<15$	$L\geqslant15$
砌体外墙	120	140	160
砌体内墙	80	100	120
混凝土、钢构件	80	100	100

3. 箍筋 2 大样中弯折长度按 $15d$ 不够。由于直锚长度远远大于 $0.4l_{ae}$，故弯锚长度可取 120(垛厚)－2×20(保护层厚度)＝80mm；310mm＝250(梁宽)＋100(垛长)－2×20(保护层厚度)；

4. 箍筋 3 大样中，80mm＝120(垛厚)－2×20(保护层厚度)，190mm＝100(垛长)－20mm(保护层厚度)－110(经验值)。

(10) 屋面层梁 KLX101 工艺深化设计技术说明与图例说明

屋面层梁 KLX101 工艺深化设计技术说明与图例说明如图 4-26 所示。

1.预制梁结合面（上表面）不小于6mm粗糙度；混凝土强度等级C40;

2.预制梁部分顶部若无特殊标注统一配2⌽10架立筋，长度见详图，箍筋加密区长度应为1.5X梁高。详细见大样图，箍筋单长均为理论计算长度，具体以工厂放样尺寸为准；

3.如无特殊注明处，预应力钢绞线混凝土保护层厚度55mm,其它钢筋端面、最外侧钢筋外缘距梁边界20mm，钢筋的标注尺寸均为钢筋外缘的标注尺寸；

4.吊钉的规格为L=170mm、载荷2.5T,底部加持2⌽10（L=200mm）防拔钢筋，无特殊说明，吊钉沿梁厚居中布置；

5.图纸未做要求的其它预埋（保温材料、门窗、线盒、线管等）具体要求详细见建筑施工图、结构施工图、水电施工图；

6.所有构件出厂前需按视图方向注明正反面；

7.第一层的梁均为该层脚踩的梁；

8.图例说明：

(1.一级、二级、三级钢:⌽、⌽、⌽ (3.吊钉（L=170）：

(2.哈芬槽（L=150）：

图 4-26 屋面层梁 KLX101 工艺深化设计技术说明与图例说明

3. 屋面层梁 KLY201 工艺深化设计

(1) 屋面层梁 KLY201 构件信息

屋面层梁 KLY201 所在位置的梁设计截面为 400mm×700mm，其相连板采用 100 厚混凝土＋200 单向预应力空心板，梁标高降低 0.250m、左右相邻楼板降低标高 0.25m，所以屋面层预制梁 KLX101 高度 h＝700－300－20（梁垛上 20mm 厚的垫块）＝380mm。

(2) 屋面层梁 KLY201 详图

屋面层梁 KLY201 详图如图 4-27 所示。

(3) 屋面层梁 KLY201 配筋图

屋面层梁 KLY201 配筋如图 4-28 所示。

(4) 屋面层梁 KLY201 工艺图技术说明、图例说明

屋面层梁 KLY201 工艺图技术说明、图例说明如图 4-29、图 4-30 所示。

4. 屋面层梁 KLX501 工艺深化设计

(1) 屋面层梁 KLX501 构件信息

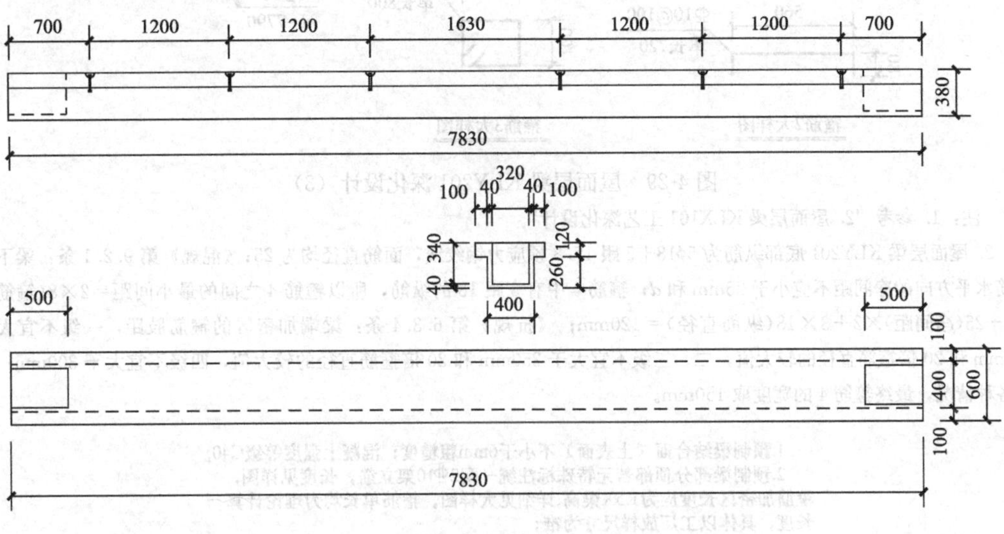

图 4-27 屋面层梁 KLY201 深化设计 (1)

注：参考“2. 屋面层梁 KLX101 工艺深化设计”。

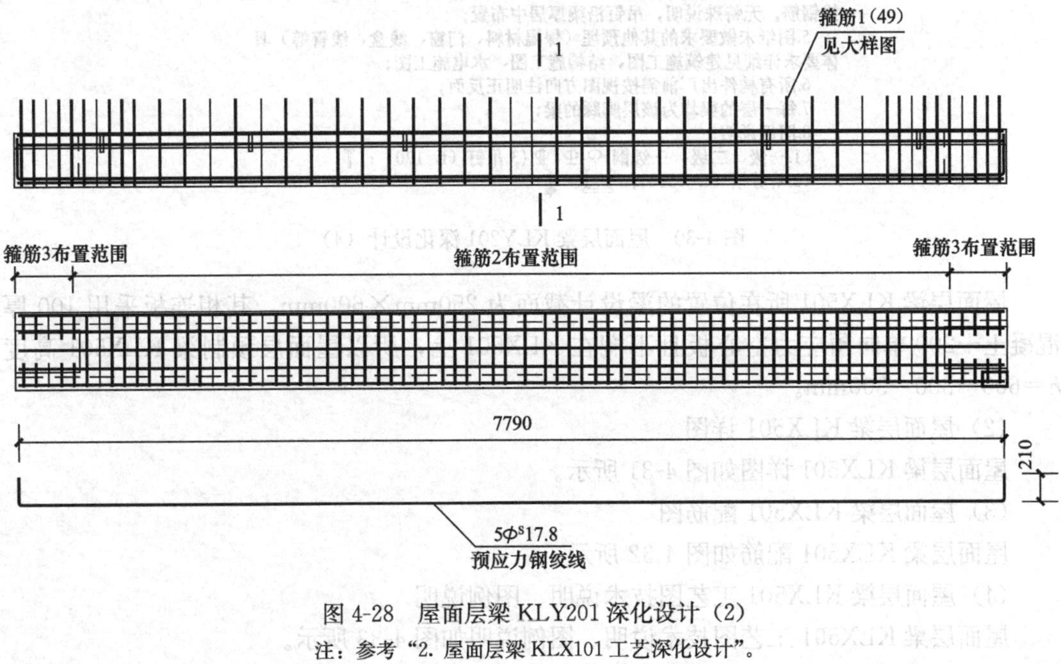

图 4-28 屋面层梁 KLY201 深化设计 (2)

注：参考“2. 屋面层梁 KLX101 工艺深化设计”。

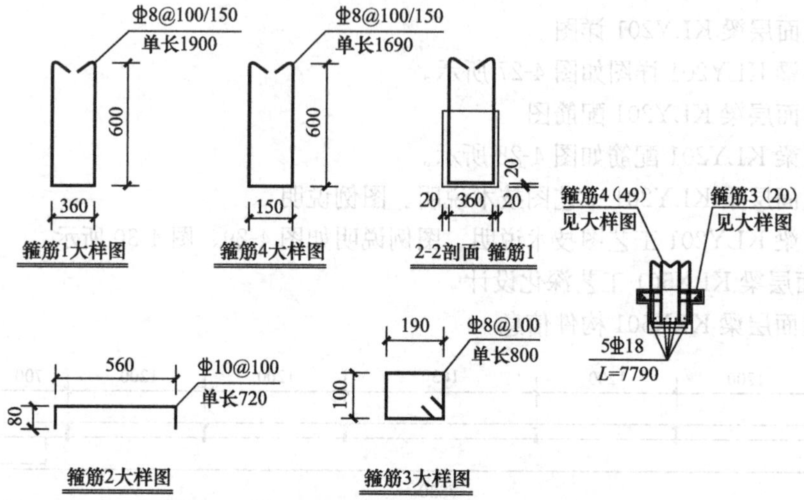

图 4-29　屋面层梁 KLY201 深化设计（3）

注：1. 参考“2. 屋面层梁 KLX101 工艺深化设计”。

2. 屋面层梁 KLY201 底部纵筋为 5ϕ18+5 跟 17.8 预应力钢绞线，面筋直径均为 25；《混规》第 9.2.1 条：梁下部钢筋水平方向的净间距不应小于 25mm 和 d；箍筋 4 中有 3 跟 18 的纵筋，所以箍筋 4 之间的最小间距＝2×8(箍筋直径)＋25(净间距)×2＋3×18(纵筋直径)＝120mm；《抗规》第 6.3.4 条：梁端加密区的箍筋肢距，一级不宜大于 200mm 和 20 倍箍筋直径的较大值，二、三级不宜大于 250mm 和 20 倍箍筋直径的较大值，四级不宜大于 300mm；结合各种情况，最终箍筋 4 的宽度取 150mm。

1.预制梁结合面（上表面）不小于6mm粗糙度；混凝土强度等级C40;
2.预制梁部分顶部若无特殊标注统一配2Φ10架立筋，长度见详图，箍筋加密区长度应为1.5X梁高,详细见大样图，箍筋单长均为理论计算长度，具体以工厂放样尺寸为准；
3.如无特殊注明处，预应力钢绞线混凝土保护层厚度55mm,其它钢筋端面、最外侧钢筋外缘距梁边界20mm，钢筋的标注尺寸均为钢筋外缘的标注尺寸；
4.吊钉的规格为L=170mm、载荷2.5T,底部加持2Φ10（L=200mm）防拔钢筋，无特殊说明，吊钉沿梁厚居中布置；
5.图纸未做要求的其他预埋（保温材料、门窗、线盒、线管等）具体要求详细见建筑施工图、结构施工图、水电施工图；
6.所有构件出厂前需按视图方向注明正反面；
7.每一层的梁均为该层脚踩的梁；
8.图例说明：
(1.一级、二级、三级钢:Φ、Φ、Φ (3.吊钉（L=170）：
(2.哈芬槽（L=150）：

图 4-30　屋面层梁 KLY201 深化设计（4）

屋面层梁 KLX501 所在位置的梁设计截面为 250mm×600mm，其相连板采用 100 厚混凝土＋200 单向预应力空心板且不搁在 KLX501 上，所以屋面层预制梁 KLX501 高度 h＝600－300＝300mm。

（2）屋面层梁 KLX501 详图

屋面层梁 KLX501 详图如图 4-31 所示。

（3）屋面层梁 KLX501 配筋图

屋面层梁 KLX501 配筋如图 4-32 所示。

（4）屋面层梁 KLX501 工艺图技术说明、图例说明

屋面层梁 KLX501 工艺图技术说明、图例说明如图 4-33 所示。

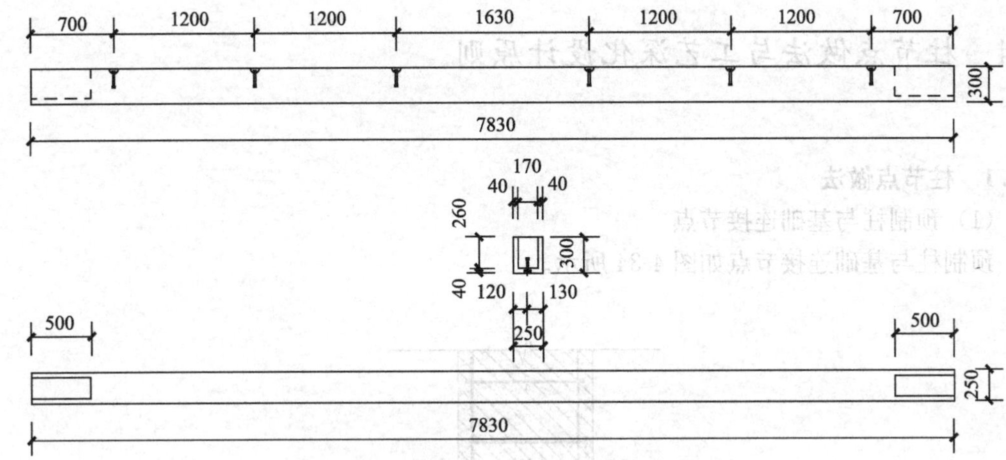
700
1200
1200
1630
1200
1200
700
300
7830
170
40
40
260
300
40
120
130
250
500
500
250
7830

图 4-31　屋面层梁 KLX501 深化设计（1）

注：参考“2. 屋面层梁 KLX101 工艺深化设计”。

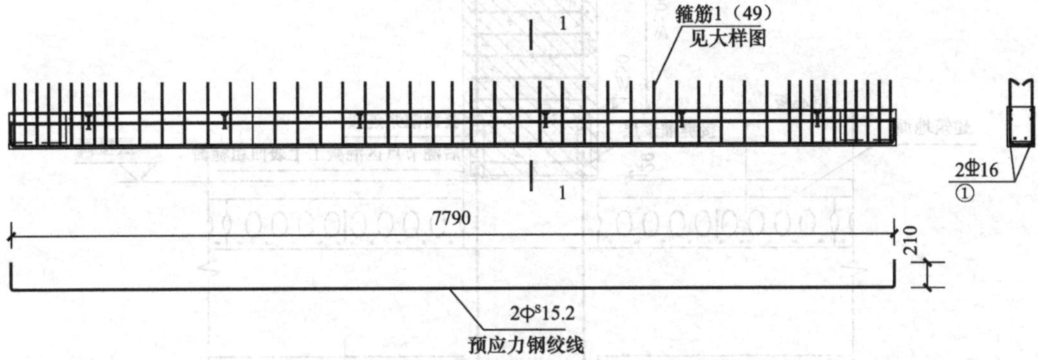
箍筋1（49）
见大样图
1
1
2⌀16
①
7790
210
2Φ^S15.2
预应力钢绞线

图 4-32　屋面层梁 KLX501 深化设计（2）

注：参考“2. 屋面层梁 KLX101 工艺深化设计”。

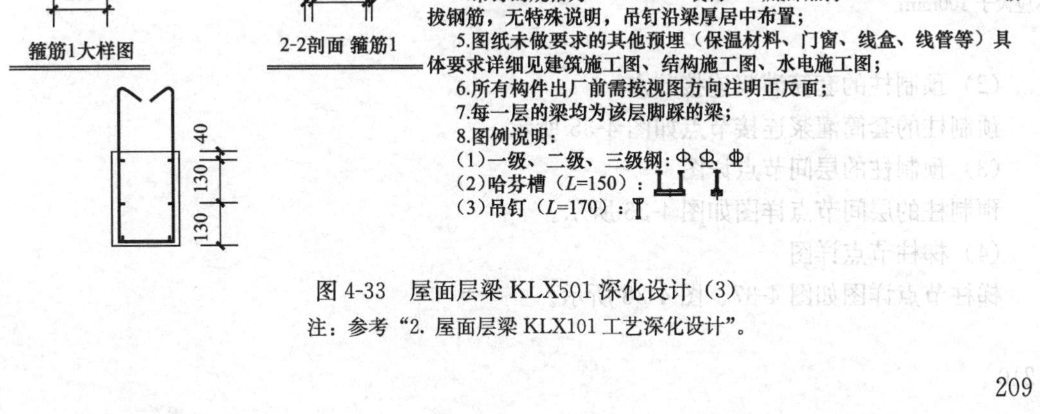
⌀8@100/150
单长1520
560
210
箍筋1大样图
20
20
210
20
2-2剖面 箍筋1
40
130
130
1.预制梁结合面（上表面）不小于6mm粗糙度；混凝土强度等级C40;
2.预制梁部分顶部若无特殊标注统一配2⌀10架立筋，长度见详图，箍筋加密区长度应为1.5X梁高。详细见大样图，箍筋单长均为理论计算长度，具体以工厂放样尺寸为准；
3.如无特殊注明处，预应力钢绞线混凝土保护层厚度55mm,其他钢筋端面、最外侧钢筋外缘距梁边界20mm，钢筋的标注尺寸均为钢筋外缘的标注尺寸；
4.吊钉的规格为L=170mm、载荷2.5T,底部加持2⌀10（L=200mm）防拔钢筋，无特殊说明，吊钉沿梁厚居中布置；
5.图纸未做要求的其他预埋（保温材料、门窗、线盒、线管等）具体要求详细见建筑施工图、结构施工图、水电施工图；
6.所有构件出厂前需按视图方向注明正反面；
7.每一层的梁均为该层脚踩的梁；
8.图例说明：
(1)一级、二级、三级钢：
(2)哈芬槽（L=150）：
(3)吊钉（L=170）：

图 4-33　屋面层梁 KLX501 深化设计（3）

注：参考“2. 屋面层梁 KLX101 工艺深化设计”。

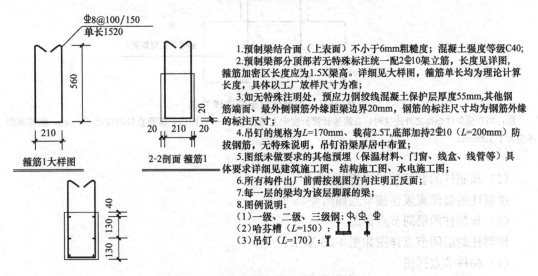

4.4 柱节点做法与工艺深化设计原则

4.4.1 柱节点做法

(1) 预制柱与基础连接节点

预制柱与基础连接节点如图 4-34 所示。

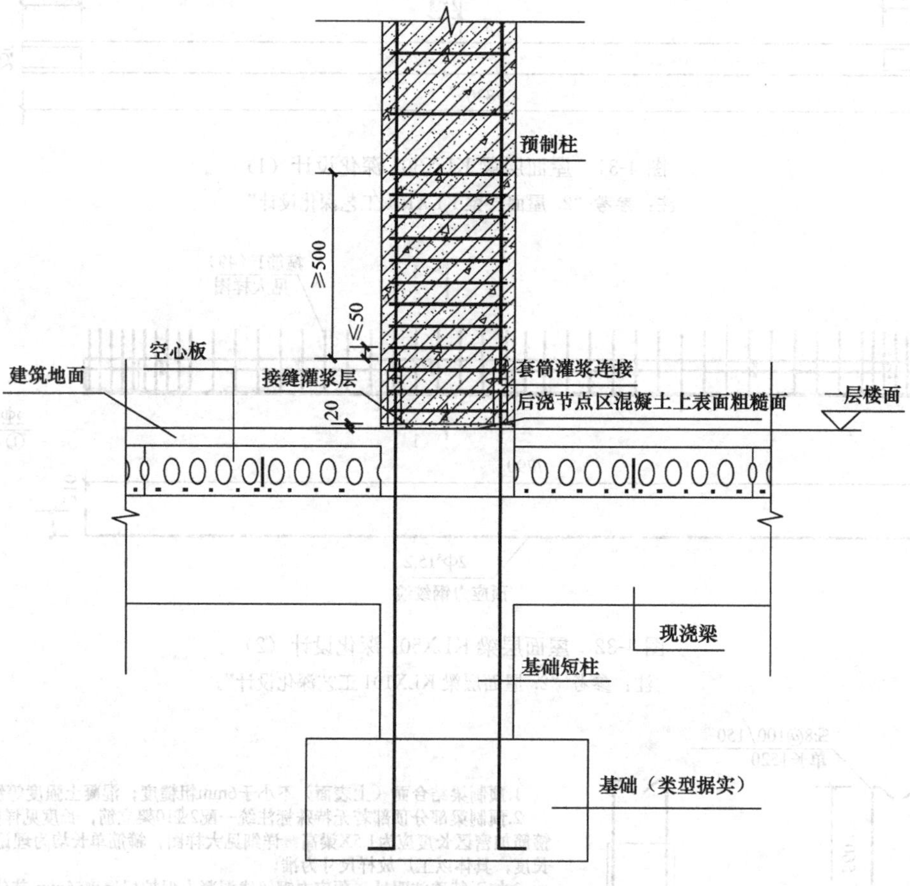

图 4-34 预制柱与基础连接节点

注：当在框架柱根部之外连接时，自灌浆套筒长度向上延伸 200mm 范围内，箍筋直径不应小于 8mm，箍筋间距不应大于 100mm；

(2) 预制柱的套筒灌浆连接节点

预制柱的套筒灌浆连接节点如图 4-35 所示。

(3) 预制柱的层间节点详图

预制柱的层间节点详图如图 4-36 所示。

(4) 梯柱节点详图

梯柱节点详图如图 4-37、图 4-38 所示。

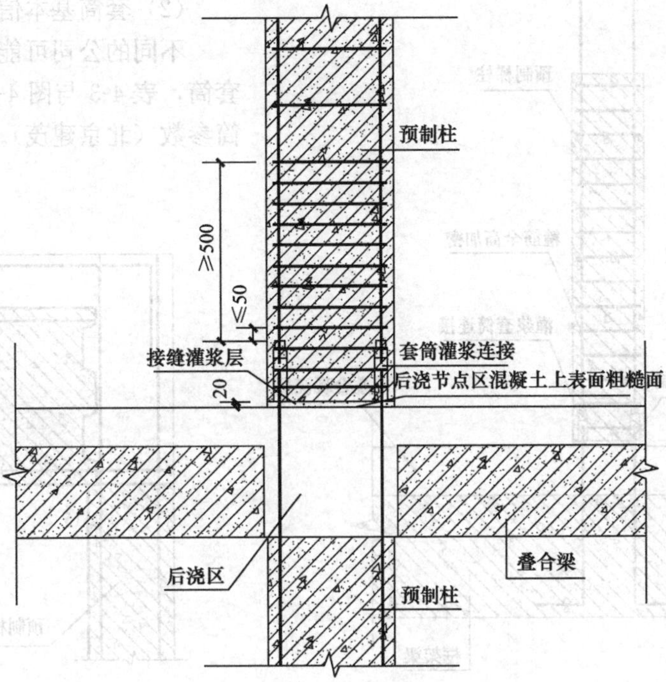

图 4-35　预制柱的套筒灌浆连接节点

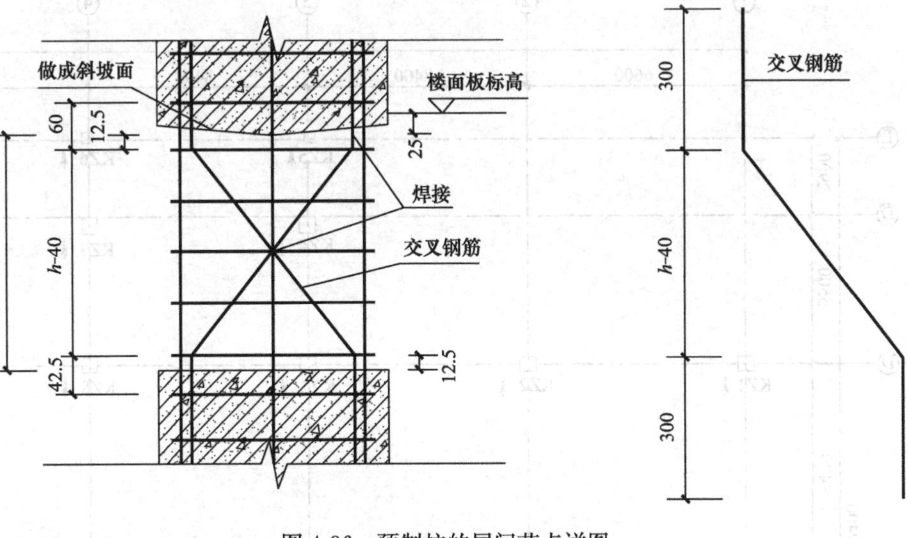

图 4-36　预制柱的层间节点详图

4.4.2　柱工艺深化设计原则（以第六层为例）

1. 第六层框柱平面布置图（部分）

第六层框柱平面布置图（部分）如图 4-39 所示。

2. KZ1 工艺深化设计

(1) KZ1 构件信息

KZ1 截面尺寸为 600×600mm，层高 3.6m，混凝土强度等级为 C40，纵筋为 8ϕ25（三级钢），每边三根，箍筋为 ϕ8@100/200。

(2) 套筒基本信息

不同的公司可能采用不同厂家的套筒，表 4-3 与图 4-40 为 JM 灌浆套筒参数（北京建茂）。

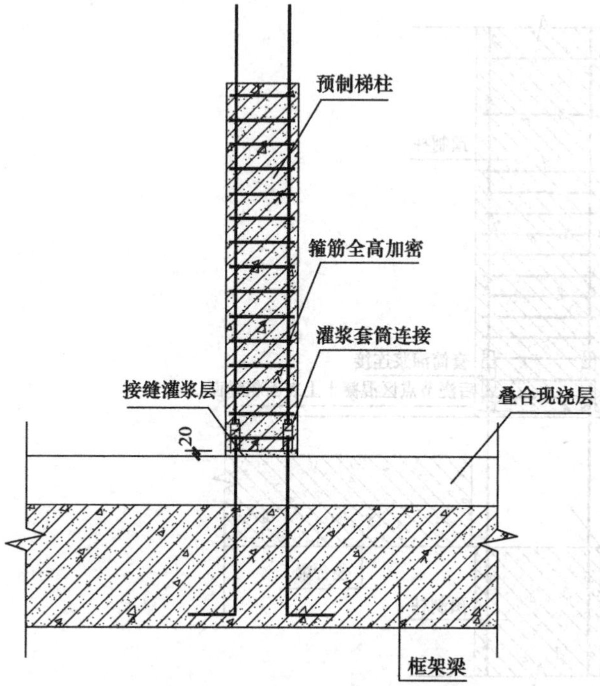

图 4-37 梯柱节点详图 (1)

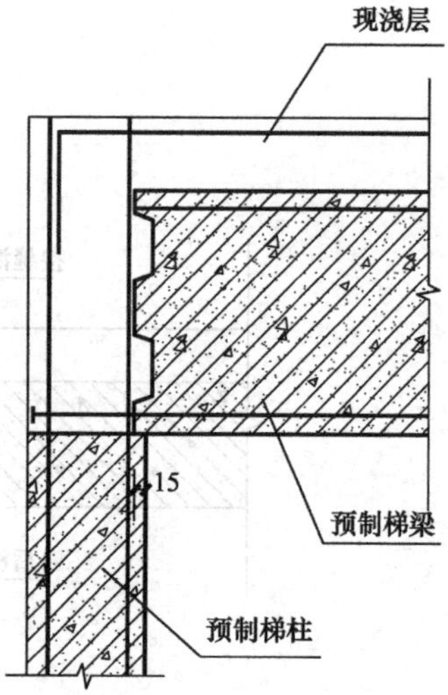

图 4-38 梯柱节点详图 (2)

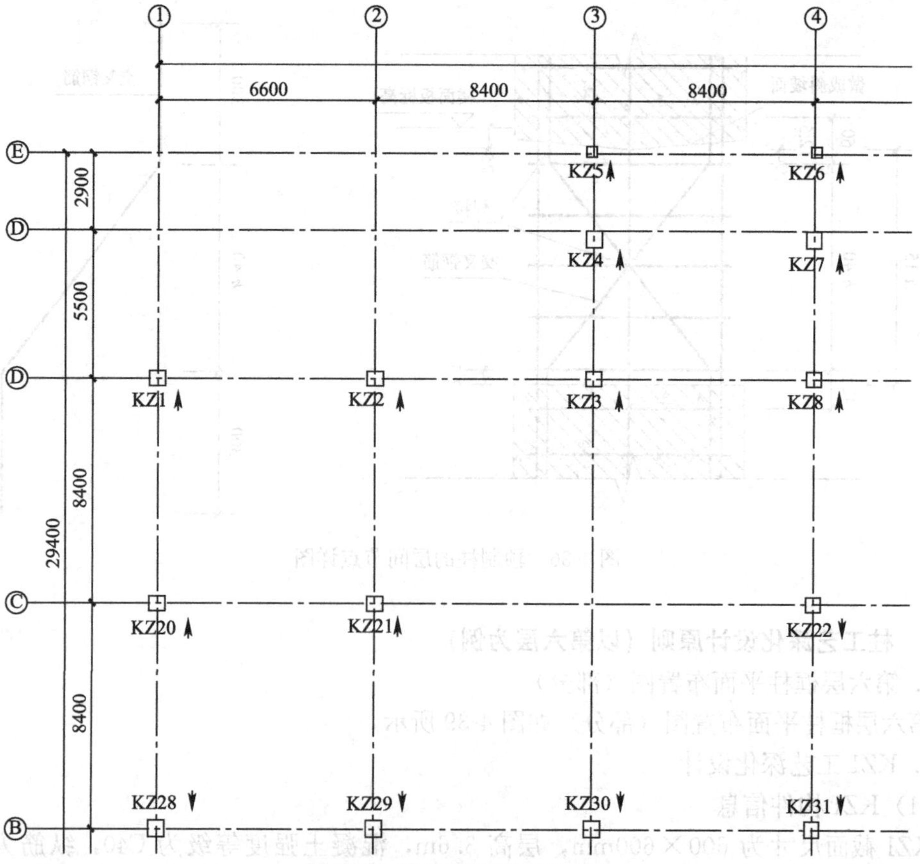

图 4-39 第六层框柱平面布置

JM钢筋半灌浆连接套筒主要技术参数 **表 4-3**

套筒型号	螺纹端连接钢筋直径 d_1(mm)	灌浆端连接钢筋直径 d_2(mm)	套筒外径 d(mm)	套筒长度 l(mm)	灌浆端钢筋插入口孔径 D_3(mm)	灌浆孔位置 a(mm)	出浆孔位置 b(mm)	灌浆端连接钢筋插入深度 l_1(mm)	内螺纹螺公称直径 D(mm)	内螺纹距 P(mm)	内螺纹牙型角度	内螺纹孔深度 l_2(mm)	备注
GT12	ϕ12	ϕ12，ϕ10	ϕ32	140	ϕ23±0.2	30	104	96_0^{+15}	M12.5	2.0	75°	19	
GT14	ϕ14	ϕ14，ϕ12	ϕ34	156	ϕ25±0.2	30	119	112_0^{+15}	M14.5	2.0	60°	20	
GT16	ϕ16	ϕ16，ϕ14	ϕ38	174	ϕ28.5±0.2	30	134	128_0^{+15}	M16.5	2.0	60°	22	
GT18	ϕ18	ϕ18，ϕ16	ϕ40	193	ϕ30.5±0.2	30	151	144_0^{+15}	M18.7	2.5	60°	25.5	
GT18	ϕ18	ϕ18，ϕ16	ϕ45	193	ϕ32±0.2	30	151	144_0^{+15}	M18.7	2.5	60°	25.5	
GT20	ϕ20	ϕ20，ϕ18	ϕ42	211	ϕ32.5±0.2	30	166	160_0^{+15}	M20.7	2.5	60°	28	
GT20	ϕ20	ϕ20，ϕ18	ϕ48	211	ϕ34.2±0.2	30	166	160_0^{+15}	M20.7	2.5	60°	28	
GT22	ϕ22	ϕ22，ϕ20	ϕ45	230	ϕ35±0.2	30	181	176_0^{+15}	M22.7	2.5	60°	30.5	
GT22	ϕ22	ϕ22，ϕ20	ϕ50	230	ϕ37±0.2	30	181	176_0^{+15}	M22.7	2.5	60°	30.5	
GT25	ϕ25	ϕ25，ϕ22	ϕ50	256	ϕ38.5±0.2	30	205	200_0^{+15}	M25.7	2.5	60°	33	
GT28	ϕ28	ϕ28，ϕ25	ϕ56	392	ϕ43±0.2	30	234	224_0^{+20}	M28.9	3.0	60°	38.5	
GT32	ϕ32	ϕ32，ϕ28	ϕ63	330	ϕ48±0.2	30	266	256_0^{+20}	M32.7	3.0	60°	44	
GT36	ϕ36	ϕ36，ϕ32	ϕ73	387	ϕ53±0.2	30	316	306_0^{+20}	M36.5	3.0	60°	51.5	
GT40	ϕ40	ϕ40，ϕ36	ϕ80	426	ϕ58±0.2	30	350	340_0^{+20}	M40.2	3.0	60°	56	
备注	1. 本表为标准套筒的尺寸参数：套筒材料：优质碳素结构钢或合金结构钢，抗拉强度≥600MPa，屈服强度≥355MPa，断后伸长率≥16%。 2. 竖向连接异径钢筋的套筒：1）灌浆端连接钢筋直径小时，采用本表中螺纹连接端钢筋的标准套筒，灌浆端连接钢筋的插入深度为该标准套筒规定的深度 l_1 值； 2）灌浆端连接钢筋直径大时，采用变径套筒。												

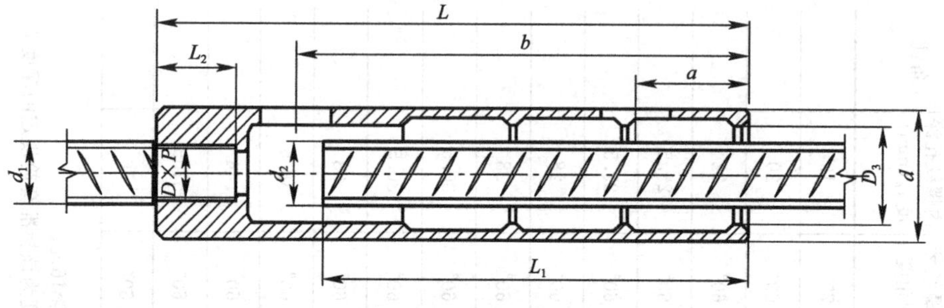

图 4-40　参数图例

注：KZ1 纵筋直径为 25mm，d=50mm，L=256，L_1=200，L_2=33

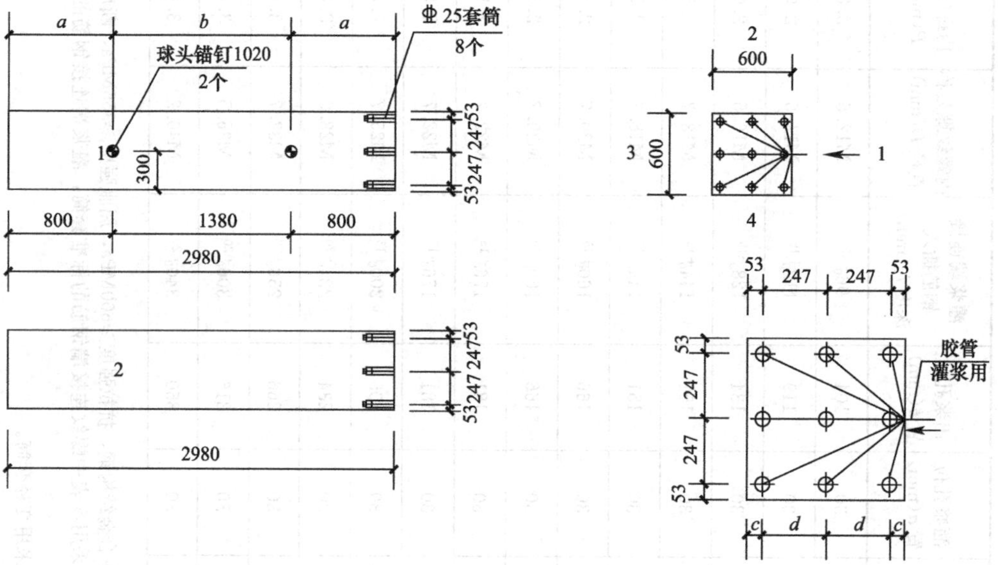

图 4-41　六层框柱 KZ1 深化设计（1）

注：1. 球头锚钉宜成对布置，球头锚钉至少布置 2 个；KZ1 重量约为 0.9t，单个球头锚钉能承重约为 2.5t，所以 KZ1 布置了 2 个球头锚钉；球头锚钉距离 KZ1 边距离 a 一般至少 200mm，在实际设计中，一般可取 500～600mm 或更大，中间段球头锚钉距离 b 以 1200～1500mm 居多，最大距离一般不超过 2400mm。

2.《装配式混凝土结构技术规程》JGJ—2014 第 6.5.3-2 条：预制剪力墙中钢筋接头外套筒外侧钢筋保护层厚度不应小于 15mm，预制柱中钢筋接头外套筒外侧箍筋的混凝土保护层厚度不应小于 20mm；第 6.5.3-3 条：套筒之间的筋间距不应小于 25mm。

《钢筋套筒灌浆连接应用技术规程》第 4.2.1 条混凝土构件中灌浆套筒的净距不应小于套筒外径与 40mm 的较小值。

KZI 纵筋直径为 25mm，查表 3 可得，d=50mm，L=256mm，L_1=200mm，L_2=33mm；所以图中 c=20（套筒外箍筋保护层厚度）+8（箍筋直径）+25（套筒直径一半）=53mm，$2d$=600（柱宽）−2×53（角筋中心距柱边距离）=494mm，即 d=247mm；

3. 预制柱长度=3600（层高）−20（柱底坐浆）−600（梁高）=2980mm。

（3）六层框柱 KZ1 详图（布置套筒与吊钉）

六层框柱 KZ1 详图（布置套筒与吊钉）如图 4-41 所示。

（4）六层框柱 KZ1 详图（布置吊具槽）

六层框柱 KZ1 详图（布置吊具槽）如图 4-42 所示。

（5）六层框柱 KZ1 配筋图

六层框柱 KZ1 配筋如图 4-43、图 4-44 所示。

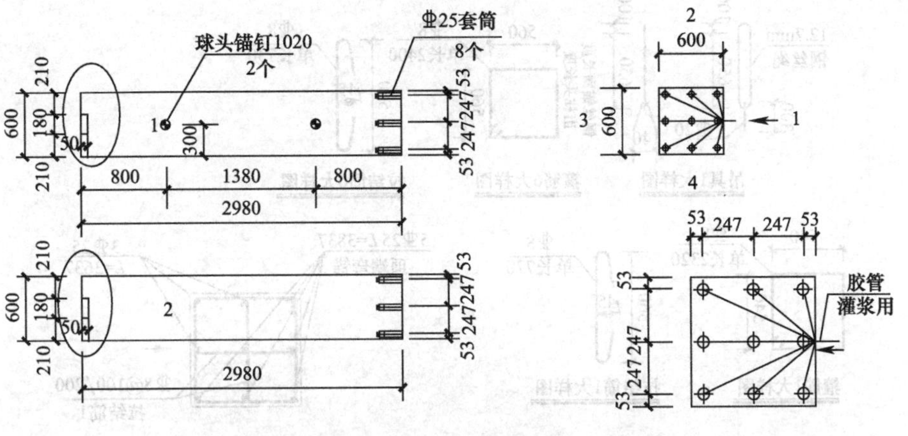

图 4-42　六层框柱 KZ1 深化设计（2）

注：居中设置一个 180×180×50 的槽，用来放置吊具伸出的纵筋。

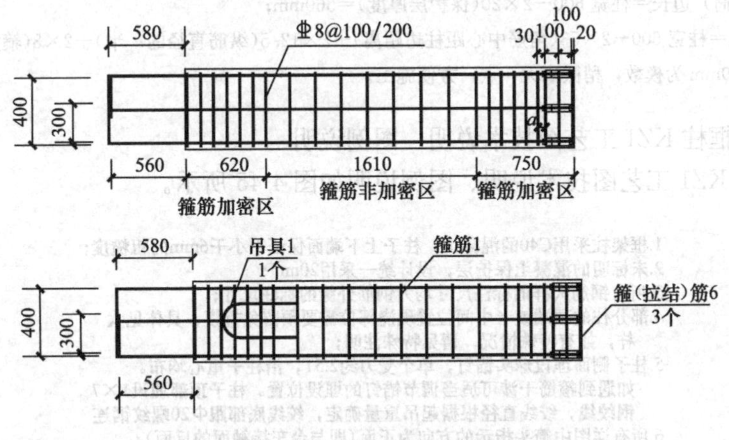

图 4-43　六层框柱 KZ1 深化设计（3）

注：1.《钢筋套筒灌浆连接应用技术规程》第 4.2.2 条：采用套筒灌浆连接的预制混凝土柱应符合下列规定：

连接纵向受力钢筋直径不宜小于 20mm；当在框架柱根部连接时，柱箍筋加密区长度不应小于灌浆套筒长度与 500mm 之和；灌浆套筒上端第一个箍筋距离套筒顶部不应大于 50mm。

《抗规》第 6.3.9 条：柱的箍筋加密区范围为柱的截面高度、柱净高的 1/6 和 500mm 三者的最大值；底层柱的下端不小于柱净高的 1/3；刚性地面上下各 500mm；剪跨比不大于 2 的柱、因设置填充墙等形成的柱净高与柱截面高度之比大于 4 的柱、框支柱、一级、二级框架柱的角柱，取全高。

由于预制柱长度为 2980mm，套筒长度为 256mm，所以预制柱左端加密区长度应≥600mm，最终取 620mm，是因为左端加密区第一个箍筋距柱端的距离为 20mm；预制柱右端加密区长度应≥500＋256＝756mm，本工程取 750mm。

2. 预制柱右端套筒长度为 256mm，第一道箍筋距预制柱右边一般取 20mm，然后以间距 100mm（或其他，比如 90mm 或 80mm）布置 2 道箍筋，256－20－2×100＝36mm。为了满足《钢筋套筒灌浆连接应用技术规程》第 4.2.2 条：灌浆套筒上端第一个箍筋距离套筒顶部不应大于 50mm 的要求，图中预制柱右端第三道箍筋与第四道箍筋的间距可取：a＝750(加密区总长度)－500(套筒外预定加密区长度)－20(套筒第一道箍筋距预制柱右边距离)－100×2(套筒第二道与第三道箍筋长度)＝30mm；当然 a 也可取 50mm，然后去协调第四道箍筋与第五道箍筋之间的间距（从预制柱右边算）。

3. 图中角筋伸出预制柱直锚长度 580＝600（梁高）－20（柱保护层厚度）；弯锚＝1.5l_{ae}（11G101P59）－580（直锚）－6×d（弯钩长度，d 为纵筋直径，当位中柱时且纵筋直径不大于 25mm 时，取 4d）＝1.5×25×29（11G101 P53）－580－4×25＝357.5mm，取 400mm，且此值应≤600（柱宽）－40×2（2 个角筋距柱边的距离）＝520mm；

直锚长度 560＝580（计算）－20（2 根纵筋之间的净距），弯锚长度参考 11G101p60 页取 12d＝12×25＝300mm。

4. 对于标准层柱，预制柱伸出纵筋的长度＝四周梁最大高度＋20mm（坐浆）＋纵筋伸到套筒内的长度（查套筒资料）；

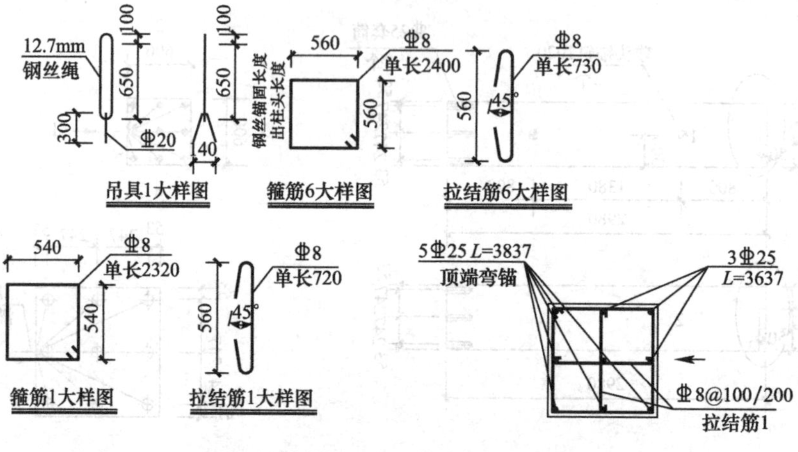

图 4-44　六层框柱 KZ1 深化设计（4）

注：1. 吊具大样一般是拷贝，不用修改尺寸；

2. 箍筋 6（套筒）边长＝柱宽 600－2×20(保护层厚度)＝560mm；

3. 箍筋 1 边长＝柱宽 600－2×53(角筋中心距柱边距离)＋2×12.5(纵筋直径的一半)＋2×8(箍筋直径)＝535mm，可取 540mm。以 10mm 为模数，稍微取大一点，方便施工。

（6）六层框柱 KZ1 工艺图技术说明、图例说明

六层框柱 KZ1 工艺图技术说明、图例说明如图 4-45 所示。

1.框架柱采用C40的混凝土，柱子上下端面保证不小于6mm的粗糙度；
2.未标明的混凝土保护层，设计统一采用20mm；
3.所有钢筋大样的标注尺寸均为钢筋外缘的标注尺寸；
4.部分柱的顶端或者中间位置现浇部位需要预留免拆模，具体见大样，如有特殊情况，请见特殊注明；
5.柱子侧面埋设球头锚钉，单个受力约2.5T，沿柱子重心均布。如遇到箍筋干涉可适当调节锚钉的埋设位置。柱子顶部埋设1×7钢绞线，绞线直径根据起吊重量确定，绞线底部跟Φ20螺纹钢连
6.所有详图中箭头指示的方向为正面（即与台车接触面的反面）；
7.注意预埋件所在的视图，以免预埋位置错误，未做特殊说明的均为所在视图中正面预埋。

图 4-45　六层框柱 KZ1 工艺图技术说明、图例说明

（7）对于变截面柱，其配筋图如图 4-46 所示，图中底部不伸到上部的纵筋长度 a＝梁高-20（保护层厚度）；从梁标高处算起纵筋插入预制柱的纵筋长度 b 可参考 11G101p65 页：$1.2l_a$。

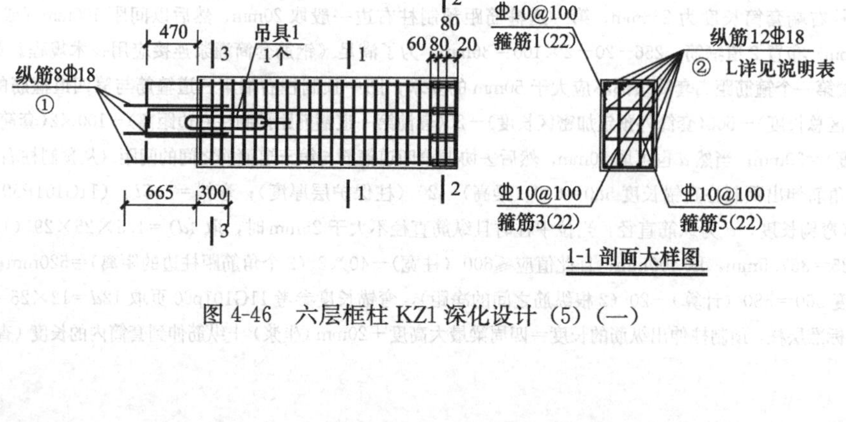

图 4-46　六层框柱 KZ1 深化设计（5）（一）

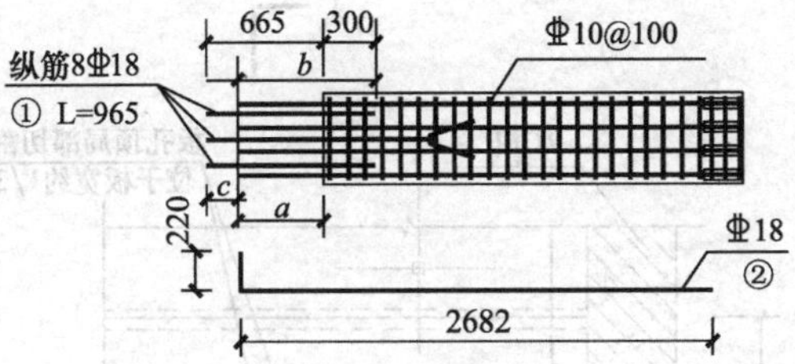

图 4-46　六层框柱 KZ1 深化设计（5）（二）

4.5　板节点做法与工艺深化设计原则

4.5.1　板节点做法

（1）板端构造详图

板端构造详图如图 4-47、图 4-48 所示。

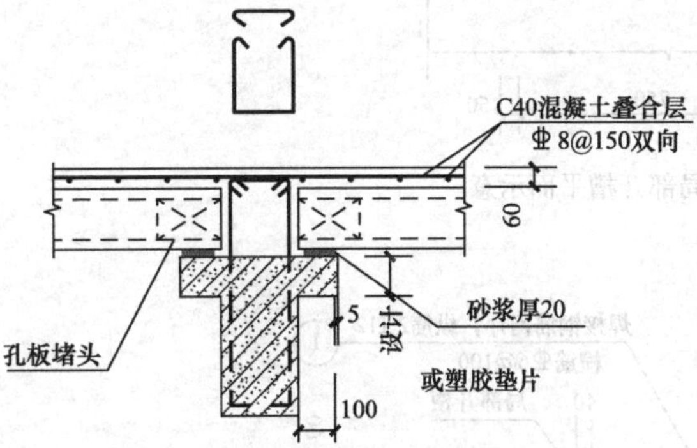

图 4-47　板端构造详图（1）

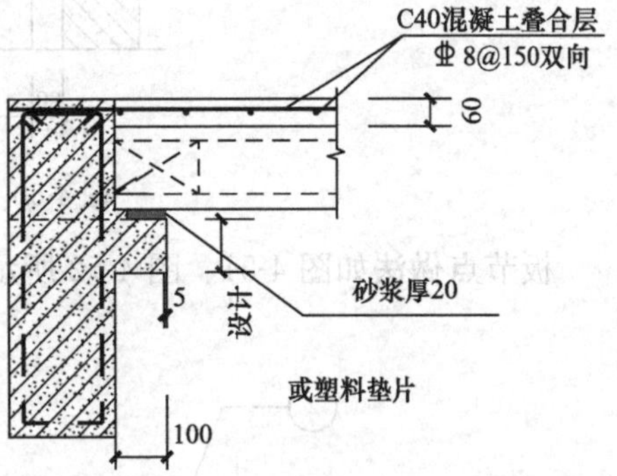

图 4-48　板端构造详图（2）

（2）降板构造详图

降板构造详图如图 4-49 所示。

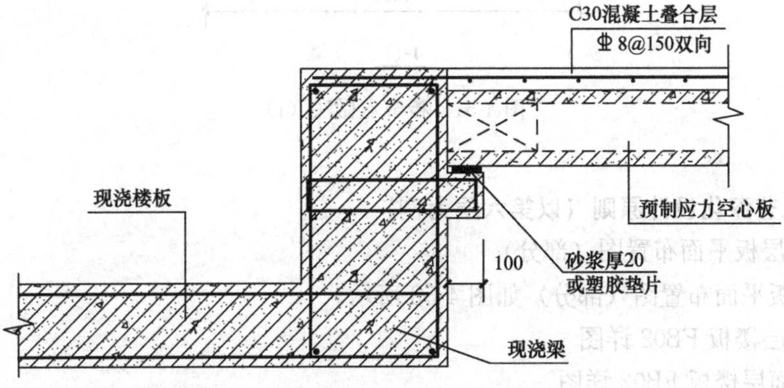

图 4-49　降板构造详图

（3）板局部开槽平面示意及板节点做法

板局部开槽平面示意如图 4-50 所示。

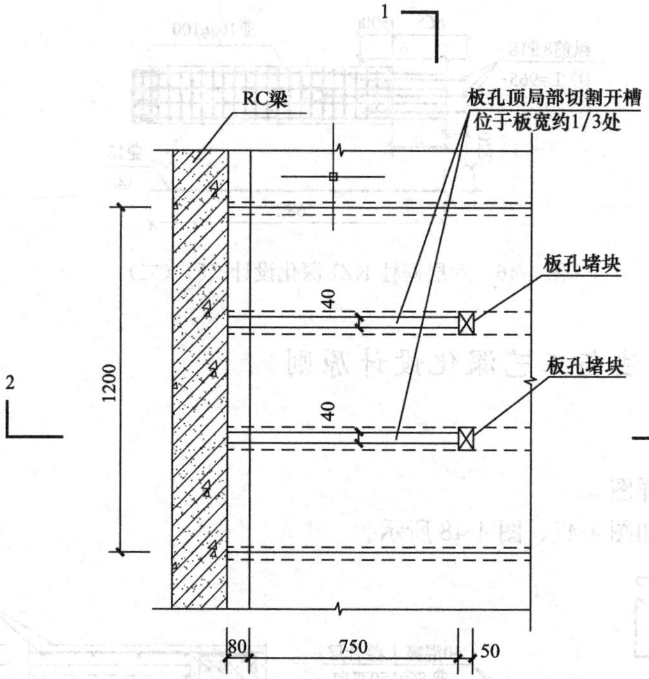

图 4-50　板局部开槽平面示意

板节点做法如图 4-51、图 4-52 所示。

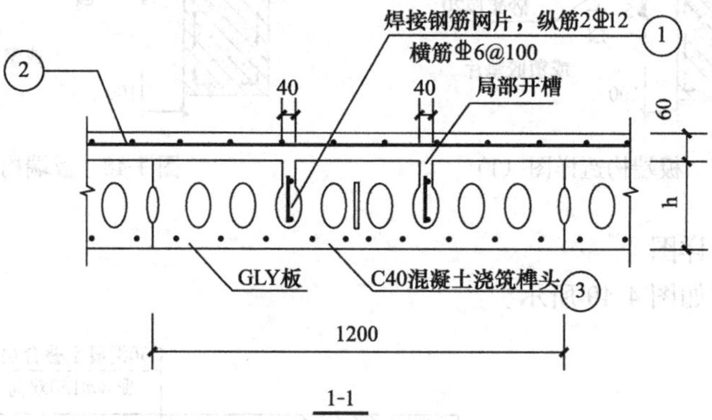

图 4-51　板节点做法（1）

4.5.2　板工艺深化设计原则（以第六层为例）

1. 第六层板平面布置图（部分）

第六层板平面布置图（部分）如图 4-53 所示。

2. 第六层楼板 FB02 详图

(1) 屋面层楼板 FB02 详图

屋面层楼板 FB02 详图如图 4-56 所示。

(2) 屋面层楼板 FB02 配筋图

屋面层楼板 FB02 配筋如图 4-57 所示。

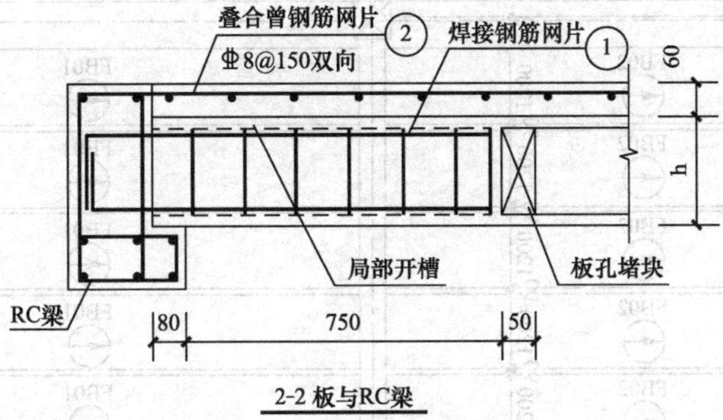

图 4-52 板节点做法（2）

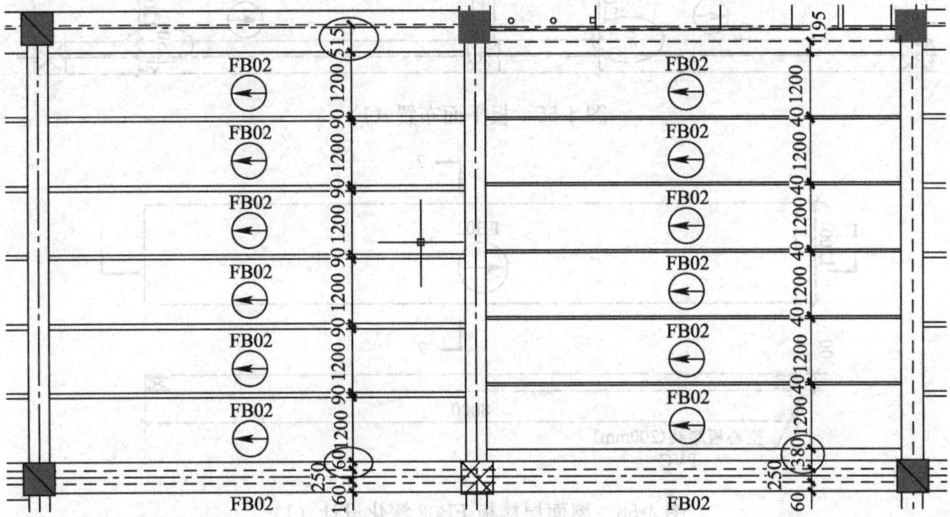

图 4-53 第六层板平面布置

注：1. 预应力空心板标准板宽一般为 900mm、1200mm，本工程中现场装配的单向预应力空心楼板只有 1200mm 板宽；基本板侧拼缝一般为 60mm，可根据需求在 30～90mm 范围内调整。

2. 有水电管线预留孔区域，应避让孔洞区域布置第一块空心板，如图 4-54 所示。图 4-53 中，板边距离梁变形的距离分别为 515mm、160mm、195mm、380mm，是根据洞口、管线等不同位置而确定的。如果没有水电管线预留孔区域，则可以按图 4-55 布置，从中梁柱外边线开始布置单向预应力空心板，最后不能布置单向预应力空心板的区域现浇，且其宽度宜＜600mm；

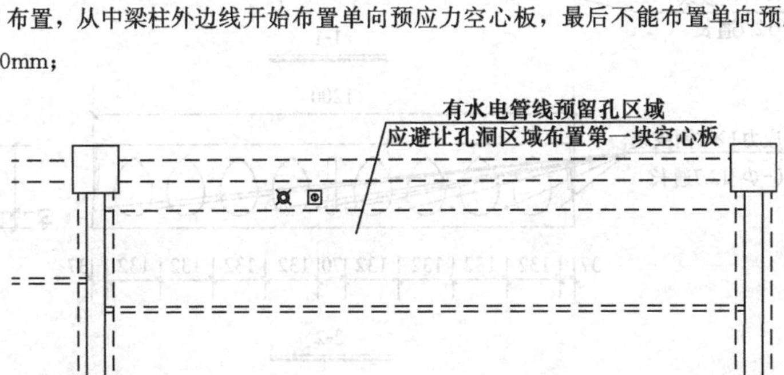

图 4-54 水电管线在板上预留孔

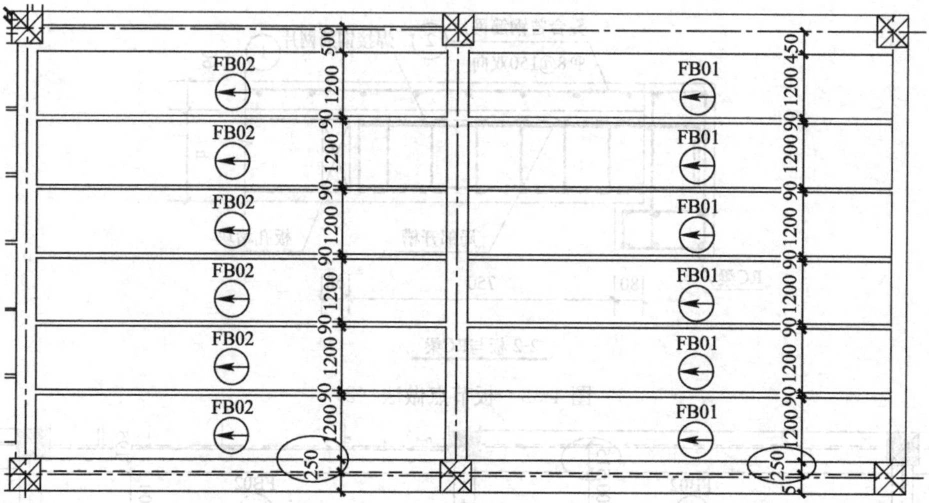

图 4-55 板平面布置（1）

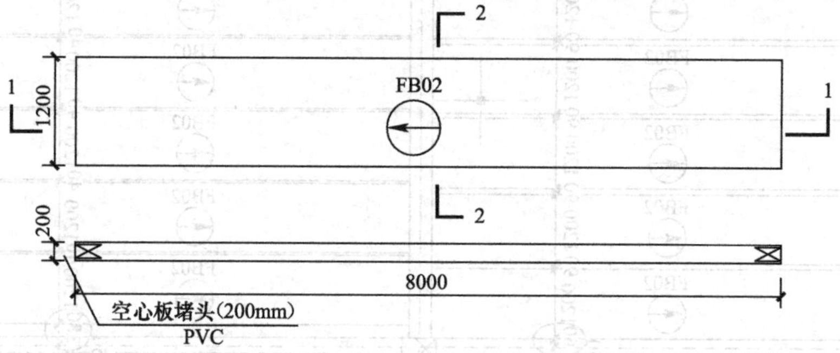

图 4-56 屋面层楼板 FB02 深化设计（1）

注：1. 单向预应力空心楼板长度＝板之间梁净距，FB02 间轴线距离为 8400mm，梁宽均为 400mm，所以单向预应力空心楼板长度＝8400－200（0.5 倍梁宽）－200（0.5 倍梁宽）＝8000mm；

2. 单向预应力空心楼板厚度见结构施工图。

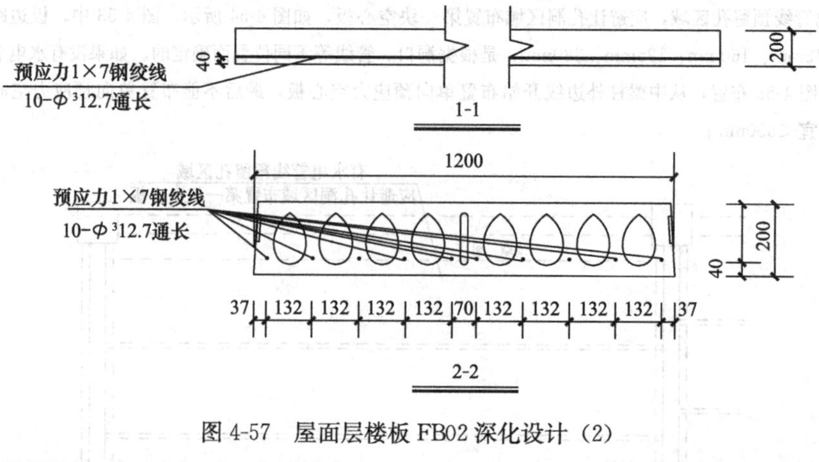

图 4-57 屋面层楼板 FB02 深化设计（2）

注：1. 保护层厚度 20mm 时取 $0.7h$；保护层厚度 40mm 时，可取 $1.5h$；保护层厚度可根据防火要求修改；

2. 楼板 FB02 配筋一般是拷贝大样，然后根据板具体工程情况及参考“大跨度预应力空心板”13G440 修改 1-1 与 2-2 剖面。

(3) 屋面层楼板 FB02 材料清单及工艺图技术说明、图例说明

屋面层楼板 FB02 材料清单及工艺图技术说明、图例说明如图 4-58 所示。

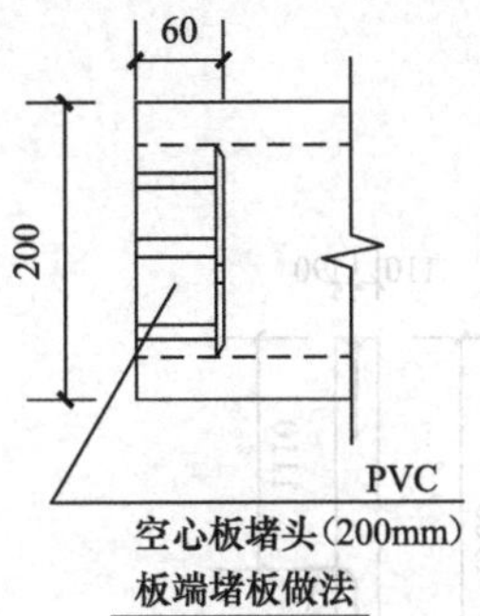

1.预制空心楼板结合面(上表面)不小于4nm粗糙度；混凝土强度等级不低于C40；

2.无特殊注明处，所有钢筋、预应力钢筋端面、最外侧钢筋外缘距板边界20mm；

3.采用专用堵孔件堵孔，堵孔效果应进行检验；

4.图纸来做要求的其他预埋(保温材料、门窗、线盘、线管等)具体要求详细见建筑施工图、结构施工图、水电施工图

5.图例说明：

(1. 可见轮廓(粗实线)　：

(2. 不可见轮廓(虚线)　：

(3. 假想线(双点画线)　：

(4. 中心线、轴线(点画线)　：

(6. 预埋(细实线)　：

(6. 一级、二级、三级钢　：Φ、Φ、Φ

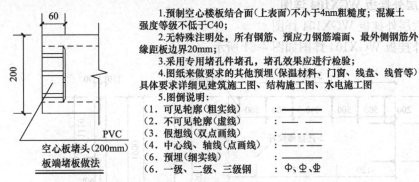

图 4-58　屋面层楼板 FB02 材料清单及工艺图技术说明、图例

4.6　外挂板节点做法与工艺深化设计原则

4.6.1　外挂板拆分原则

(1) 窗户之间长度不大的外挂板可单独拆分，如图 4-59 所示。

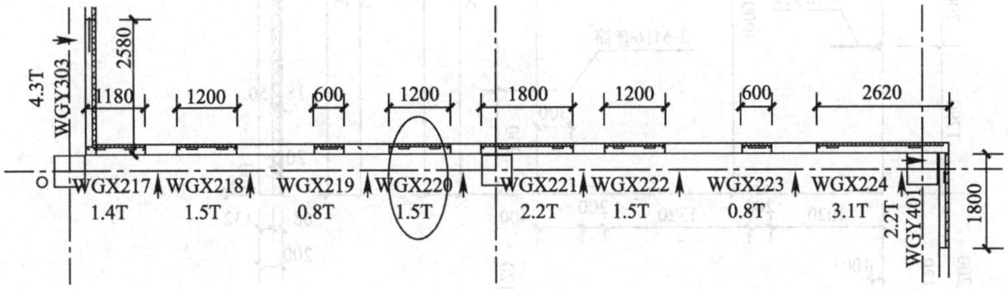

图 4-59　外挂板拆分 (1)

注：外挂板与柱子外边之间应留 20mm 空隙，在装配时留有一定的空间，方便其他构件的正确安装与校对。

(2) 当外挂板比较长且比较高（屋顶外挂板可以带女儿墙）时，一块比较长的外挂板应拆成多块外挂板，外挂板拆分时长度应尽量相同，使得成模块化，拆分的外挂板与外挂板之间应留有 20mm 的缝隙；外挂板与柱子外边之间应留 20mm 空隙，在装配时留有一定的空间，方便其他构件的正确安装与校对，如图 4-60 所示。

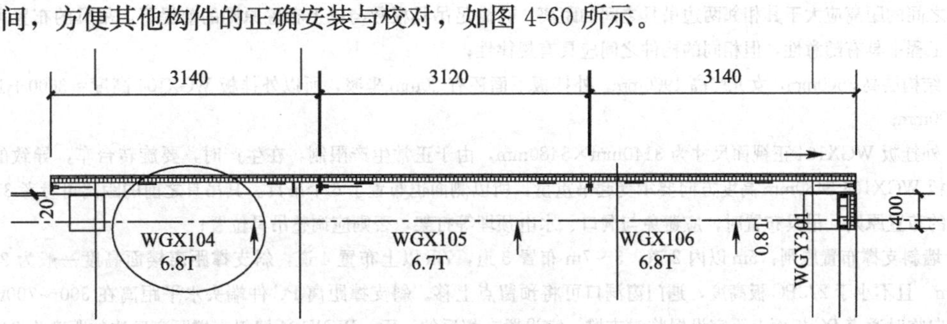

图 4-60　外挂板拆分 (2)

注：长外挂板分成多少块外挂板，应根据建筑节点做法要求及现场吊装具体情况确定。

(3) 在拐角处外挂板拆分应符合建筑构造要求。

4.6.2 六层外挂板 WGX104 详图

(1) 六层外挂板 WGX104 详图

六层外挂板 WGX104 详图如图 4-61 所示。

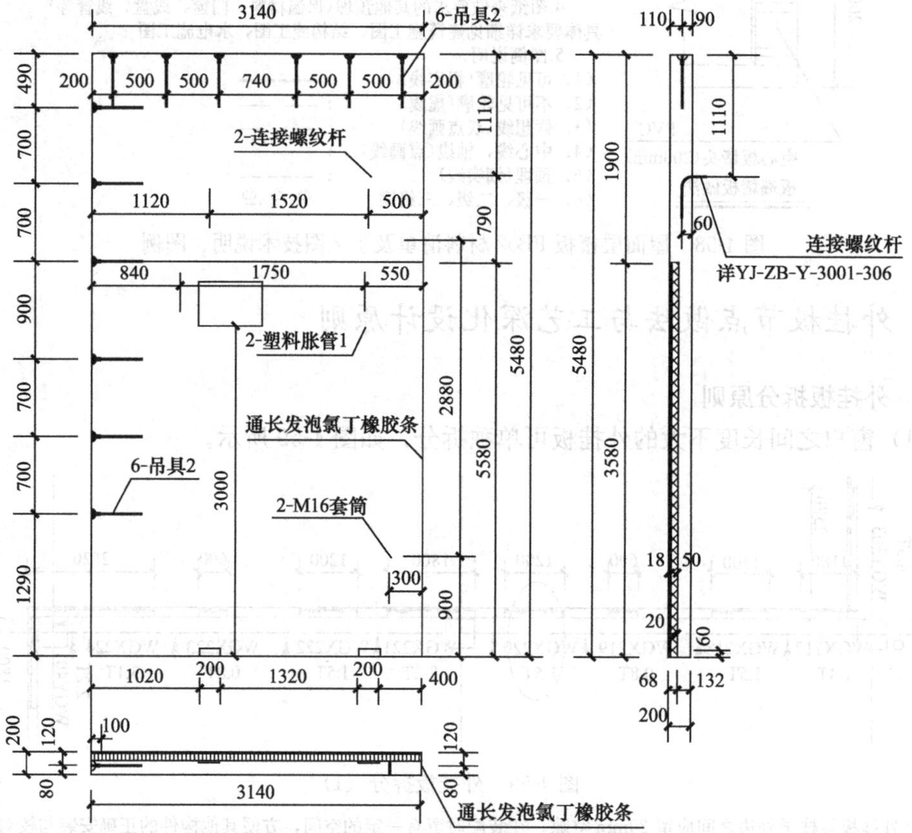

图 4-61 六层外挂板 WGX104 工艺深化设计 (1)

注：1. WGX104 重量为 6.8t，每个吊钉的垂直起重量约为 2.5t，所需吊具数至少为 6.5×1.5（动力系数）/2.5=3.9，由于吊装时有 45°～60°的角度，且吊具成对布置，所以吊具布置 6 个；

2. 吊具距离外墙边的距离至少 200～300mm，中间的吊具距离一般为 1200mm 左右，最大不超过 2400mm，且中间吊具之间的距离应大于其相邻两边吊具之间的距离，在满足吊具根数与以上布置原则的前提下，吊具的布置可以在某一个工程中具有随意性，但相同的构件之间应具有规律性；

3. 结构层高 3600mm，女儿墙高 1900mm，外挂板下面还有 20mm 坐浆，所以外挂板 WGX104 高度=3600+1900−20=5480mm；

4. 外挂板 WGX104 正视面尺寸为 3140mm×5480mm，由于正常生产限制，在生产时，要旋转台车，导致的结构是外挂板 WGX104 5480mm 高度方向要承受起吊重量，所以侧面也布置了 6 个吊具。其吊具之前的距离可参考 3140 方向吊具的布置原则。吊具布置时，应避免与洞口、水电预埋等打架，否则应调整吊具位置；

5. 墙斜支撑布置原则：5m 以内 2 道，5～7m 布置 3 道，7m 以上布置 4 道，斜支撑距离楼面高度一般为 2000～2400mm，且不小于 2/3PC 板高度，遇门窗洞口可将预留点上移。斜支撑距离 PC 件端头水平距离在 300～700mm 之间，面向临时通道 PC 板面上不宜设置临时支撑，宜设置在相反的一面；WGX104 墙斜支撑距离底边的距离为 2400；

6. 女儿墙身不布置保温层；其他起连接作用的盒子或者吊具，其具体定位或者尺寸应与建筑做法一一对应；

7. 外挂板厚度：外侧 18mm（ECC 高性能混凝土板）+保温层 50mm（岩棉）+内侧 132mm（C40 混凝土）；

(2) 六层外挂板 WGX104 配筋图

六层外挂板 WGX104 配筋如图 4-62 所示。

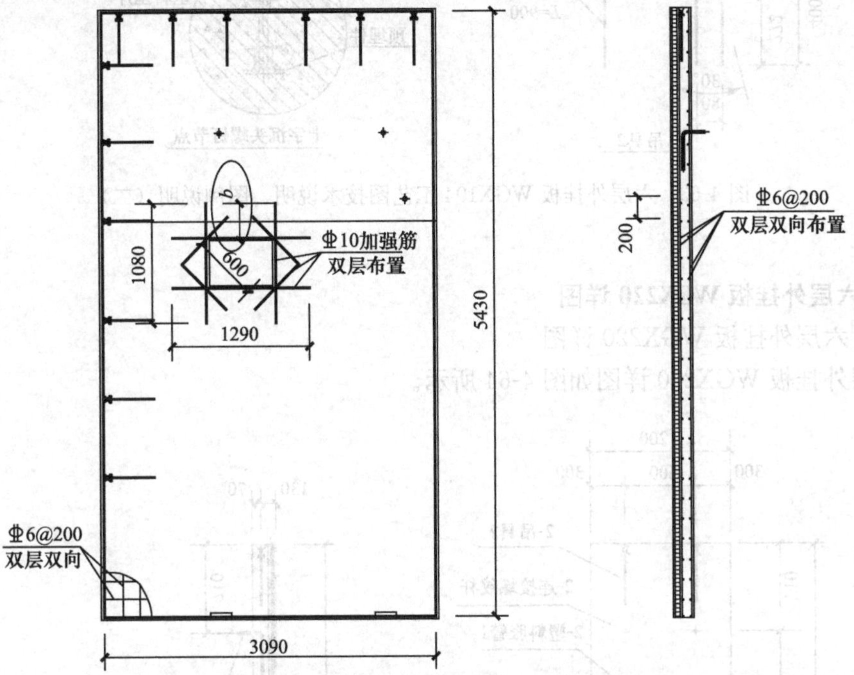

图 4-62 六层外挂板 WGX104 工艺深化设计（2）

注：1.《装配式混凝土结构技术规程》JGJ 1—2014 第 10.3.2 条：外挂墙板宜采用双层双向配筋，竖向和水平的钢筋的配筋率不应小于 0.15%，且钢筋的直径不宜小于 5mm，间距不宜大于 200mm。挂板 WGX104 配筋采用双层双向 6@200，当满足最小配筋率 0.15%时，最大墙厚为：141×2（每米长双层钢筋面积）/0.15%/1000=188mm；

2. 洞口边应按 45°或者 145°布置长度为 600mm，直径为 10mm 的斜向的抗裂筋；洞口边应沿着水平方向与竖直方向布置直径为 10mm 的加强筋与抗裂筋，抗裂筋伸出洞口边的长度 a 可查看 11G101P53 页，混凝土强度等级取 C40，四级抗震按受拉锚固时，可取 $29d$ 或者 $32d$（C35），即 290mm 或者 320mm；

3. 图中右边外挂版竖向纵筋在变截面出伸到其上墙板内的长度可按受拉锚固长度取，查看 11G101P53 页，混凝土强度等级取 C40，四级抗震按受拉锚固时，可取 $29d$ 或者 $32d$（C35），即 174mm 或者 192mm，以 50mm 为模式，可取 200；

4. 墙身周边应布置直径为 10mm（三级钢）的周边加强筋，不连续的地方应加强，属于概念设计。

(3) 六层外挂板 WGX104 工艺图技术说明、图例说明

六层外挂板 WGX104 工艺图技术说明、图例说明如图 4-63 所示。

1.外挂板厚度：外侧18mm（ECC高性能混凝土板）+保温层50mm（岩棉）+内侧132mm（C40混凝土），内侧配置Φ6@200双向钢筋网；墙四周配2Φ6加强钢筋特需说明的除外；
2.安装门窗处需埋设30×50副框。
3.吊具见详图；为生产和起吊方便，侧面吊钉可根据需要镜像布置于另一侧。
4.图纸未做要求的其他预埋（保温材料、门窗、线盘、线管、钢筋等）具体要求详细见建筑施工图、结构施工图，水电施工图；
5.无特殊注明处，所有钢筋端面，最外侧钢筋外缘距板边界20mm；
6.高性能混凝土板用MS十字沉头螺钉固定，十字沉头螺钉与顶埋件咬合部分需要涂抹螺纹胶以防松，高性能混凝土板被钻孔部分需用密封防水胶涂抹来防水，生产完成后沉头部分用原子灰抹平。
7.板与板拼接处预埋通长发泡氯丁橡胶条防水。

图 4-63 六层外挂板 WGX104 工艺图技术说明、图例说明（一）

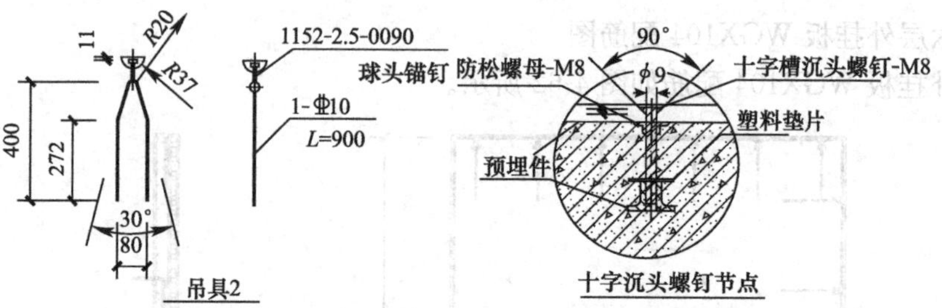

图 4-63　六层外挂板 WGX104 工艺图技术说明、图例说明（二）

4.6.3　六层外挂板 WGX220 详图

（1）六层外挂板 WGX220 详图

六层外挂板 WGX220 详图如图 4-64 所示。

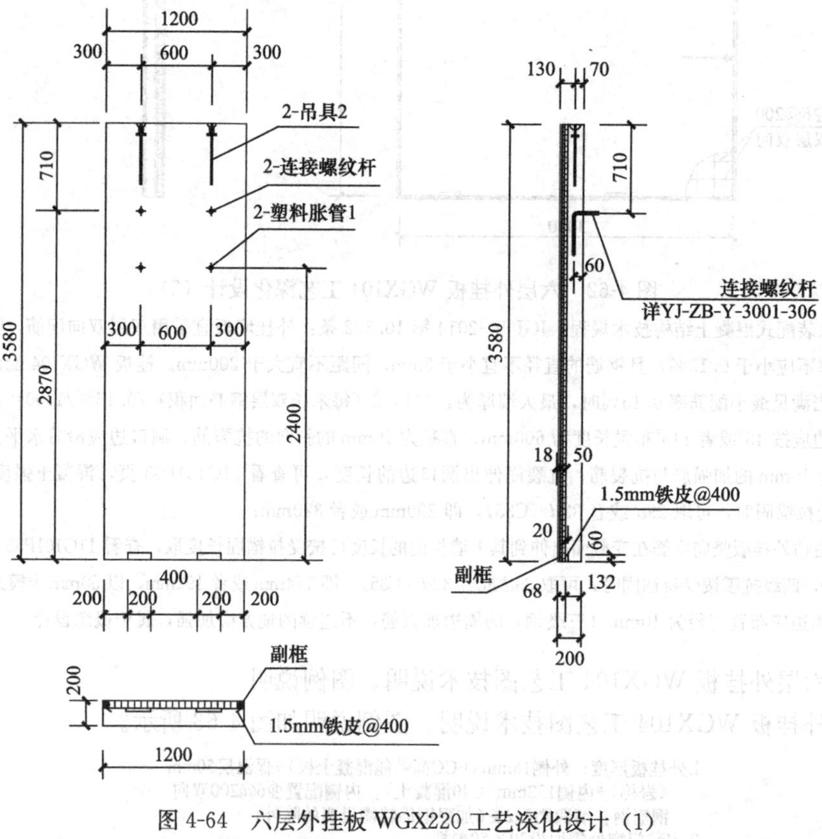

图 4-64　六层外挂板 WGX220 工艺深化设计（1）

1. 外挂板 WGX220 高度＝3600(层高)－20(坐浆)；
2. 塑料掌管由于装配式限制，距离外挂板端部的距离至少取 300；高度可取 2/3×3600（层高）＝2400mm；
3. 挂板 WGX220 重量约为 1.5t，所需吊具个数＝1.5(动力系数)×1.5/2.5(单个吊具垂直起吊重量)＝0.9，故取 2 个；吊具距离端部的最小距离一般取 200～300mm，外挂板比较长时，可加大到 500～700mm 或者个更大，当外挂板比较短时，可以取 300mm 左右；
4. 连接螺纹杆的布置应可以参考吊具的布置方法，但是连接螺纹杆的最大间距一般可取 1500～2000mm；
5. 其他构件（荷载或者开槽等）的布置与定位应与建筑图一一对应。
6. 其他参考“4.6.2 六层外挂板 WGX104 详图”。

(2) 六层外挂板 WGX220 配筋图

六层外挂板 WGX220 配筋图如图 4-65 所示。

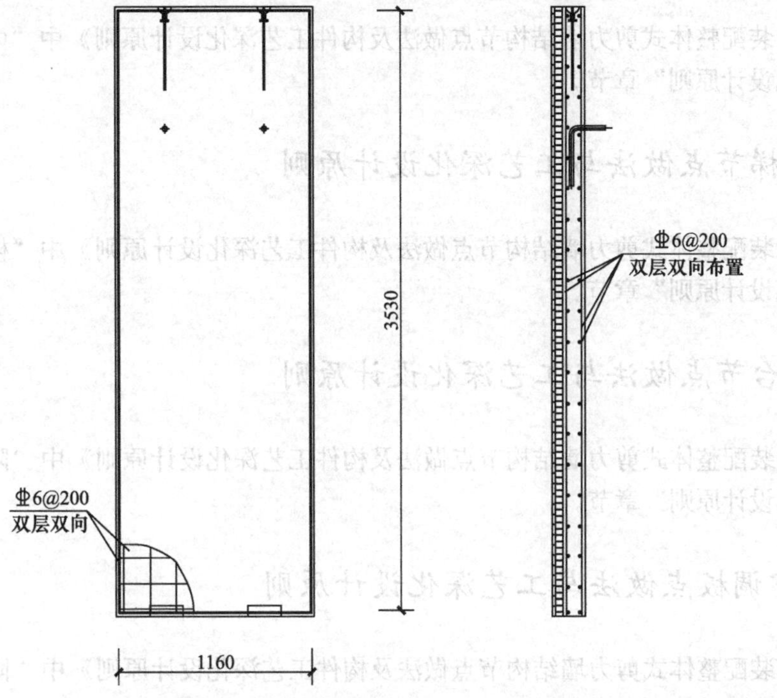

图 4-65 六层外挂板 WGX220 工艺深化设计（2）

注：参考“4.6.2 六层外挂板 WGX104 详图”。

(3) 六层外挂板 WGX220 工艺图技术说明、图例说明

六层外挂板 WGX220 工艺图技术说明、图例说明如图 4-66 所示。

1.外挂板厚度：外侧18mm（ECC高性能混凝土板）+保温层50mm（岩棉）+内侧132mm（C40混凝土），内侧配置⌀6@200双向钢筋网；墙四周配2⌀6加强钢筋特需说明的除外；
2.安装门窗处需埋设30×50副框。
3.吊具见详图；
4.图纸未做要求的其他预埋（保温材料、门窗、线盘、线管、钢筋等）具体要求详细见建筑施工图、结构施工图，水电施工图；
5.无特殊注明处，所有钢筋端面，最外侧钢筋外缘距板边界20mm；
6.高性能混凝土板用M8十字沉头螺钉固定，十字沉头螺钉与顶埋件咬合部分需要涂抹螺纹胶以防松，高性能混凝土板被钻孔部分需用密封防水胶涂抹来防水，生产完成后沉头部分用原子灰抹平。
7.板与板拼接处预埋通长发泡氯丁橡胶条防水。

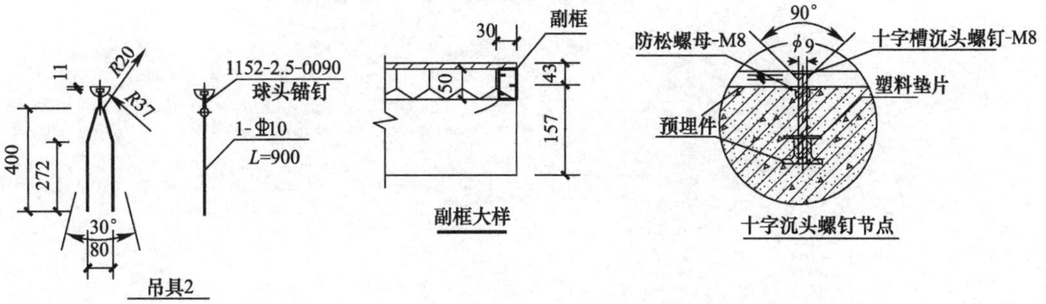

图 4-66 六层外挂板 WGX220 工艺图技术说明、图例说明

4.7　内墙节点做法与工艺深化设计原则

参考《装配整体式剪力墙结构节点做法及构件工艺深化设计原则》中“内墙节点做法与工艺深化设计原则”章节。

4.8　楼梯节点做法与工艺深化设计原则

参考《装配整体式剪力墙结构节点做法及构件工艺深化设计原则》中“楼梯节点做法与工艺深化设计原则”章节。

4.9　阳台节点做法与工艺深化设计原则

参考《装配整体式剪力墙结构节点做法及构件工艺深化设计原则》中“阳台节点做法与工艺深化设计原则”章节。

4.10　空调板点做法与工艺深化设计原则

参考《装配整体式剪力墙结构节点做法及构件工艺深化设计原则》中“阳空调板点做法与工艺深化设计原则”章节。

5 装配整体式剪力墙结构节点做法及构件工艺深化设计原则

5.1 工程概况

本工程位于广西南宁市，为公共租赁住房，采用装配整体式剪力墙结构技术体系，总建筑面积约7780m²，主体地上16层，地下0层，建筑高度49.05m。该项目抗震设防类别为丙类，建筑抗震设防烈度为6度，设计基本加速度值为0.05g，设计地震分组为第一组，场地类别为Ⅱ类，设计特征周期为0.35s，剪力墙抗震等级为四级。桩端持力层为强风化板岩，桩端阻力特征值为2000kPa，采用人工挖孔桩。

5.2 结构体系

本工程依据《装配式混凝土结构技术规程》JGJ 1—2014及《预应力混凝土叠合板（50mm、60mm实心底板）》06SG439-1进行设计。体系中采用预制混凝土柱、预制剪力墙、预制外隔墙、预制内隔墙、单向预应力叠合楼板、预制梁及预制楼梯、阳台、空调板等连接形成的装配整体式剪力墙结构。结构平面布置（标准层）如图5-1所示。

5.3 梁节点做法与工艺深化设计原则

5.3.1 梁节点做法

（1）边梁支座

边梁支座如图5-2所示。

（2）中间梁支座

中间梁支座如图5-3～图5-5所示。

5.3.2 梁工艺深化设计原则

此工程中没有独立存在的梁，在进行工艺深化设计时，梁与内隔墙、外隔墙一起进行预制。

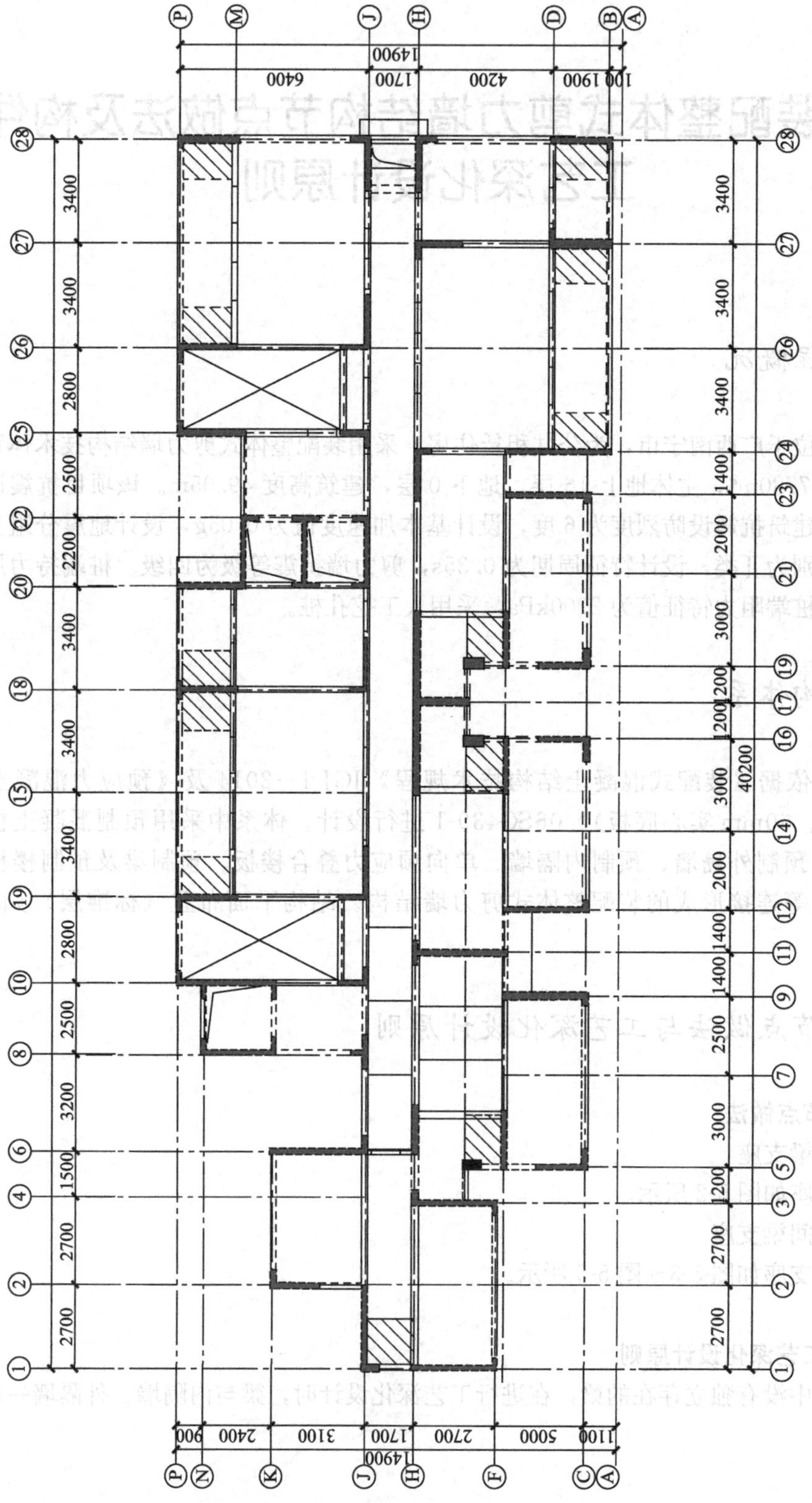

图5-1 结构平面布置（标准层）

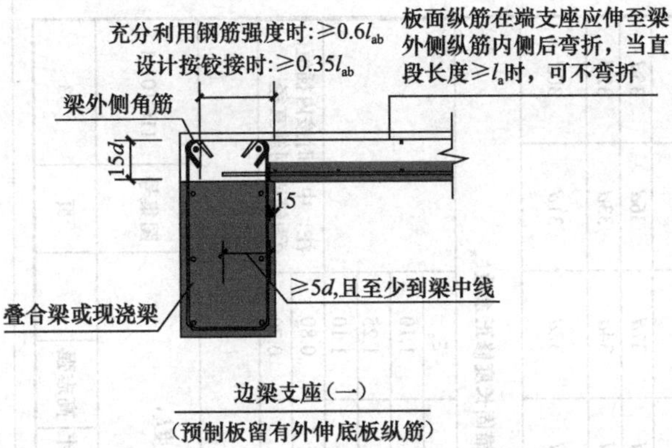

图 5-2　边梁支座

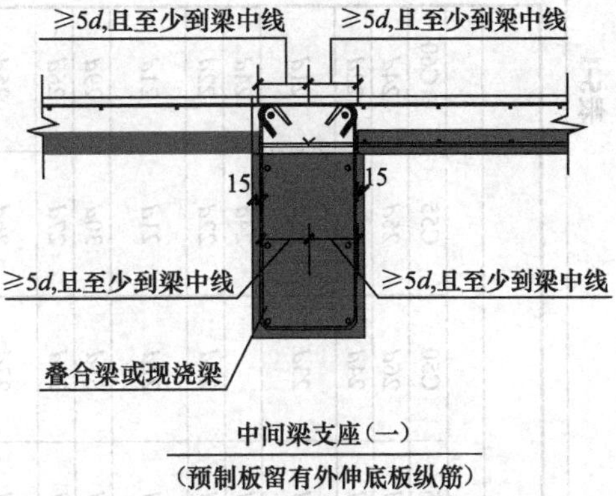

图 5-3　中间梁支座（1）

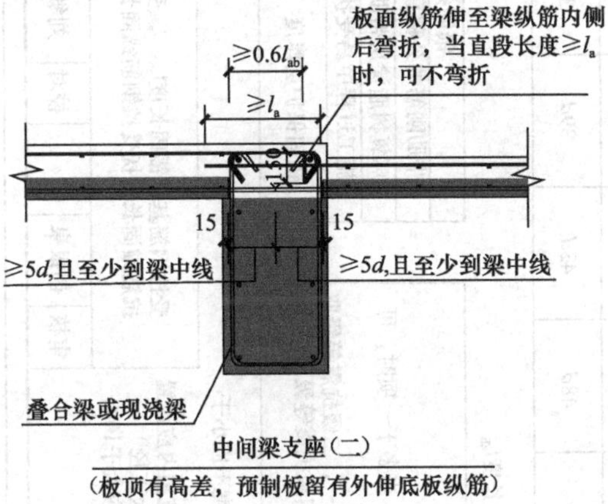

图 5-4　中间梁支座（2）

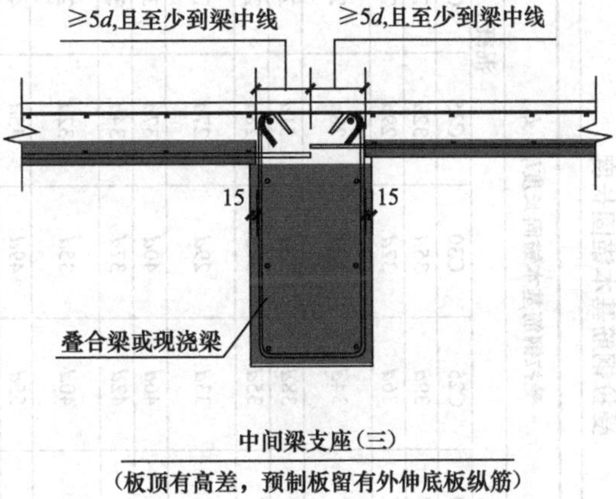

图 5-5　中间梁支座（3）

5.3.3　受拉钢筋基本锚固长度（表 5-1）

5.4　剪力墙节点做法与工艺深化设计原则

5.4.1　剪力墙节点做法

（1）中间层剪力墙边支座

中间层剪力墙边支座如图 5-6 所示。

（2）顶层剪力墙边支座

顶层剪力墙边支座如图 5-7 所示。

（3）中间层剪力墙中间支座

中间层剪力墙中间支座如图 5-8 所示。

（4）顶层剪力墙中间支座

顶层剪力墙中间支座如图 5-9 所示。

受拉钢筋基本锚固长度

表5-1

暖通 给排水 工艺 自控

建筑 结构 电气 通讯

受拉钢筋基本锚固长度l_{ab}、l_{abE}

钢筋种类	抗震等级	混凝土强度等级								
		C20	C25	C30	C35	C40	C45	C50	C55	≥C60
HPB300	一、二级（l_{abE}）	45d	39d	35d	32d	29d	28d	26d	25d	24d
	三级（l_{abE}）	41d	36d	32d	29d	26d	25d	24d	23d	22d
	四级（l_{abE}） 非抗震（l_{ab}）	39d	34d	30d	28d	25d	24d	23d	22d	21d
HPB335 HPBF335	一、二级（l_{abE}）	44d	38d	33d	31d	29d	26d		24d	24d
	三级（l_{abE}）	40d	35d	31d	28d	26d	24d	23d	22d	22d
	四级（l_{abE}） 非抗震（l_{ab}）	38d	33d	29d	27d	25d	23d	22d	21d	21d
HRB400 HRBF400 RRB400	一、二级（l_{abE}）	—	46d	40d	37d	33d	32d	31d	30d	29d
	三级（l_{abE}）	—	42d	37d	34d	30d	29d	28d	27d	26d
	四级（l_{abE}） 非抗震（l_{ab}）	—	40d	35d	32d	29d	28d	27d	26d	25d
HRB400 HRBF400	一、二级（l_{abE}）	—	55d	49d	45d	41d	39d	37d	36d	35d
	三级（l_{abE}）	—	50d	45d	41d	38d	36d	34d	33d	32d
	四级（l_{abE}） 非抗震（l_{ab}）	—	48d	43d	39d	36d	34d	32d	31d	30d

受拉钢筋锚固长度l_a、抗震锚固长度l_{aE}

非抗震	抗震	
$l_a=\xi_a l_{ab}$	$l_{aE}=\xi_a E_{la}$	1. la不应小于200。 2.锚固长度修正系数ξ_a按右表取用，当多于一项时，可按连乘计算，但不应小于0.6。 3. ξ_{aE}为抗震锚固长度修正系数，对一，二级抗震等级取1.15，对三级抗震等级取1.05，对四级抗震等级取1.00。

受拉钢筋锚固长度修正系数ξ_a

锚固条件		ξ_a	
带肋刚筋的公称直径大于25		1.10	—
环氧树脂涂层带肋钢筋		1.25	
施工过程中易受扰动的钢筋		1.10	
锚固保护层厚度	3d	0.80	注：中间时按内插值。d为锚固钢筋直径
	5d	0.70	

注：1. HPB300级钢筋末端应做180°弯钩，弯后平直径长度不应小于3d,但作受压钢筋时可不做弯钩。

2.当锚固钢筋的保护层厚度不大于5d时，锚固钢筋长度范围内应设置横向构造钢筋，其直径不应小于$d/4$（d为锚固钢筋的最大直径）；对梁、柱等构件间距不应大于5d,对板、墙等构件间距不应大于10d，且均不应大于100（d为锚固钢筋的最小直径）。

受拉钢筋基本锚固长度l_{ab}、l_{abE}受拉钢筋锚固长度l_a、抗震锚固长度抚受拉钢筋锚固长度修正系数ξ_a						图集号	11G101-1
审核	郁银泉	校对	刘敏	设计	高志强	页	53

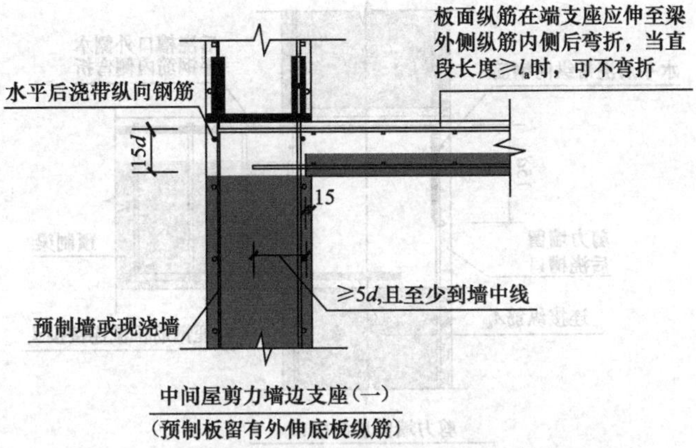

图 5-6　中间层剪力墙边支座

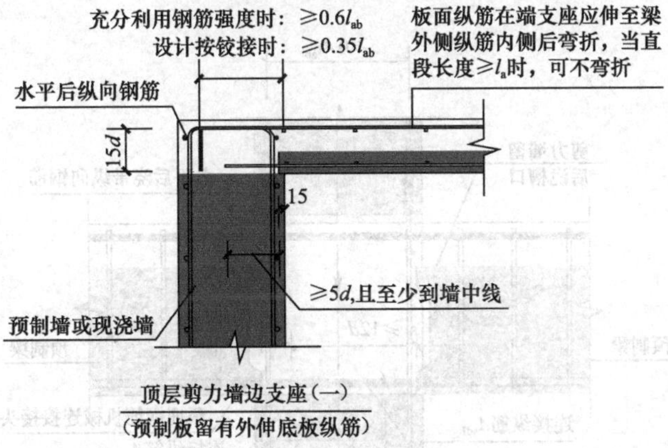

图 5-7　顶层剪力墙边支座

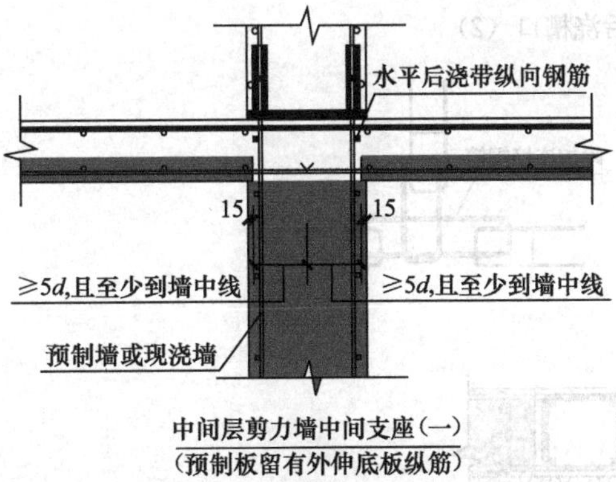

图 5-8　中间层剪力墙中间支座

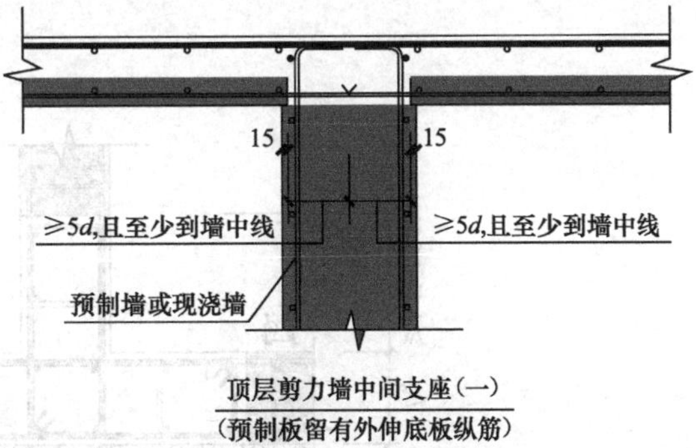

图 5-9　顶层剪力墙中间支座

(5) 剪力墙留后浇槽口

剪力墙留后浇槽口如图 5-10、图 5-11 所示。

(6) 自保温剪力墙外墙

自保温剪力墙外墙如图 5-12、图 5-13 所示。

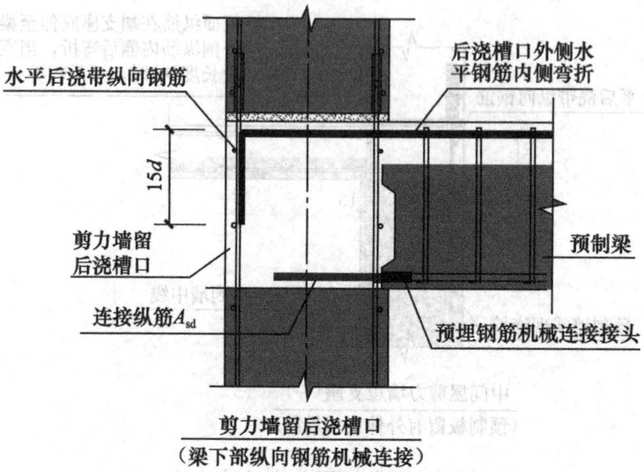

图 5-10　剪力墙留后浇槽口（1）

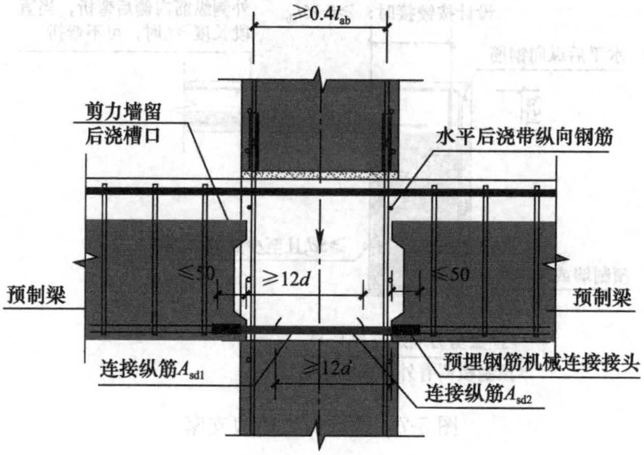

图 5-11　剪力墙留后浇槽口（2）

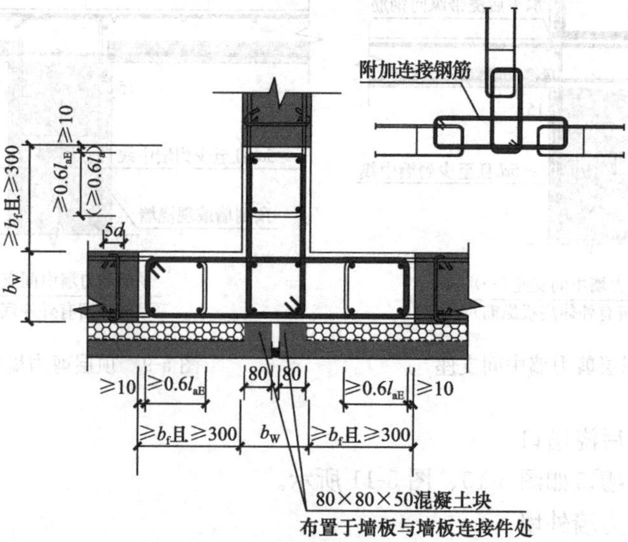

图 5-12　自保温剪力墙外墙（1）

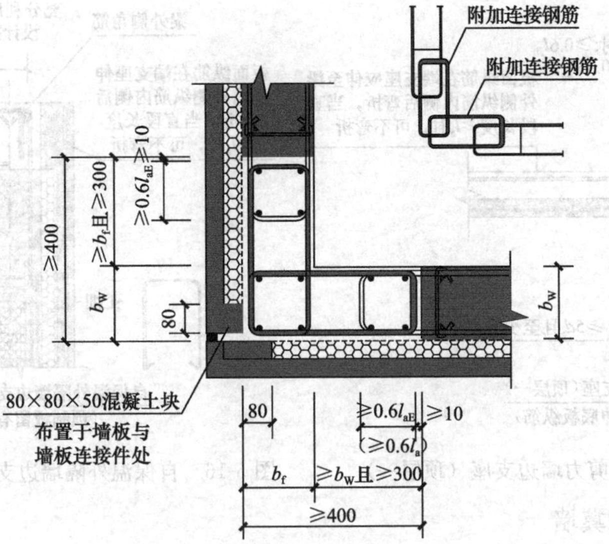

图 5-13 自保温剪力墙外墙（2）

（7）自保温剪力墙边支座（中间层一）

自保温剪力墙边支座（中间层一）如图 5-14 所示。

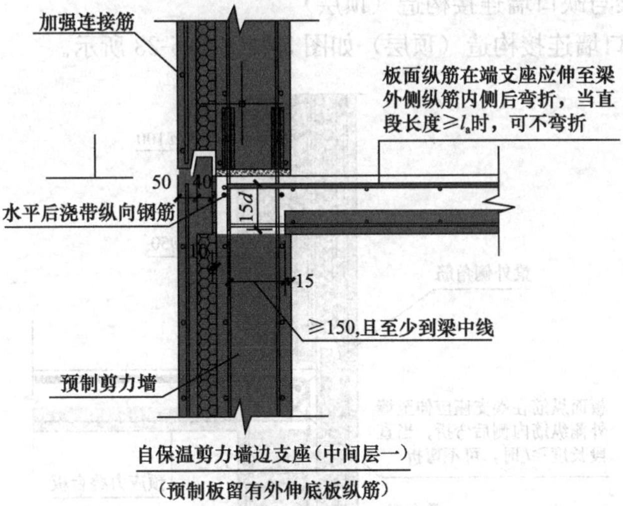

图 5-14 自保温剪力墙边支座（中间层一）

（8）自保温剪力墙边支座（顶层一）

自保温剪力墙边支座（顶层一）如图 5-15 所示。

（9）自保温外隔墙边支座——带梁（顶层一）

自保温外隔墙边支座——带梁（顶层一）如图 5-16 所示。

（10）自保温外隔墙边支座——带梁（中间层一）

自保温外隔墙边支座——带梁（中间层一）如图 5-17 所示。

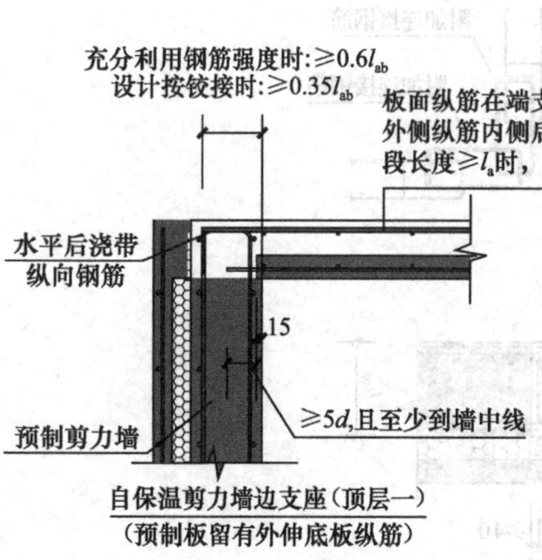

图 5-15 自保温剪力墙边支座（顶层一）

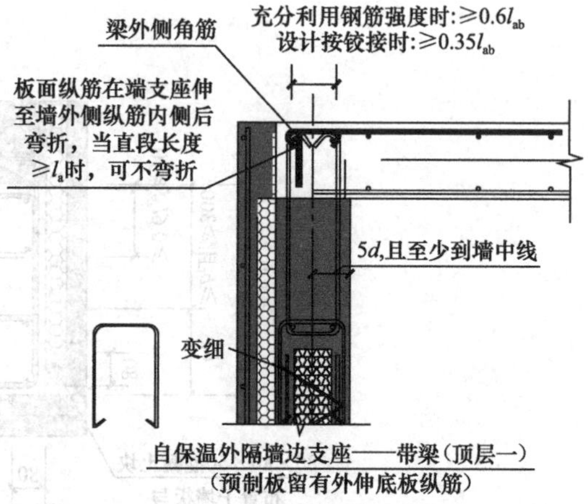

图 5-16 自保温外隔墙边支座——带梁（顶层一）

（11）约束边缘翼墙

约束边缘翼墙如图 5-18 所示。

（12）预制墙在有翼墙处的竖向接缝构造（部分后浇边缘翼墙二）

预制墙在有翼墙处的竖向接缝构造（部分后浇边缘翼墙二）如图 5-19 所示。

（13）预制墙竖向分布钢筋部分连接

预制墙竖向分布钢筋部分连接如图 5-20、图 5-21 所示。

（14）预制连梁与缺口墙连接构造（顶层）

预制连梁与缺口墙连接构造（顶层）如图 5-22、图 5-23 所示。

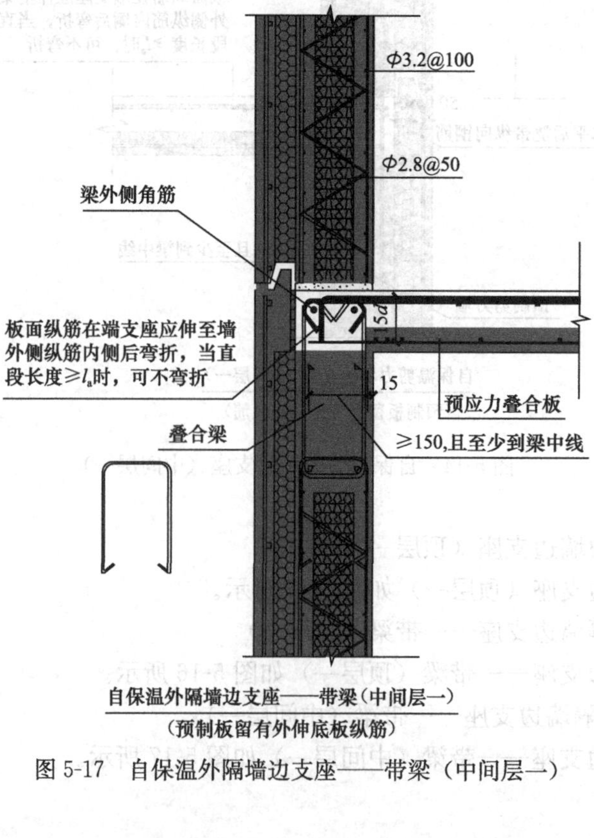

图 5-17 自保温外隔墙边支座——带梁（中间层一）

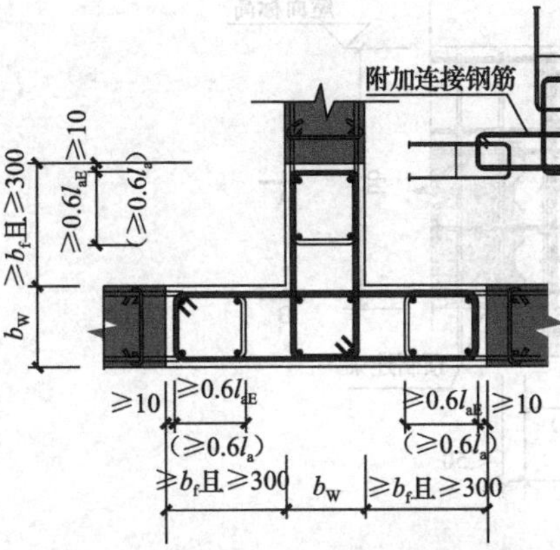

图 5-18　约束边缘翼墙

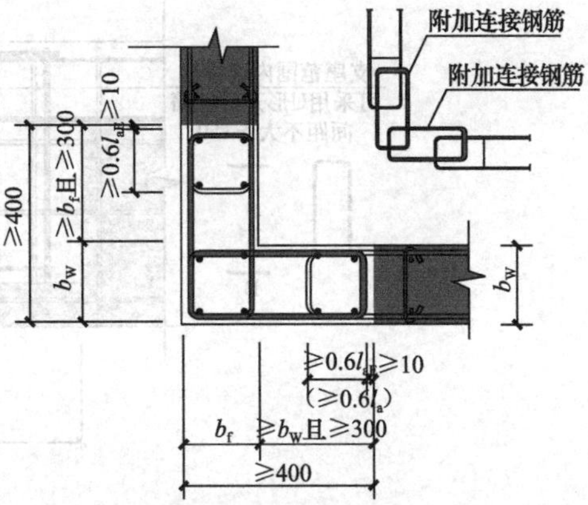

图 5-19　预制墙在有翼墙处的竖向接缝构造（部分后浇边缘翼墙二）

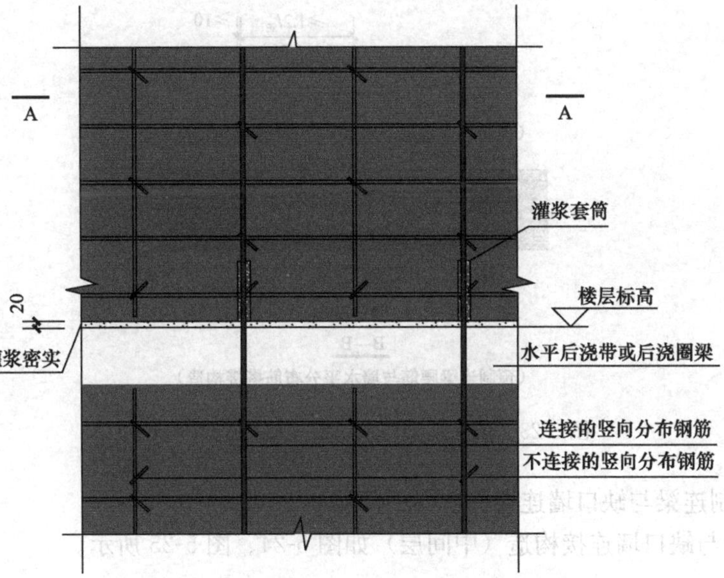

图 5-20　预制墙竖向分布钢筋部分连接（1）

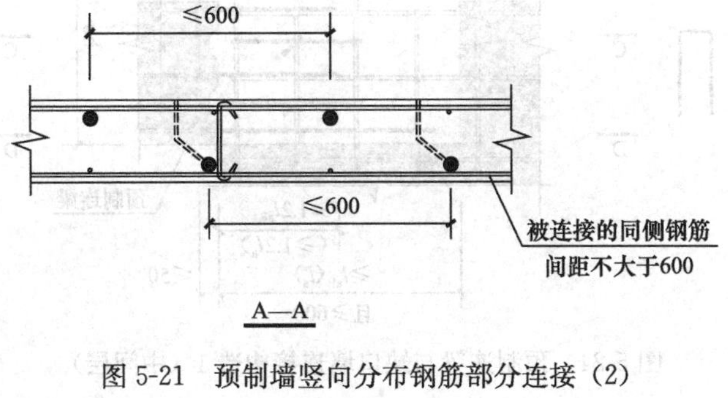

图 5-21　预制墙竖向分布钢筋部分连接（2）

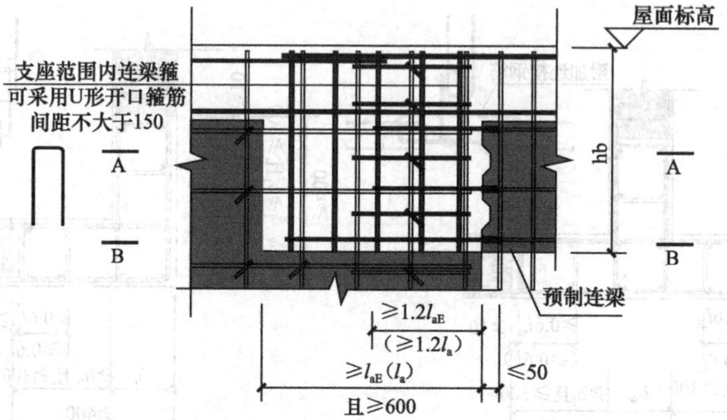

图 5-22 预制连梁与缺口墙连接构造 1（顶层）

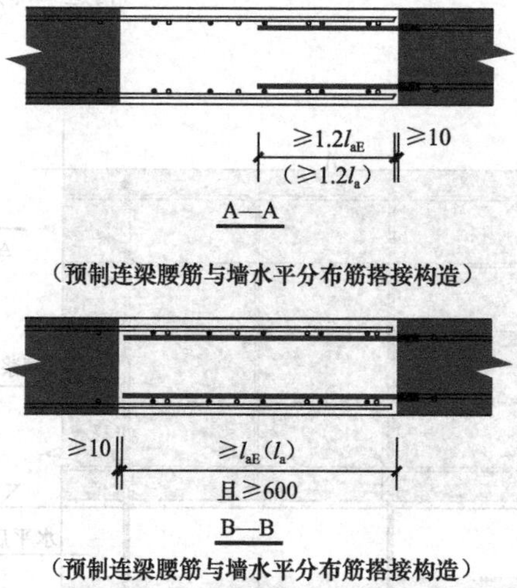

图 5-23 预制连梁与缺口墙连接构造 2（顶层）

（15）预制连梁与缺口墙连接构造（中间层）

预制连梁与缺口墙连接构造（中间层）如图 5-24、图 5-25 所示。

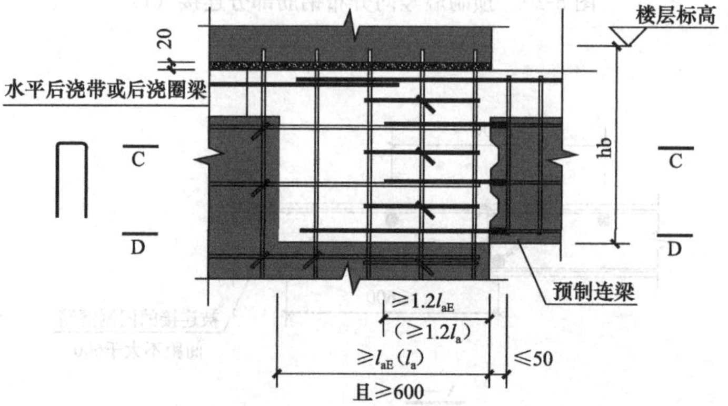

图 5-24 预制连梁与缺口墙连接构造 1（中间层）

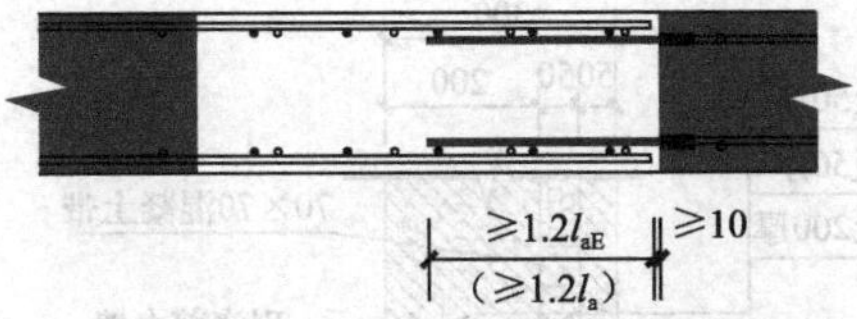

C—C

（预制连梁腰筋与墙水平分布筋搭接构造）

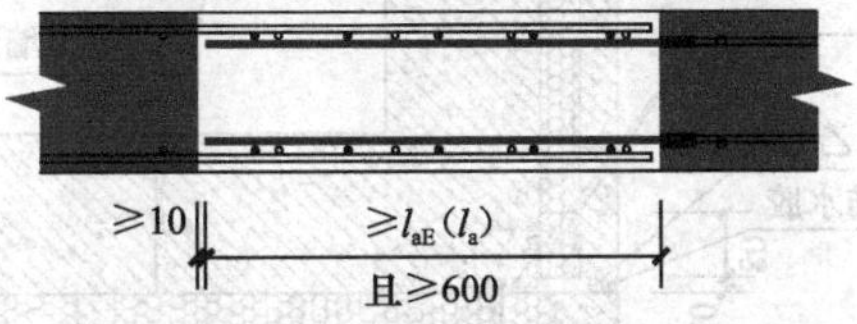

D—D

（预制连梁腰筋与墙水平分布筋搭接构造）

图 5-25　预制连梁与缺口墙连接构造 2（中间层）

（16）外墙板降板部位连接节点

外墙板降板部位连接节点如图 5-26 所示。

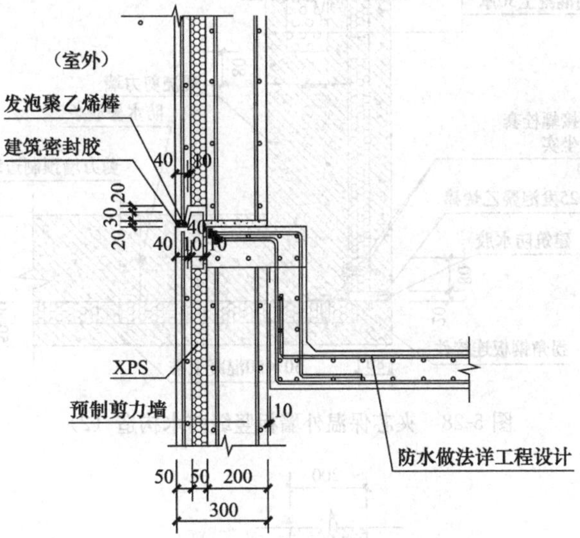

图 5-26　外墙板降板部位连接节点

（17）夹芯保温外墙板竖缝防水构造

夹芯保温外墙板竖缝防水构造如图 5-27～图 5-30 所示。

（18）外墙板与楼板连接节点（中间层）

外墙板与楼板连接节点（中间层）如图 5-31 所示。

（19）外墙板与楼板连接节点（顶层）

外墙板与楼板连接节点（顶层）如图 5-32 所示。

（20）外墙板与楼板连接节点——带梁（中间层）

外墙板与楼板连接节点——带梁（中间层）如图 5-33 所示。

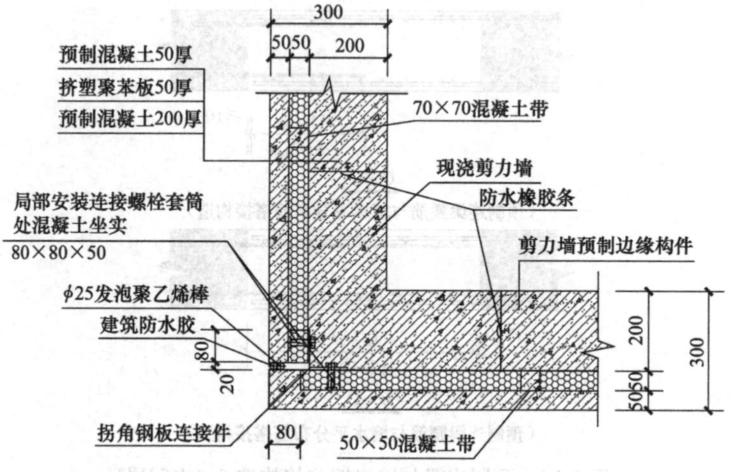

图 5-27　夹芯保温外墙板竖缝防水构造（1）

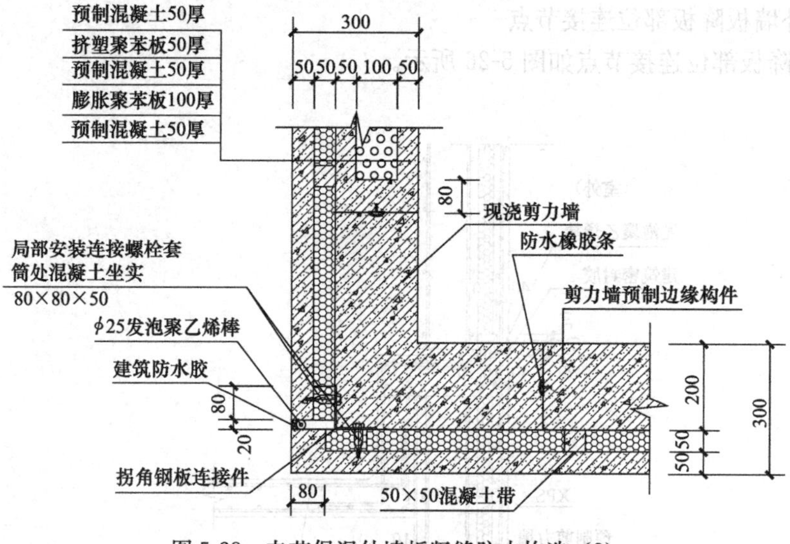

图 5-28　夹芯保温外墙板竖缝防水构造（2）

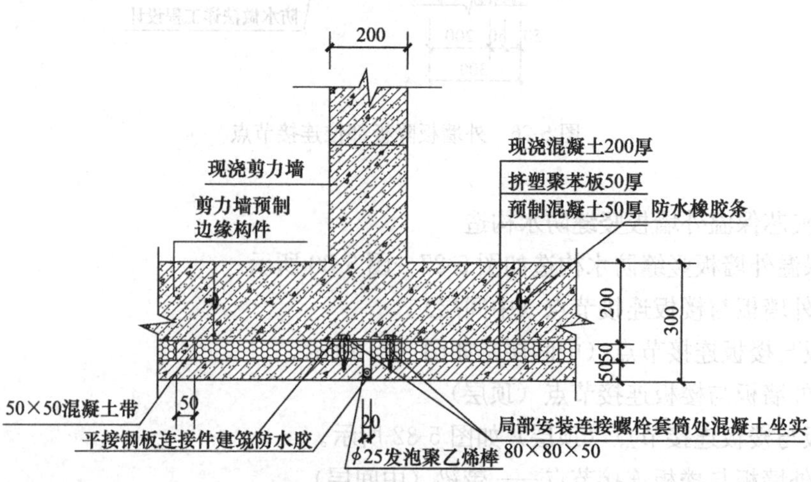

图 5-29　夹芯保温外墙板竖缝防水构造（3）

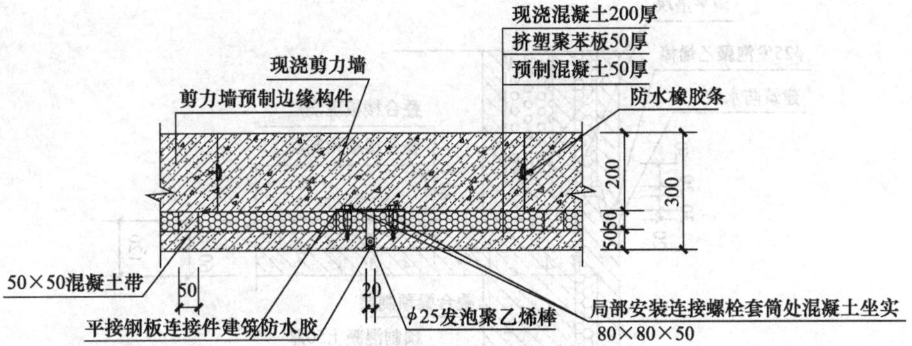

图 5-30　夹芯保温外墙板竖缝防水构造（4）

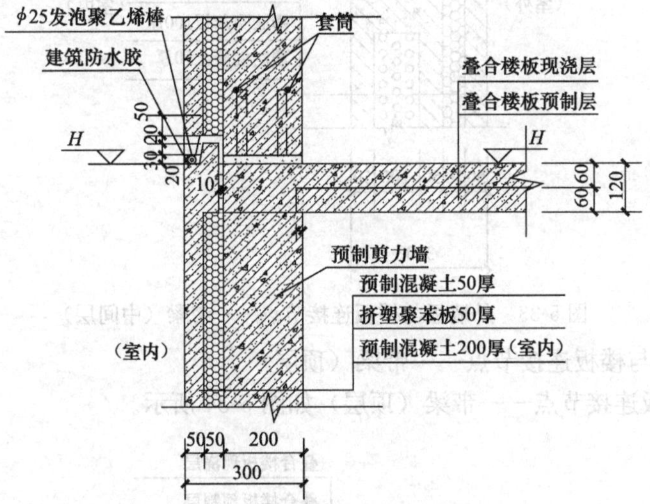

图 5-31　外墙板与楼板连接节点（中间层）

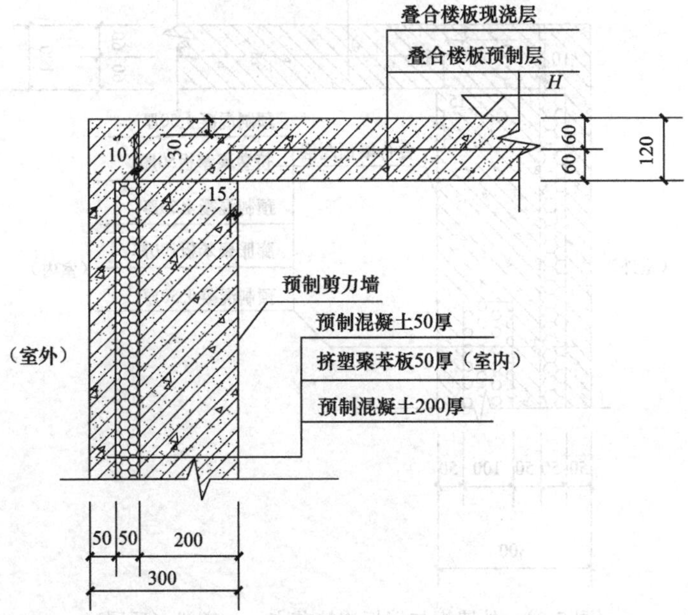

图 5-32　外墙板与楼板连接节点（顶层）

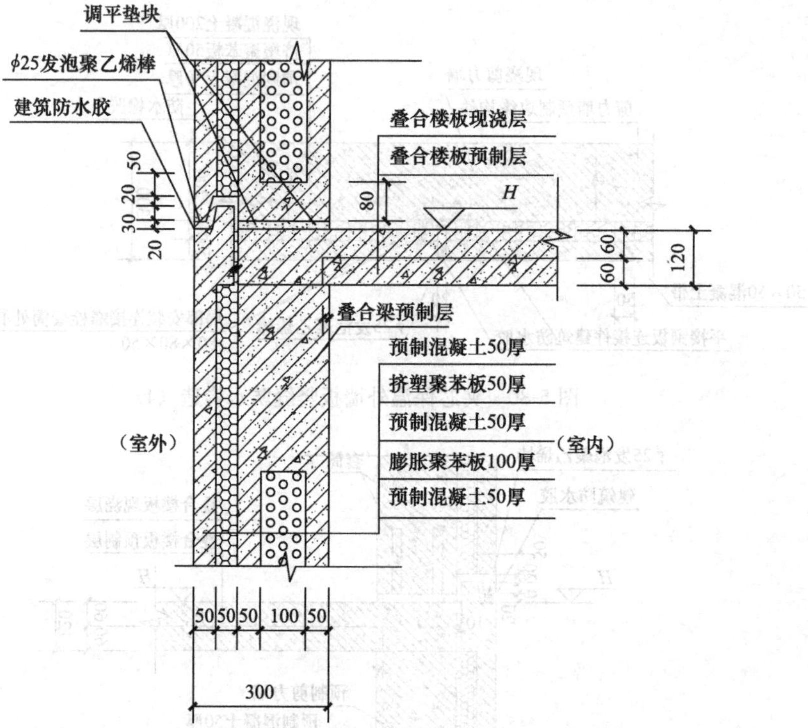

图 5-33　外墙板与楼板连接节点——带梁（中间层）

(21) 外墙板与楼板连接节点——带梁（顶层）

外墙板与楼板连接节点——带梁（顶层）如图 5-34 所示。

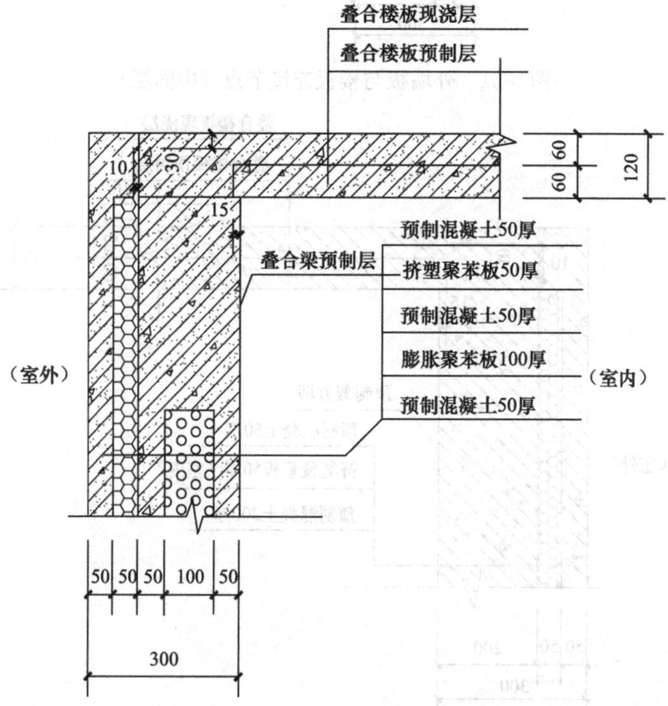

图 5-34　外墙板与楼板连接节点——带梁（顶层）

(22) 卫生间与预制剪力墙连接节点

卫生间与预制剪力墙连接节点如图 5-35 所示。

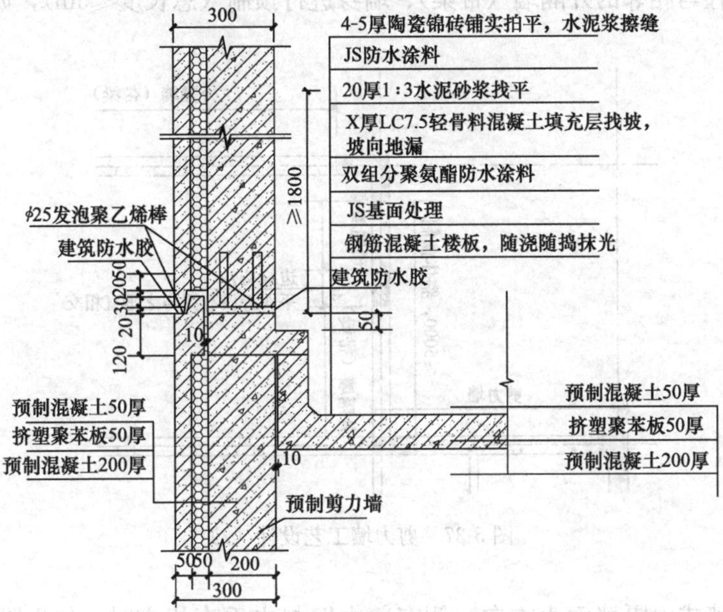

图 5-35　卫生间与预制剪力墙连接节点

5.4.2　剪力墙工艺深化设计原则

1. 装配整体式剪力墙结构中剪力墙工艺拆分原则

(1) 对于装配式剪力墙结构，L、T 形等外部或内部剪力墙中墙身长度≥800mm 时，墙身（非阴影部分）一般预制，但其边缘构件处现浇（图 5-36～图 5-40 中阴影部位）。外

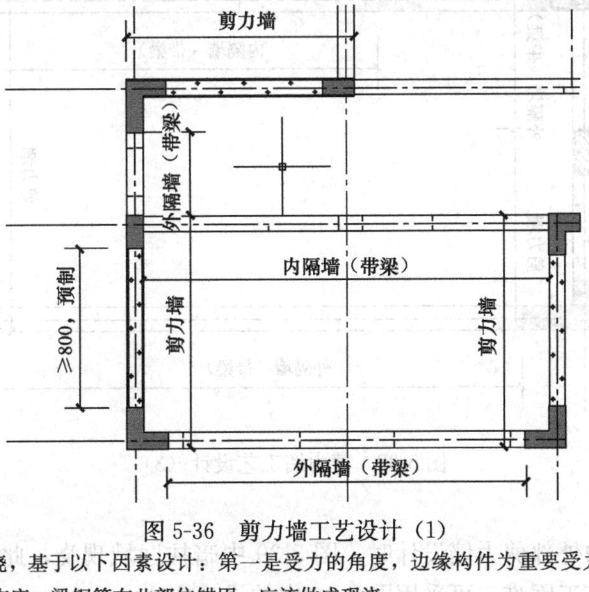

图 5-36　剪力墙工艺设计 (1)

注　1. 边缘构件现浇，基于以下因素设计：第一是受力的角度，边缘构件为重要受力部位，应该现浇；第二，边缘构件两端一般为梁的支座，梁钢筋在此部位锚固，应该做成现浇。

2. 预制外墙比较短且全部都开窗或者门洞时，预制外墙可以与相邻剪力墙的边缘构件（暗柱）一起预制，将现浇部位向内移。

隔墙（带梁）一般为预制，如图 5-36 所示。

（2）L、T 形等形状的外部或内部剪力墙中暗柱长度范围内平面外没有与之垂直相交的梁时，此暗柱与相邻的外隔墙（带梁）、墙身进行预制（总长度≤5m），如图 5-37 所示。

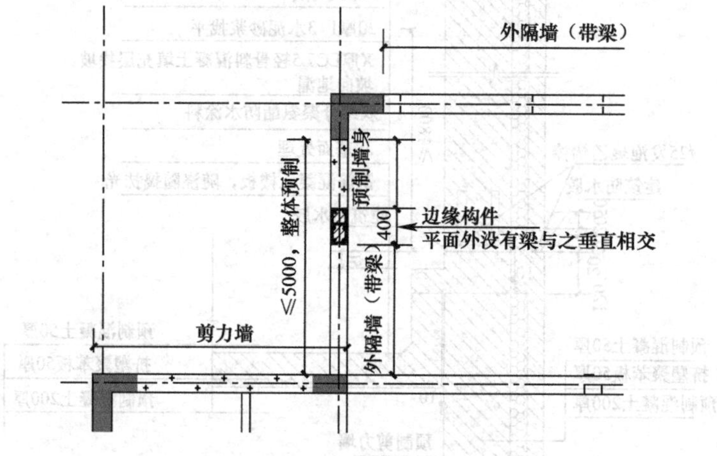

图 5-37　剪力墙工艺设计（2）

（3）外隔墙或内隔墙垂直方向一侧有剪力墙与之垂直相交时，如果隔墙总长≤5m，可将隔墙连成一块，方便吊装与施工，与剪力墙的连接如图 5-38 所示。

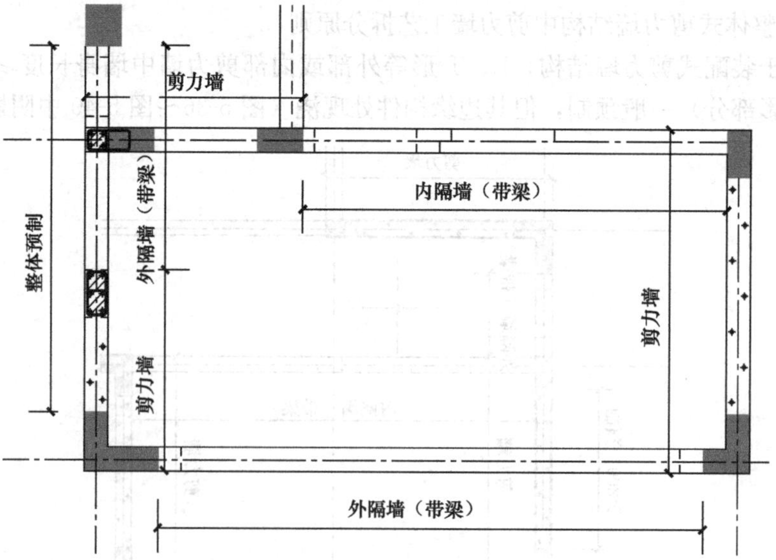

图 5-38　剪力墙工艺设计（3）

（4）现场装配的外部剪力墙设计时，图 5-39 中暗柱区域现浇，此时尚存 200mm 长度的施工空间，现场施工困难，可采用图 5-40 中的设计方法。

此工程剪力墙工艺拆分（部分）如图 5-41 所示。

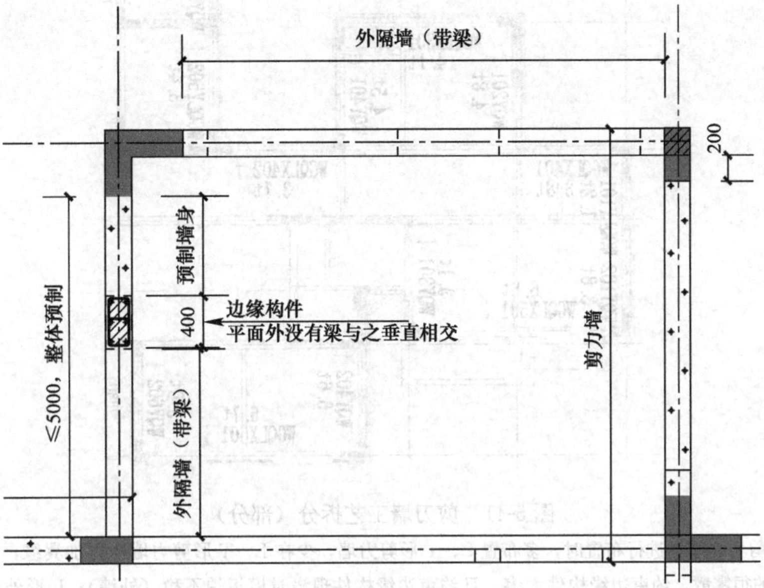

图 5-39　剪力墙工艺设计（4）

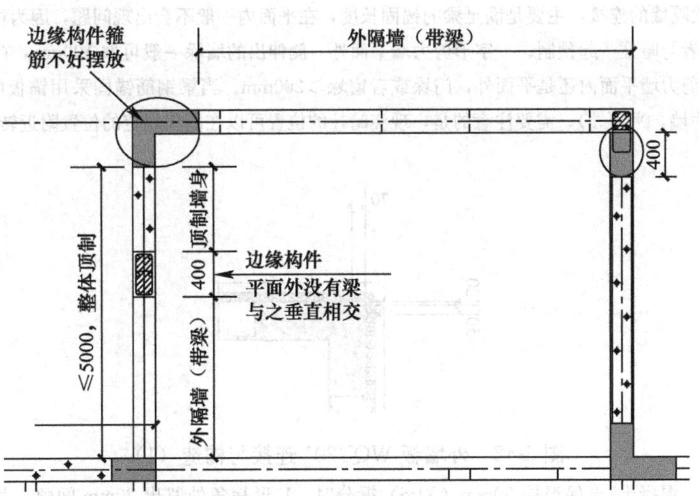

图 5-40　剪力墙工艺设计（5）

注：在实际工程中，为了提高预制化率，也可以采用另一种拆分方法：预制＋现浇转移，可在百度搜索文章："装配式剪力墙结构设计及拆分原则（最终版 2015 年 11 月）"

2. 外墙板 WQY201 详图

（1）预制剪力墙身结构：外叶 50mm（混凝土）＋保温层 50mm（XPS）＋内叶 200mm（剪力墙）；预制非剪力墙身结构：外叶 50mm（混凝土）＋保温层 50mm（XPS）＋内叶 200mm（梁＋填充墙），内、外叶通过预埋连接件连接；

外墙板 WQY201 中的外叶 50mm（混凝土）＋保温层 50mm（XPS）拆分与套筒连接如图 5-42、图 5-43 所示。

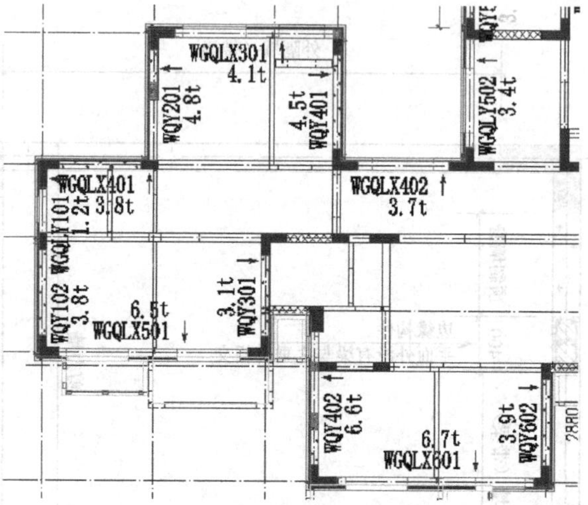

图 5-41　剪刀墙工艺拆分（部分）

注：1. 在对剪力墙结构进行布置时，多布置 L、T 形剪力墙，少在 L、T 形剪力墙中再加翼缘，特别是外墙，否则拆墙时被拆分的很零散，约束边缘构件太多，且约束边缘构件现浇时模板怕不稳（外墙）；L 形外墙翼缘长度一般≤600mm。T 形翼缘分长度一般≤1000mm，且留出的填充墙窗垛≥200mm。当翼缘长度大于以上值时（地震力比较大，调层间位移角、位移比等需要），此时可以让翼缘端部顶着窗户端部，让翼缘充当窗垛，将梁带隔墙与剪力墙部分翼缘一起预制，留出现浇的长度即可，如“绪论”所示。

2. 剪力墙与带梁隔墙的连接，主要是满足梁的锚固长度，在平面内一般不会出现问题，因为往往暗柱留有 400mm 现浇（200 厚墙）或者与暗柱一起预制；一字形剪力墙平面外一侧伸出的墙垛一般可取 100mm，门垛≥200m，整体预制时可为 0。无论在剪力墙平面内还是平面外，门垛或者窗垛≥200mm。当梁钢筋锚固采用锚板的形式时，梁纵筋应≤14mm（200 厚剪力墙，平面外）。需要注意的是，现浇暗柱的位置可以在图集规定的位置附近转移。

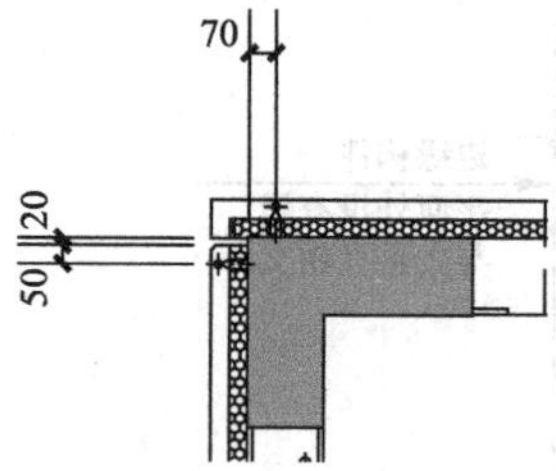

图 5-42　外墙板 WQY201 连接与构造（1）

注：外叶 50mm（混凝土）＋保温层 50mm（XPS）拆分时，L 形拐角处留出 20mm 间隙，其与边缘构件之间用 M16 套用连接。当外叶 50mm（混凝土）＋保温层 50mm（XPS）伸出边缘构件外边缘时，套筒与边缘构件外边缘的距离可取 70mm；当外叶 50mm（混凝土）＋保温层 50mm（XPS）在边缘构件外边缘内部时，套筒距外叶 50mm（混凝土）＋保温层 50mm（XPS）的边缘距离可取 50mm。

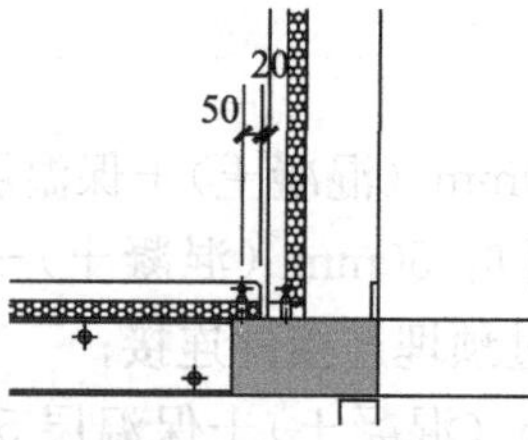

图 5-43　外墙板 WQY201 连接与构造（2）

注：1. 当外叶 50mm（混凝土）＋保温层 50mm（XPS）垂直延伸至边缘构件外边缘时，套筒可以定位在外叶 50mm（混凝土）＋保温层 50mm（XPS）的中间位置；

2. 当外叶 50mm（混凝土）＋保温层 50mm（XPS）在边缘构件外边缘内部时，套筒距外叶 50mm（混凝土）＋保温层 50mm（XPS）的边缘距离可取 50mm。

（2）外墙板 WQY201 详图

外墙板 WQY201 详图如图 5-44、图 5-45 所示。

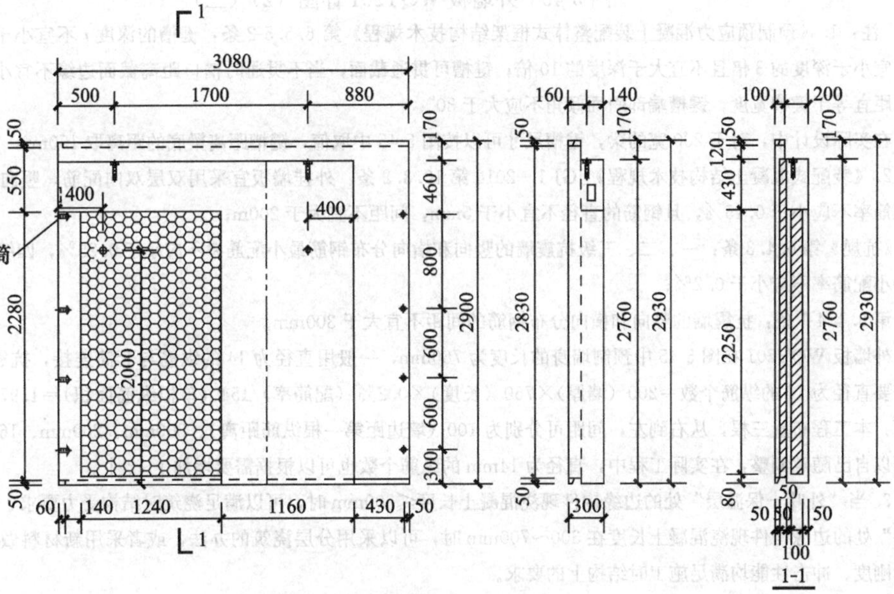

图 5-44　外墙板 WQY201 详图（1）

注：1. 根据起吊重量，吊钉可用 2 个；吊钉距离外墙边缘的距离一般最小为 200～300mm，可取 500 左右。中间两个吊钉的间距一般可取 1200mm 左右，最大不超过 2400mm。

2. 外叶 50mm（混凝土）＋保温层 50mm（XPS）上的 M16 套筒可以按以下原则布置：距离墙底部的距离 300mm，在以间距 600mm、600mm、800mm、800mm 布置。

3. 墙斜支撑布置原则：5m 以内 2 道，5～7m 布置 3 道，7m 以上布置 4 道，斜支撑距离楼面高度一般为 2000mm，且不小于 2/3PC 板高度，遇门窗洞口可将预留点上移。斜支撑距离 PC 件端头水平距离在 300～700mm 之间，面向临时通道 PC 板面上不宜设置临时支撑，宜设置在相反的一面。

4. 预制外墙（非剪力墙）根部需设置 L 形连接件用塑料胀管，对应位置可参考斜支撑，距板底 50mm，当遇洞口无法设置时，可设置在暗柱内；外墙现浇长度超过 1m 同时其根部设置连接 L 件用 M16 套筒，距板底 50mm，两端套筒距离其边 300mm，中间均匀布置，间距不大于 1.5m 一个。

5. 外墙板（带梁）高度 2760＝2900（层高）－20（坐浆）－120（叠合板厚度）；外叶 50mm（混凝土）＋保温层 50mm（XPS）高度＝2760＋120（叠合板厚度）＋50（企口高度）＝2930mm。

6. 有高差的地方、看不见的地方应用实线及虚线表示。

7. 图中的截面形状及尺寸应与建筑中的构造一一对应。

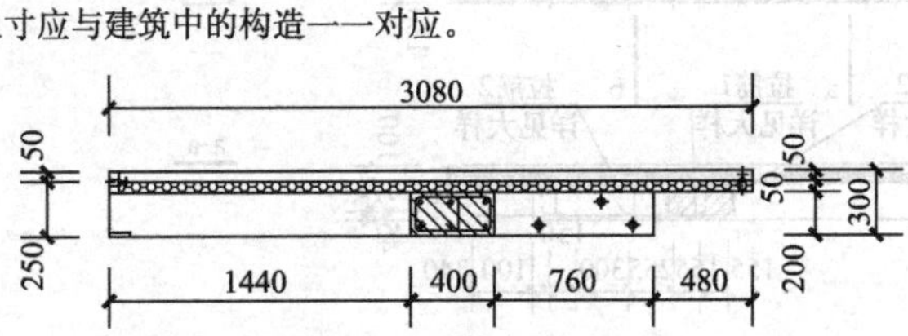

图 5-45　外墙板 WQY201 详图（2）（一）

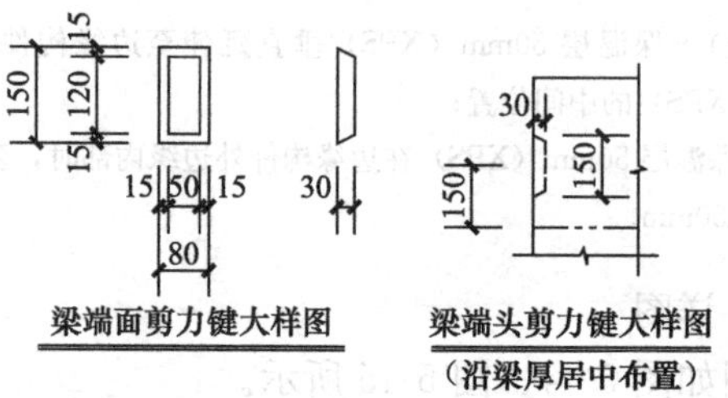

图 5-45　外墙板 WQY201 详图（2）（二）

注：1.《预制预应力混凝土装配整体式框架结构技术规程》第 6.5.5-2 条：键槽的深度 t 不宜小于 30mm，宽度 w 不宜小于深度的 3 倍且不宜大于深度的 10 倍；键槽可贯通截面，当不贯通时槽口距离截面边缘不宜小于 50mm；键槽间距宜等于键槽宽度；键槽端部斜面倾角不应大于 30°。

在实际设计中，对于 200 宽的梁，键槽尺寸可以按图 5-45 中取值，键槽距离梁底的距离取 150mm。

2.《装配式混凝土结构技术规程》JGJ 1—2014 第 10.3.2 条：外挂墙板宜采用双层双向配筋，竖向和水平的钢筋的配筋率不应小于 0.15%，且钢筋的直径不宜小于 5mm，间距不宜大于 200m；

《抗规》第 6.4.3 条：一、二、三级抗震墙的竖向和横向分布钢筋最小配筋率不应小于 0.25%，四级抗震墙分布钢筋最小配筋率不应小于 0.2%；

第 6.4.4-1 条：抗震墙的竖向和横向分布钢筋的间距不宜大于 300mm。

外墙板 WQY201 在图 5-45 中预制墙身的长度为 760mm，一般用直径为 14 的纵筋与套筒连接，抗震等级为四级，则需要直径为 14 的纵筋个数＝200（墙厚）×760（长度）×0.2%（配筋率）/154（单根纵筋面积）＝1.97，则需要 2 根即可，本工程布置三根，从右到左，间距可分别为 100（墙边距第一根纵筋距离）、300mm、200mm、160mm，此间距也可以自己随意调整，在实际工程中，直径为 14mm 的纵筋个数也可以根据需要增加 1～2 个。

3. 当“外叶＋保温层”处的边缘构件现浇混凝土长度≤300mm 时，可以满足浇筑时结构受力要求，当“外叶＋保温层”处的边缘构件现浇混凝土长度在 300～700mm 时，可以采用分层浇筑的办法，或者采用新材料做成的外叶，让外叶刚度、冲击性能均满足施工时结构上的要求。

（3）外墙板 WQY201 配筋图

外墙板 WQY201 配筋如图 5-46～图 5-48 所示。

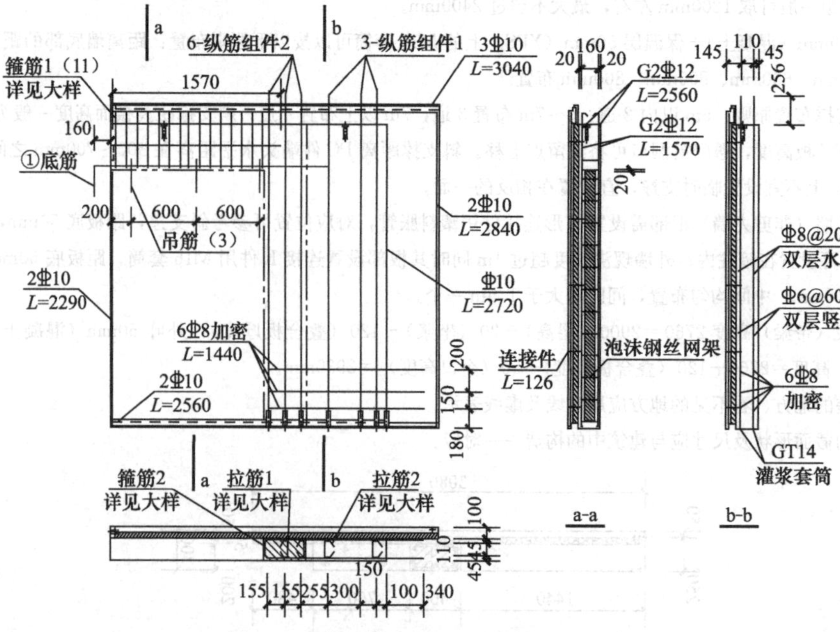

图 5-46　外墙板 WQY201 深化设计（1）

注：1. 梁箍筋、纵筋布置可参考“预制预应力混凝土装配整体式框架结构节点做法及构件工艺深化设计原则”中3.1.2 屋面层梁 KLX101 工艺深化设计；直锚固长度取 160＝200（梁宽）－40（保护层＋箍筋直径＋竖向纵筋直径），但不满足 $0.4l_{ae}$＝0.4×32×18（底筋直径）＝230.4mm，可以端头加短钢板。

2. 吊筋是为了吊 200 厚的含泡沫钢丝网架填充墙，距离墙端部一般最小可取 200mm，然后每隔 600mm 布置吊筋。

3. 预制剪力墙身中与直径 14 的纵筋交错布置的是直径为 6mm 的分布筋（不伸入上层剪力墙中），间距为 600mm（不伸入上层剪力墙中）。剪力墙墙身水平分布筋为 8@200（双层水平）；

4.《钢筋套筒灌浆连接应用技术规程》第 4.2.3 条：采用套筒灌浆连接的预制混凝土墙应符合下列规定：

1）灌浆套筒长度范围内最外层钢筋的混凝土保护层厚度不应小于 15mm；

2）当在墙根部连接时，自灌浆套筒长度向上延伸 300mm 范围内，墙水平分布筋应加密；加密区水平分布筋的最大间距及最小直径应符合表 5-2 的规定，灌浆套筒上端第一道水平分布钢筋距离套筒顶部不应大于 50mm。

墙水平分布筋　　表 5-2

抗震等级	最大间距（mm）	最小直径（mm）
一、二级	100	8
三、四级	150	8

5. 套筒加密区范围内的水平筋长度 L＝1440，其伸入转角墙或者暗柱中的形式参考 11G101p68 页，应该为直＋弯（15d），水平直段的长度应为 300＋200－40＝440mm；也可以参考 G310-1～2P29 页 Q5-2，采用带弯钩的插入筋，伸出的直锚长度≥$0.8l_{aE}$＋10＝0.8×32d＋10＝0.8×32×8＋10＝220mm。

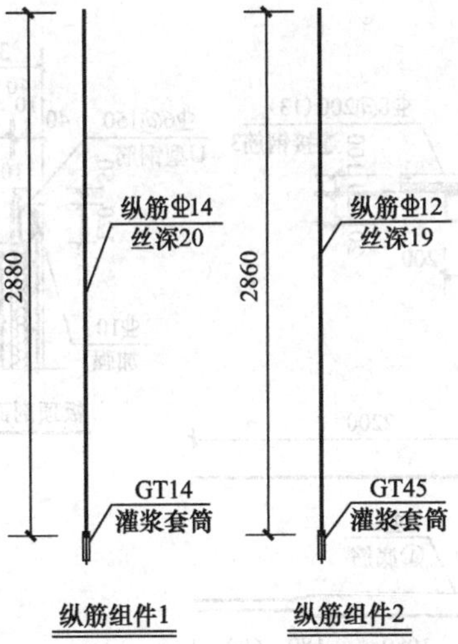

图 5-47　外墙板 WQY201 深化设计（2）

注：纵筋组件 1：纵筋 14 的长度＝2760（外墙高）－156（套筒长度）＋120（叠合板厚度）＋20（伸入套筒内长度）＋20（坐浆）＋112（插入套筒内长度）＝2880mm。

（4）外墙板 WQY201 配筋及预埋件布置图

外墙板 WQY201 配筋及预埋件布置如图 5-49、图 5-50 所示。

（5）外墙板工艺设计说明

本项目外墙板采用预制剪力墙体系（三明治夹芯板），外墙墙体包括预制剪力墙、预制非剪力墙（梁＋填充墙）、预制混合墙体、预制混凝土单板形式，具体见工艺设计详图。

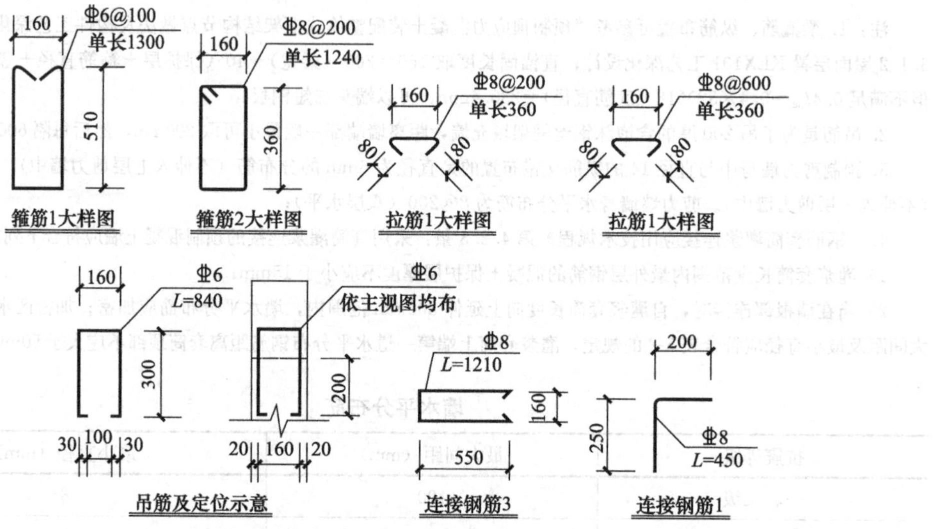

图 5-48　外墙板 WQY201 深化设计（3）

注：1. 梁箍筋、拉筋可参考“预制预应力混凝土装配整体式框架结构节点做法及构件工艺深化设计原则”中“2. 屋面层梁 KLX101 工艺深化设计”；

2. 连接钢筋 3 及连接钢筋 1 的长度取值及伸入边缘构件或者墙中的长度，都是经验值，可按图中取；连接钢筋 3 距墙底距离可取 230mm，然后每隔间距 200 布置；接钢筋 1 距墙底距离可取 150mm，然后每隔间距 400mm 布置。

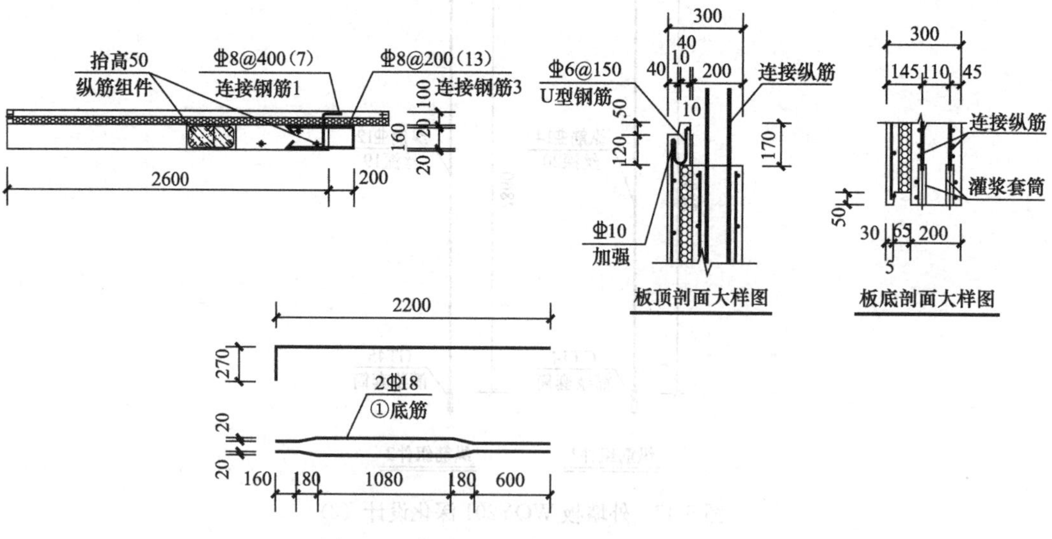

图 5-49　外墙板 WQY201 深化设计（4）

注：1. 图中 $270=15d=15\times18=270\text{mm}$，为了便于施工，一般向下弯锚；

2. 为了防止底部纵筋与边缘构件中分布筋打架，可以把梁底部纵筋弯锚固，一根纵筋弯折后高度上的变化一般在 20～50mm；

3. 连接钢筋 3 伸入现浇边缘构件内的长度可参考 G310-1～2：P29 页 $\geqslant 0.6l_{aE}=0.6\times32d=0.6\times32\times8=153.6\text{mm}$，可取 200。其他一般均为构造，拷贝大样即可。

1）外墙板-预制剪力墙：(混凝土强度 C35)

① 预制剪力墙身结构：外叶 50mm（混凝土）＋保温层 50mm（XPS）＋内叶 200mm

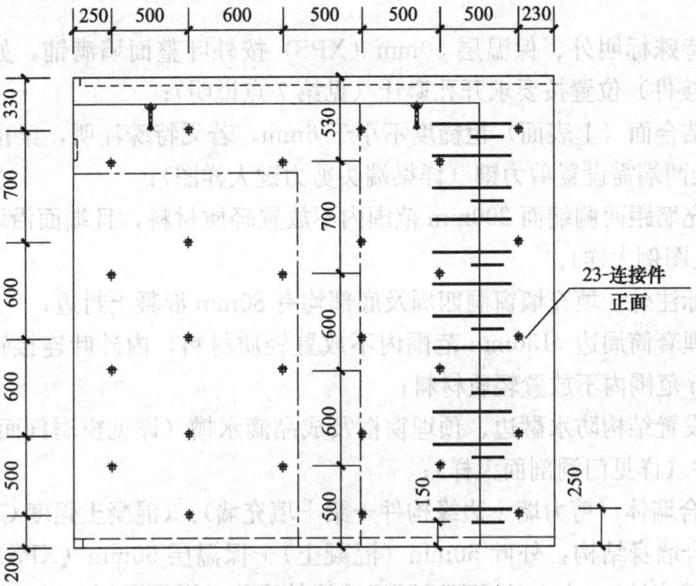

图 5-50 外墙板 WQY201 深化设计（5）

注：外墙挂板内外叶墙用玄武岩纤维筋连接，按 500mm×500mm 或 500mm×600mm 等呈梅花形布置，距底边一般 200mm 或 150mm；

(剪力墙)，内、外叶通过预埋连接件连接（详见图例大样）；

② 墙板外叶配置 ϕ6@150 单层双向钢筋网片。内叶按结构施工图要求配置水平、纵向及拉结钢筋，设置纵筋组件用于边缘构件及剪力墙身竖向连接，墙身对角做抬高 50mm 处理（详见图纸）；墙板四周配 2ϕ10 钢筋加强，门洞口四周配 2ϕ10 钢筋及抗裂钢筋（2ϕ10，L=600mm），当洞口周边网片筋不能放置时，需加钢筋补强，特殊注明处钢筋加强按图纸要求；

③ 无特殊注明处，所有钢筋端面、最外侧钢筋外缘距板边界 20mm。钢筋标注尺寸均为钢筋外缘标注尺寸；

④ 除详图特殊标明外、保温层 50mm（XPS）按外叶整面墙满铺，如遇预留预埋件（除内、外叶连接件）位置按要求开孔避让；

⑤ 墙板预埋套筒周边 ϕ150mm 范围内不放置轻质材料，内外叶连接钢筋位置（穿过保温层）ϕ50mm 范围内不放置轻质材料；

⑥ 内叶剪力墙身顶面、底面及两侧端面混凝土表面粗糙度不小于 6mm，其中两侧端面沿墙厚居中布置防水橡胶条（详见图例大样）；

2）外墙板——预制非剪力墙（梁＋填充墙）：(混凝土强度 C35)

① 预制非剪力墙身结构：外叶 50mm（混凝土）＋保温层 50mm（XPS）＋内叶 200mm（梁＋填充墙），内、外叶通过预埋连接件连接（详见图例大样）；

② 墙板外叶配置 ϕ6@150 单层双向钢筋网片；内叶包括上部梁与下部填充墙，其中梁按结构施工图要求配置所需钢筋，填充墙沿墙厚居中配置泡沫 EPS（t=100mm）钢丝网架，即内叶结构为 50mm（混凝土）＋泡沫 100mm（EPS＋钢丝）＋50mm（混凝土）（详见图纸）；墙板四周配 2ϕ10 钢筋加强，门窗洞口四周配 2ϕ10 钢筋及抗裂钢筋（2ϕ10，L=600mm），当洞口周边网片筋不能放置时，需加钢筋补强，特殊注明处钢筋加强按图纸

要求；

③ 除详图特殊标明外、保温层 50mm（XPS）按外叶整面墙满铺，如遇预留预埋件（除内、外叶连接件）位置按要求开孔避让（见第 7 点说明）；

④ 预制梁结合面（上表面）粗糙度不小于 6mm，若无特殊注明，梁顶部统一配 2ϕ10 构造筋。预制梁两端需设置剪力键（详梁端头剪力键大样图）；

⑤ 预制填充墙距两侧端面 200mm 范围内不放置轻质材料，且端面沿墙厚居中布置防水橡胶条（详见图例大样）；

⑥ 除特殊标注外，填充墙窗洞四周及底部均有 80mm 混凝土封边；

⑦ 墙板预埋套筒周边 ϕ150mm 范围内不放置轻质材料，内外叶连接钢筋位置（穿过保温层）ϕ50mm 范围内不放置轻质材料；

⑧ 窗洞口设置结构防水翻边、预埋窗框及成品滴水槽（详见窗洞剖面大样）；门洞口设置预留预埋件（详见门洞剖面大样）；

3）预制混合墙体（剪力墙＋边缘构件＋梁＋填充墙）：（混凝土强度 C35）

① 预制混合墙身结构：外叶 50mm（混凝土）＋保温层 50mm（XPS）＋内叶 200mm（剪力墙＋梁＋填充墙），内、外叶通过预埋连接件连接（详见图例大样）；

② 预制边缘构件设计按结构施工图要求配置箍筋及拉结钢筋，设置纵筋组件用于边缘构件墙身竖向连接（详见图纸）；

③ 预制混合墙体兼备预制剪力墙与预制非剪力墙工艺设计特点，预制混合墙身详图设计应按照上述 1）、2）所述工艺设计说明的对应内容要求执行；

4）预制混凝土单板（外挂板）：（混凝土强度 C35）

① 预制混凝土单板墙身结构：100mm（混凝土）；

② 墙板四周配 2ϕ10 钢筋加强；墙板上部设置 ϕ12@600 连接钢筋，锚入后浇混凝土墙体内；

③ 墙板按设计要求预埋套筒（详见图纸）；

5）其他

① 总说明只包括通用做法和大样，其他大样及钢筋大小、规格详见工艺详图，按图生产；

② 本项目预制边缘构件和剪力墙身分别采用 GT-12 与 GT-14 灌浆套筒进行纵向连接；

③ 预埋灌浆套筒灌浆孔需用软套管接出至墙板表面，同时应采取有效措施防止管路堵塞；灌浆套筒接管过程中，严禁将各软套管绑扎在一起进行混凝土浇筑（详见图例大样）；

④ 图纸未做要求的其他预埋（保温材料、门窗、线盒、线管、木方等）具体要求详细见建筑、结构、水电、装修施工图；门洞口预埋木方按装修要求，参考装修标准及文件。

6）图例及说明（图 5-51）

7）图例大样（图 5-52～图 5-61）

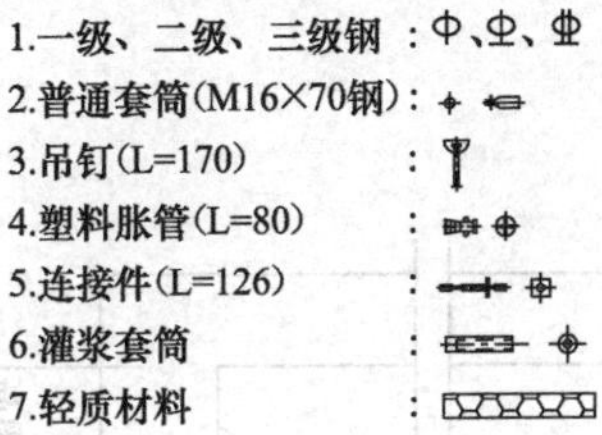

图 5-51　图例及说明

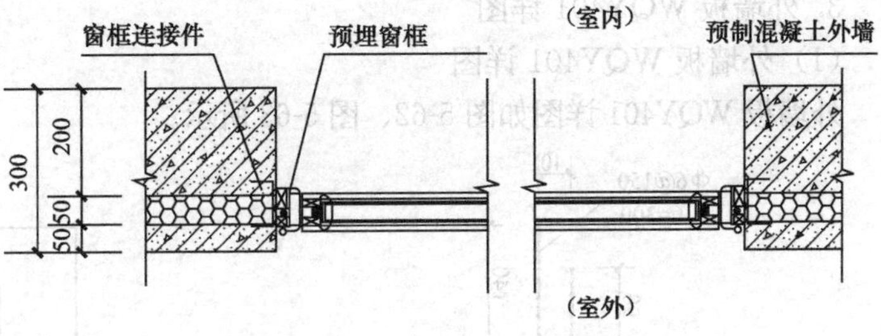

图 5-52　剪力墙窗框连接构造

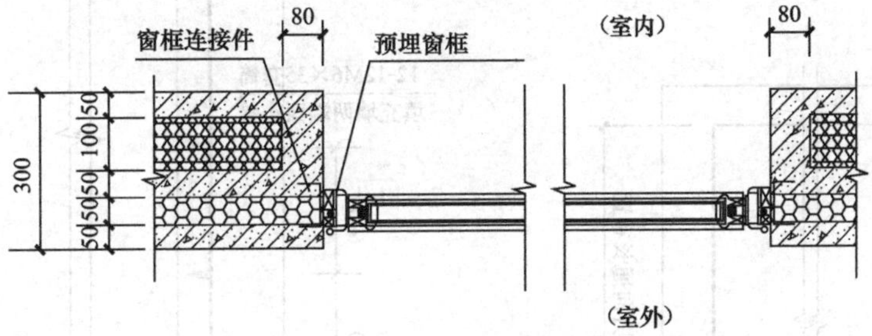

图 5-53　填充墙窗框连接构造

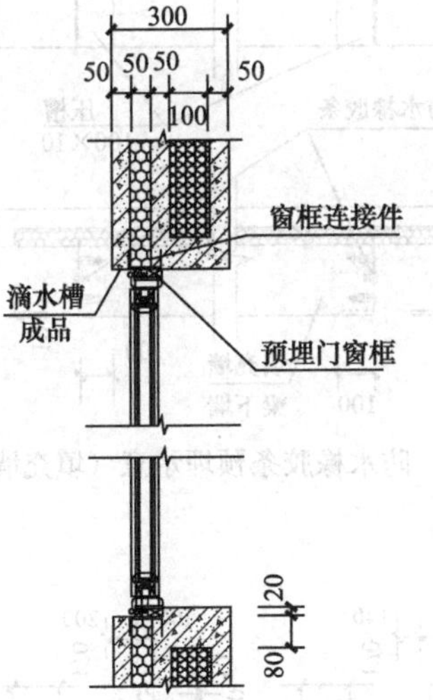

图 5-54　平窗连接构造

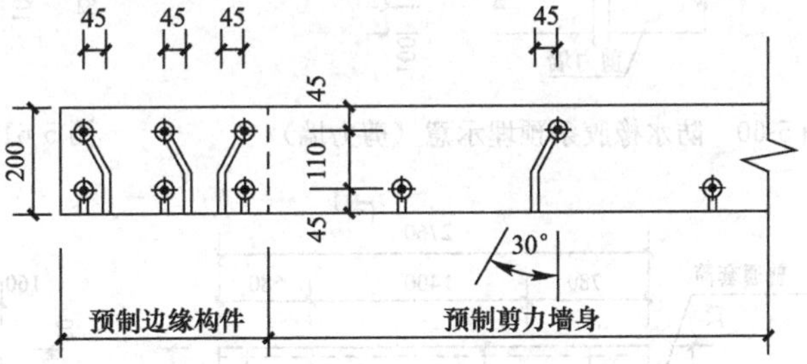

图 5-55　灌浆套筒注浆软管布置示意

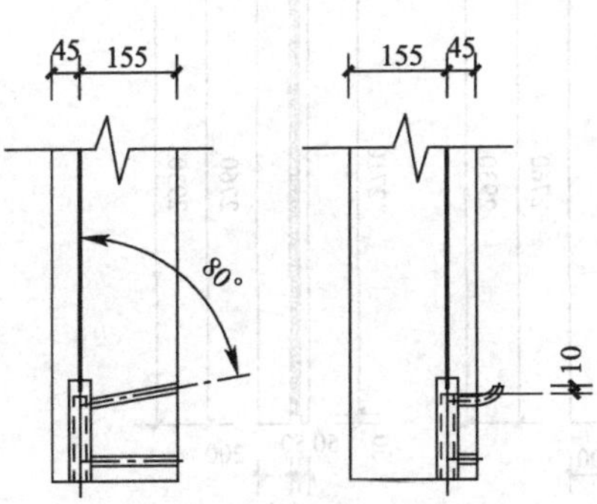

图 5-56　灌浆套筒
注浆软管布置示意（1）

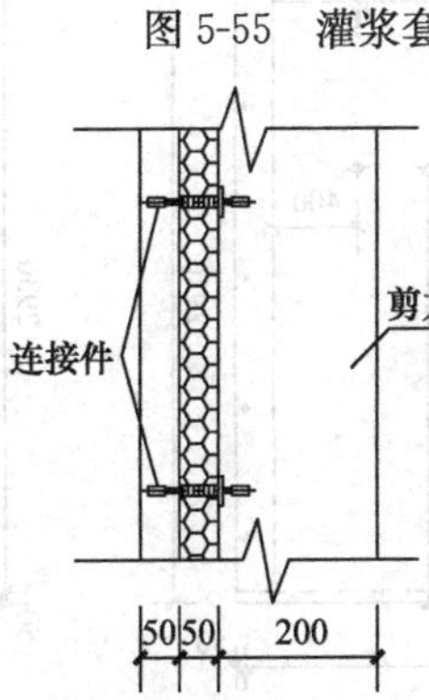

图 5-57　连接件
预埋示意（剪力墙）

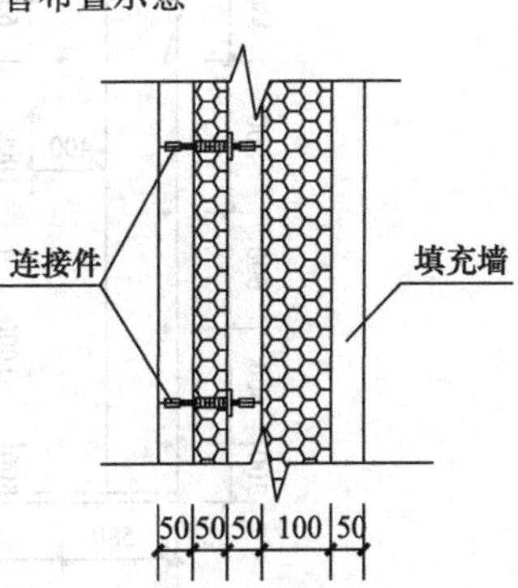

图 5-58　连接件
预埋示意（填充墙）

3. 外墙板 WQY401 详图

(1) 外墙板 WQY401 详图

外墙板 WQY401 详图如图 5-62、图 5-63 所示。

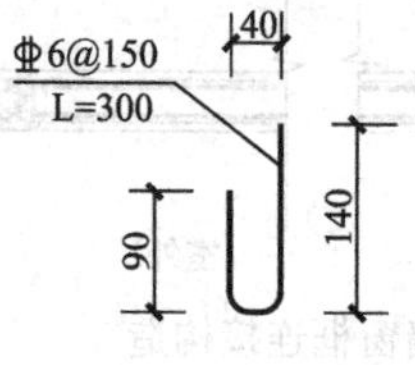

图 5-59　企口 U 形筋大样

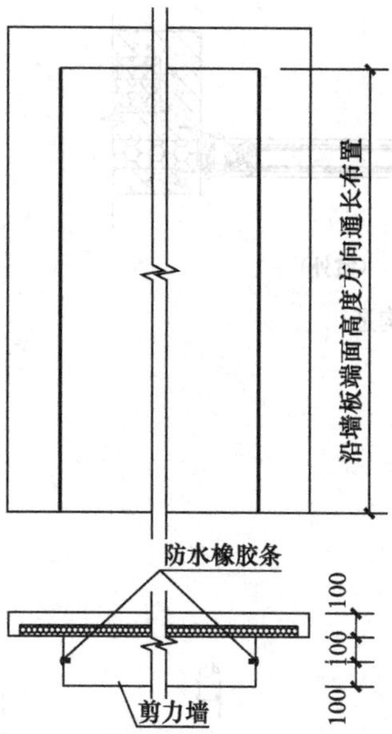

图 5-60　防水橡胶条预埋示意（剪力墙）

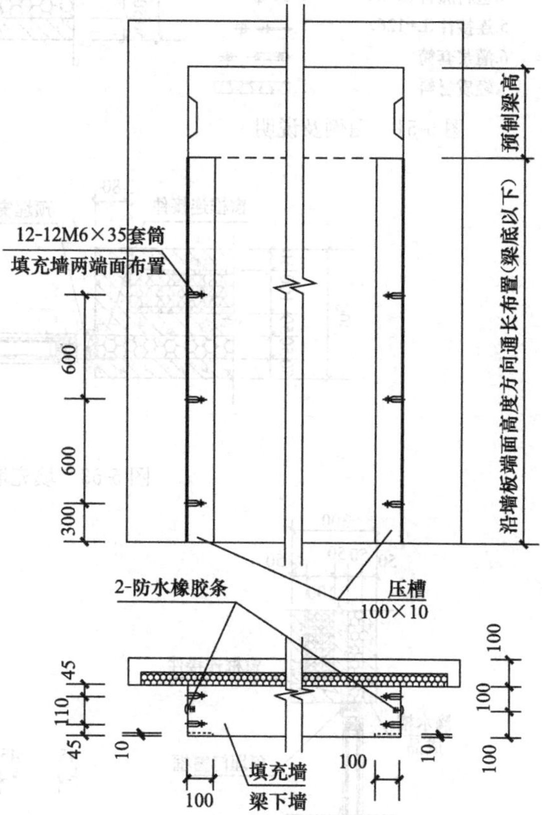

图 5-61　防水橡胶条预埋示意（填充墙）

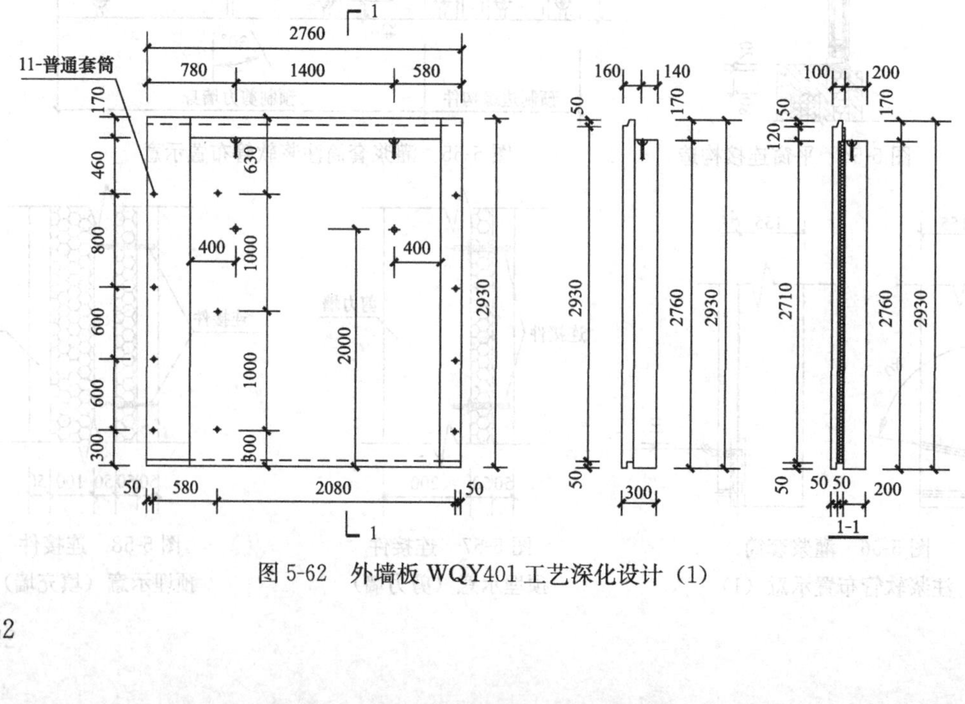

图 5-62　外墙板 WQY401 工艺深化设计（1）

注：1. 从墙左侧开始距离墙边布置 M16 套筒是为了固定外叶 50mm（混凝土）+保温层 50mm（XPS）；可以从墙底 300mm 以间距 600mm、600mm、800mm、800mm 开始布置；

2. 由图 5-42 可知，外墙板 WQY401 在垂直方向有填充墙与之相连，填充墙与剪力墙之间用盒子+M16 套筒连接，盒子一般固定在填充墙反端部，剪力墙中布置套筒。预制墙板与预制墙板 T 型相接时，在一侧墙板上预留套筒，另一侧预留 100mm×100mm×100mm 或 100mm×100mm×80mm（宽度）铁盒通过螺杆相连，沿墙高 300mm，1000mm，1000mm；

竖向现浇与 PC 墙边板（包括预制剪力墙）之间为防止后期开裂，在 PC 墙板端头预留 M6 套筒，PC 墙板吊装完成后，安装模板前，用丝螺杆连接，螺杆外露长度不小于 150mm，带梁墙板沿墙高 300mm、600mm、800mm 设置，无梁墙板沿墙高 300mm、600mm、600mm、800mm 设置；

3. 起吊吊钉及墙斜支撑布置原则可参考“2. 外墙板 WQY201 详图”。

4. 前视图与剖面图中的外形应与建筑节点一一对性。

（2）外墙板 WQY401 配筋图

外墙板 WQY401 配筋如图 5-65、图 5-66 所示。

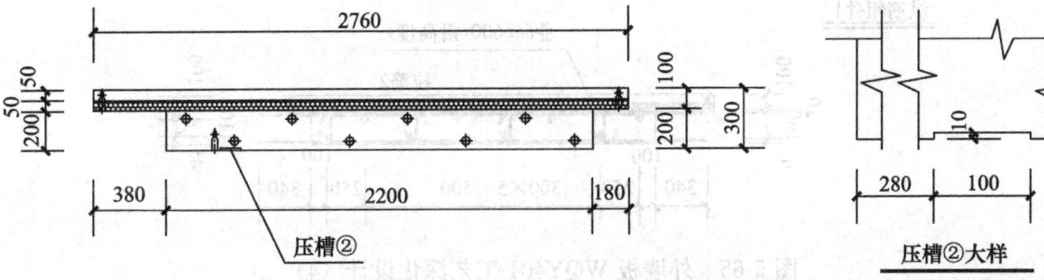

图 5-63　外墙板 WQY401 工艺深化设计（2）

注：1. 在竖向现浇（预制）与预制部位，每边设置压槽，宽度为每边 100mm，深度 10mm，沿全高设置。需要注意，为了方便更好地粘结，压槽应该从墙边进入 20mm，当墙厚 100mm 时，与之垂直的墙上压槽可以拉通，如图 5-64 中右图所示，当墙厚 200mm 时，压槽应该从墙边进入 20mm，与之垂直的墙上压槽可以不拉通，如图 5-64 中左图所示。

2. 其他可参考“2. 外墙板 WQY201 详图”。

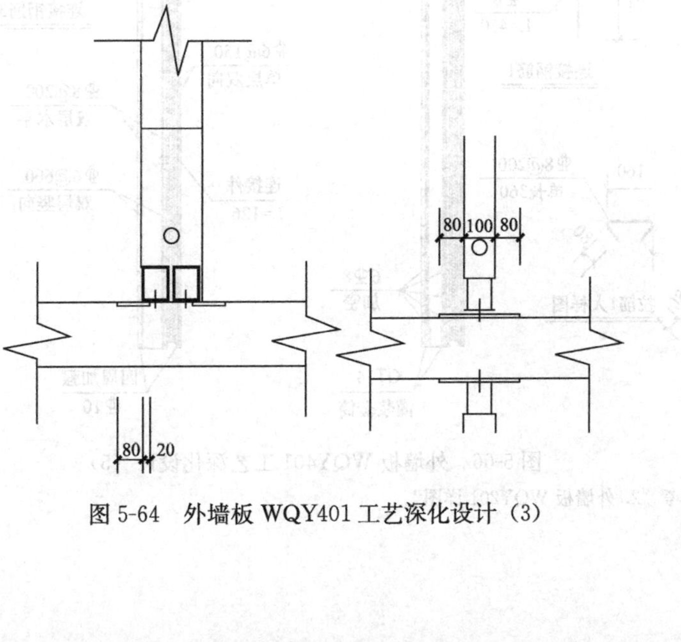

图 5-64　外墙板 WQY401 工艺深化设计（3）

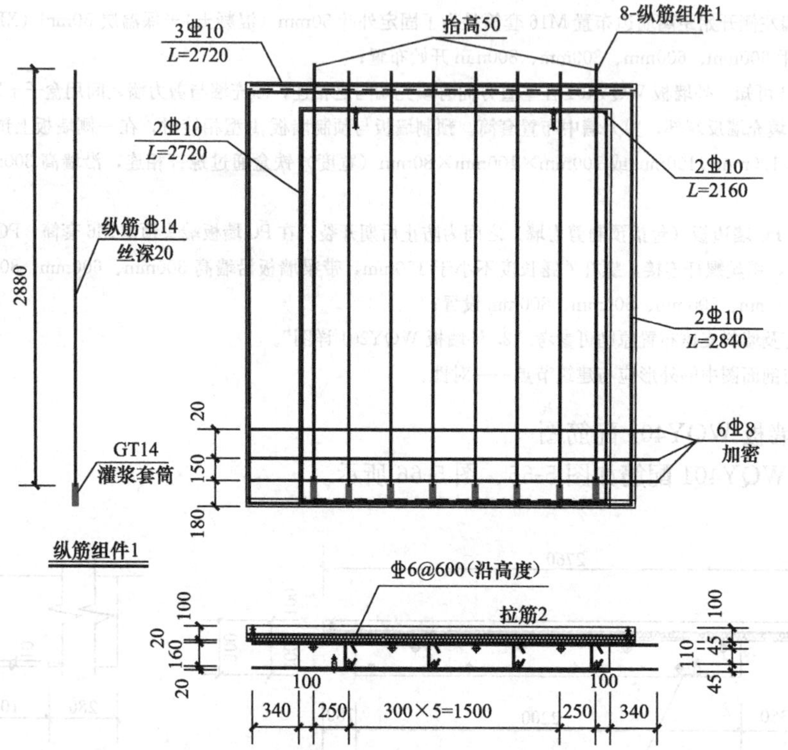

图 5-65　外墙板 WQY401 工艺深化设计（4）

注：1. 墙身用套筒连接时，在保证构件安全、延性设计及配筋率的前提下，为了减小连接套筒个数，竖向连接纵筋最大值取 14mm，同时配置适量的防开裂等分布筋，直径为 6，不延伸至上层；

2. 其他可参考“2. 外墙板 WQY201 详图”。

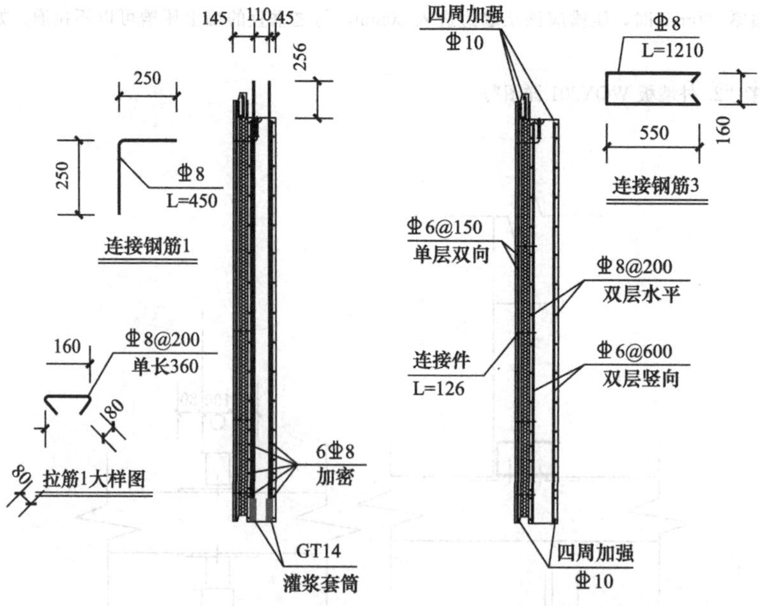

图 5-66　外墙板 WQY401 工艺深化设计（5）

注：其他可参考“2. 外墙板 WQY201 详图”。

(3) WQY401 配筋及预埋件布置图

WQY401 配筋及预埋件布置如图 5-67、图 5-68 所示。

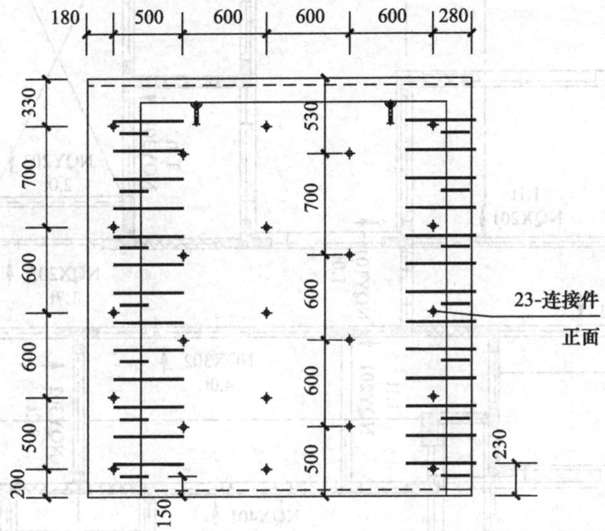

图 5-67 外墙板 WQY401 工艺深化设计（6）

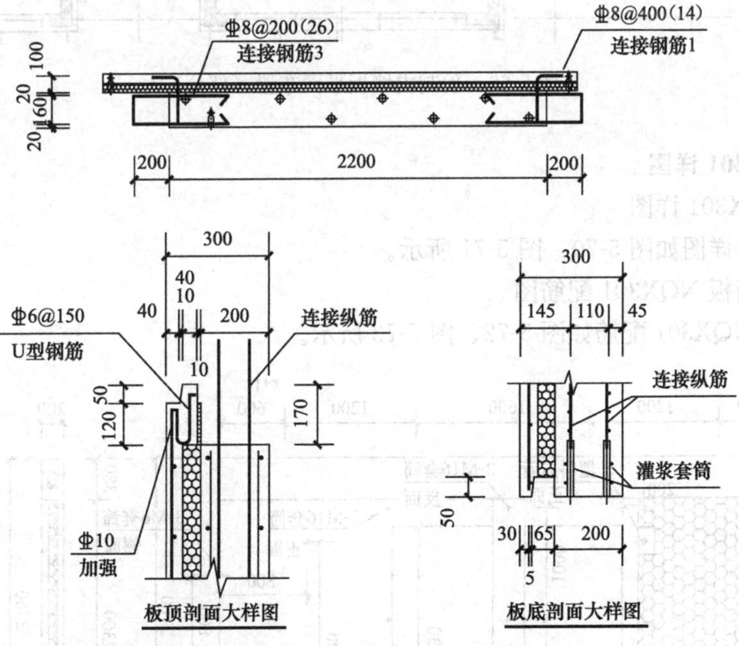

图 5-68 外墙板 WQY401 工艺深化设计（7）

5.5 内墙（带梁）工艺深化设计原则

5.5.1 预制内墙板平面布置

预制内墙板平面布置图（部分）如图 5-69 所示。

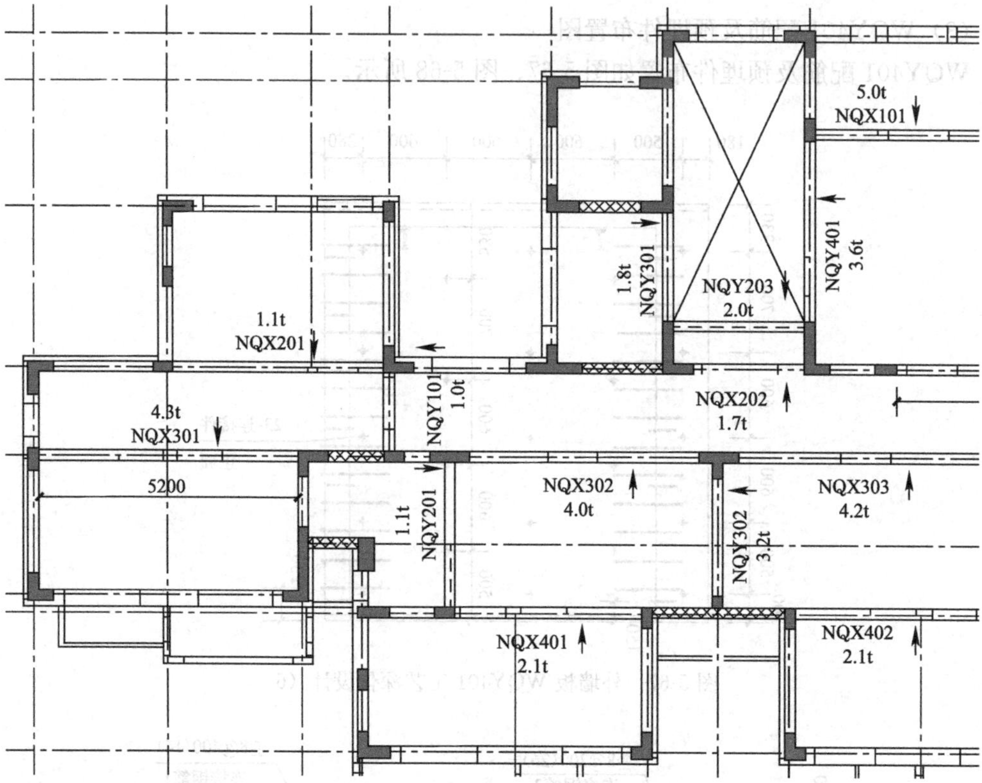

图 5-69 预制内墙板平面布置（部分）

5.5.2 NQX301 详图

（1）NQX301 详图

NQX301 详图如图 5-70、图 5-71 所示。

（2）内墙板 NQX301 配筋图

内墙板 NQX301 配筋如图 5-72、图 5-73 所示。

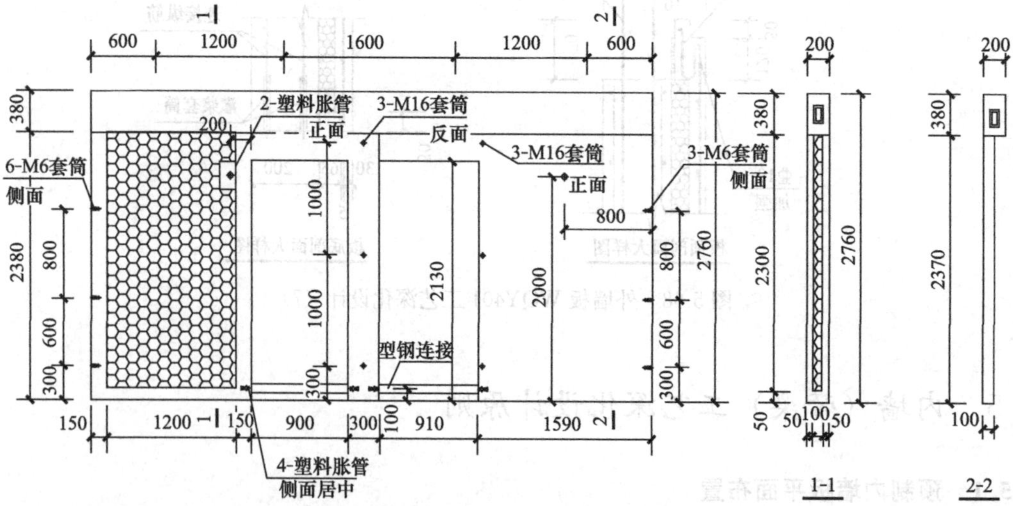

图 5-70 NQX301 工艺深化设计（1）

注：1. 内隔墙带梁进行工艺深化设计时，应考虑很多的细节问题，还要与周边的垂直相交的隔墙用连接构件相连；梁与内隔墙之间应根据墙厚的不同，用不同的连接件相连；

2. 吊钉的定位，一般吊钉距墙边距离至少 200～300mm，常取 500mm 左右，中间的吊钉间距常取 1200mm 左右，如果吊钉根数比较多，中间吊钉间距一般应根据实际工程取，一般不超过 2400mm；吊钉应对称布置，当吊钉与其他预埋件或者开键槽“打架”时，应适根据具体情况调整吊钉位置，以 50mm 为模数；

3. NQX301 左端与现浇暗柱先连接，竖向现浇与 PC 墙边板（包括预制剪力墙）之间为防止后期开裂，在 PC 墙板端头预留 M6 套筒，PC 墙板吊装完成后，安装模板前，用丝螺杆连接，螺杆外露长度不小于 150mm，带梁墙板沿墙高 300mm、600mm、800mm 设置，无梁墙板沿墙高 300mm、600mm、600mm、800mm 设置；

4. 墙斜支撑布置原则：5m 以内 2 道，5～7m 布置 3 道，7m 以上布置 4 道，斜支撑距离楼面高度一般为 2000mm，且不小于 2/3PC 板高度，遇门窗洞口可将预留点上移。斜支撑距离 PC 件端头水平距离在 300～700 之间，面向临时通道 PC 板面上不宜设置临时支撑，宜设置在相反的一面；门洞处为了增强整体刚度，用型钢连接，型钢之间用 2 跟塑料胀管相连，塑料胀管距墙底距离一般可取 100mm；

5. 预制墙板与预制墙板 T 形相接时，在一侧墙板上预留套筒，一侧预留 100mm×100mm×100mm 或 100mm×100mm×80mm（宽度）铁盒通过螺杆相连，沿墙高 300mm、1000mm、1000mm。

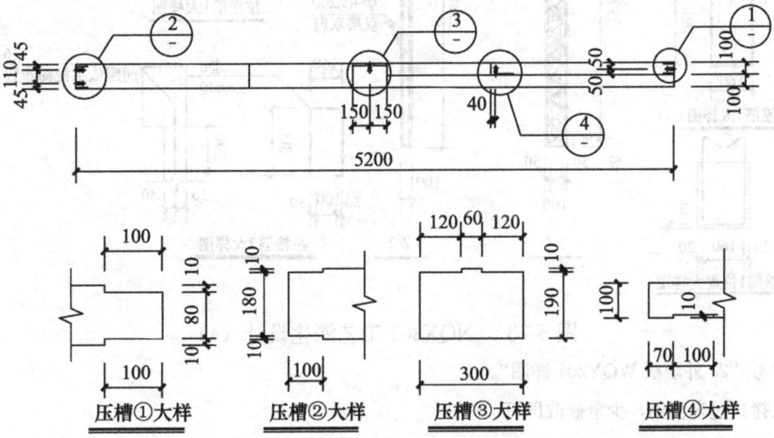

图 5-71　NQX301 工艺深化设计（2）

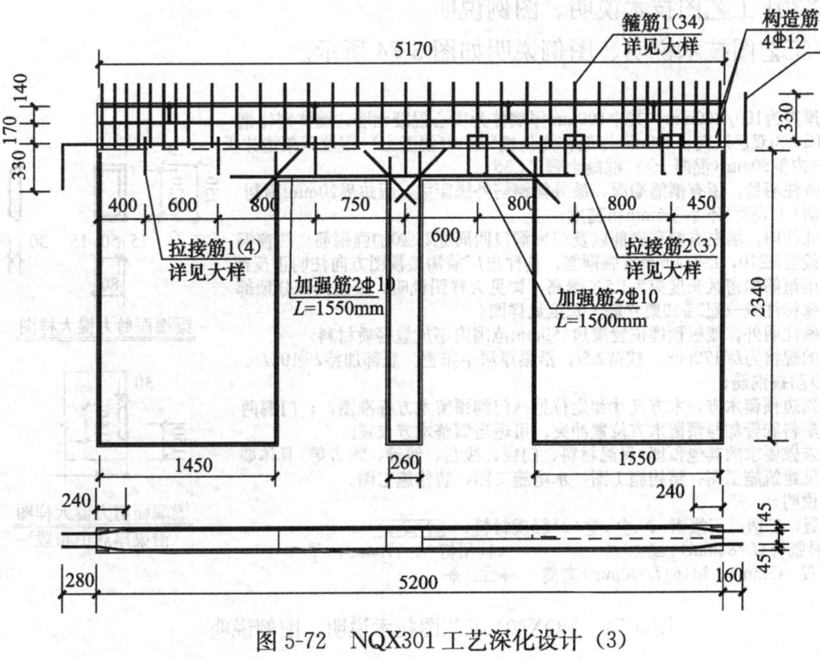

图 5-72　NQX301 工艺深化设计（3）

注：1. 梁中底筋、腰筋及箍筋的布置可参考"5.4.2 节中外墙板 WQY201 详图"；梁下用拉接筋 2 是因为墙厚变为 100mm；

2. 墙身周边或者洞口边应用直径为 10mm（三级钢）的竖向筋加强，其保护层厚度可取 20mm；底筋锚固时，如果直锚不够，则采用"直＋弯"的锚固形式；本工程剪力墙抗震等级为四级，混凝土强度等级 C35，查 11G101p53 页，l_{abE}可取 $32d=32\times22=704$mm；左端支座为 400mm 暗柱，直锚长度取 $0.4l_{abE}=704\times0.4=281.6$mm，可取 290mm 或 280mm，弯锚$=15d=330$mm；右端支座为 200mm 厚剪力墙平面外宽度，则直锚长度＝200（墙厚）－40（保护层＋箍筋直径＋竖向分布筋）＝160mm，弯锚$=15d=330$mm；可以采用加锚板的锚固形式。

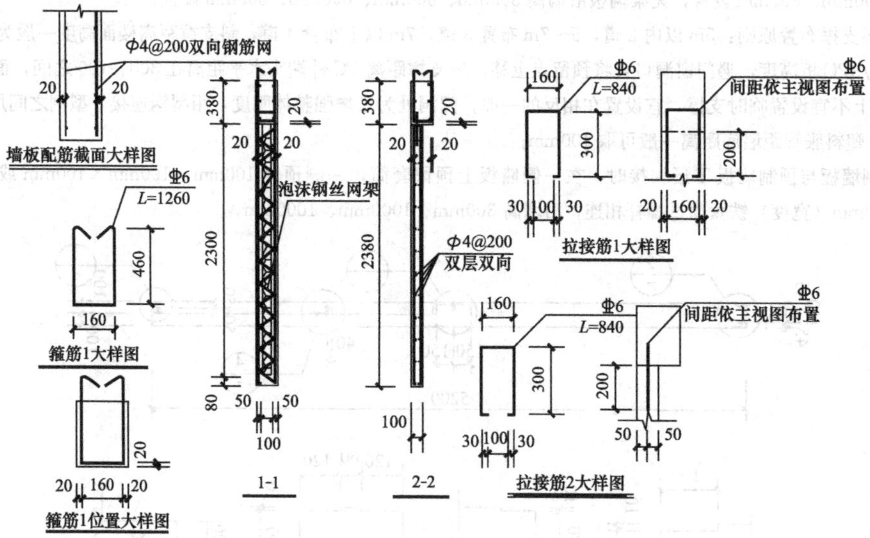

图 5-73　NQX301 工艺深化设计（4）

注：1. 可参考"2. 外墙板 WQY201 详图"。

2. 大样可以拷贝过来使用，少量修改即可。

（3）NQX301 工艺图技术说明、图例说明

NQX301 工艺图技术说明、图例说明如图 5-74 所示。

1. 墙板厚度为100/200mm：其中100mm厚墙体为实心混凝土墙，墙体网片钢筋为φ4@200双层双向；200mm厚墙体为外侧50mm（混凝土）+钢丝网架泡沫板100mm+内侧50mm（混凝土）；混凝土强度C35；
2. 无特殊注明处，所有钢筋端面、最外侧钢筋外缘距梁、板边界20mm;预制梁结合面（上表面）不小于6mm粗糙度；
3. 除特殊注明，墙左右侧和底部以及门窗洞口四周配2 Φ10加强钢筋；门窗洞口角部设置2Φ10，L=600mm抗裂钢筋，构件出厂前需接视图方向注明正反面；
4. 预制梁箍筋加密区长度应为1.5×梁高，详见大样图说明；预制梁部分顶部若无特殊标注统一配2Φ10架立筋，长度见详图；
5. 除特殊注明外，墙板预埋位置周边150mm范围内不放置轻质材料；
6. 吊钉的规格为L=170mm、载荷2.5t，沿梁厚居中布置，底部加持2Φ10（L=200mm）防拔钢筋；
7. 门洞周边预留木方，木方尺寸和定位见《门洞预留木方标准图》；门洞两侧配置塑料胀管如与预留木方位置冲突，可适当调整木方位置；
8. 图纸未做要求的其他预埋（保温材料、门窗、线盒、线管、木方等）具体要求详细见建筑施工图、结构施工图、水电施工图、装修施工图。
9. 图例说明：
(1) 一级、二级、三级钢：Φ、Φ、Φ (2) 轻质材料：
(3) 塑料胀管（L=80mm）：　　(4) 吊钉（L=170mm）：
(5) M6（L=35mm）、M16（L=70mm）套筒：

图 5-74　NQX301 工艺图技术说明、图例说明

5.6 内隔墙（不带梁）节点做法与工艺深化设计原则

5.6.1 内隔墙节点做法

(1) 内隔墙与楼板连接节点

内隔墙与楼板连接节点如图 5-75、图 5-76 所示。

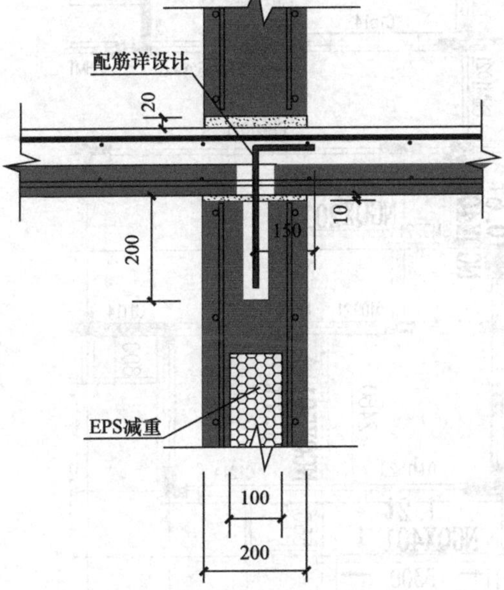

图 5-75 隔墙与楼板连接节点（1）

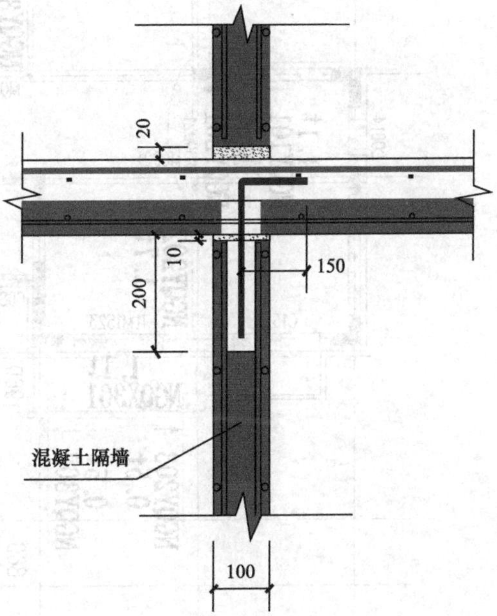

图 5-76 隔墙与楼板连接节点（2）

(2) 预制内墙连接

预制内墙连接如图 5-77、图 5-78 所示。

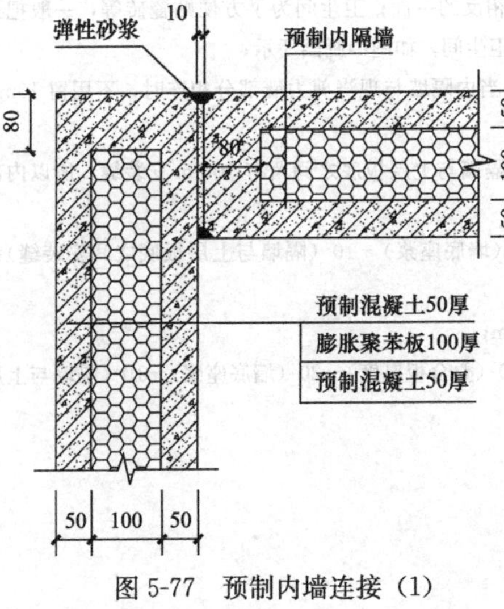

图 5-77 预制内墙连接（1）

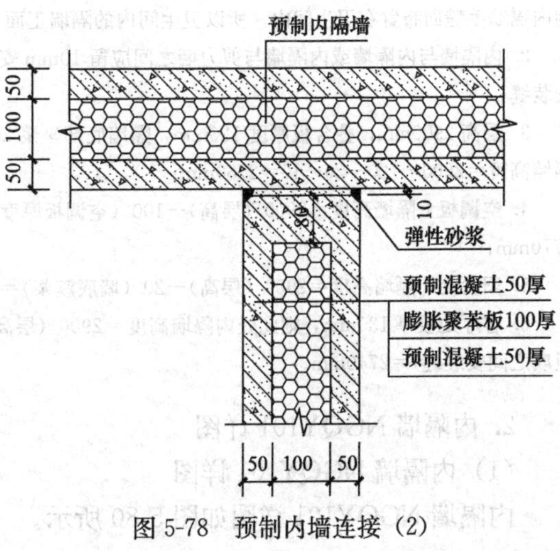

图 5-78 预制内墙连接（2）

5.6.2 内隔墙（不带梁）工艺深化设计原则

1. 内隔墙（不带梁）平面布置图

内隔墙（不带梁）平面布置（部分）如图 5-79 所示。

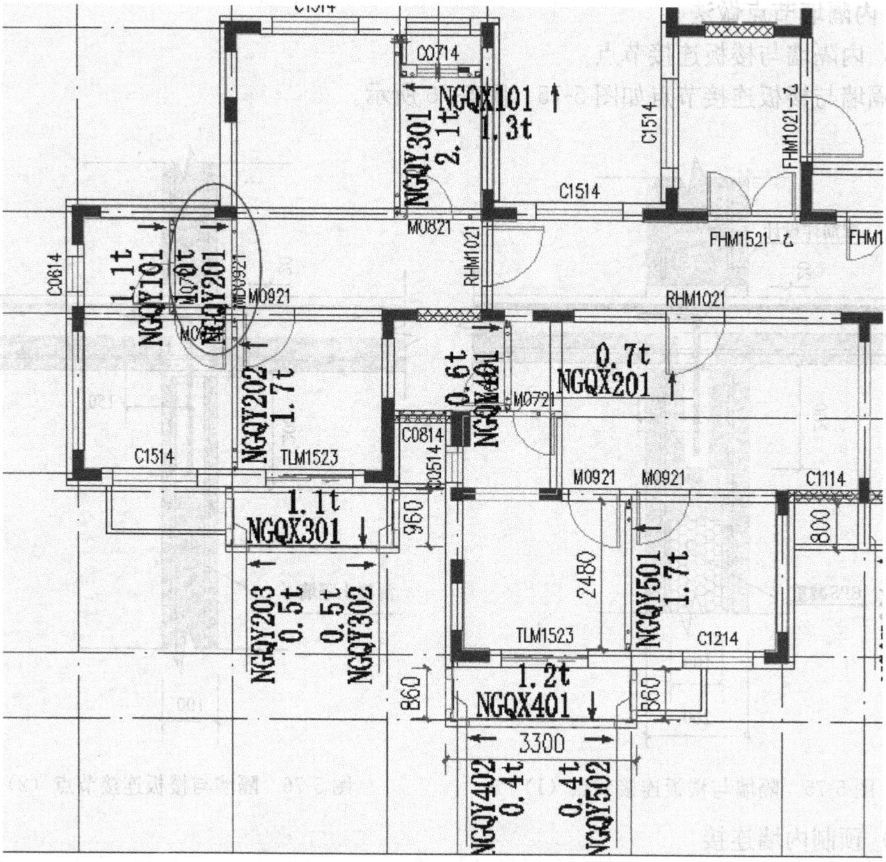

图 5-79 内隔墙（不带梁）平面布置（部分）

注：1. 面向临时通道 PC 板面上不宜设置临时支撑，宜设置在相反的一面；卫生间为了方便贴瓷砖等，一般把预制内隔墙毛糙面布置在卫生间内，所以卫生间内的隔墙正面一般在卫生间，如图中画圈所示；

2. 内隔墙与内隔墙或内隔墙与剪力墙之间应留 10mm 安装缝，当内隔墙与现浇剪力墙部分相连时，不用留 10mm 安装缝；

3. 层高 2900mm，叠合板厚度 120mm，隔墙底部坐浆 20mm，隔墙与上层板底之间留有 10mm 安装缝，所以内部隔墙高度＝2900－120－20－10＝2750mm；

4. 空调板上隔墙高度＝2900（层高）－100（空调板厚度）－20（墙底座浆）－10（隔墙与上层板底之间安装缝）＝2770mm；

5. 阳台处外隔墙高度＝2900（层高）－20（墙底座浆）＝2880mm；

6. 客厅处板厚 130mm，则此处内隔墙高度＝2900（层高）－130（叠合板厚度）－20（墙底座浆）－10（隔墙与上层板底之间安装缝）＝2740mm。

2. 内隔墙 NGQY101 详图

(1) 内隔墙 NGQY101 详图

内隔墙 NGQY101 详图如图 5-80 所示。

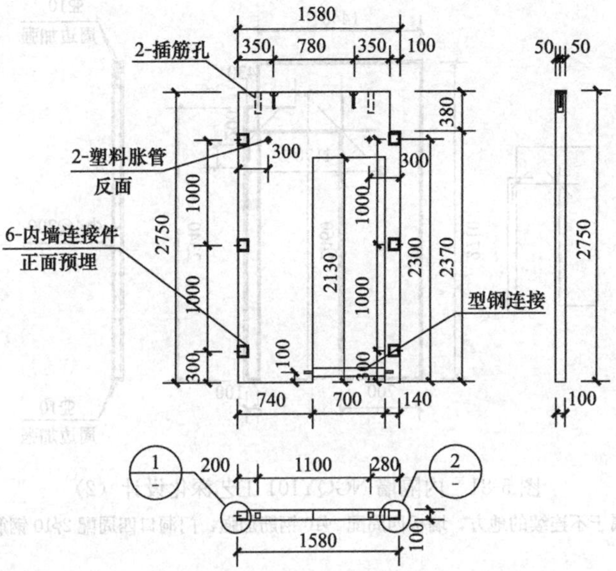

图 5-80　内隔墙 NGQY101 工艺深化设计（1）

注：1. 吊钉距离隔墙边的距离一般至少 200～300mm，当吊钉根数比较多时，中间部分的吊钉间距一般可取 1200mm 左右，最大一般不超过 2400mm，且中间部分吊钉的间距应大于两边吊钉之间的间距；

吊钉与隔墙上插筋孔中心距的距离一般最小取 100mm，所以内隔墙 NGQY101 吊钉距离隔墙边的距离取 200＋100＝300mm；吊钉应对称布置，当吊钉与其他预埋件或者开键槽“打架”时，应适根据具体情况调整吊钉位置，以 50mm 为模数；隔墙上插筋孔中心距离隔墙边的最小距离一般为 200mm，一般布置 2 个。

2. 预制墙板与预制墙板 T 形相接时，在一侧墙板上预留套筒，一侧预留 100mm×100mm×100mm 或 100mm×100mm×80mm（宽度）铁盒（一般以内部隔墙为主）通过螺杆相连，沿墙高 300mm、1000mm、1000mm。

3. 内隔墙 NGQY101 右边开缺是因为与梁“打架”，梁设计高度为 500mm，减去叠合楼板高度 120mm，则开缺高度应为 500－120＝380mm，且隔墙与上层板底之间留有安装缝 10mm，能保证正常安装，开缺宽度为 100mm，因为“打架部位”的宽度为 100mm，且内隔墙与内隔墙或内隔墙与剪力墙之间应留 10mm 安装缝，能保证正常安装。

4. 墙斜支撑布置原则：5m 以内 2 道，5～7m 布置 3 道，7m 以上布置 4 道，斜支撑距离楼面高度一般为 2000mm，且不小于 2/3PC 板高度，遇门窗洞口可将预留点上移。斜支撑距离 PC 件端头水平距离在 300～700 之间，面向临时通道 PC 板面上不宜设置临时支撑，宜设置在相反的一面；

NGQY101 布置两道墙斜支撑，距离隔墙底部的高度一般以 2000mm 居多，遇到洞口时最大不超过 2400mm。

5. 门洞处为了增强整体刚度，用型钢连接，型钢之间用 2 跟塑料胀管相连，塑料胀管距墙底距离一般可取 100mm。

6. 开门洞或其他洞口时，应根据门洞表或建筑立面图绘制；内隔墙 NGQY101 门洞尺寸为 700mm×2100mm；由于隔墙下有 20mm 坐浆，且房间内有 50mm 找层装修层等，所以在数学上应符合以下公式：内隔墙上门洞实际高度＋坐浆厚度＝2100mm＋50mm，所以，内隔墙上门洞实际高度＝2100＋50－20＝2130mm。

（2）内隔墙 NGQY101 配筋图

内隔墙 NGQY101 配筋如图 5-81 所示。

（3）内隔墙 NGQY101 工艺图技术说明、图例说明

内隔墙 NGQY101 工艺图技术说明、图例说明如图 5-83 所示。

3. 内隔墙 NGQX301 详图

（1）内隔墙 NGQX301 详图

内隔墙 NGQX301 详图如图 5-84 所示。

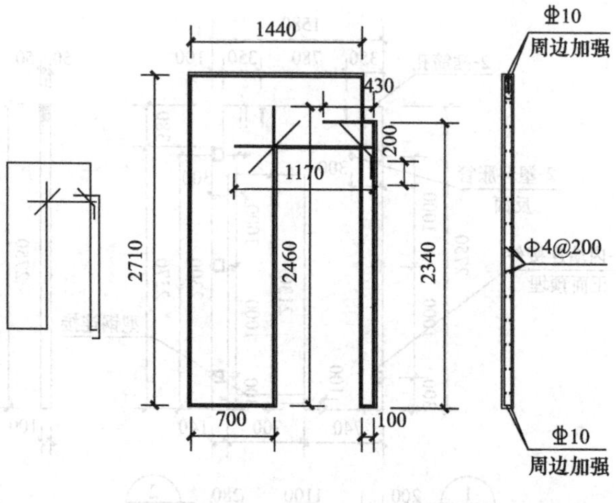

图 5-81　内隔墙 NGQY101 工艺深化设计（2）

注：1. 内隔墙四周属于不连续的地方，墙板四周配 2ϕ10 钢筋加强，门洞口四周配 2ϕ10 钢筋及抗裂钢筋（2ϕ10，L=600mm）。

2. 对于 100mm 厚的内隔墙，可设置 4@200 的水平与竖向分布筋，属于构造，但不满足 0.15%的配筋率。4@200=63mm^2，两侧总面积=126mm^2，<0.15%×100×1000=150mm^2。

3. 洞口上加强筋从墙边伸到隔墙内的长度可按受拉锚固长度取，32d=320；在实际设计中，当计算出受拉锚固长度后，可以 50mm 模数进行调整，取 350mm。

4. 门洞附加筋的长度取 600mm，45°或 135°布置；一般可拷贝复制。如果布置时，钢筋伸出墙外，可按图 5-82 进行处理，以附加钢筋端点为圆心，做直径为 200mm 的圆。

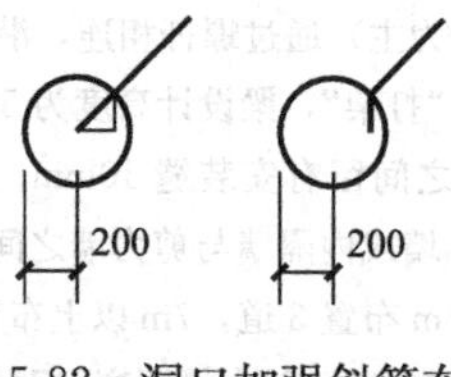

图 5-82　洞口加强斜筋布置

5. 当洞口边垛宽度≤100mm，可以"砍掉"洞口高度范围内的垛，现浇处理，否则施工中很容易破坏。

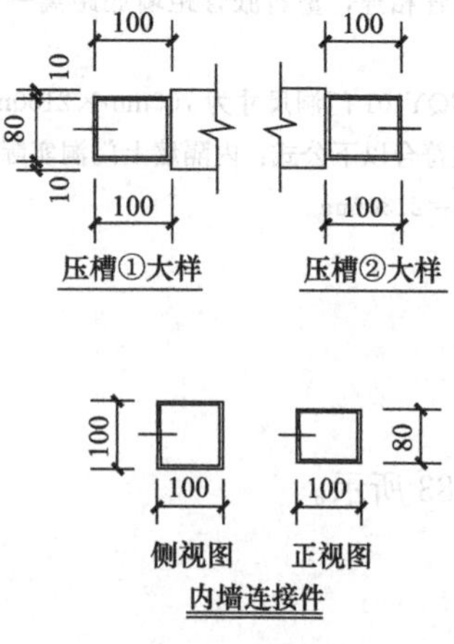

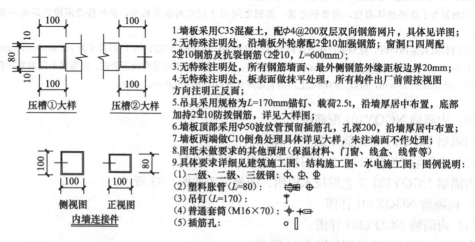

1.墙板采用C35混凝土，配Φ4@200双层双向钢筋网片，具体见详图；
2.无特殊注明处，沿墙板外轮廓配2Φ10加强钢筋；窗洞口四周配2Φ10钢筋及抗裂钢筋（2Φ10，L=600mm）；
3.无特殊注明处，所有钢筋墙面、最外侧钢筋外缘距板边界20mm；
4.无特殊注明处，板表面做抹平处理，所有构件出厂前需按视图方向注明正反面；
5.吊具采用规格为L=170mm锚钉、载荷2.5t，沿墙厚居中布置，底部加持2Φ10防拔钢筋，详见大样图；
6.墙板顶部采用Φ50波纹管预留插筋孔，孔深200，沿墙厚居中布置；
7.墙板两端做C10倒角处理具体详见大样，未注端面不作处理；
8.图纸未做要求的其他预埋（保温材料、门窗、线盒、线管等）
9.具体要求详细见建筑施工图、结构施工图、水电施工图；图例说明：
(1)一级、二级、三级钢：Φ、Φ、Φ
(2)塑料胀管（L=80）：
(3)吊钉（L=170）：
(4)普通套筒（M16×70）：
(5)插筋孔：

图 5-83　内隔墙 NGQY101 工艺图技术说明、图例说明

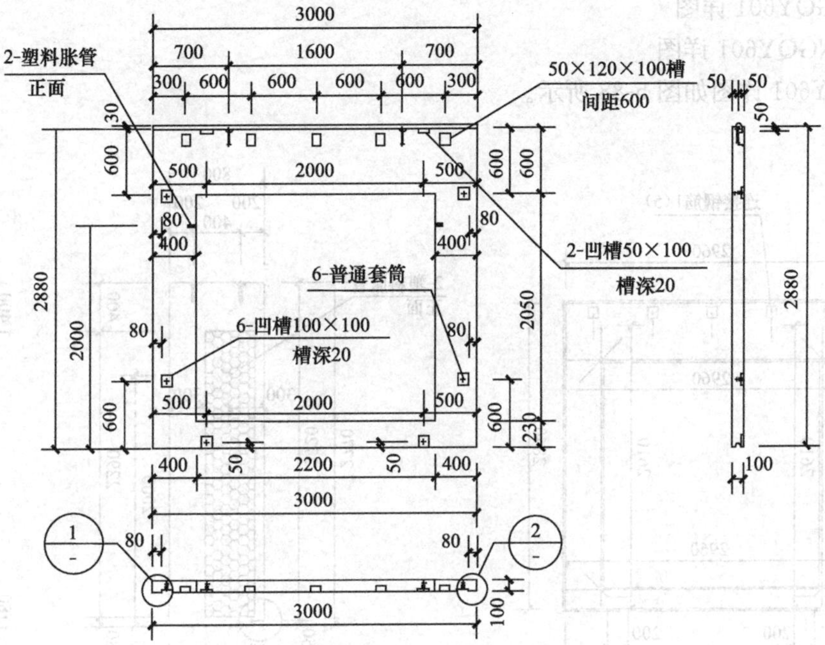

图 5-84　内隔墙 NGQX301 工艺深化设计（1）

注：1. 内隔墙 NGQX301 不支撑在楼板上，应根据建筑图中的企口尺寸（图 5-85）绘制剖面图；

2. 内隔墙 NGQX301 不支撑在楼板上，其稳定性可以在底部与两边设置凹槽 20mm×100mm×100mm 用角钢及套筒分别与楼板、侧面相邻隔墙相连；在底部，由于阳台板降了标高 50mm，所以设置了 20mm×100mm×50mm 凹槽用角钢与阳台板相连。凹槽距离墙边的距离可取 500mm 左右，凹槽之间的距离可取 2000mm 左右；

内隔墙 NGQX301 不支撑在楼板上，在其顶部向下 50mm（阳台降 50mm）开始设置 50mm×120mm×100mm 的槽口，在槽口中甩钢筋与阳台上现浇层楼板相连。槽口距隔墙边的距离可取 300～500mm，槽口中间的距离可取 600～1500mm，为了保证结构的稳定性，NGQX301 中的槽口可取小值，本工程中槽口间距是根据建筑节点取值；

3. 侧面凹槽 20mm×100mm×100mm 距墙边的距离取 80mm，是为了方便放置角钢，如图 5-86 所示。

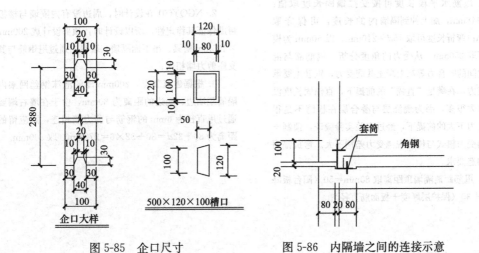

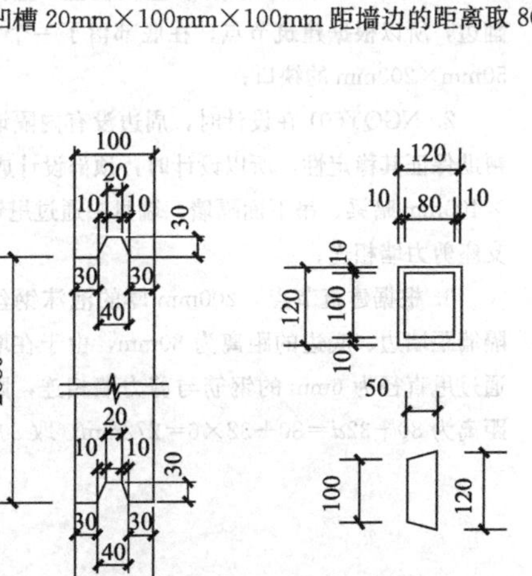

图 5-85　企口尺寸

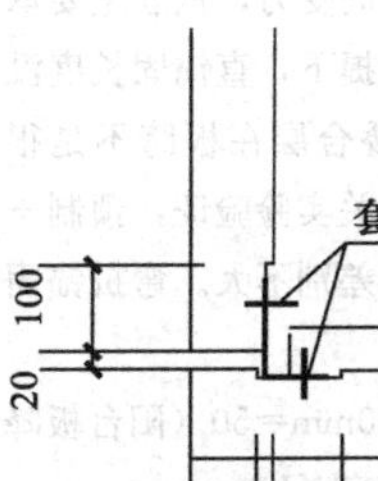

图 5-86　内隔墙之间的连接示意

（2）内隔墙 NGQX301 配筋图

内隔墙 NGQX301 配筋如图 5-87 所示。

4. NGQY601 详图

(1) NGQY601 详图

NGQY601 详图如图 5-88 所示。

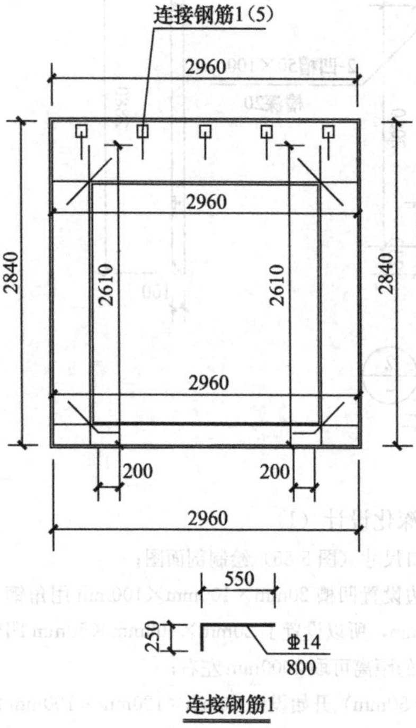

图 5-87 内隔墙 NGQX301 工艺深化设计（2）

注：1. 连接钢筋 1 根据建筑节点取值，距离隔墙边 300mm，间距 600mm 布置；

2. 甩筋水平段长度可按受拉锚固长度取值：$32d=448$mm，加上伸到隔墙内的长度，可保守取 550mm；弯折长度可取 $15d=210$mm，以 50mm 为模数，可取 250mm。从受力的角度分析，钢筋靠与混凝土之间的咬合力等和混凝土共同受力，钢筋主要承受拉应力，在满足“直锚”的前提下，直锚固长度没必要放大很多，因为现浇层与叠合层在板跨不是很大，受力不大的前提下，经过有关实验验证，预制＋现浇的受力模式与传统现浇受力差别不大。弯折锚固属于构造要求。

3. 甩筋距离隔墙顶距离取 80mm＝50（阳台板降标高）＋30（保护层厚度＋板面筋直径）。

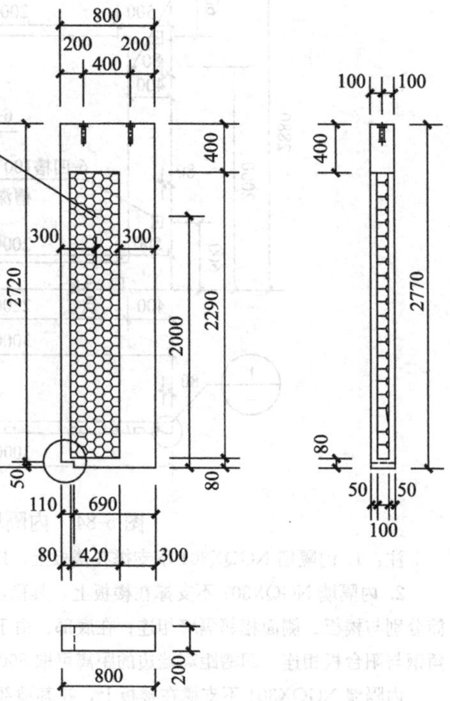

图 5-88

注：1. NGQY601 支撑在空调板上，空调板上有翻边，所以根据建筑节点，在底部留了一个 80mm×50mm×200mm 的缺口；

2. NGQY601 在设计时，周边没有内隔墙与楼板帮助保证其稳定性，所以设计时，顶部设计成 200mm×400mm 暗梁，吊下面隔墙，墙身中通过甩钢筋与其支座剪力墙相连；

3. 根据建筑节点，200mm 厚的泡沫钢丝网架内隔墙距墙边、底边的距离为 80mm，由于在墙右端要通过甩直径为 6mm 的钢筋与剪力墙相连，则应留的距离为 $80+32d=80+32\times6=272$mm，取 300mm。

(2) 内隔墙 NGQY601 配筋图。

内隔墙 NGQY601 配筋如图 5-89、图 5-90 所示。

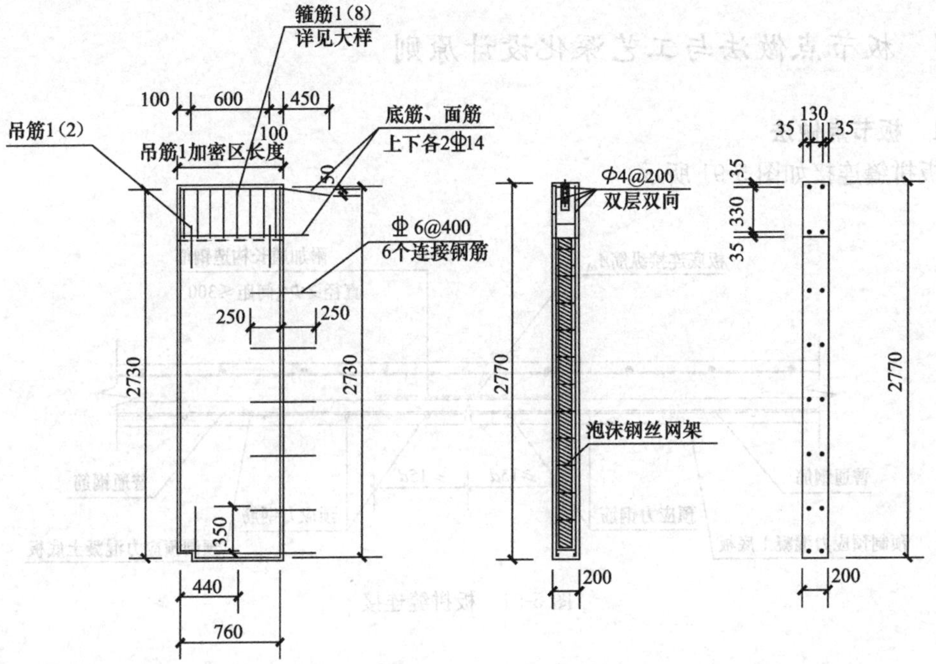

图 5-89　NGQY601 工艺深化设计（1）

注：1. 暗梁配筋应通过计算确定；

2. 暗梁下部墙身甩出的钢筋可构造配置，直径为 6，间距取 400～600mm；锚固长度按 32d 取＝192mm，取 250mm 偏于安全。

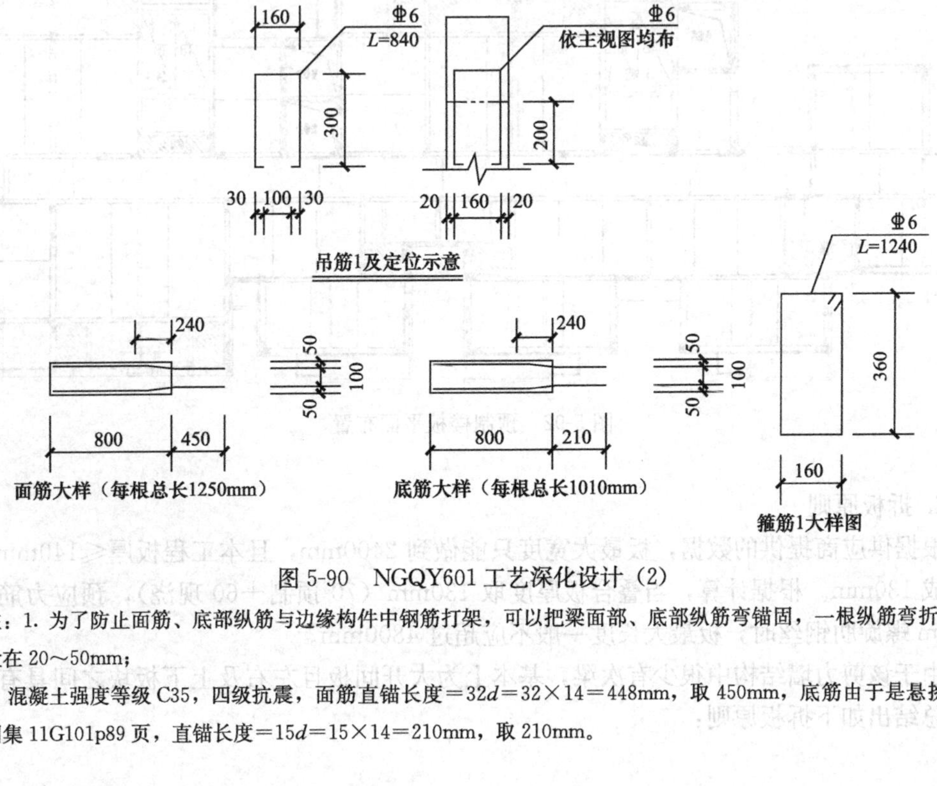

图 5-90　NGQY601 工艺深化设计（2）

注：1. 为了防止面筋、底部纵筋与边缘构件中钢筋打架，可以把梁面部、底部纵筋弯锚固，一根纵筋弯折后高度差一般在 20～50mm；

2. 混凝土强度等级 C35，四级抗震，面筋直锚长度＝32d＝32×14＝448mm，取 450mm，底筋由于是悬挑构件，参考图集 11G101p89 页，直锚长度＝15d＝15×14＝210mm，取 210mm。

5.7 板节点做法与工艺深化设计原则

5.7.1 板节点做法

板拼缝连接如图 5-91 所示。

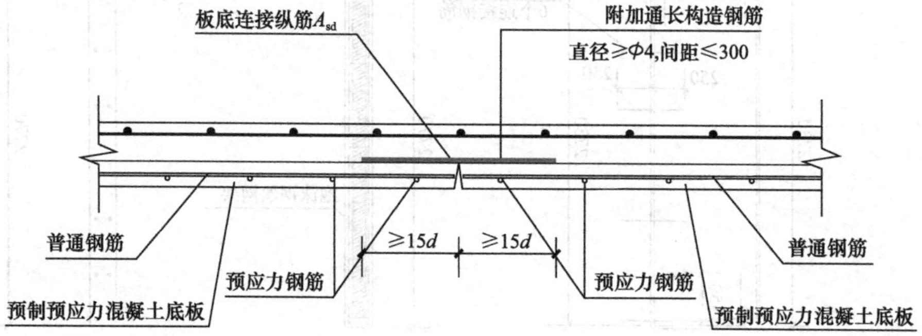

图 5-91 板拼缝连接

5.7.2 板工艺深化设计原则

1. 预制楼板平面布置图

预制楼板平面布置如图 5-92 所示。

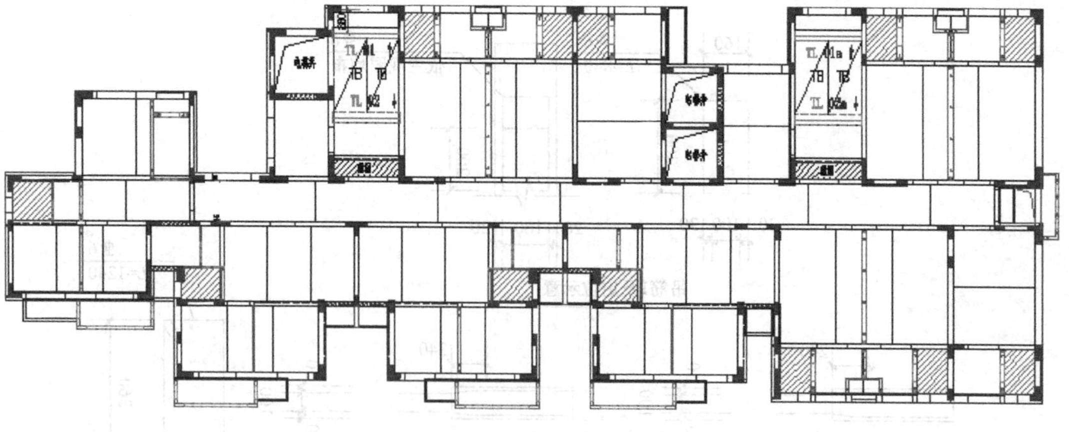

图 5-92 预制楼板平面布置

2. 拆板原则

根据供应商提供的数据，板最大宽度只能做到 2400mm，且本工程板厚≤140mm，尽量做成 130mm。根据计算，当叠合板厚度取 130mm（70 预制＋60 现浇），预应力筋采用 4.8mm 螺旋肋钢丝时，板最大长度一般不应超过 4800mm。

由于该剪力墙结构中很少有次梁，基本上为大开间板且左右及上下板块之间具有对成型，总结出如下拆板原则：

(1) 当板短边 $a=2400\sim4800$，长边 $b=a\sim8000$mm，一般以长边为支座比较经济，板在安全的前提下，让力流的传递途径短，这样比较节省。在拆分时，由于剪力墙结构中除了走廊，其他开间很少有＞8000mm，所以一般每块板的宽度可为：$b/2$ 或 $b/3$，在满足板宽≤2400mm 时尽量让板块更少；如图 5-93 所示。

(2) 当板短边长在 1200mm～2400mm，长边很长时，则可以以长边为支座，预应力筋沿着板长跨方向，但不伸入梁中，板受力钢筋沿着短方向布置。如图 5-94 所示。

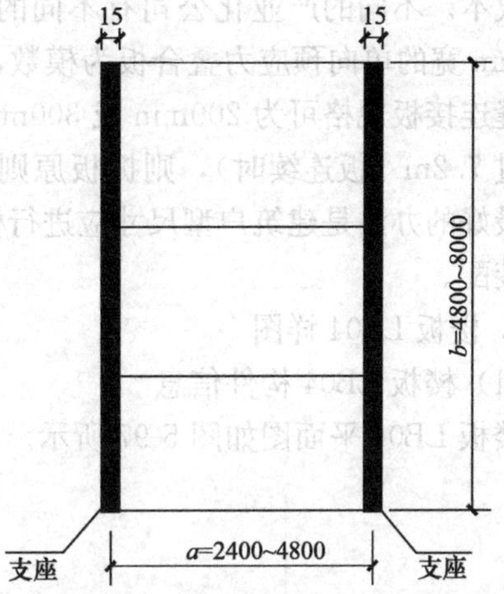

图 5-93　板拆分（1）

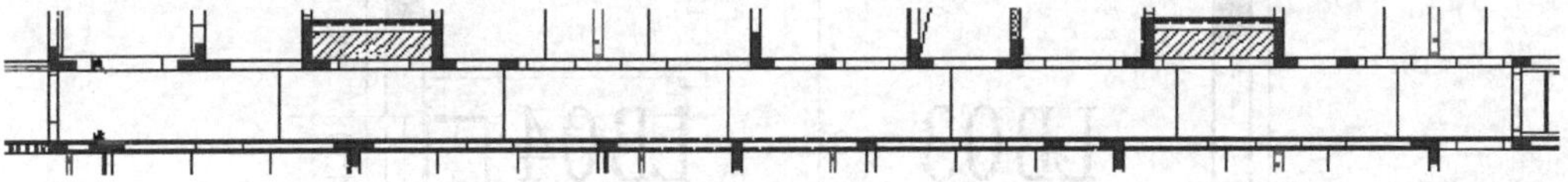

图 5-94　板拆分（2）

(3) 当短边尺寸≤2400mm，长边尺寸≤4800mm 时，此时可以布置一块单独的单向预应力板，但板四周都是梁时，可以以长边为支座，让力流的传递途径短，这样比较节省，如图 5-95 所示。当四周支座有剪力墙与梁时，应该让支座尽量为剪力墙，这样传力直接，能增加结构的安全性，如图 5-96 所示。

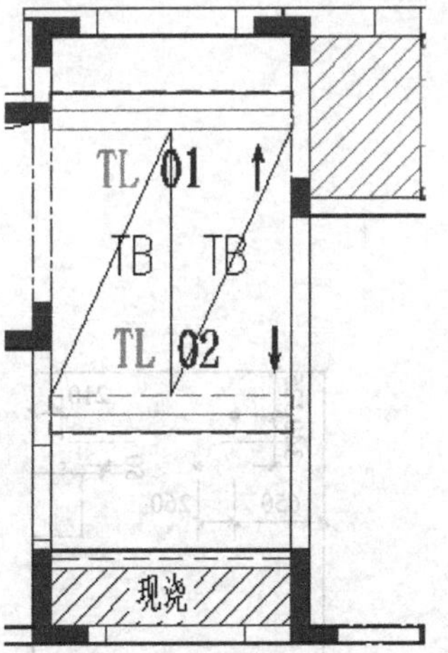

图 5-95　板拆分（3）

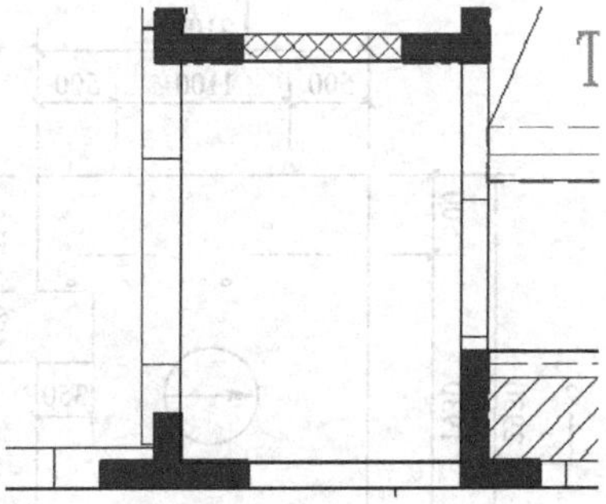

图 5-96　板拆分（4）

(4) 拆分板时，尽量避免隔墙在板拼装缝处。

在实际工程中，当允许板厚（预制＋现浇）可以做到 160～180mm 时，在板宽≤2400mm 时，板的最大跨度可以做到 7.0m 左右（板连续），此处拆板原则会与以上原则有很大的不同，一般可以以"短边"为支座，能减小拆分板的个数，减小生产、运输及装配时的成本。不同的产业化公司有不同的拆板原则，某产业化公司拆板时，以2400mm与1100mm宽的单向预应力叠合板为模数，外加宽度为2000mm左右1～2种机动板宽，板侧铰缝连接板规格可为200mm或300mm，尽量密拼，总板厚为130～180mm，最大跨度不超过7.2m（板连续时），则拆板原则又和以上拆板原则有很大不同，一般以短边为支座，最好的办法是建筑户型尺寸应进行模块化设计，尽量与拆板原则一致，方便拆板、生产及装配。

3. 楼板LB04详图

(1) 楼板LB04构件信息

楼板LB04平面图如图5-97所示。

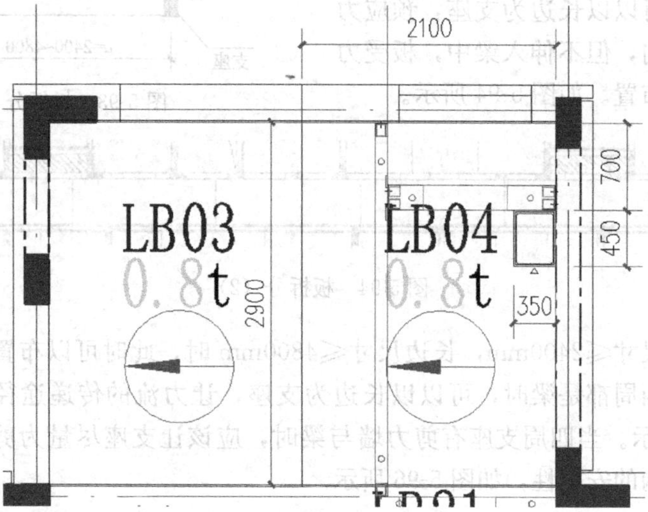

图5-97 楼板LB04平面图

(2) 楼板LB04详图

楼板LB04详图如图5-98所示。

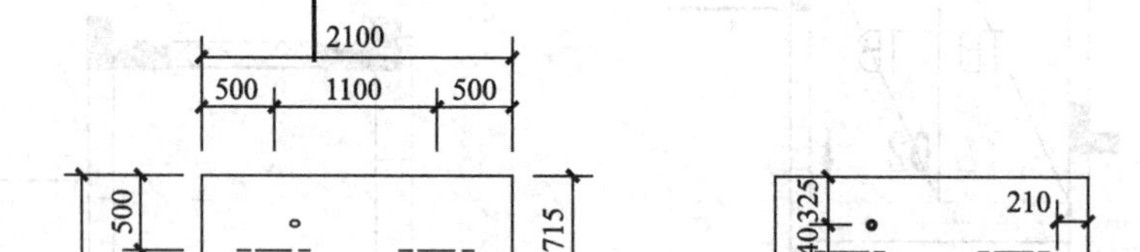

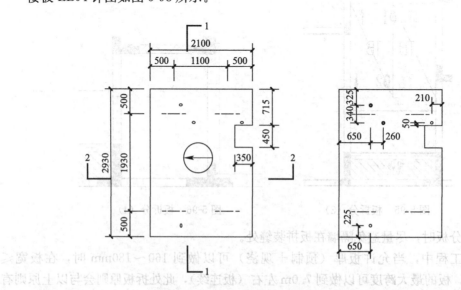

图5-98 楼板LB04工艺深化设计（1）

注：1. LB04 短边长 2100mm，长边＝2900＋15（每边搁置 15mm）×2＝2930mm；

2. 底板长边 L_1≤6.5m 时采用 4 个吊钩。吊钩设置位置：对于 2400mm 宽度的板，吊环中心点在短边方向距板边可取 500mm；对于 1200mm 宽度的板，吊环中心点在短边方向距板边可取 250mm；对于 600mm 宽度的板，吊环中心点在短边方向距板边可取 200mm；对于任何板宽（≤2400mm），吊环中心点在长边方向距板边可取 $0.2L_1$，且≤1200mm；

3. 在实际设计中，当板宽≥2000m 时，吊环中心点在短边方向距板边可取 500mm 或按以上原则进行插值法取值；本工程长边 2930mm，2930×0.2＝586mm，取 500mm、550mm、600mm 均可；

4. 为了防止起吊时板开裂，吊环距离洞边一般应≥200mm。

(3) 楼板 LB04 配筋图

楼板 LB04 配筋如图 5-99、图 5-100 所示。

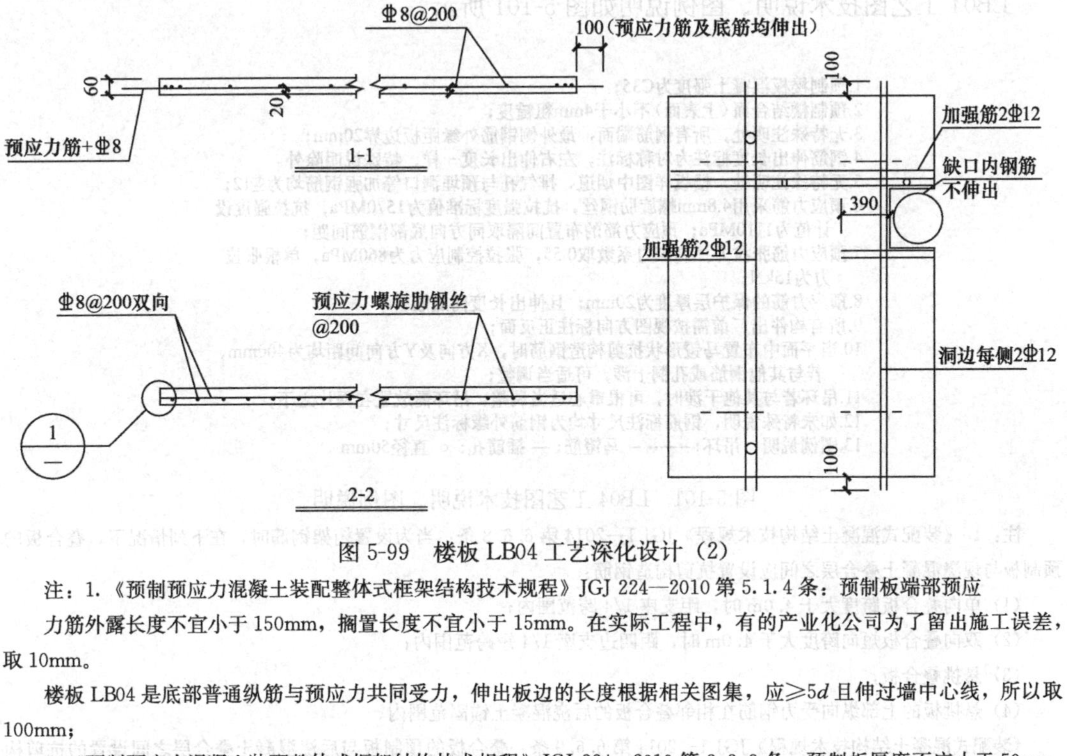

图 5-99　楼板 LB04 工艺深化设计（2）

注：1.《预制预应力混凝土装配整体式框架结构技术规程》JGJ 224—2010 第 5.1.4 条：预制板端部预应力筋外露长度不宜小于 150mm，搁置长度不宜小于 15mm。在实际工程中，有的产业化公司为了留出施工误差，取 10mm。

楼板 LB04 是底部普通纵筋与预应力共同受力，伸出板边的长度根据相关图集，应≥5d 且伸过墙中心线，所以取 100mm；

2.《预制预应力混凝土装配整体式框架结构技术规程》JGJ 224—2010 第 3.3.3 条：预制板厚度不应小于 50mm，且不应大于楼板总厚度的 1/2。预制板的宽度不宜大于 250mm，且不宜小于 600mm。预应力筋宜采用直径 4.8mm 或 5mm 的高强螺旋肋钢丝。钢丝的混凝土保护层厚度不应小于表 5-3。

预制板保护层厚度取值　　　　表 5-3

预制板厚度（mm）	保护层厚度（mm）
50	17.5
60	17.5
≥70	20.5

楼板 LB04 保护层厚度取 20mm；

3. 100mm 厚内隔墙下一般应配置 2ϕ12，200mm 厚内隔墙下一般应配置 3ϕ12，以解决墙下应力集中的问题，加强纵筋间距可取 50mm，可与板底受力钢筋一样，伸出板边 100mm；洞口边应添加加强筋，可配置 2ϕ12，伸入板的长度可取 $l_{abE}=32d=384$mm，取 390mm。

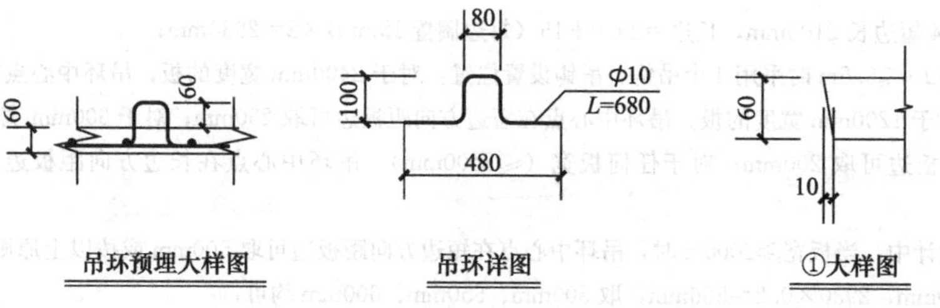

图 5-100　楼板 LB04 工艺深化设计（3）

注：一般拷贝大样，然后根据预制板厚度，修改板厚即可，其他不用修改。

（4）LB04 工艺图技术说明、图例说明

LB04 工艺图技术说明、图例说明如图 5-101 所示。

1.预制楼板混凝土强度为C35；
2.预制楼结合面（上表面）不小于4mm粗糙度；
3.无特殊注明处，所有钢筋端面、最外侧钢筋外缘距板边界20mm；
4.钢筋伸出长度标注为对称标注，左右伸出长度一样，特殊说明除外。
5.无特殊注明处，楼板详图中烟道、排气孔与预埋洞口等加强钢筋均为⌀12；
6.预应力筋采用4.8mm螺旋肋钢丝，抗拉强度标准值为1570MPa，抗拉强度设计值为1110MPa；预应力筋的布置间隔取同方向底部钢筋间距；
7.预应力筋张拉力控制应力系数取0.55，张拉控制应力为860MPa，单根张拉力为15kN；
8.预应力筋的保护层厚度为20mm；且伸出长度同底筋；
9.所有构件出厂前需按视图方向标注正反面；
10.当平面中布置马镫形状抗剪构造钢筋时，X方向及Y方向间距均为400mm，若与其他钢筋或孔洞干涉，可适当调整；
11.吊环若与其他干涉时，可根重心适当调整。吊环需放置在网片之下；
12.如未特殊说明，钢筋标注尺寸均为钢筋外缘标注尺寸；
13.图例说明：吊环：——— 马镫筋：— 插筋孔：○ 直径50mm

图 5-101　LB04 工艺图技术说明、图例说明

注：1.《装配式混凝土结构技术规程》JGJ 1—2014 第 6.6.8 条：当为设置桁架钢筋时，在下列情况下，叠合板的预制板与现浇混凝土叠合层之间应设置抗剪构造钢筋：

（1）单向叠合板跨度大于 4.0m 时，距支座 1/4 跨范围内；

（2）双向叠合板短向跨度大于 4.0m 时，距四边支座 1/4 短跨范围内；

（3）悬挑叠合板；

（4）悬挑板的上部纵向受力钢筋在相邻叠合板的后浇混凝土锚固范围内；

《装配式混凝土结构技术规程》JGJ 1—2014 第 6.6.9 条：叠合板的预制板与后浇混凝土叠合层之间设置的抗剪构造钢筋应符合下列规定：

（1）抗剪构造钢筋宜采用马镫形状，间距不宜大于 400mm，钢筋直径 d 不应小于 6mm；

（2）马镫钢筋伸到叠合板上、下部纵向钢筋处，预埋在预制板内的总长度不应小于 $15d$，水平段长度不应小于 50mm。

2. 马镫钢筋距离板边的距离可为 100～200mm。

4. 卫生间板 WB01 详图

（1）卫生间板 WB01 详图

卫生间板 WB01 详图如图 5-102 所示。

（2）卫生间板 WB01 配筋图

卫生间板 WB01 配筋如图 5-103、图 5-104 所示。

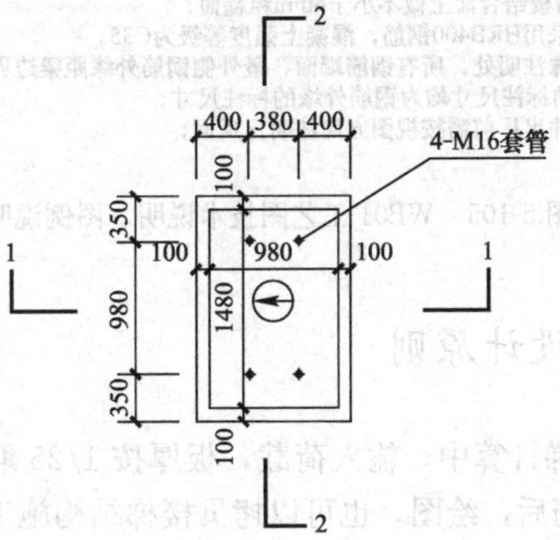

图 5-102　卫生间板 WB01 工艺深化设计（1）

注：1. 起吊一般布置吊钉，但布置吊钉时，卫生间板太薄（一般 100mm），吊钉为外露，影响后续使用，故改用 M16 的套筒起吊；

2. 套筒定位时，距板边的距离一般最小 200～300mm，取 300～500 居多。

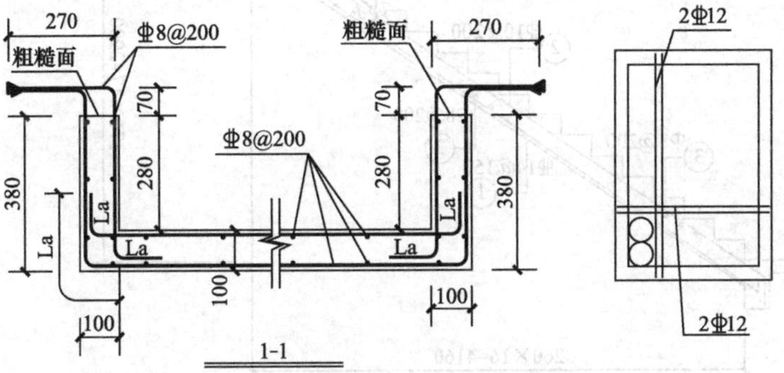

图 5-103　卫生间板 WB01 工艺深化设计（2）

注：一般拷贝大样，然后修改板厚，板沉降高度等。锚固长度 270mm 可以按受拉锚固长度取：$32d=256$mm，取 270mm；

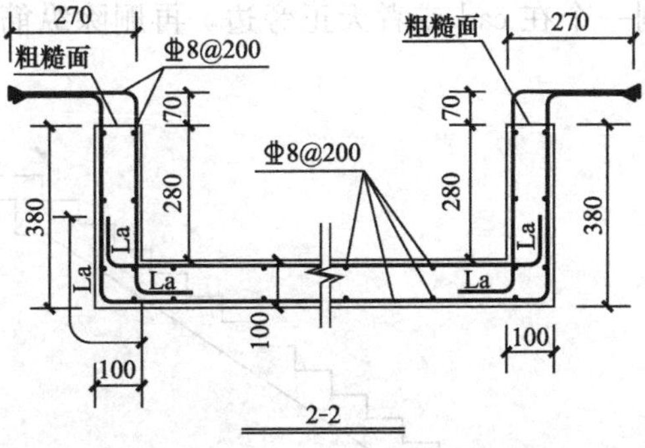

图 5-104　卫生间板 WB01 工艺深化设计（3）

注：一般拷贝大样，然后修改板厚，板沉降高度等。锚固长度 270mm 可以按受拉锚固长度取：$32d=256$，取 270mm。

（3）WB01 工艺图技术说明、图例说明

WB01 工艺图技术说明、图例说明如图 5-105 所示。

1.预制U型板结合面上做不小于4mm粗糙面；
2.钢筋均采用HRB400钢筋，混凝土强度等级为C35；
3.如无特殊注明处，所有钢筋端面、最外侧钢筋外缘距梁边界20mm，
钢筋的标注尺寸均为钢筋外缘的标注尺寸；
4.所有构件出厂前需按视图方向注明正反面；

图 5-105　WB01 工艺图技术说明、图例说明

5.8　楼梯工艺深化设计原则

（1）在 tssd 中板式楼梯计算中，输入荷载，板厚按 1/25 取，踏步高度与宽度按实际尺寸输入，选取合适的配筋后，绘图。也可以拷贝楼梯结构施工图或者建筑施工图中的轮廓进行修改，如图 5-106 所示。

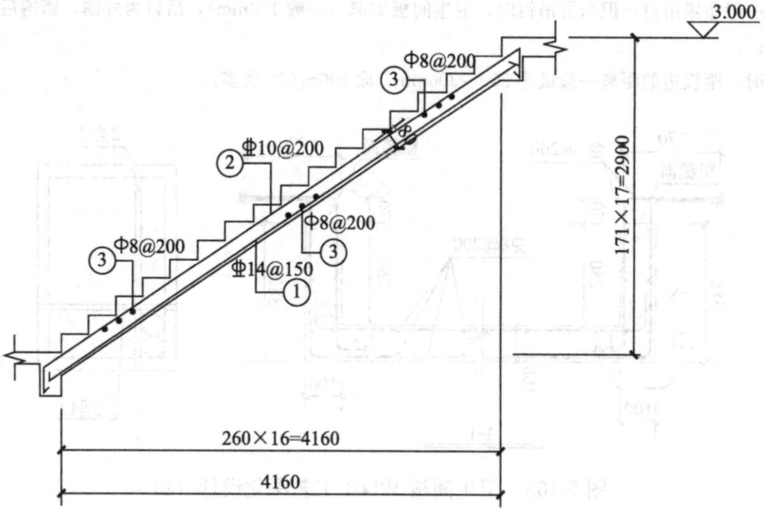

图 5-106　楼梯工艺深化设计（1）

（2）将图 5-106 复制一个在 cad 或者天正旁边，再删除纵筋、分布筋及尺寸等，如图 5-107 所示。

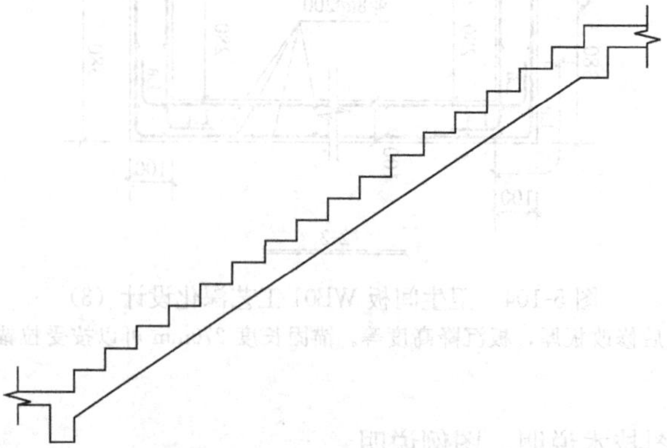

图 5-107　楼梯工艺深化设计（2）

(3) 删除剖断符号，平台板底板线等，图 5-108 中线性标注 260mm 长度根据建筑确定，标注 190mm 的长度大于应等于 170mm（200-30 的缝长度），并且 260＋190 之和最好为 50mm 的模数。梯梁高度一般取 400mm，梯段板支座处板厚一般取 200mm，根据以上数据，再把梯段板底线延伸，测量梯段板底边线终点与梯段板支座处外边线的距离为 167mm，由于此值应大于等于 170mm，故应拉伸 190mm 部分，拉伸长度为 50mm（以 50mm 为模数拉伸）。如图 5-108 所示。裁剪修改后，再把底部支座按上述原则修改，如图 5-109 所示。

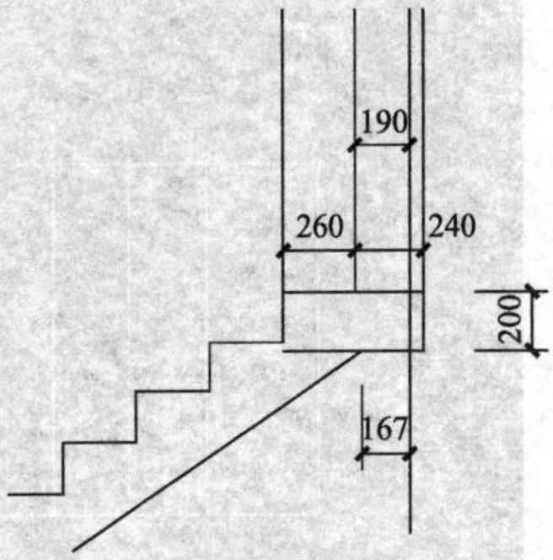

图 5-108 楼梯工艺深化设计（3）

注：不同的企业做法不一样，有的企业认为可以从梯段板上边缘伸出 400mm 即可（本工程取值为 500mm），留出 30mm 的缝，一般可包络所有情况。

(4) 绘制梯段板那平面图（参照建筑图）

先用矩形命令，根据梯段板的长与宽（宽度要注意减去一个 20mm 的缝），绘制一个矩形。再用偏移与阵列命令完成剩下的线段的绘制，如图 5-110 所示。

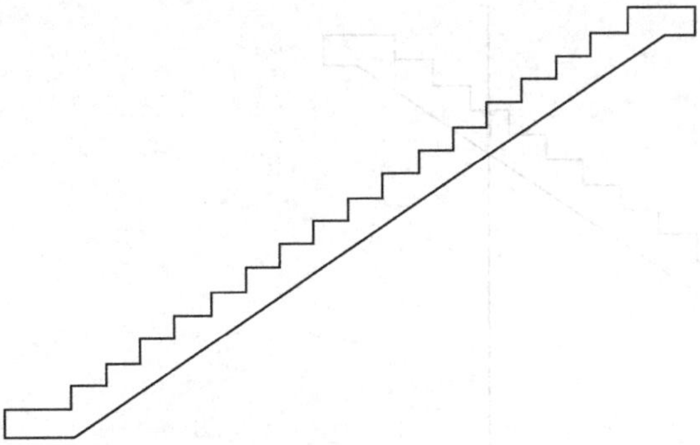

图 5-109 楼梯工艺深化设计（4）

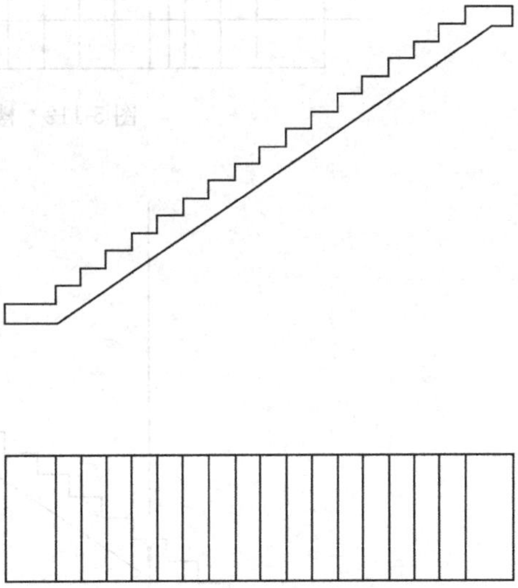

图 5-110 楼梯工艺深化设计（5）

(5) 绘制并添加梯段板上楼梯面吊钉（一般 4 个即可）

梯段板的宽度为一般不宽，比如 1200～1600mm，则满足 b_1＝350mm 即可（图 5-111）。

梯段板总长度/4.83＝L_1，L_1 的位置根据计算结果要移动要踏步的中间位置（左边的向右移动右边的向左移动）。按照以上原则，绘制楼梯面吊钉的定位位置，如图 5-112 所示。

把梯段板平面吊钩的位置向上延伸，拷贝梯段板吊钩的平面图、剖面图，复制到指定位置，如图 5-113 所示。

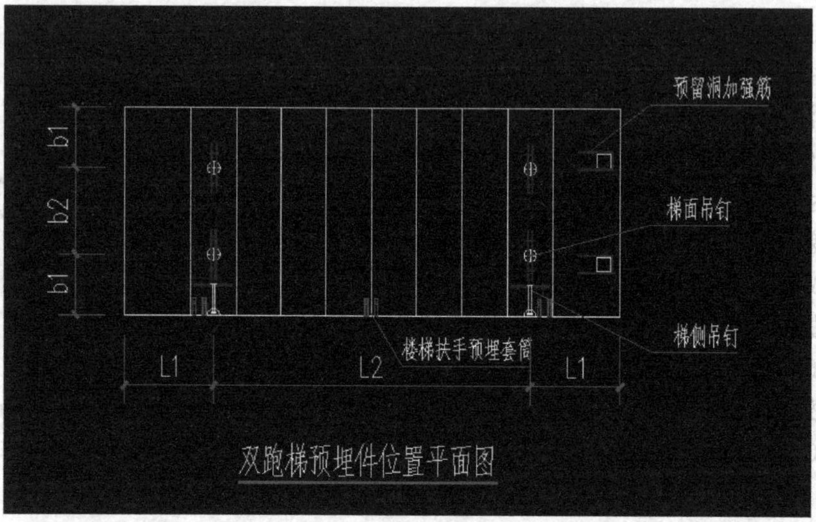

图 5-111 楼梯工艺深化设计（6）

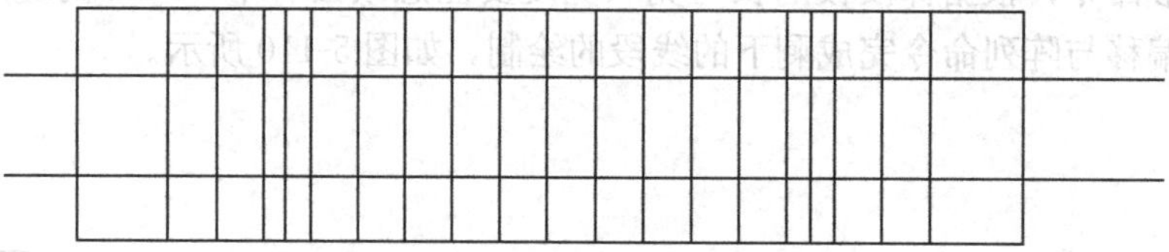

图 5-112 楼梯工艺深化设计（7）

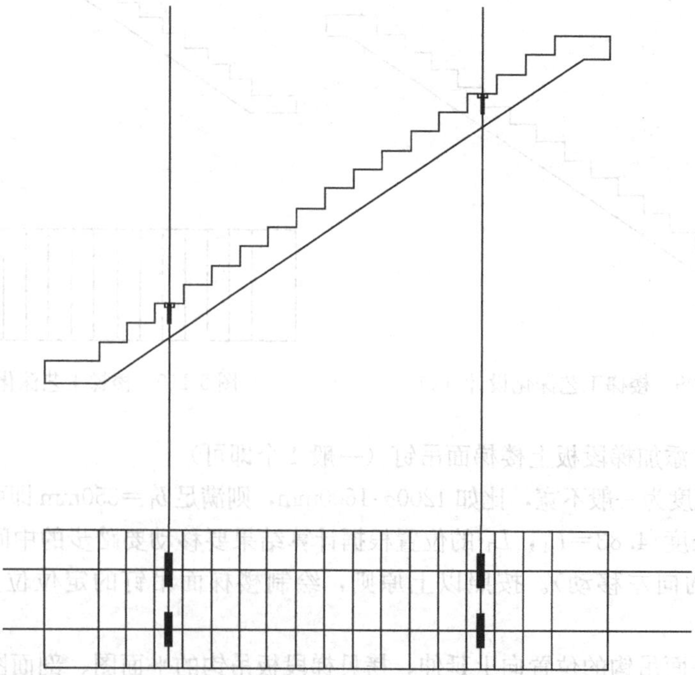

图 5-113 楼梯工艺深化设计（8）

（6）添加梯段板梯侧吊钉

通过验算起吊时（考虑动荷载，动力系数取 1.5）梯侧吊顶的荷载，若单个吊顶超过 25kN，则需增设侧面吊钉 2 个（一般至少 2 个）。

把梯段板剖面图用 pe 或 bo 命令，变成封闭线段，再输入命令 area/o，即可查看面积，本例中面积约为 1.48m^2，再乘以梯段板宽度 1.23m，再乘以重度 25kN/m^3，乘以动力系数 1.5，即可得到梯段板的重量：69kN（需要注意的是，梯段板梯侧吊钉要么 2 个，要么 4 个，应成对出现）。

如果只需要两个梯段板梯侧吊钉，则梯段板总长度/4.83=L_{11}，L_{11}的位置根据计算结果要移动要踏步的中间位置（左边的向右移动右边的向左移动）。

如果需要 4 个梯段板梯侧吊钉，则梯段板总长度/9.07=L_{11}，L_{11}的位置根据计算结果要移动要踏步的中间位置（左边的向右移动右边的向左移动），L_{22}=2.83×L_{11}，L_{22}的位置根据计算结果（最边上的直线偏移 3.83×$L11$ 的距离）要移动要踏步的中间位置（左边的向右移动右边的向左移动），按照以上原则，绘制梯段板梯侧吊钉的定位位置，再把梯段板梯侧吊钉剖面图（块）复制到定点位置，如图 5-114 所示。

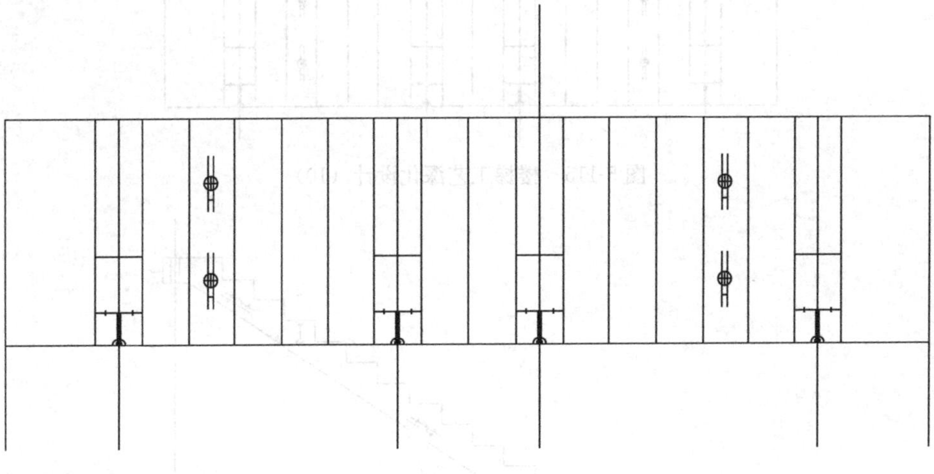

图 5-114　楼梯工艺深化设计（9）

再引线到梯段板剖面图中，梯段板厚度假如 180mm，则把梯段板剖面图中的底板线向上偏移 90mm，把段板梯侧吊钉平面图（块）复制到定点位置，如图 5-115 所示。

（7）绘制梯段板支座处 80mm×80mm 的插筋预留洞口，洞口中心线距离梯段板长边的距离为 100mm，短边为 250，洞口边还有预留洞口加强筋。将洞口中心线引上去，绘制梯段板剖面图中的预留口。如图 5-116 所示。

（8）标注尺寸

标注踏步尺寸、板厚尺寸、支座尺寸，在梯段板梯侧吊钉、梯段板梯面吊钉位置定位，添加文字说明，如图 5-117 所示。

（9）绘制钢筋及钢筋大样；从图 5-11 中复制图 5-118 中画圈中的线段，并将其修改为封闭线段，自己手动绘制封闭箍筋及纵筋，然后定点复制到梯段板剖面图中。如图 5-118 所示。

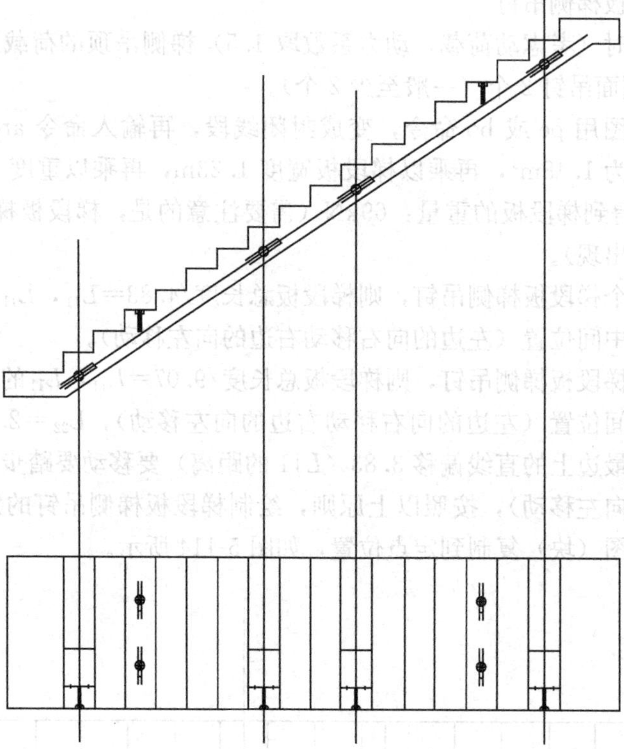

图 5-115　楼梯工艺深化设计（10）

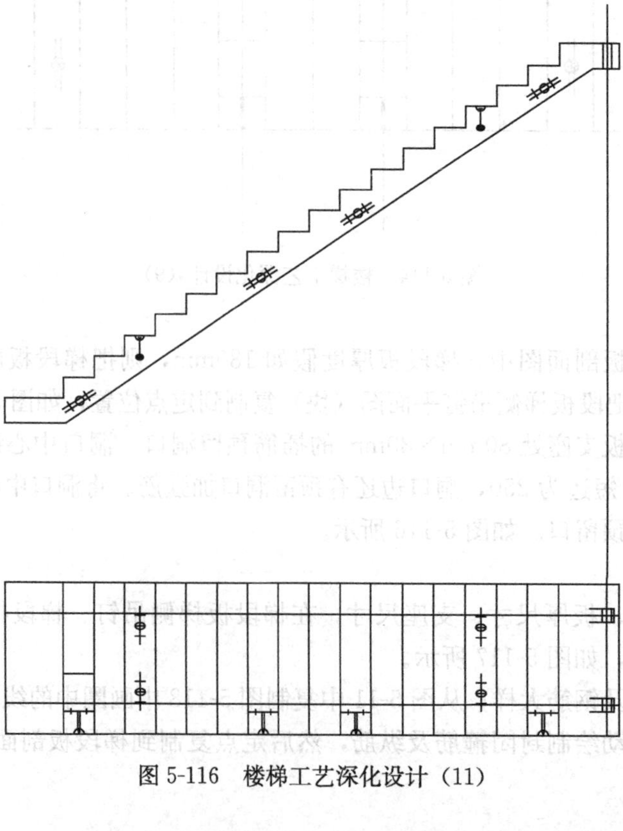

图 5-116　楼梯工艺深化设计（11）

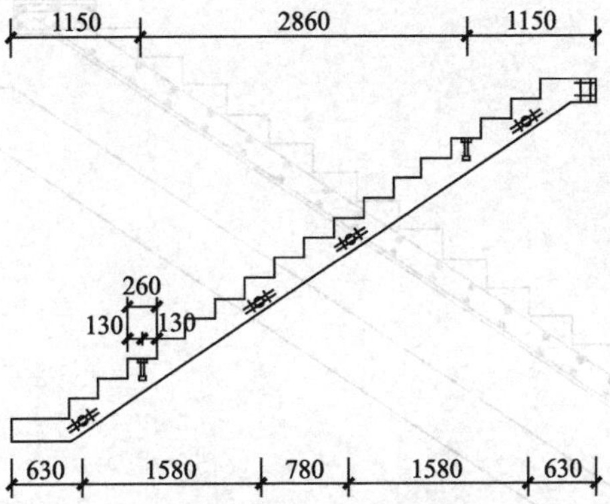

单跑梯预埋件位置立面图

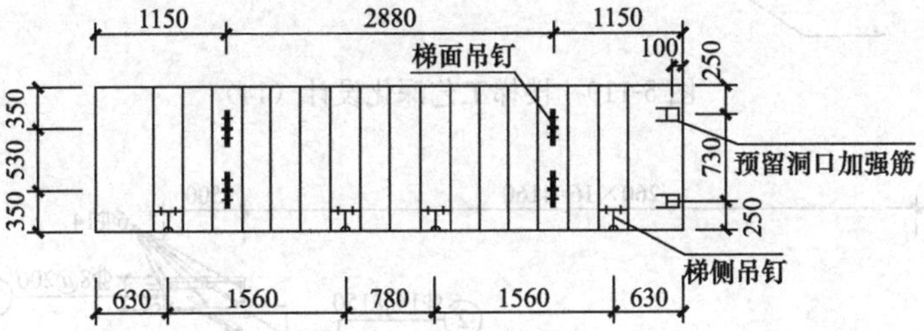

单跑梯预埋件位置平面图

图 5-117　楼梯工艺深化设计（12）

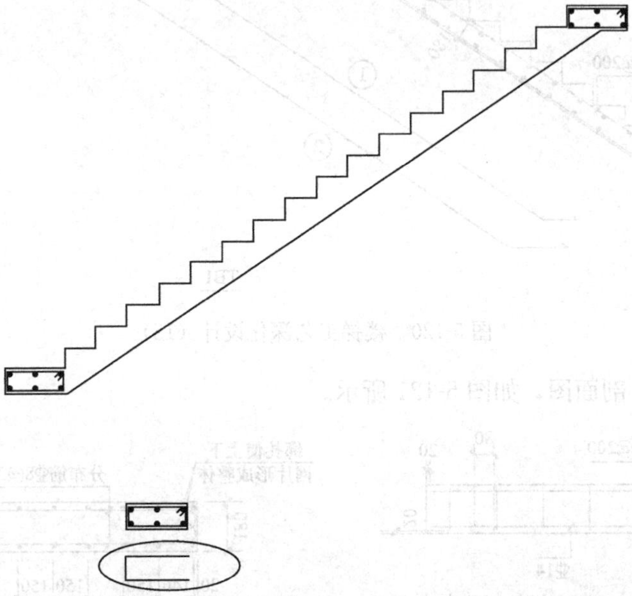

图 5-118　楼梯工艺深化设计（13）

在图 5-118 中上绘制面筋、纵筋及分布筋，然后放样，如图 5-119 所示。
标注配筋大小、截面尺寸及定位尺寸等，如图 5-120 所示。

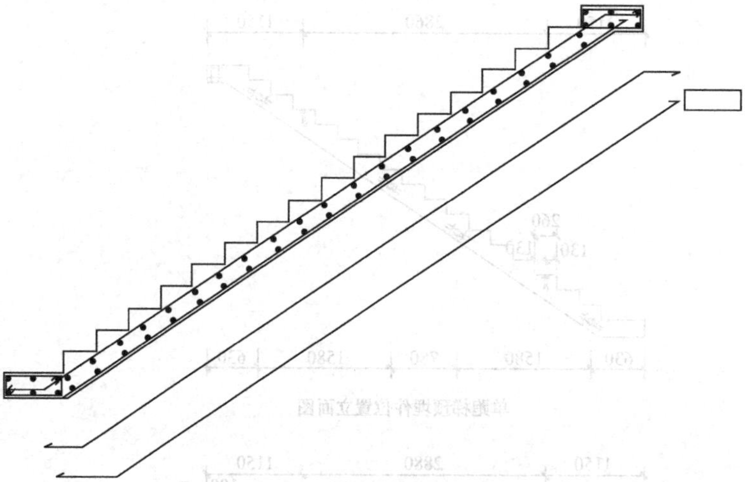

图 5-119　楼梯工艺深化设计（14）

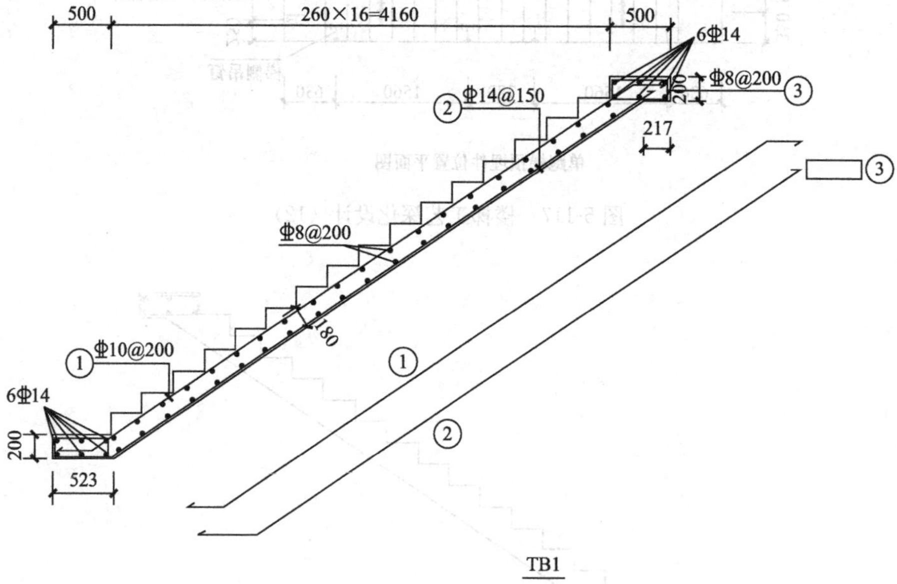

图 5-120　楼梯工艺深化设计（15）

绘制 1-1、2-2 剖面图，如图 5-121 所示。

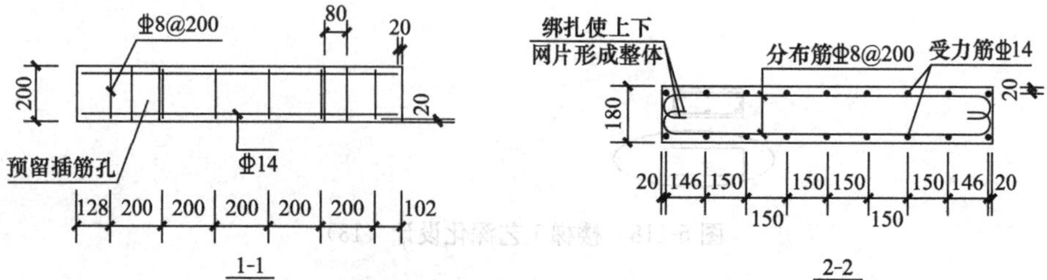

图 5-121　楼梯工艺深化设计（16）

注：一些尺寸应该根据实际情况，做适当的调整。

绘制预留孔洞详图，如图 5-122 所示。

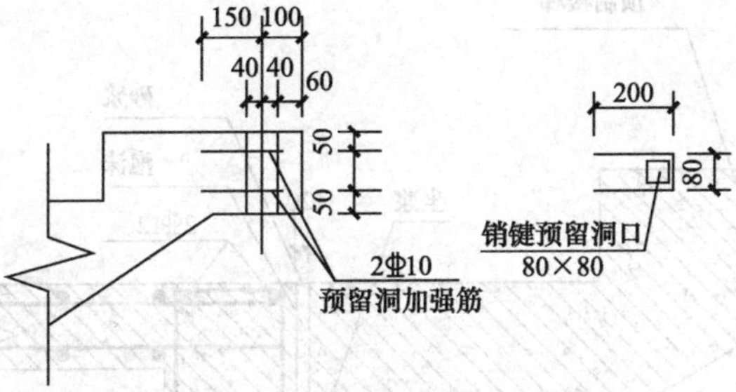

图 5-122　预留孔洞详图

绘制吊钉尺寸图，如图 5-123 所示。

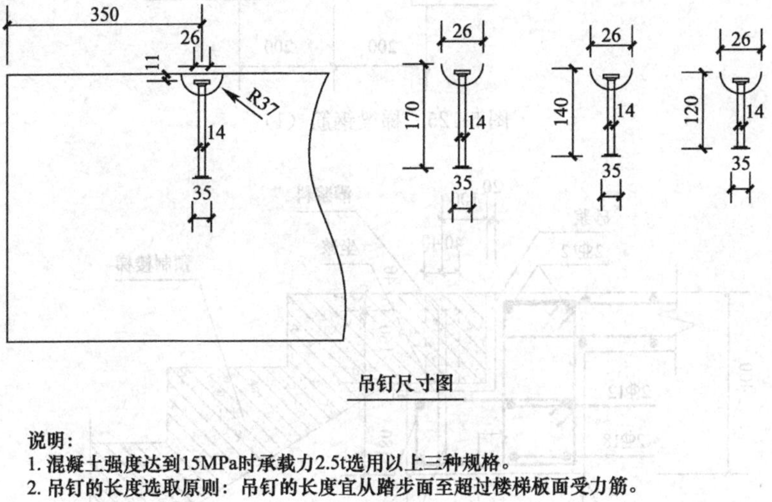

图 5-123　吊钉尺寸图

绘制吊钉附加筋图，如图 5-124 所示。

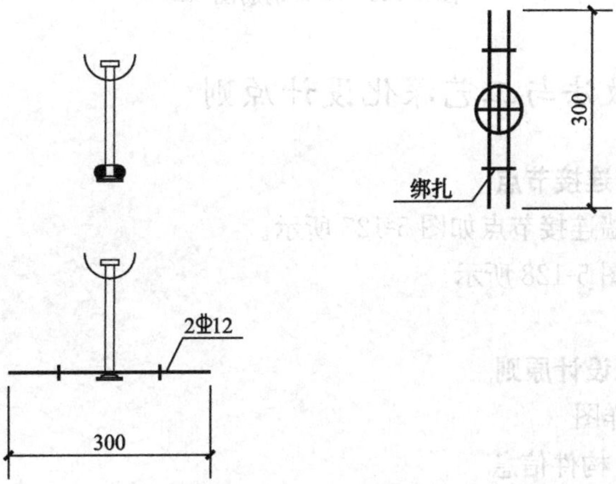

图 5-124　吊钉附加筋

绘制梯梁钢筋，如图 5-125、图 5-126 所示。

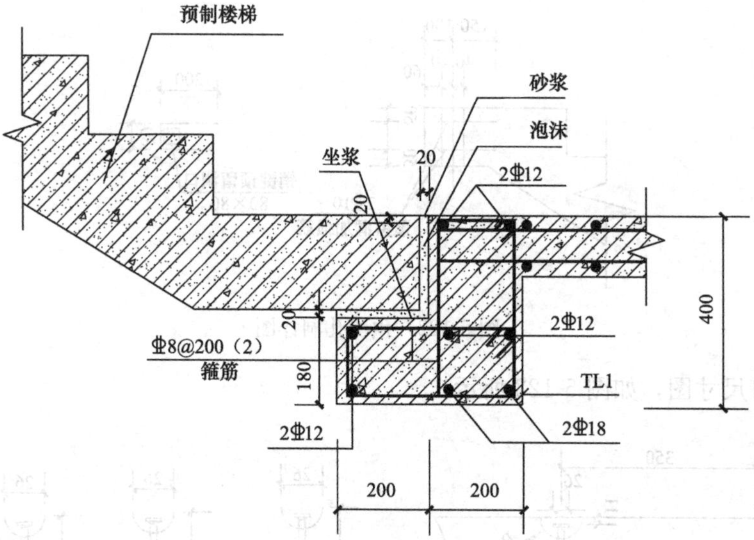

图 5-125　梯梁钢筋（1）

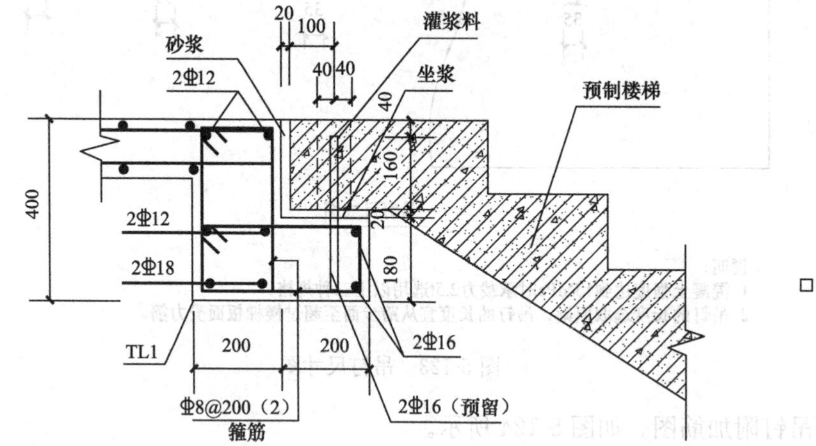

图 5-126　梯梁钢筋图（2）

5.9　阳台节点做法与工艺深化设计原则

5.9.1　阳台与外隔墙连接节点

（1）阳台与外隔墙连接节点如图 5-127 所示。

（2）阳台连接如图 5-128 所示。

5.9.2　阳台工艺深化设计原则

1. 阳台 YTB02 详图

（1）阳台 YTB02 构件信息

阳台 YTB02 平面如图 5-129 所示。

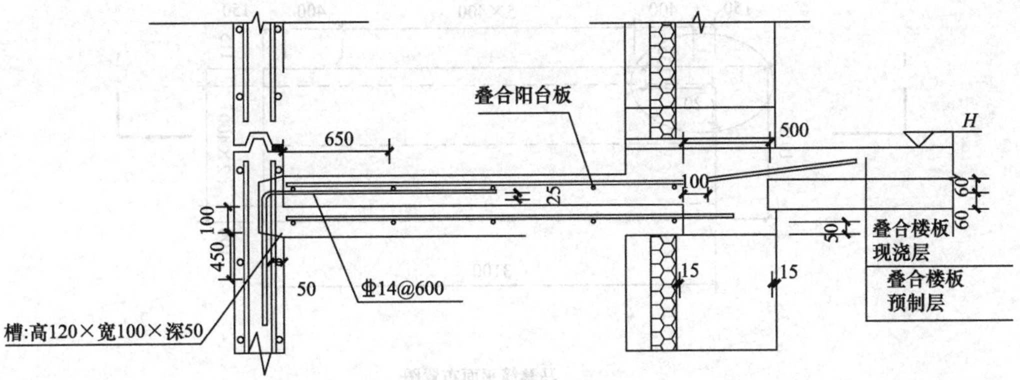

图 5-127　台与外隔墙连接节点

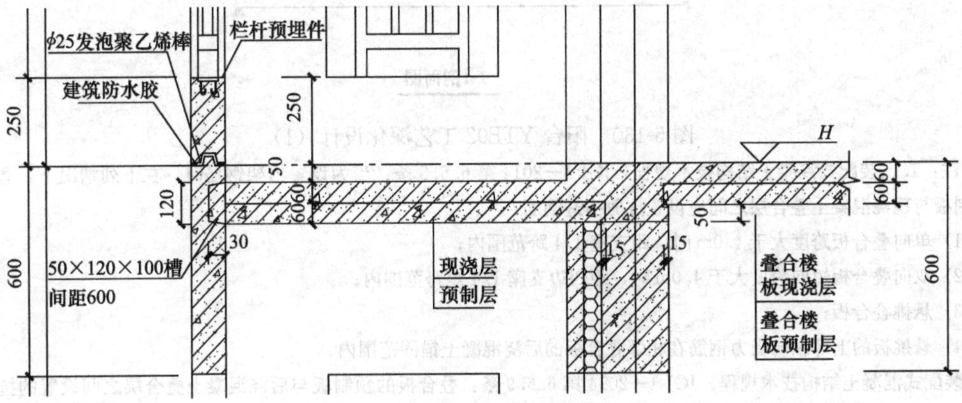

图 5-128　阳台连接

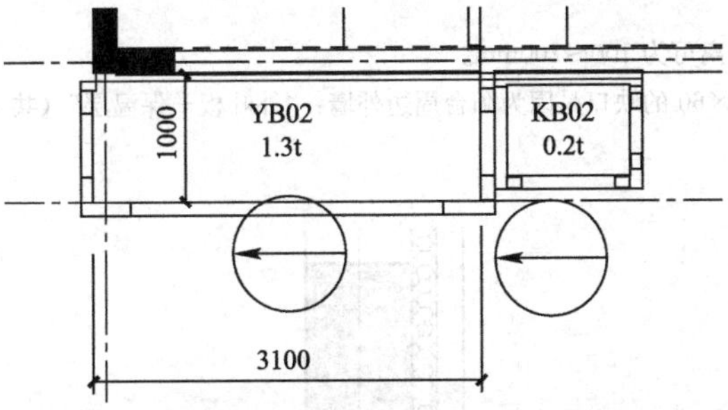

图 5-129　阳台 YTB02 平面

注：3100mm 为阳台的长度；1000mm 为从梁边线算起阳台板的宽度，由于阳台板要搁置在叠合梁上 15mm，所以阳台 YTB02 的实际宽度为 1015mm。

(2) 阳台 YTB02 详图

阳台 YTB02 详图如图 5-130 所示。

(3) YTB02 配筋图

YTB02 配筋如图 5-132 所示。

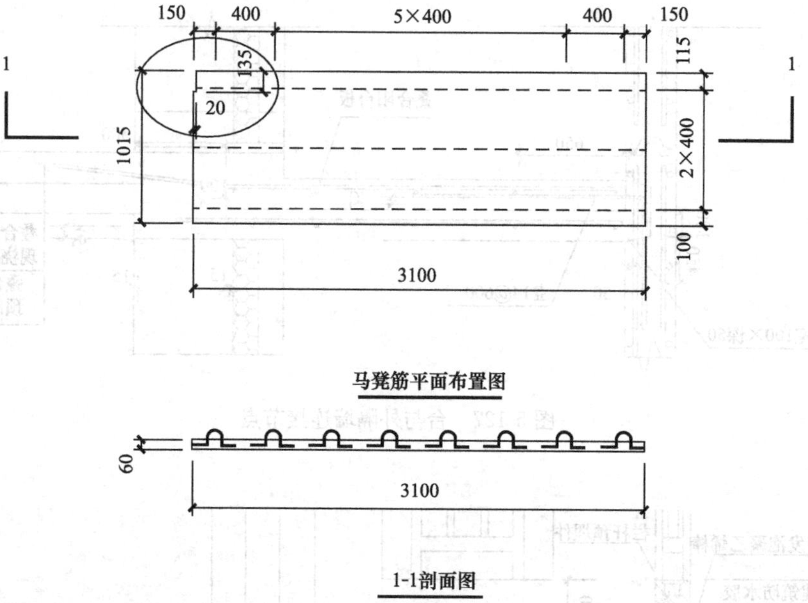

图 5-130　阳台 YTB02 工艺深化设计 (1)

注：1.《装配式混凝土结构技术规程》JGJ 1—2014 第 6.6.8 条：当为设置桁架钢筋时，在下列情况下，叠合板的预制板与现浇混凝土叠合层之间应设置抗剪构造钢筋：

(1) 单向叠合板跨度大于 4.0m 时，距支座 1/4 跨范围内；

(2) 双向叠合板短向跨度大于 4.0m 时，距四边支座 1/4 短跨范围内；

(3) 悬挑叠合板；

(4) 悬挑板的上部纵向受力钢筋在相邻叠合板的后浇混凝土锚固范围内。

《装配式混凝土结构技术规程》JGJ 1—2014 第 6.6.9 条：叠合板的预制板与后浇混凝土叠合层之间设置的抗剪构造钢筋应符合下列规定：

(1) 抗剪构造钢筋宜采用马镫形状，间距不宜大于 400mm，钢筋直径 d 不应小于 6mm；

(2) 马镫钢筋伸到叠合板上、下部纵向钢筋处，预埋在预制板内的总长度不应小于 $15d$，水平段长度不应小于 50mm。

2. 马镫钢筋距离板边的距离可为 100～200mm。

3. 左端开了一个 135×20×60 的缺口是因为阳台周边外墙："外叶板＋保温层"（共 100mm 厚）之间应留有 20mm 的施工缝，如图 5-131 所示。

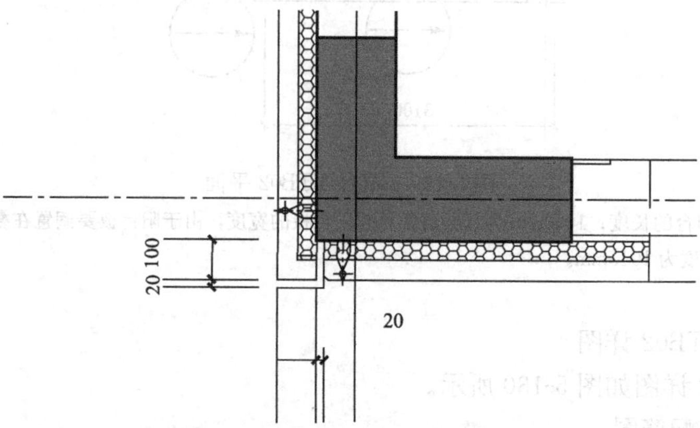

图 5-131　外墙"外叶板＋保温层"连接

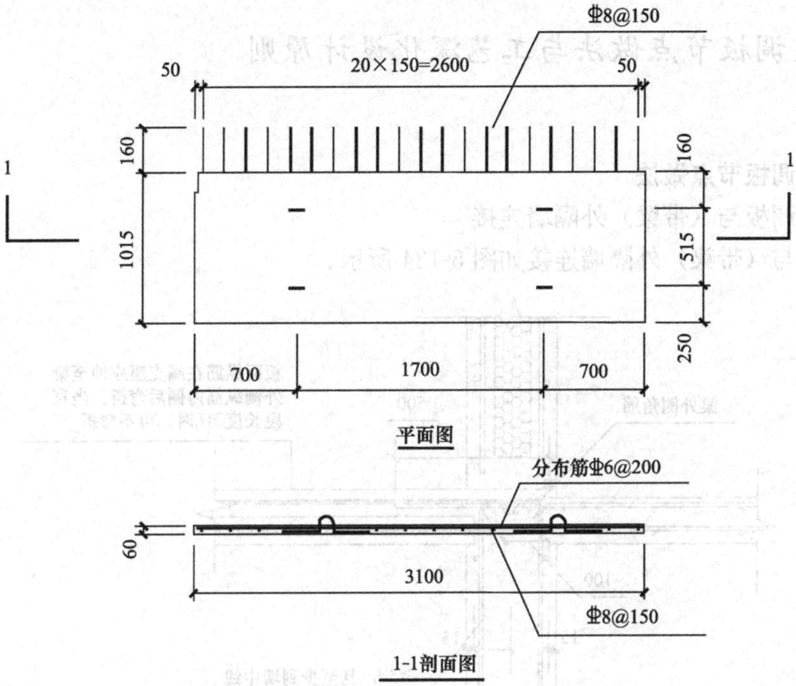

图 5-132　阳台 YTB02 工艺深化设计（2）

注：1. YTB02 由于悬挑长度不大（≤1.5m），在布置马镫钢筋后，叠合＋现浇的叠合板与现浇阳台差别不大，加上在混凝土强度达到要求后，才拆模，所以底部分布筋没必要配很大。

2. 8@150 的底筋伸入梁内的锚固长度可按 15d 取，即 120mm，在实际设计中，可以取 200（梁宽）−40（保护层＋箍筋直径＋构造腰筋直径）＝160mm。

(4) YTB02 工艺图技术说明、图例说明

YTB02 工艺图技术说明、图例说明如图 5-133 所示。

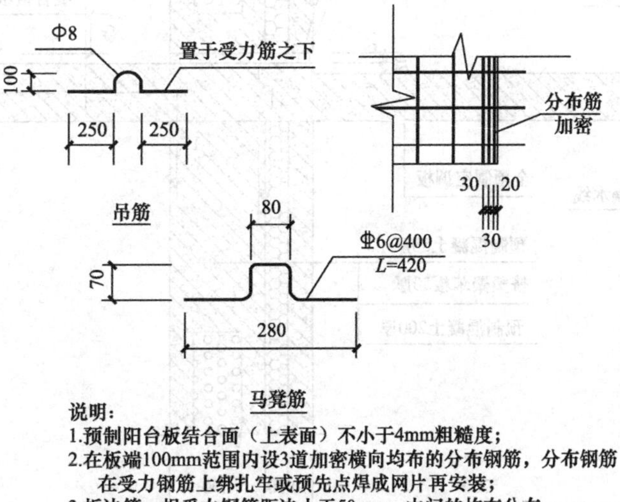

说明：
1.预制阳台板结合面（上表面）不小于4mm粗糙度；
2.在板端100mm范围内设3道加密横向均布的分布钢筋，分布钢筋在受力钢筋上绑扎牢或预先点焊成网片再安装；
3.板边第一根受力钢筋距边小于50mm，中间的均布分布。

图 5-133　YTB02 工艺图技术说明、图例说明

5.10 空调板节点做法与工艺深化设计原则

5.10.1 空调板节点做法

(1) 空调板与（带梁）外隔墙连接

空调板与（带梁）外隔墙连接如图 5-134 所示。

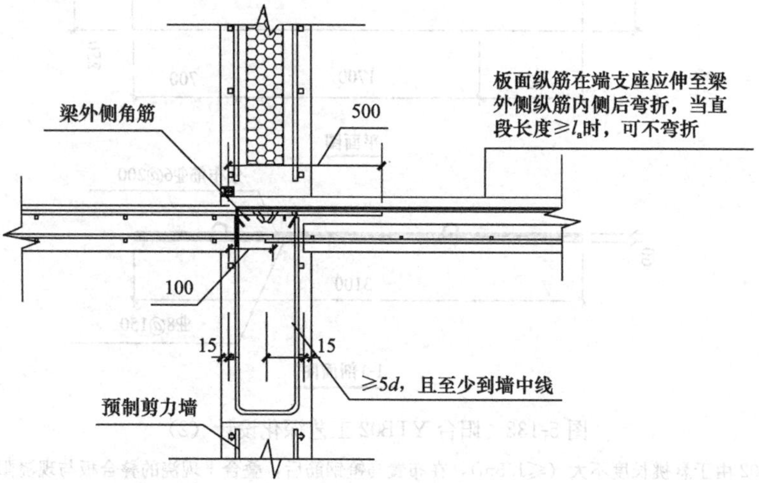

图 5-134 空调板与（带梁）外隔墙连接

(2) 预制空调板连接

预制空调板连接如图 5-135 所示。

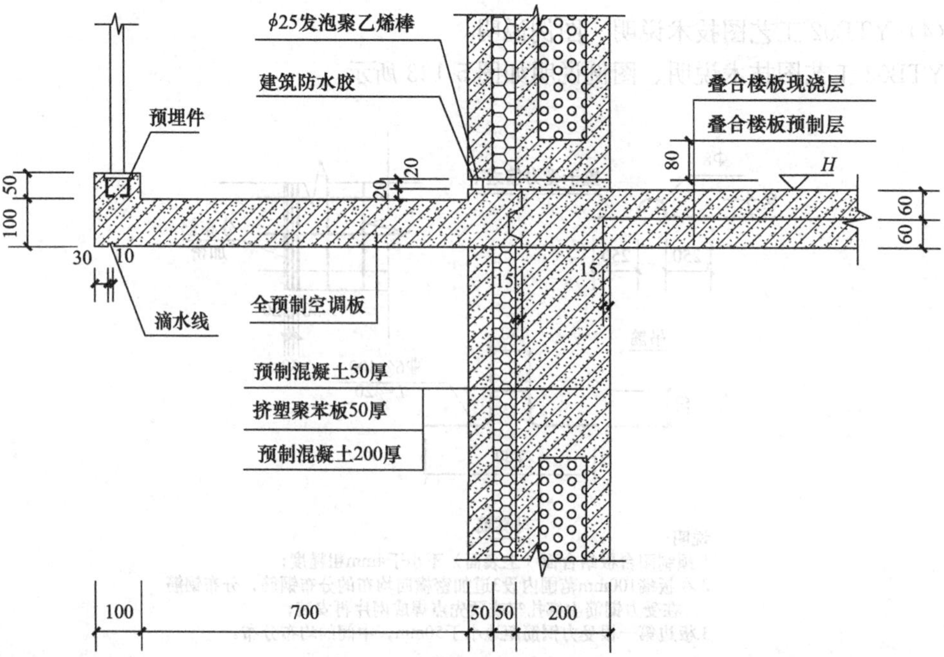

图 5-135 预制空调板连接

5.10.2 空调板工艺深化设计原则

1. KB02 详图

(1) KB02 构件信息

KB02 平面如图 5-136 所示。

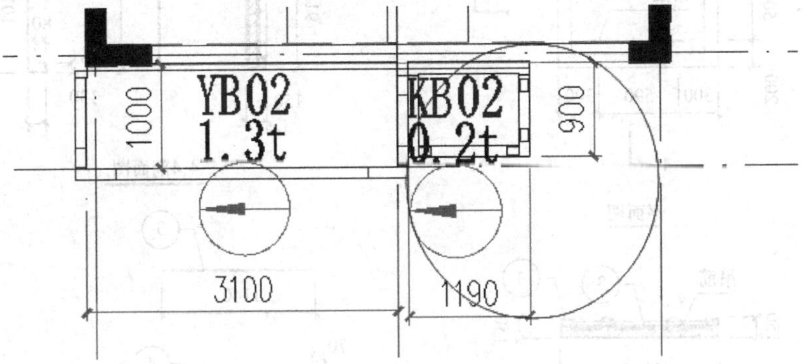

图 5-136 KB02 平面

(2) 空调板 KB02 详图

空调板 KB02 详图如图 5-137 所示。

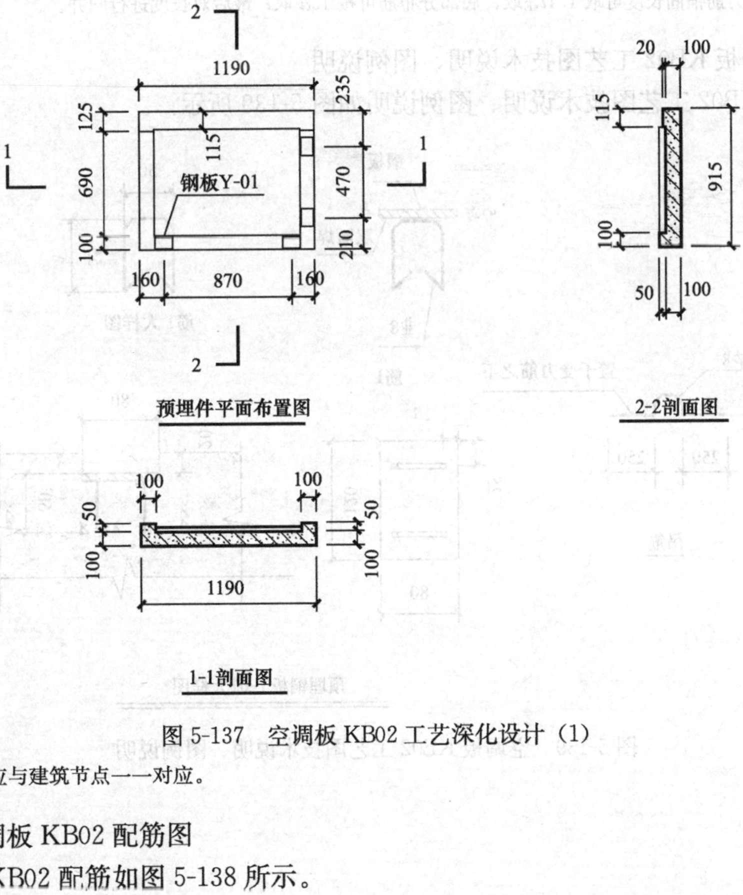

图 5-137 空调板 KB02 工艺深化设计（1）

注：剖面图应与建筑节点一一对应。

(3) 空调板 KB02 配筋图

空调板 KB02 配筋如图 5-138 所示。

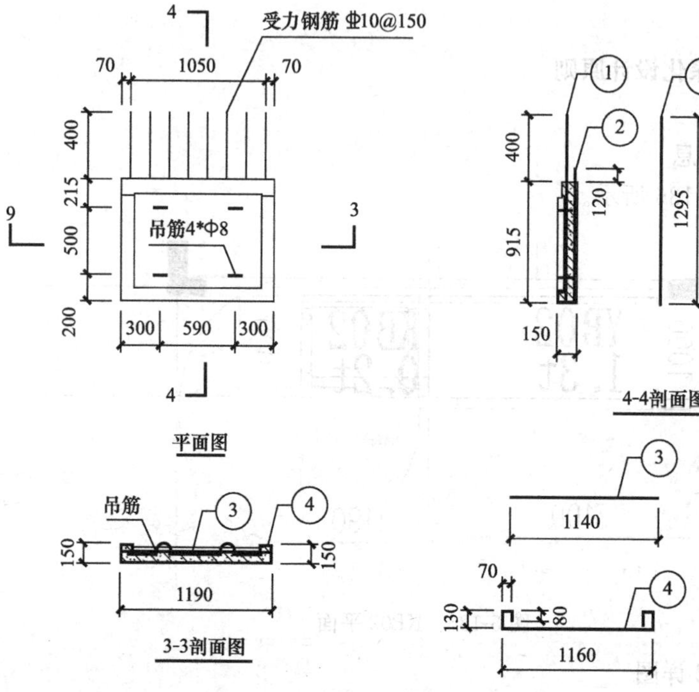

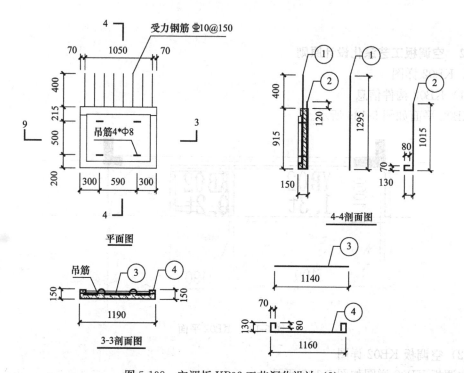

图 5-138　空调板 KB02 工艺深化设计（2）

注：受力筋锚固长度可取 $1.1l_{aE}$取；底部分布筋可按 $15d$ 取；最后对长度进行归并。

（4）空调板 KB02 工艺图技术说明、图例说明

空调板 KB02 工艺图技术说明、图例说明如图 5-139 所示。

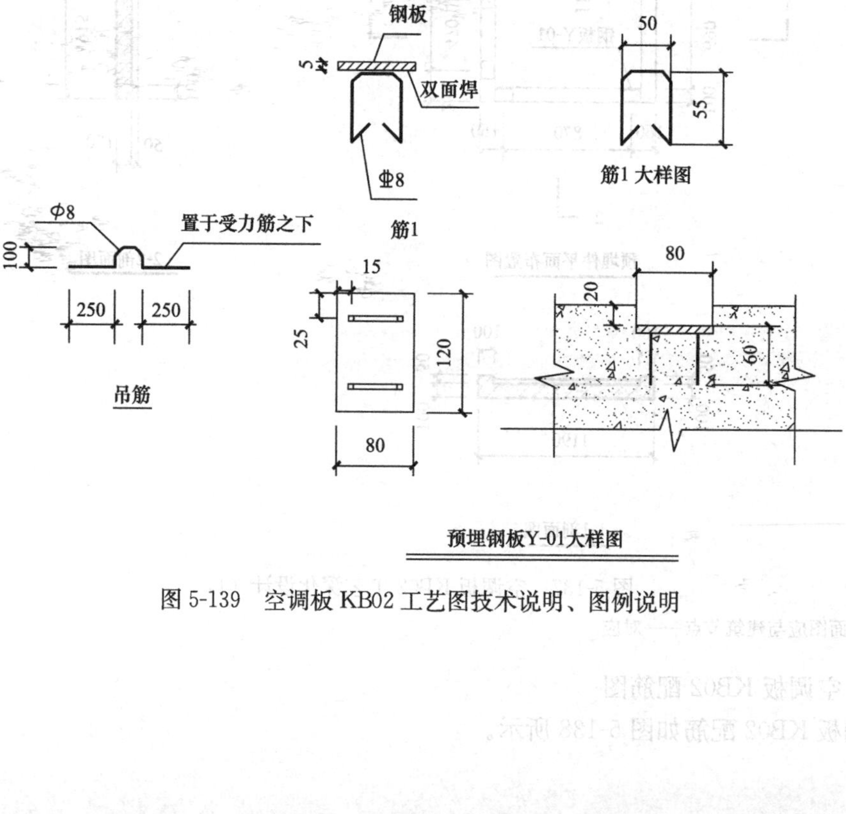

图 5-139　空调板 KB02 工艺图技术说明、图例说明

参考文献

[1] 《装配式混凝土结构技术规程》JGJ 1—2014. 北京：中国建筑工业出版社，2014.

[2] 《预应力混凝土叠合板－50mm、60mm》06SG439-1. 北京：中国计划出版社，2006.

[3] 《高层建筑混凝土结构技术规程》JGJ 3—2010. 北京：中国建筑工业出版社，2010.

[4] 孙强. 装配整体式剪力墙结构设计方法初探 [J]. 科技与企业，2013，07：235～236.

[5] 建筑抗震设计规范 GB 50011—2010. 北京：中国建筑工业出版社，2010.

[6] 混凝土结构设计规范 GB 50010—2010. 北京：中国建筑工业出版社，2010.

[7] 建筑结构荷载规范 GB 50009—2012. 北京：中国建筑工业出版社，2012.

[8] 建筑桩基技术规范 JGJ 94—2008. 北京：中国建筑工业出版社，2008.

[9] 建筑地基基础设计规范 GB 50007—2011. 北京：中国建筑工业出版社，2012.

[10] 中国建筑科学研究院 PKPM CAD 工程部. SATWE（2010 版）用户手册及技术条件. 北京：中国建筑工业出版社，2013.

[11] 中国建筑科学研究院 PKPM CAD 工程部. JCCAD（2010 版）用户手册及技术条件. 北京：中国建筑工业出版社，2013.